塔里木盆地碳酸盐岩储集层烃包裹体研究图集

杨海军　张宝收　肖中尧　张　鼐　编著

石油工业出版社

内 容 提 要

本书从流体包裹体的基本概念谈起，总结了自然界中包裹体的特征，列出了包裹体在常温下的分类；说明了流体包裹体地质岩相学特征且描述了塔里木盆地碳酸盐岩储集层烃包裹体的显微特征，并辅以显微镜下包裹体照片，图文并茂；阐述了塔里木盆地流体包裹体在实际研究中的应用和分析方法，如温度分析、光谱分析（荧光、红外、拉曼）、组分提取技术、成分分析和形成时间分析等。本书最大的特色是将流体包裹体实验分析测试与塔里木盆地应用密切结合起来，所有数据及资料都是从生产实践过程中长期积累的第一手资料中精选出来的，具有较高的实用价值。

本书是一本基础性强、实用性高的图集，对从事油气地球化学和油气勘探的研究人员尤其具有较强的参考价值，本书对流体包裹体研究的技术工作者和实验室研究人员有很好的帮助作用，同样也适合高校相关专业师生阅读。

图书在版编目（CIP）数据

塔里木盆地碳酸盐岩储集层烃包裹体研究图集 / 杨海军等编著. —北京：石油工业出版社，2017.11
ISBN 978-7-5183-2225-1

Ⅰ.①塔… Ⅱ.①杨… Ⅲ.①塔里木盆地－碳酸盐岩油气藏－流体包裹体－图集 Ⅳ.① P618.130.8-64
② P572-64

中国版本图书馆 CIP 数据核字（2017）第 256308 号

出版发行：石油工业出版社
（北京安定门外安华里 2 区 1 号　100011）
网　　址：www.petropub.com
编辑部：（010）64523544　　图书营销中心：（010）64523633
经　　销：全国新华书店
印　　刷：北京中石油彩色印刷有限责任公司

2017 年 11 月第 1 版　2017 年 11 月第 1 次印刷
889×1194 毫米　开本：1/16　印张：14.75
字数：410 千字

定价：140.00 元
（如出现印装质量问题，我社图书营销中心负责调换）
版权所有，翻印必究

序 | PERFACE

流体包裹体应用于地质研究中是较晚的，直到20世纪微观、微量分析技术取得突破，流体包裹体研究才取得长足发展。油气盆地储集层中的流体包裹体是记录古流体性质和古油气藏性质的巨大数据库，是解读油气藏的形成条件、油气来源、成藏期次、后生变化、以及油气成藏过程中的古压力、温度、成分等物理化学条件的百科全书，对其研究可帮助我们发现更多的油气资源。

油气勘探领域涉及烃包裹体的研究内容较多，主要是用烃包裹体的温度分析和期次分析来推断油气藏的形成期次及时期。但油气盆地烃包裹体实验方法及其具体应用的系统资料相对缺乏，其在碳酸盐岩储集层中应用的系统资料更加缺乏，使得基层研究人员或年轻学者在面临具体科研与实验时常常感觉无从入手、容易出错，这就需要一个将理论知识、实际实验、科学运用联系起来的桥梁。

《塔里木盆地碳酸盐岩储集层烃包裹体研究图集》就起到了这样的桥梁作用。该图集首先介绍了流体包裹体的基础理论和分析方法，在此基础上，以流体包裹体是什么、如何研究、研究方法有哪些、每种方法会得到怎样的结果为主线，以大量实际图版向读者系统展现了烃包裹体分析技术及其在塔里木盆地寒武系—奥陶系碳酸盐岩储集层中的具体应用。相信该著作可作为年轻学者和实验研究人员从事烃包裹体工作的向导书。

该著作的突出特点是图繁文精，把难于观察的微观烃包裹体转化为五彩缤纷的宏观显目反映某种油气成藏印迹的张张图照，每张图片反映不雷同的油气成藏史的科学参数，这充分说明杨海军等作者研究的精明性、科学观、洞察力，对烃包裹体的研究作出了重要贡献。故该书的出版可喜可贺，推荐大家一读。

中国科学院院士：

2017年8月28日

前言 FOREWORD

流体,即指可以流动的液体。地质流体赋予了地球生命和希望,让我们的星球生机盎然、生命延续。不止生物体,非生物体也因地质流体而此消彼长,元素转移、矿物生成、岩石胶结、油气运移均以地质流体为载体。封存在矿物中的流体包裹体就是古地质流体、古油气的"足迹",通过流体包裹体我们可以窥视古地质流体、古油气形成时的地质状况。

早在公元 10 世纪,我国就对流体包裹体留下了记录,如"滴翠珠""禹余粮""空轻"等。但真正将流体包裹体应用于科学研究是在 19 世纪中期。Sorby(1858)首先提出了包裹体地质温度计的原理和方法。随后流体包裹体研究进入快速发展期,从测温发展到成矿流体研究和地球化学研究。现今主要是利用人工合成流体包裹体对其进行 PTVX 研究、流体包裹体成分分析等。流体包裹体研究已广泛应用于成岩分析、矿床学、构造地质学、岩浆岩演化和油气勘探等领域。

油气勘探领域的流体包裹体研究虽起步较晚,但越来越多的石油地质专家将烃包裹体作为油气成藏机理研究的有效手段。目前烃包裹体研究取得了很多成果:(1)激光扫描共聚焦显微镜可对流体包裹体三维体积和气液比精确测定;(2)烃包裹体岩相学和有机地球化学研究相结合,分析储集层中油气的充注期次、充注路径、成藏过程、烃来源、成熟度、受生物降解程度等;(3)烃包裹体温度测定与压力的热动力学计算方法及组分模拟,研究油气藏成藏期次和成藏温压条件;(4)流体包裹体赋存矿物均一温度或同位素测年推测油气藏运移和形成时间;(5)用流体包裹体判断产层:对钻孔储集层密集取样进行包裹体有机和无机组分在线色谱—质谱快速分析,评价储集层是否为油气产层及推断油气运移方向;(6)烃包裹体丰度 GOI 和 EGOI 值、颗粒荧光分析,分别对储集层中含油饱和度或油层、运移通道、水层进行辨别,区分地层剖面古油水界面。

虽然烃包裹体研究成果较为丰富,但目前缺少将这些成果整合起来并详细介绍其在生产中具体应用的书籍,而关于碳酸盐岩储集层烃包裹体的专著则更少。本书将塔里木盆地寒武系—奥陶系碳酸盐岩储集层烃包裹体研究成果以图集的形式进行整理总结,同时注重基础知识和流体包裹体实验研究分析的讲解,做到理论成果和实验分析相结合。按照先原理后应用的编排原则,第一章介绍油气盆地流体包裹体的基本概念;第二章至第六章描述了塔里木盆地寒武系—奥陶系碳酸盐岩储集层烃包裹体的特征(为了显示现象的典型性,个别采用其他层系碎屑岩图版);第七章至第十章阐明烃包裹体的期次及形成时期。本图集的目的是将流体包裹体在油气盆地中,特别是在碳酸盐岩储集层中的具体研究应用及实验方法提供给读者,希望对流体包裹体行业的从业人员有所帮助。

  本书由杨海军、张宝收、肖中尧和张鼐编著。以下作者也参与了部分章节的编写:中国地质大学(北京)蒋静参与编写第一章和第二章,中国石油勘探开发研究院余小庆参与编写第三章,大港油田潘文龙参与编写第四章,塔里木油田分公司凡闪参与编写第五章,中国地质大学(北京)朱孟辉参与编写第八章,中国地质大学(北京)赵欣参与编写第九章和第十章。参与此项研究工作的还有塔里木油田分公司卢玉红、张科、赵青和李梅等。

  本书编写过程中得到中国石油塔里木油田分公司原总地质师王招明教授,勘探开发研究院杨文静副院长、谢会文副院长、潘文庆教授,中国石油勘探开发研究院实验中心主任张水昌教授及石昕高级工程师的大力支持,谨在此向他们表示衷心的感谢。

  由于笔者水平所限,书中不足之处敬请读者批评指正。

目录 CONTENTS

1 流体包裹体基本概念 1
    1.1   流体包裹体定义 1
    1.2   流体包裹体分类 1
    参考文献 5

2 塔里木盆地寒武系—奥陶系碳酸盐岩储集层烃包裹体显微特征 17
    2.1   烃包裹体的识别 17
    2.2   烃包裹体的大小 17
    2.3   烃包裹体的形状 17
    2.4   烃包裹体的颜色 18
    2.5   烃包裹体的荧光 18
    2.6   烃包裹体的相态 19
    2.7   烃包裹体的赋存状态 20
    参考文献 20

3 塔里木盆地寒武系—奥陶系碳酸盐岩储集层烃包裹体气液比例 56
    3.1   烃包裹体的气液（面积）比 56
    3.2   烃包裹体的气液体积比 57
    参考文献 58

4 塔里木盆地寒武系—奥陶系碳酸盐岩储集层烃包裹体含量 63
    4.1   碳酸盐岩油层烃包裹体含量的统计方法 63
    4.2   气藏烃包裹体含量统计方法 64
    参考文献 65

5 塔里木盆地寒武系—奥陶系碳酸盐岩储集层烃包裹体后生变化 72
    5.1   包裹体体积变化 72

5.2 包裹体组分变化 ·· 72

6 塔里木盆地寒武系—奥陶系碳酸盐储集层烃包裹体赋存矿物 ······················ 77
6.1 赋存矿物 ·· 77
6.2 赋存位置 ·· 78
参考文献 ·· 79

7 塔里木盆地寒武系—奥陶系碳酸盐岩储集层烃包裹体赋存矿物生长关系 ········ 113
7.1 赋存矿物生长关系 ·· 113
7.2 构造缝期次 ·· 114
参考文献 ·· 117

8 塔里木盆地寒武系—奥陶系碳酸盐岩储集层烃包裹体期次 ·························· 148
8.1 塔北地区烃包裹体期次 ··· 148
8.2 塔中地区烃包裹体期次 ··· 150
8.3 塔东地区烃包裹体期次 ··· 151
8.4 和田河及周缘烃包裹体期次 ··· 151
参考文献 ·· 152

9 塔里木盆地寒武系—奥陶系碳酸盐岩储集层烃包裹体油性特征 ···················· 195
9.1 烃包裹体荧光光谱分析 ··· 195
9.2 塔北地区储集层沥青拉曼光谱分析 ··· 196
9.3 烃包裹体红外光谱分析 ··· 197
9.4 烃包裹体色谱质谱分析 ··· 198
参考文献 ·· 199

10 塔里木盆地寒武系—奥陶系碳酸盐岩储集层烃包裹体形成时期 ·················· 216
10.1 均一温度推测烃包裹体形成时期 ··· 216
10.2 脉体 ESR 测年推测赋存矿物形成时期 ·· 217
参考文献 ·· 220

1 流体包裹体基本概念

包裹体(inclusion)是矿物在生长过程中或形成后所捕获而包裹在矿物颗粒内部的外来物质,具有相对封闭、明显的相界面、独立的地球化学体系等特点。自然界中的包裹体主要分为两大类:固体包裹体和流体包裹体,而与油气运移相关的主要是流体包裹体中的烃包裹体和伴生盐水包裹体。

1.1 流体包裹体定义

流体包裹体(fluid inclusion)是指在成岩矿物形成时或形成后被包裹其中的成岩流体、成矿流体、岩浆水、变质水、石油、天然气等流动的地质流体,有独立的相界,在常温下能流动,自成为一个独立的流体地球化学体系,包括:

(1)流动体系,包裹体形成后,还为流体系统;

(2)等容体系,包裹体形成后,包裹体的体积没有发生变化;

(3)封闭体系,包裹体形成后,包裹体组分未发生变化,与赋存矿物未发生反应,没有物质的进入或逸出。

当流体包裹体内部包裹物为石油或天然气等烃类物质时,称为烃包裹体(hydrocarbon inclusion),与烃包裹体同时形成的盐水包裹体称伴生盐水包裹体。

1.2 流体包裹体分类

1.2.1 常温常压下包裹体分类

以前流体包裹体分类多以被包裹前的相态、常温下相态[1]、矿物中的位置等依据分类[2]。现今对流体包裹体的观察主要是常温常压下借助于显微镜,其种类的划分要让观察者能通过肉眼直观地判别出[3],所以本书按常温常压下相态、成分、成因进行分类。先据常温常压下包裹体的相态分为固体包裹体和流体包裹体两大类;再据包裹体形成前的物质来源和成分分成生物包裹体、矿物包裹体(按热液、变质和岩浆成因再分)、盐水包裹体和烃包裹体四大类;最后据成因、成分、常温常压下的相态分成61个小类(表1.1)。

1.2.2 包裹体的成因分类

成因分类是非常有意义的分类方案,是按包裹体与赋存矿物形成关系来分类。先按原生包裹体的赋存矿物是母岩矿物还是成岩矿物分成两大类:继承包裹体和成岩包裹体。

1.2.2.1 继承包裹体

继承包裹体是沉积岩母岩矿物中的原生包裹体,在沉积岩未形成之前就已存在,只反映母岩形成和演化的物理化学信息。

表1.1 常温常压下实验室流体包裹体分类方案

大类	成分分类		成因	包裹体相态	包裹后相态	定名	相态分类	包裹体特征	参考图版
	成分	分类							
均一化室温状态	生物成分	生物包裹体	生物作用	生物	生物遗体	生物包裹体	松脂流出包裹了原有的动物或植物，后埋藏于地层，经过漫长岁月的演变而形成的琥珀化石		
无法恢复包裹前均一化状态非流动体系(非)固体包裹体	矿物成分	矿物包裹体	热液作用	固体	集合体	固体包裹体	凡是与主体矿物有成分、相态、结构差异的内含物质，可能是岩石、泥、铁质等固体集合体	
					晶体矿物	矿物包裹体	晶质生长时包裹了已成晶体的矿物	
				晶体+出溶流体	晶体矿物	变质矿物相包裹体	矿物在温压改变时，原本稳定存在于晶格之中的水或离子成分，在晶体位能最低的位错中有序排列的其他矿物	
					多个晶体矿物	多相矿物包裹体	矿物在温压改变时，原本稳定存在于晶格之中的水或离子成分，在晶体位能最低的位错中有序排列的多个其他矿物	
					晶体矿物+液相	变质矿物流相水包裹体	矿物在温压改变时，原本稳定存在于晶格之中的水或离子成分，在晶体位能最低的位错中有序排列的其他矿物，并伴有液相溶出	
					晶体矿物+液相	交后矿物气注盐承包裹体	矿物在温压改变时，原本稳定存在于晶格之中的水或离子成分，在晶体位能最低的位错中有序排列的其他矿物，并伴有液相溶出	
					晶体矿物+气相	变质矿物气相包裹体	矿物在温压改变时，原本稳定存在于晶格之中的水或离子成分，在晶体位能最低的位错中有序排列的其他矿物，并伴有气相溶出	
			岩浆作用	熔融流体	晶体矿物	岩浆矿物包裹体	岩浆出熔形成的晶体矿物	
					固体玻璃	岩浆玻璃包裹体	岩浆出熔形成的固体玻璃	
						岩浆玻璃液相水包裹体	岩浆出熔形成的固体玻璃和液相水包裹体	
					固体+流体	岩浆矿物液相水包裹体	岩浆出熔形成的晶体矿物玻璃和部分液相水包裹体	
						岩浆矿物液相盐水包裹体	岩浆出熔形成的晶体矿物玻璃和部分液相盐水包裹体	
						岩浆矿物气液盐水包裹体	岩浆出熔形成的晶体矿物玻璃和部分液相盐水和气相水包裹体	
						岩浆矿物气液相水包裹体	岩浆出熔形成的晶体矿物玻璃和部分液相少于气相水包裹体	
						岩浆玻璃气相包裹体	岩浆出熔形成的固体矿物玻璃和部分气相水包裹体	
						岩浆矿物气相包裹体	岩浆出熔形成的晶体矿物和部分气相包裹体	图1.1

续表

大类	成分分类		成因	包裹体相态	包裹后相态	定名	包裹体特征	相态分类	参考图版
	成分	分类							
流体包裹体	无机溶液		岩浆作用	熔融流体	流体	岩浆残余气相包裹体	岩浆残余气被包裹成流体包裹体		图1.1
						岩浆残余液气盐水包裹体	岩浆残余盐水或气被包裹成流体包裹体,且气相多于液相		图1.2
						岩浆残余气液相盐水包裹体	岩浆残余盐水或气被包裹成流体包裹体,且气相少于液相		图1.3
						岩浆残余液相盐水包裹体	岩浆残余盐水被包裹成流体包裹体		图1.4
			变质作用	出溶流体	流体	变质气相包裹体	超高压条件下变质作用形成的气被包裹成流体包裹体		
						变质液气盐水包裹体	变质作用形成的盐水被包裹成流体包裹体,且液相多于气相		
						变质气液盐水包裹体	变质作用形成的盐水被包裹成流体包裹体,且液相少于气相		
		盐水包裹体				变质液相盐水包裹体	超高压条件下变质作用形成的盐水被包裹成流体包裹体		
			成岩作用	固态+液态	固态+液态	含固体杂质液相盐水包裹体	包裹前为固相+流体,流体不均匀相,包裹后常温下含固,液两相		
					固态+液态+气态	含固体杂质气液盐水包裹体	被包裹前为流体+流体,流体不均匀相,包裹后常温下含固,液,气三相却液相多于气相		图1.5
					固态+气态	含固体杂质气液盐水包裹体	被包裹前为流体+流体,流体不均匀相,包裹后常温下含固,液,气三相却液相少于气相		
					固态+液态	含子矿物液相盐水包裹体	被包裹前为流体均匀相,包裹后常温下含固,液两相		
				液态	固态+液态+气态	含子矿物气液盐水包裹体	被包裹前为流体均匀相,包裹后常温下含固,液,气三相,且液相多于气相		图1.6
					固态+气态	含子矿物气相包裹体	被包裹前为流体均匀相,包裹后常温下含固,液,气三相,且液相少于气相		
					液态	液相液相包裹体	即单相液相包裹体,可作为冷冻水沉积或低于50℃温度下,常可见到三相流体		图1.7
						含CO₂气液相盐水包裹体	任低于CO₂临界温度下,主要是由液相和一个小气泡组成的二相包裹体,液相CO₂和气态CO₂和气相占50%以上,均一时为液相		图1.8
				液态+气态	液态+气态	气液盐水包裹体	室温下主要是由液相和少量的气泡和少量的液体,气相占50%以上,均一时为气相		图1.9
						液相盐水包裹体	室温下含有一个较大的气泡和少量液体的包裹体		图1.10
				气态	气态	气态包裹体	室温为纯气相一相的包裹体		

续表

大类	室温状态	成分分类		成因	包裹体相态	包裹后相态	定名	相态分类（包裹体特征）	参考图版
		成分	分类						
流体包裹体	可恢复包裹前均一化状态	无机溶液	盐水包裹体	成岩作用	油水混液	石油+盐水	液相含烃盐水包裹体	烃类和盐水共存,但盐水含量大于50%	图1.11
						盐水+石油+气	气液含烃盐水包裹体	烃类和盐水共存,但盐水含量大于50%,且液相大于气相	图1.12,图1.13
		石油或天然气	烃包裹体			盐水+石油+气	液气含盐水烃包裹体	烃类和盐水共存,但烃类含量大于50%,且液相小于气相	图1.14
						盐水+石油	液相含盐水烃包裹体	烃类和盐水共存,但烃类含量大于50%	图1.15
					天然气和盐水		含盐水气烃包裹体	气烃和盐水共存,但气烃含量大于50%	图1.16
					天然气	气态	气烃包裹体	气态碳氢化合物,室温为纯气相	图1.17
					气+油	气态+液态	液气烃包裹体	气态碳氢化合物为主,室温下含有一个较大的气泡和少量的液体,均一时为气相	图1.18,图1.19
						气态+液态	气液烃包裹体	液态碳氢化合物为主,室温下含有一个较小的气泡和大量的液体,均一时为液相	图1.20
	无法均一化				液态烃（石油）	液态	液烃包裹体	液态一相碳氢化合物	图1.21,图1.22
						多液态+气态	多相气烃包裹体	含气相液相多相碳氢化合物	图1.23
						多液态	多相液烃包裹体	液态多相碳氢化合物	图1.24
						固态+液态	含沥青液烃包裹体	含沥青的液相碳氢化合物	图1.25
						固态+液态+气态	含沥青气液烃包裹体	含沥青的气相加液相碳氢化合物,且液相多于气相	图1.26,图1.27
						固态+液态+气态	含沥青气液烃包裹体	含沥青的气相加液相碳氢化合物,且液相少于气相	图1.28,图1.29
						固态+气态	含气液沥青包裹体	以沥青为主,含少量气相和液相液相碳氢化合物,且液相多于气相烃	
						固态+气态	含液气沥青包裹体	以沥青为主,含少量液相液相碳氢化合物,且液相少于多气相烃	
固态					沥青	固态	沥青包裹体	固体的沥青质（轻组分泄露烃包裹体）	图1.30

1.2.2.2 成岩包裹体

成岩包裹体是成岩过程中将地质流体捕获在成岩自生矿物（胶结物、交代矿物、重结晶矿物、孔缝充填矿物和次生加大矿物等）中的包裹体[8]或愈合在母岩矿物愈合缝中的次生包裹体。油气盆地研究重点是成岩包裹体。成岩包裹体按包裹体与赋存矿物形成先后关系又分成原生包裹体和次生包裹体两种。

（1）原生包裹体（primary inclusion）：是在矿物的结晶过程中被捕获的包裹体，与赋存矿物同时形成，能代表赋存矿物形成时的地质流体特征。沉积岩成岩矿物中的原生流体包裹体代表着成岩、成矿地质流体（或油气）的物理化学特征，变质矿物中的原生流体包裹体代表着变质残余流体的物理化学特征，岩浆矿物中的原生流体包裹体代表着岩浆残余流体的物理化学特征。

有人将沿晶面在晶体继续生长时封存形成的包裹体称为"假次生包裹体"（图1.31），这是一种外表分布特征上似愈合裂缝中分布的次生包裹体，但它属于原生包裹体，故不另设一类。

（2）次生包裹体（secondary inclusion）（图1.32）：是在矿物形成后，由于压力变化或构造运动等外力因素的影响，使晶体产生裂隙，当这些裂隙中捕获后期成矿介质并密封起来，即形成次生包裹体。次生包裹体不能反映赋存矿物形成时的地质流体物理化学特征，只能反映赋存矿物形成后孔缝愈合时的地质流体物理化学性质。沉积岩母岩矿物和成岩矿物中的次生流体包裹体能代表成岩、成矿地质流体（或油气）的物理化学特征，变质矿物中的次生流体包裹体能代表成岩期成岩地质流体物理化学特征，岩浆矿物中的次生流体包裹体能代表成岩期成岩地质流体物理化学特征。

参 考 文 献

[1] Burruss, R C, MAC. Short Course in Fluid Inclusions, Applications to Petrology, Toromto, Mineralogical Assoc[J]. Canada, 1981, 138-156.

[2] 卢焕章, 范宏瑞, 倪培. 流体包裹体[M]. 北京：科学出版社, 2004.

[3] 张鼐. 中华人民共和国石油天然气行业标准——沉积盆地流体包裹体显微测温方法. 国家能源局, 2011: 1-3.

[4] 卢焕章. 地幔岩中流体包裹体研究[J]. 岩石学报, 2008, 24（9）：1954-1960.

[5] 李霓, Nicole M（E）TRICH, 樊祺诚. 长白山天池火山千年大喷发岩浆含水量研究——熔融包裹体含水量的红外光谱测试[J]. 岩石学报, 2006, 22（6）：1465-1472.

[6] 于志超, 刘立, 曲希玉. 双辽火山活动与松辽盆地南部无机CO_2气藏的成因联系——来自火山岩中流体—熔融包裹体的证据[J]. 矿物岩石, 2011, 31（2）：96-105.

[7] 范宏瑞, 郭敬辉, 胡芳芳. 鲁东南岚山头超高压变质岩流体包裹体特征与板片折返史[J]. 岩石学报, 2005b, 21（4）：1125-1132.

[8] 李宏卫, 曹建劲, 李红中等. 油气包裹体在确定油气成藏年代及期次中的应用[J]. 中山大学研究生学刊（自然科学、医学版）, 2008, 29（4）：29-35.

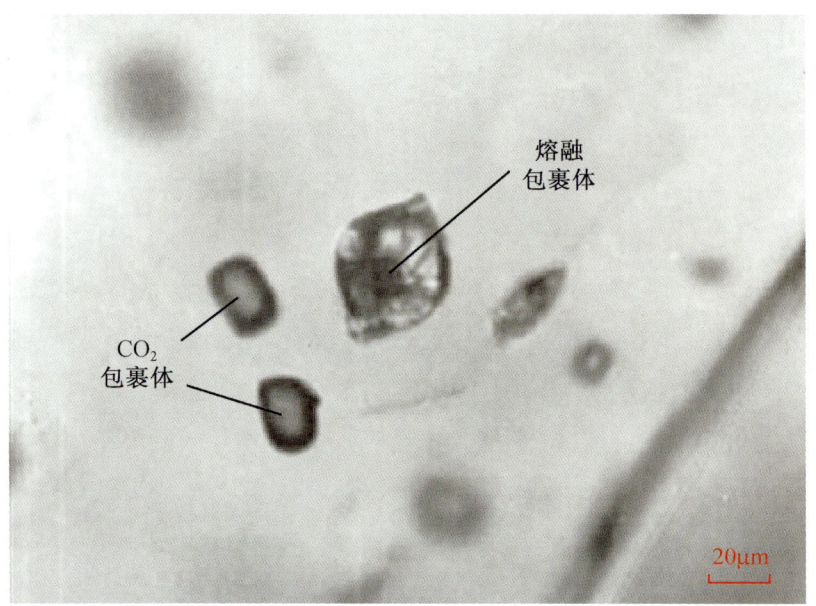

◆ 图1.1 菱形橄榄岩中的灰黑色岩浆残余气相CO_2包裹体,其旁边伴生有矩形灰色岩浆矿物气相包裹体。包裹体零星分布,气相包裹体呈矩形,岩浆矿物气相包裹体呈菱形。单偏光(引自卢焕章,2008)[4]

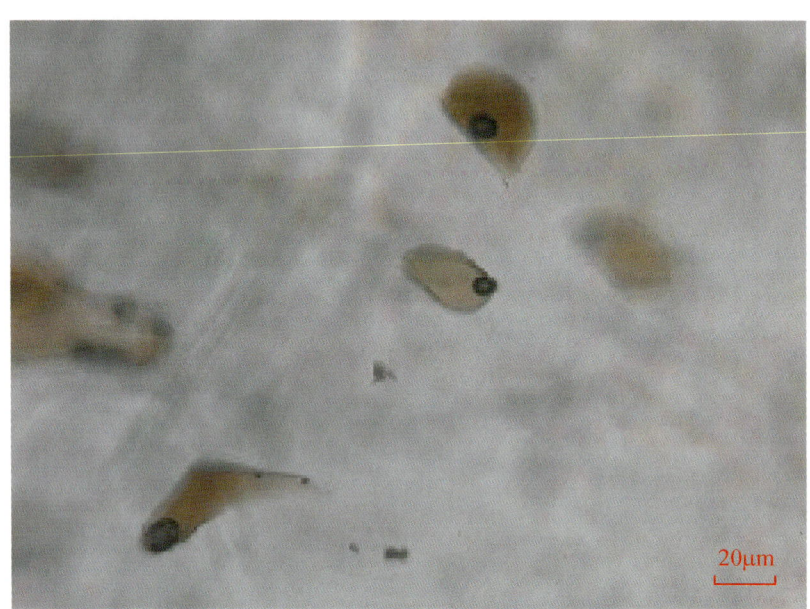

◆ 图1.2 碱性长石中的棕黄色岩浆残余气液盐水包裹体,液相呈现棕黄色,黑色气相紧靠包裹体壁。包裹体群体分布,形状多呈不规则形。单偏光(引自李霓等,2006)[5]

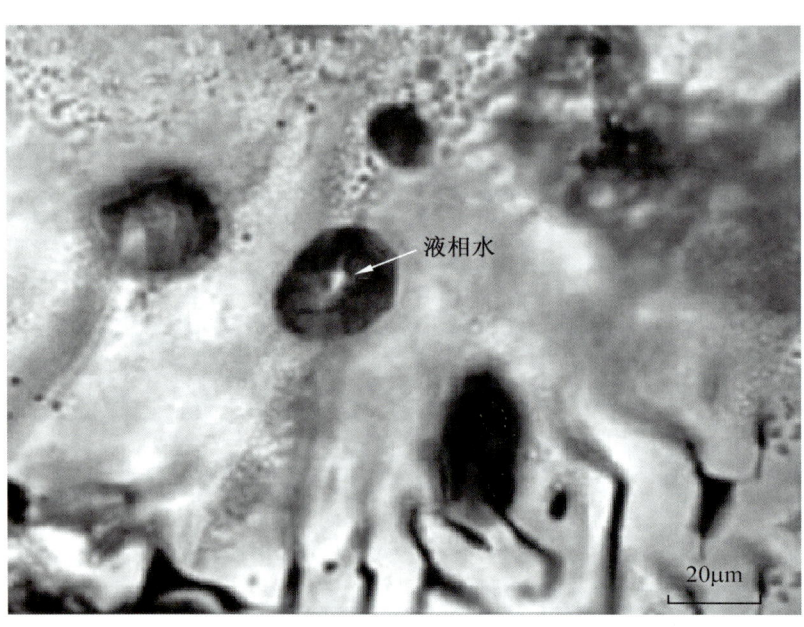

◆ 图1.3 不规则椭圆形橄榄石中的灰黑色岩浆残余液相盐水包裹体。岩浆残余液相盐水包裹体呈不规则椭圆状,大小不一,群体分布。单偏光(引自于志超等,2011)[6]

◆ 图1.4 不规则榴辉岩中的黑灰色变质液气包裹体，包裹体内部黑色气相为 CO_2，气泡周围灰色液相为 H_2O，该液气包裹体中气泡所占比例达到70%以上。液气包裹体周围伴生有黑色气态烃包裹体。液气包裹体呈不规则状，零星分布。单偏光（引自范宏瑞等，2005）[7]

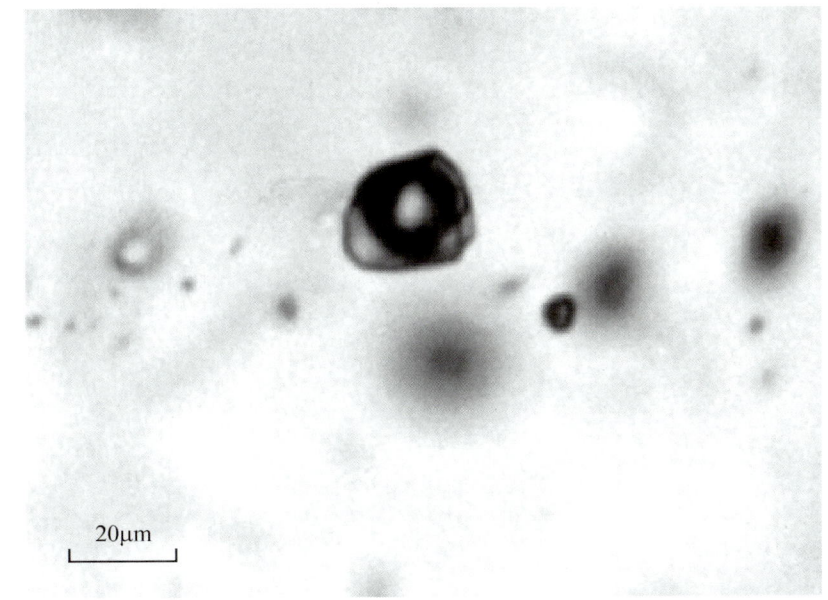

◆ 图1.5 含固体杂质气液盐水包裹体，包裹体呈方形，中心为黑灰色气泡，气泡中心明亮，向边缘过渡到黑色，明暗交界处还出现有灰色环晕；气泡周围为灰白色盐水液体；液体内部包裹体壁存在固体杂质和固态晶体。单偏光

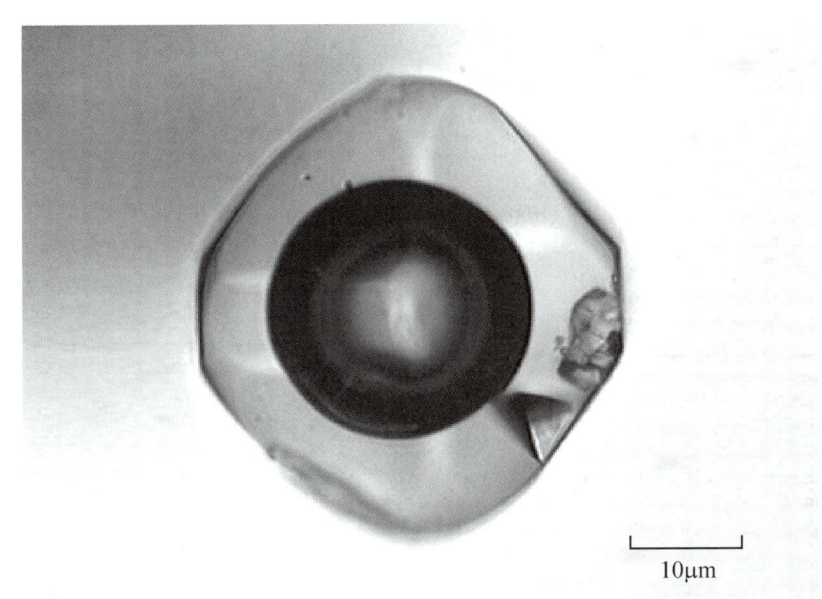

◆ 图1.6 菱形含子矿物气液盐水包裹体。包裹体内部右下角见灰绿色固态 NaCl 晶体，左上角为黑色气泡，其余部分被无色液态 $NaCl—H_2O$ 溶液充填。包裹体呈菱形。单偏光

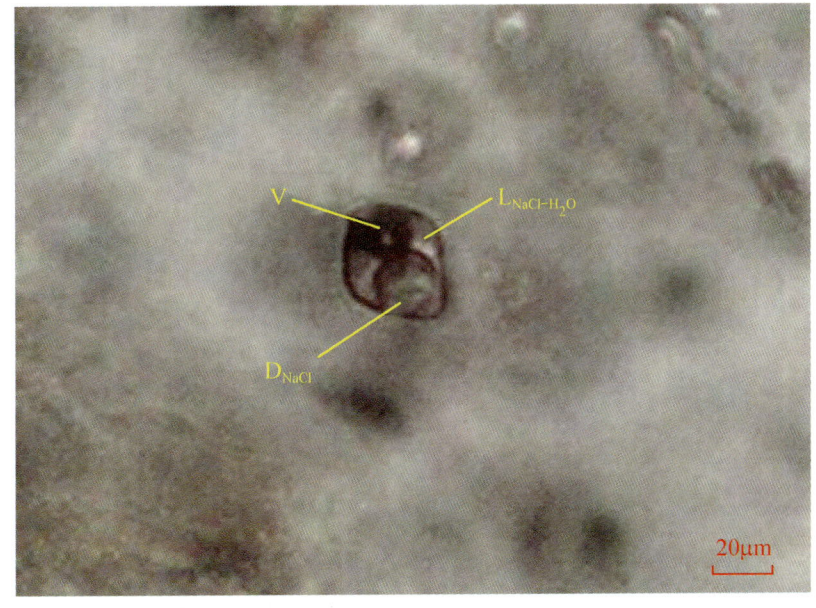

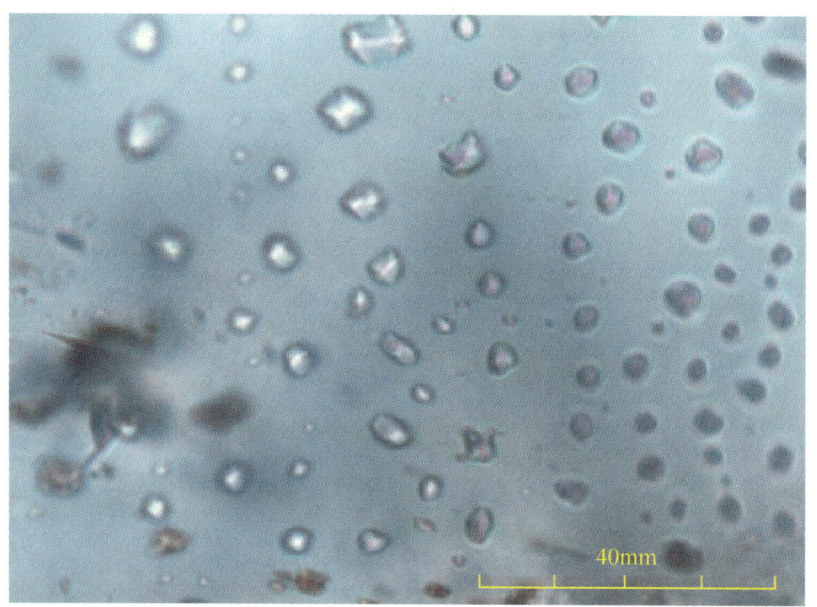

◆ 图1.7 方解石脉中的液相盐水包裹体,少部分盐水包裹体含有气泡,为气液盐水包裹体。盐水包裹体无色,大小相近,矩形,群体定向分布。左下角见同期的黄褐色液烃包裹体,也呈矩形,群体定向分布。哈902井,O_2y,6640.2m,单偏光

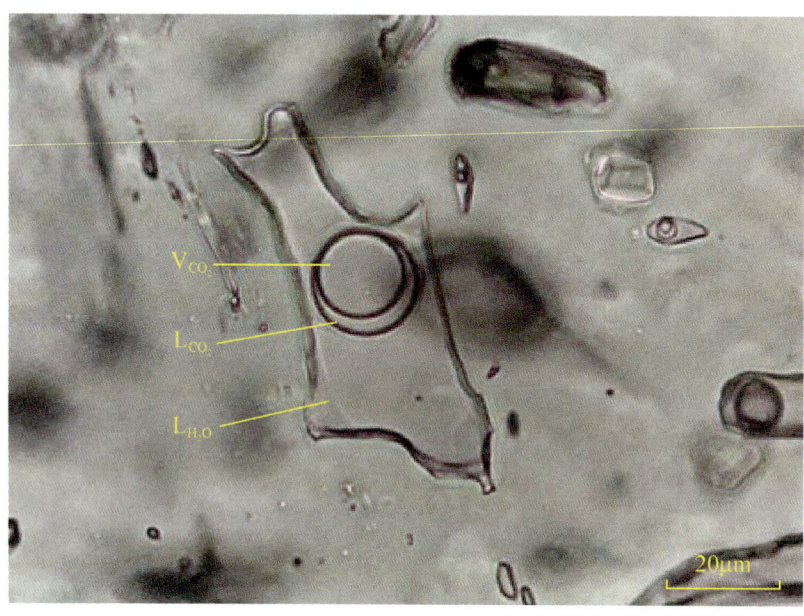

◆ 图1.8 不规则含CO_2液相盐水包裹体。包裹体内部明显存在两个相界面,从里到外为气态CO_2、液态CO_2和液态H_2O三种相。单偏光

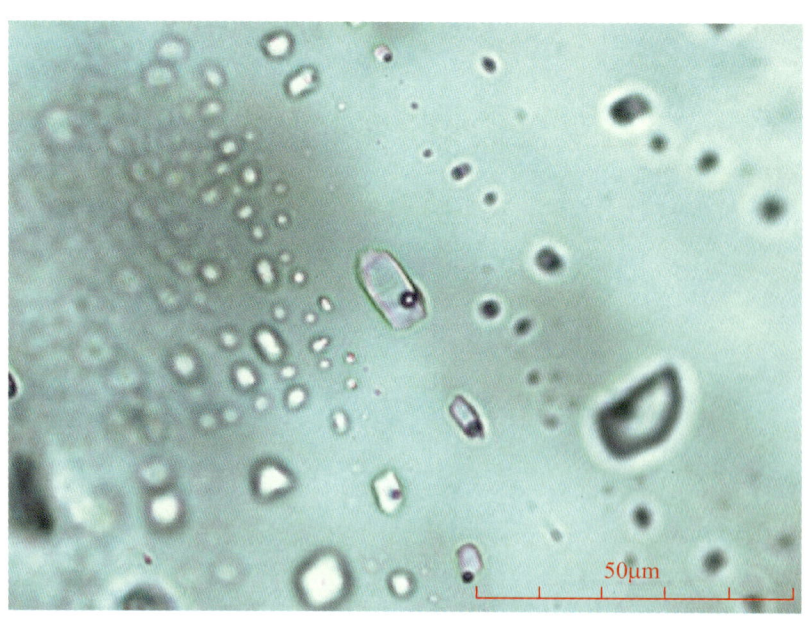

◆ 图1.9 萤石中无色气液盐水包裹体。视域左下侧的盐水包裹体为同时形成的,其大小不一,呈矩形,气液比较小,群体定向分布。视域右上侧的盐水包裹体与左下侧的盐水包裹体不同时形成,故其大小、形状都不一样。热普4井,O_3l,6749.52m,单偏光

◆ 图1.10 不规则液气盐水包裹体,气相为灰黑色、液相为无色,黑色气相在包裹体内部所占比例较大,约为65%,无色液相盐水占35%。此包裹体伴生有黑色气相包裹体、气液盐水包裹体、无色盐水包裹体。单偏光

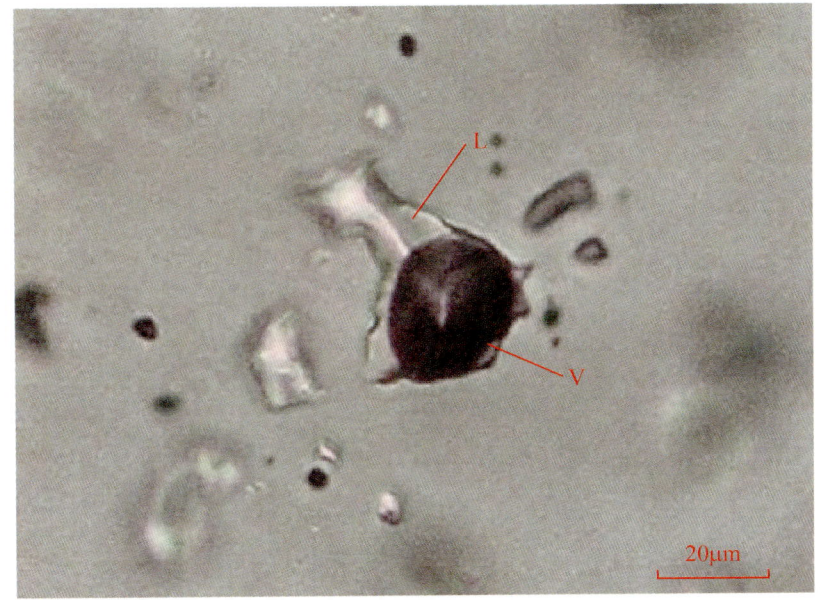

◆ 图1.11 赋存于方解石中的液相含烃盐水包裹体。包裹体为不规则状,红色箭头指示的是极浅黄色液态烃,气泡为灰白色,盐水为无色。新垦7井,O_2y,6923.31m,单偏光

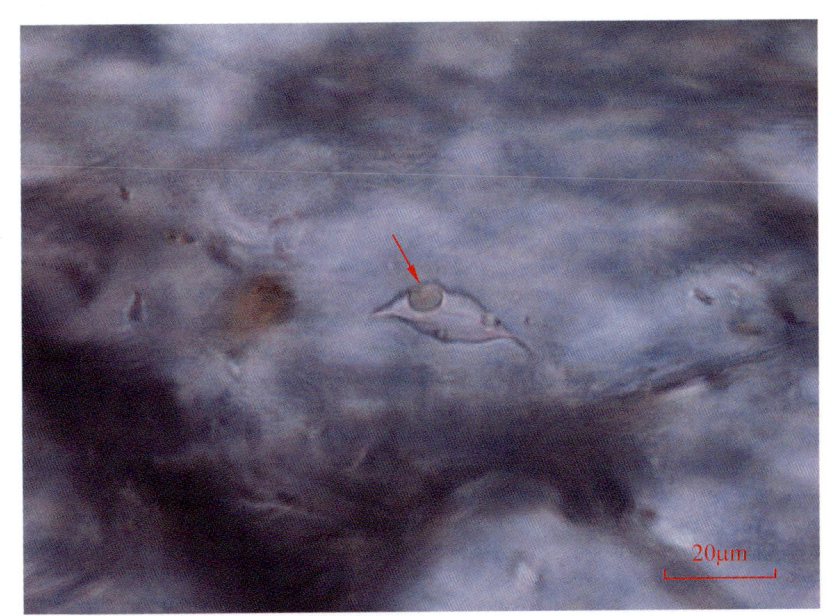

◆ 图1.12 方解石脉中灰色液气含烃盐水包裹体。包裹体呈矩形,黑色气泡为气相,在气泡周边有一圈亮白色为液烃,无色液相为盐水溶液。在视域右上方愈合缝内一组无色的气液烃包裹体。塔中45井,O_{1+2},6105m,单偏光

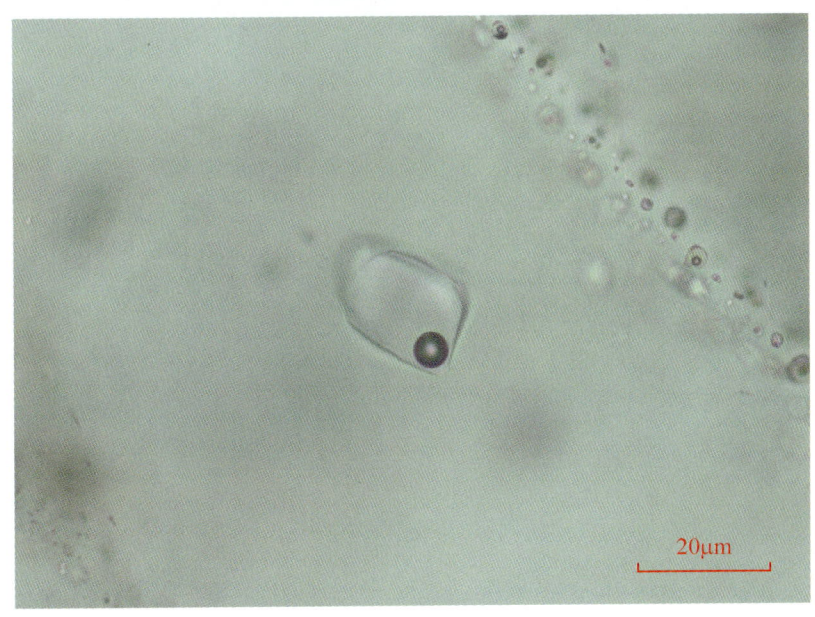

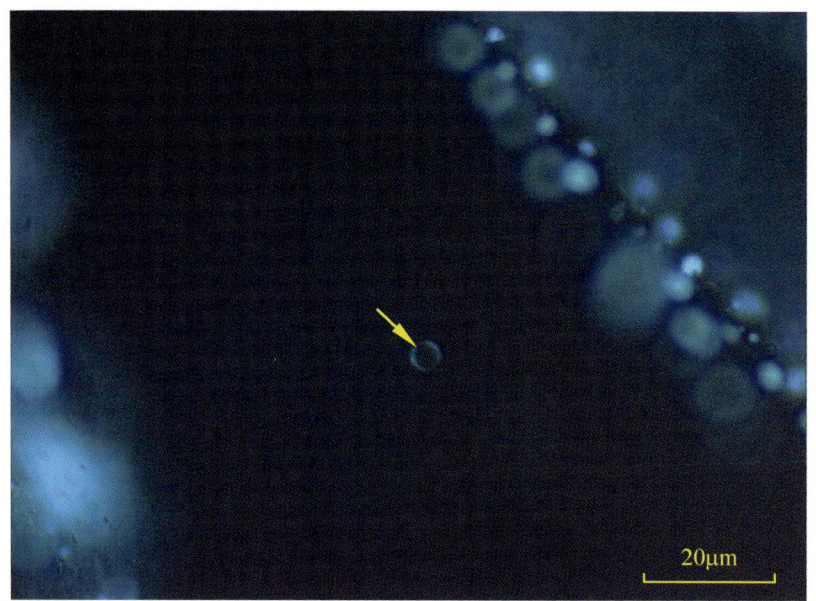

◆ 图1.13 图1.12中的包裹体在紫外荧光的照射下沿气态烃气泡边缘发弱蓝色荧光,说明该包裹体为气—液—液三相包裹体,气烃在最内层,其次为发蓝色荧光的液烃,最后为不发荧光的盐水溶液。在视域右上方愈合缝内一组无色的气液烃包裹体的液相发蓝色荧光。塔中45井,O_{1+2},6105m,紫外荧光

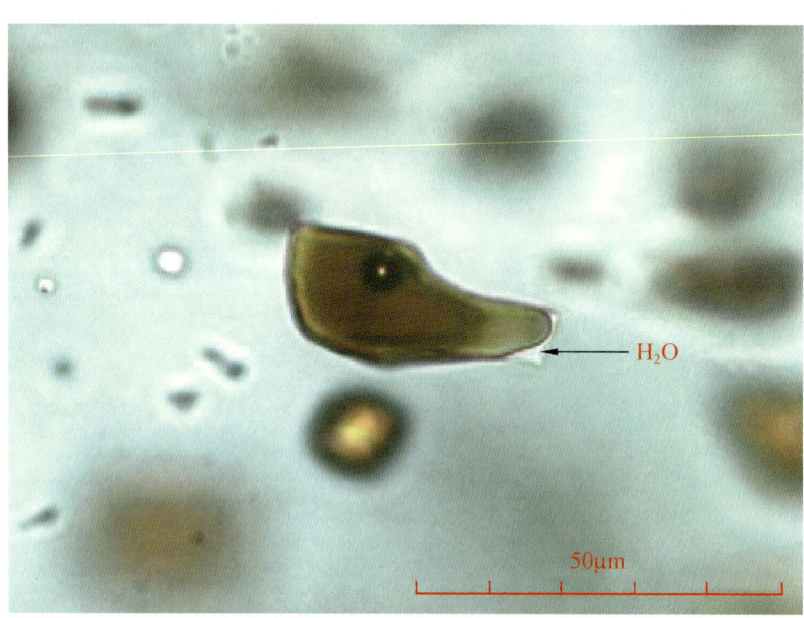

◆ 图1.14 赋存于萤石中褐色液气含盐水烃包裹体。包裹体呈不规则状。无色盐水溶液分布在包裹体右侧边沿处,含量较低;包裹体主要被褐色液态烃充填;黑色为气泡,气泡在液态烃中。热普4井,O_3l,6749.52m,单偏光

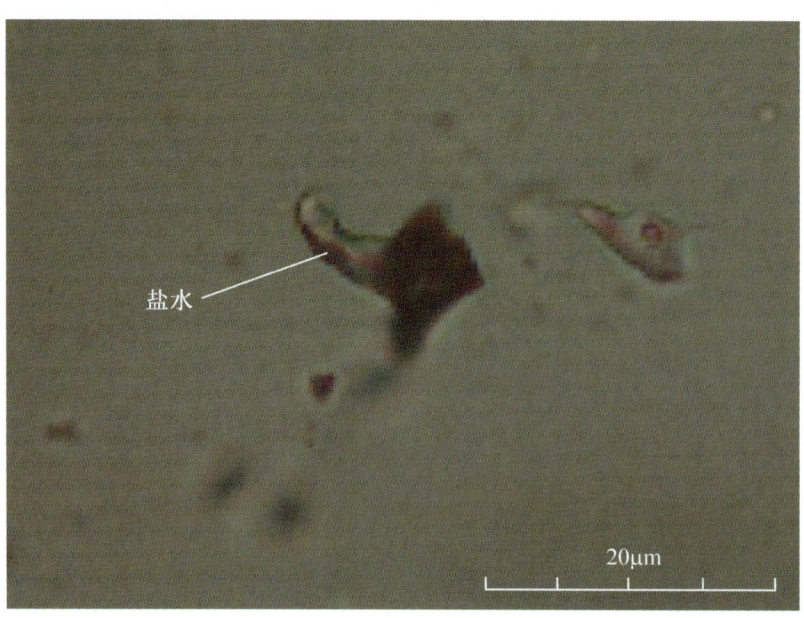

◆ 图1.15 赋存于石英中的灰黑色含盐水液烃包裹体。包裹体呈不规则状。该包裹体为液—液两相,黑色部分为液态烃,灰白色部分为盐水溶液。周围还能见到伴生的盐水包裹体(目标包裹体右侧)。阿克1井,K_2,3310.98m,单偏光

◆ 图 1.16　石英中灰黑色含盐水气烃包裹体，不规则状。少量盐水分布于包裹体右侧角落处；边缘为黑色、中心白色透亮是气烃部分。周围还能见到伴生的盐水包裹体（目标包裹体上侧），阿克 1 井，K_1，3330.41m，单偏光

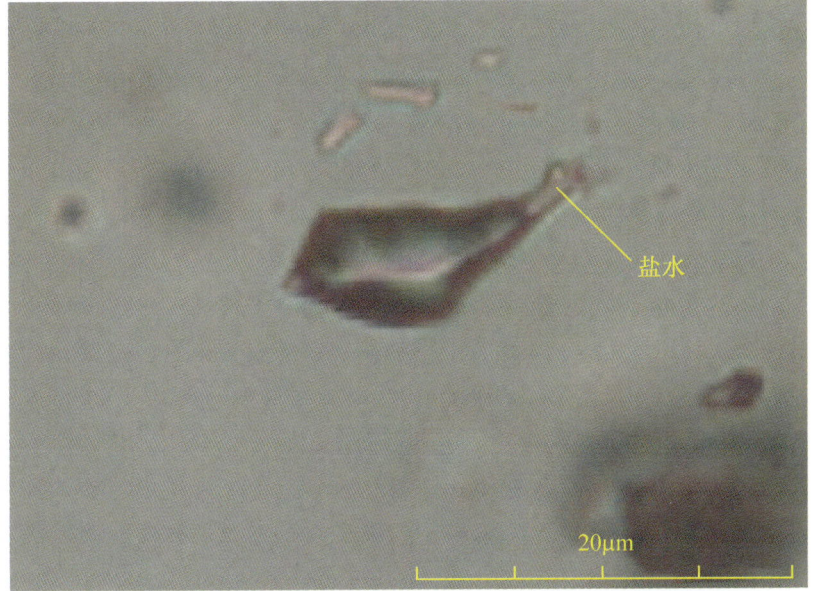

◆ 图 1.17　方解石愈合缝中灰黑色气烃包裹体，菱形。包裹体中心呈亮心。此包裹体周围还存在不规则状气烃包裹体、液气烃包裹体、盐水包裹体。英买 201 井，O，6015.8m，单偏光

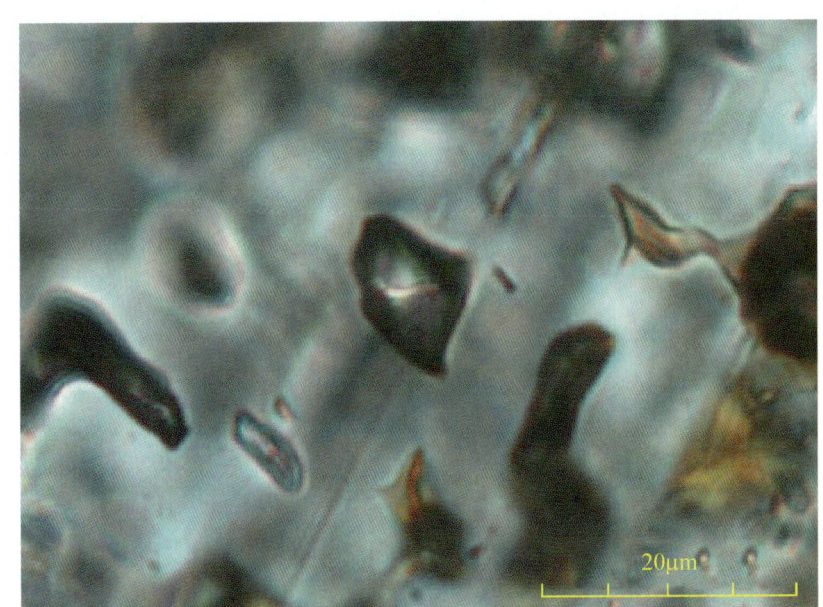

◆ 图 1.18　石英中的无色液气烃包裹体（视域中心和右上方两个包裹体），不规则状。包裹体气烃部分位于包裹体中心，占用包裹体体积超过 75%，无色周边带黑边；液烃部分呈无色。依南 2 井，J_1a，4899.63m，单偏光

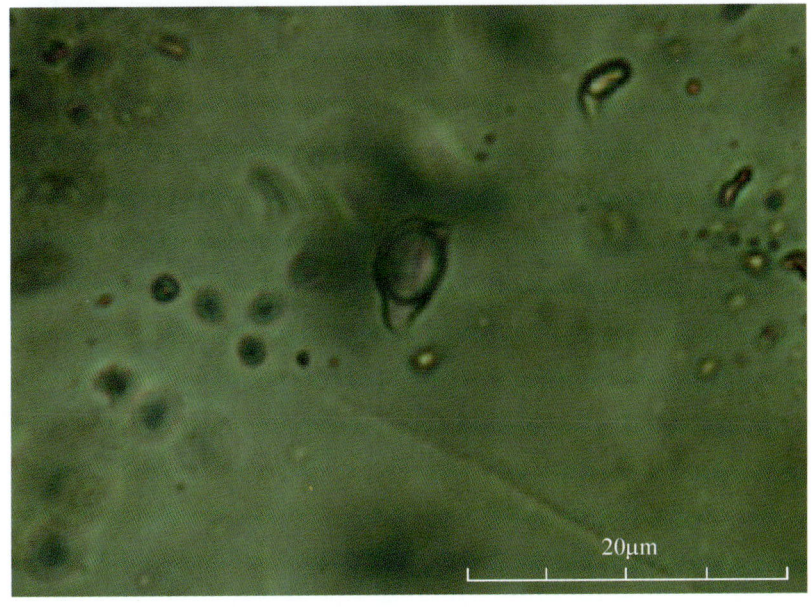

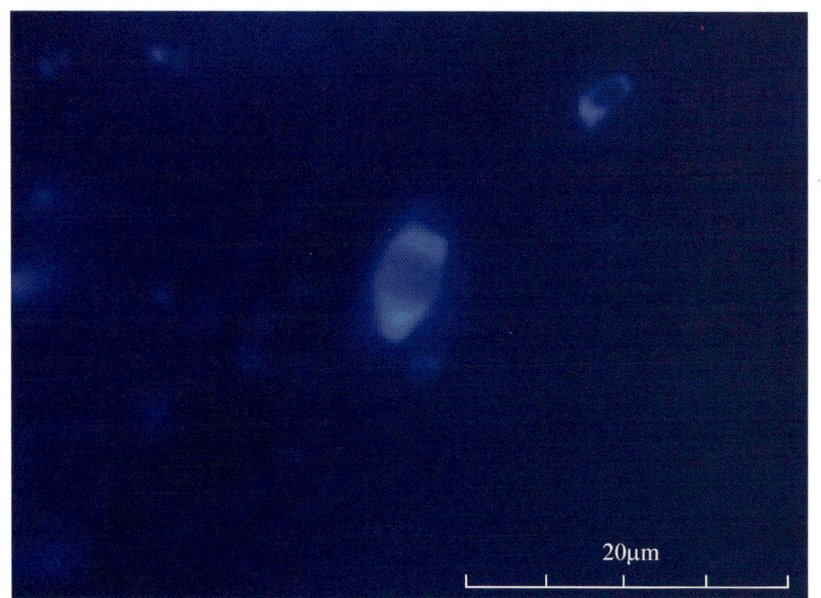

◆ 图1.19　图1.18中烃包裹体液相发弱蓝色荧光,中心气烃部分不发荧光。依南2井,J_1a,4899.63m,紫外荧光

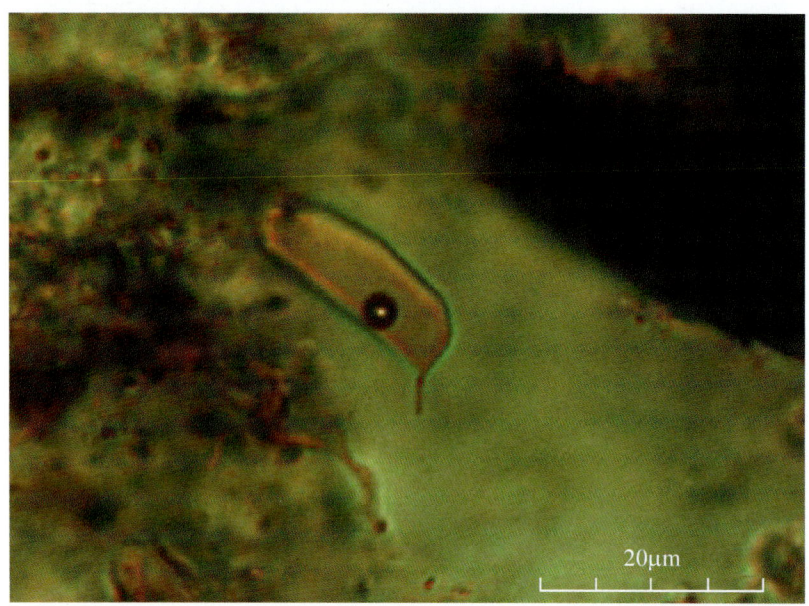

◆ 图1.20　赋存于白云石中褐黄色气液烃包裹体,长条状(长宽比例大于3)。内部黑色气烃中心透亮,液烃部分为褐黄色。英买201井,$O_{1+2}y_2$,6015.80m,单偏光

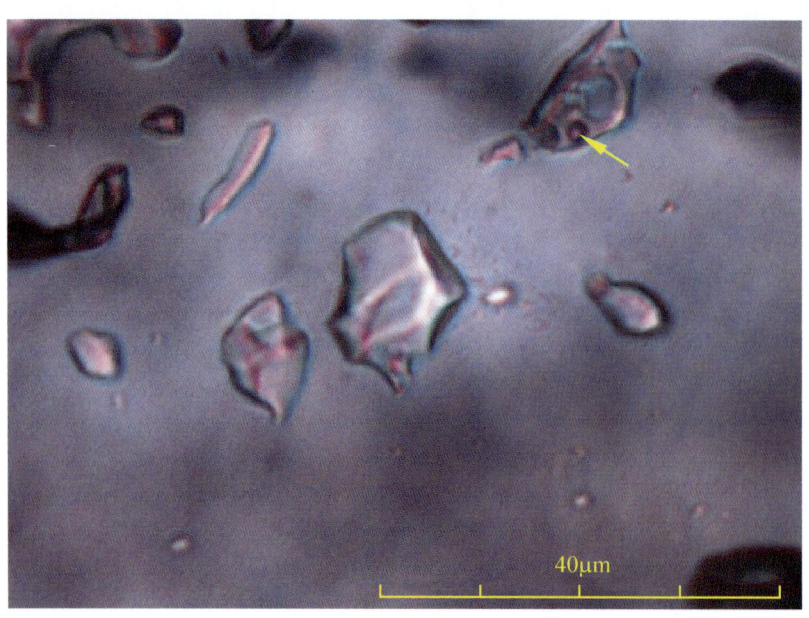

◆ 图1.21　方解石脉中浅粉红色液烃包裹体,不规则状,群体分布。图中还有气液烃包裹体(黄色箭头所指包裹体)、气烃包裹体(照片边上的黑色包裹体)。英买2井,$O_{1+2}y_1$,6053.02m,单偏光

◆ 图1.22 图1.21中液烃包裹体发亮蓝色荧光。气液烃包裹体液烃部分也发亮蓝色荧光,气体部分不发光。气烃包裹体发暗蓝色荧光(荧光是气烃包裹体壁少量的液烃所至)。英买2井,$O_{1+2}y_1$,6053.02m,紫外荧光

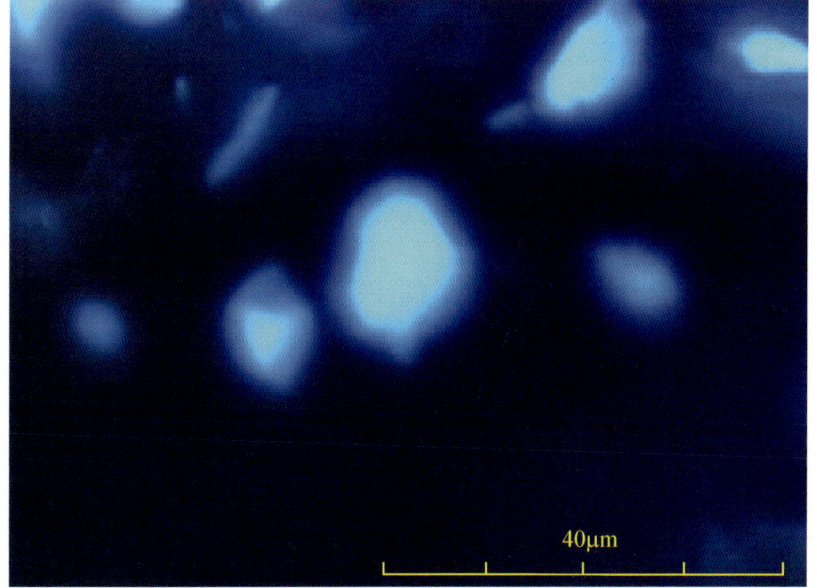

◆ 图1.23 方解石脉中的含气多相液烃包裹体,不规则状,零星分布。该包裹体内部存在三种相:气相烃、液相烃、液相烃。黑色气相烃分布于包裹体右下角,左上角为黄绿色液相烃,其余部分被另一种黄色液相烃充填。轮古5井,O,5442.67m,单偏光

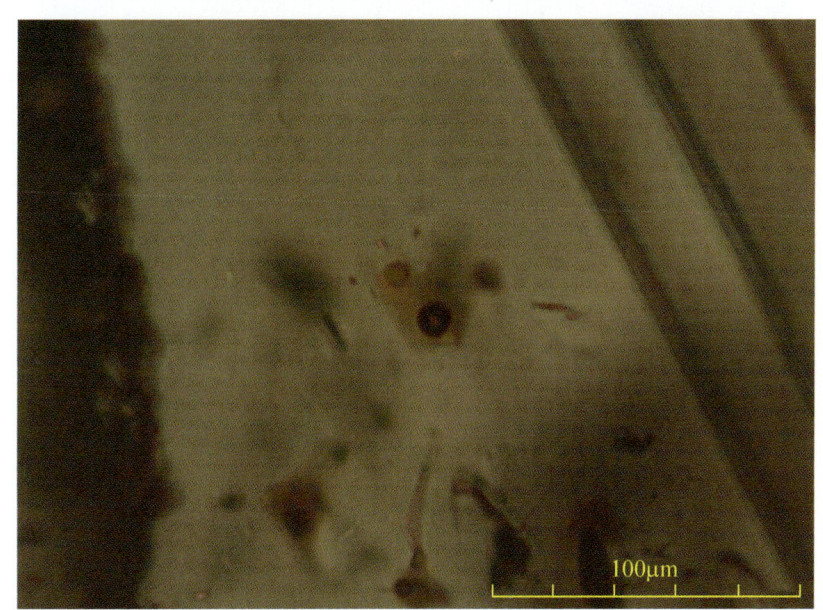

◆ 图1.24 方解石脉中的褐色多相液烃包裹体,不规则状,零星分布。照片中包裹体A为液—液两相烃包裹体,下部是褐色液态烃,上部是浅黄色液态烃。包裹体B为含沥青多相气液烃包裹体,右下部为黑色气烃,左上部靠近包裹体壁黑色部分为黑色沥青,剩余空间由褐黄色液烃和浅黄色液烃充填。新垦4井,6835.83m,单偏光

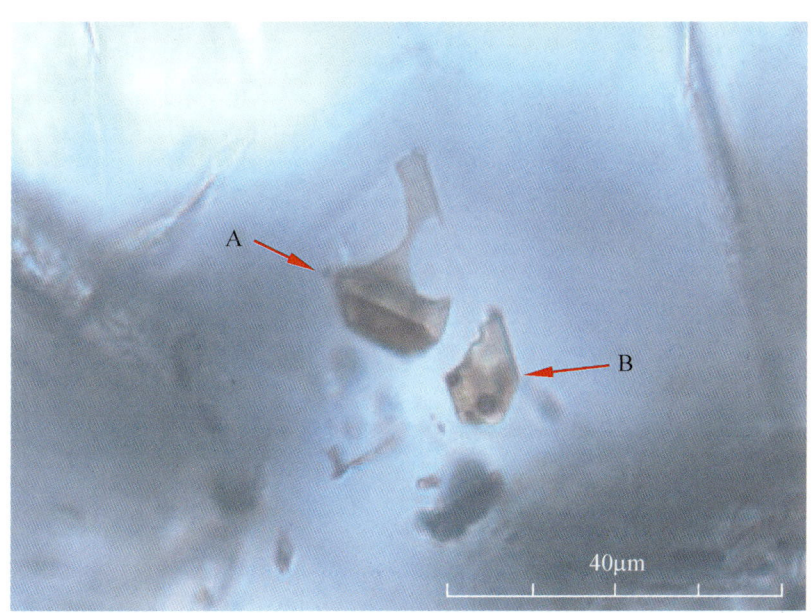

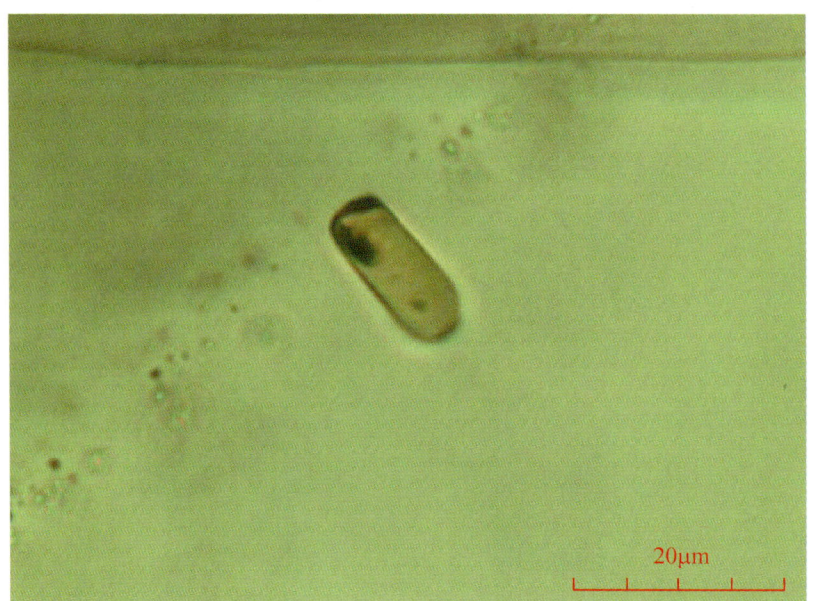

◆ 图1.25 白云石脉中的黄色含沥青液烃包裹体，整个包裹体呈矩形。黑色沥青分布于包裹体左上角靠近包裹体壁，液烃为黄色。塔中45井，6105m，黄色，单偏光

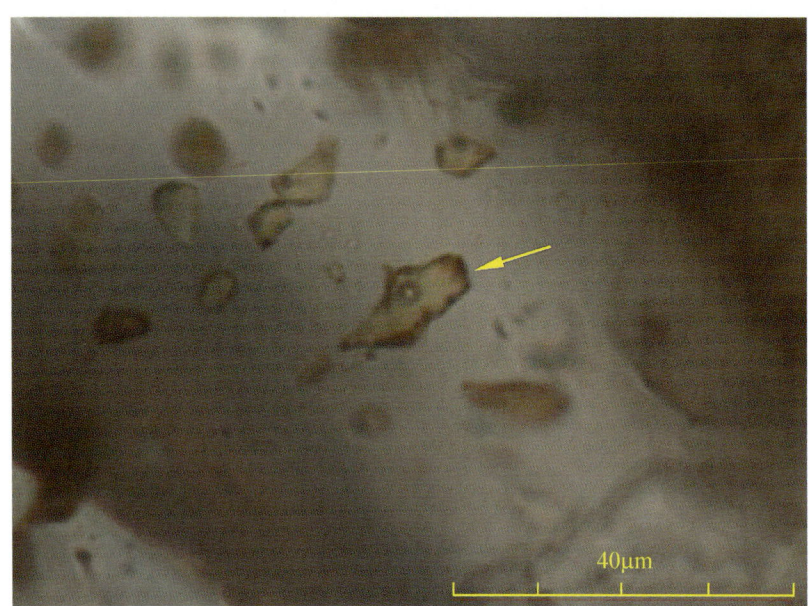

◆ 图1.26 愈合缝中褐黄色含沥青气液烃包裹体（黄色箭头所指），该包裹体存在气—液—固三种相态：气相烃形成灰色气泡分布于包裹体中心，液相烃为黄色，褐黑色固体沥青断续分散分布于包裹体壁。在含沥青气液烃包裹体周围还伴生有含沥青液烃包裹体。哈902井，O_2y，6650.55m，单偏光

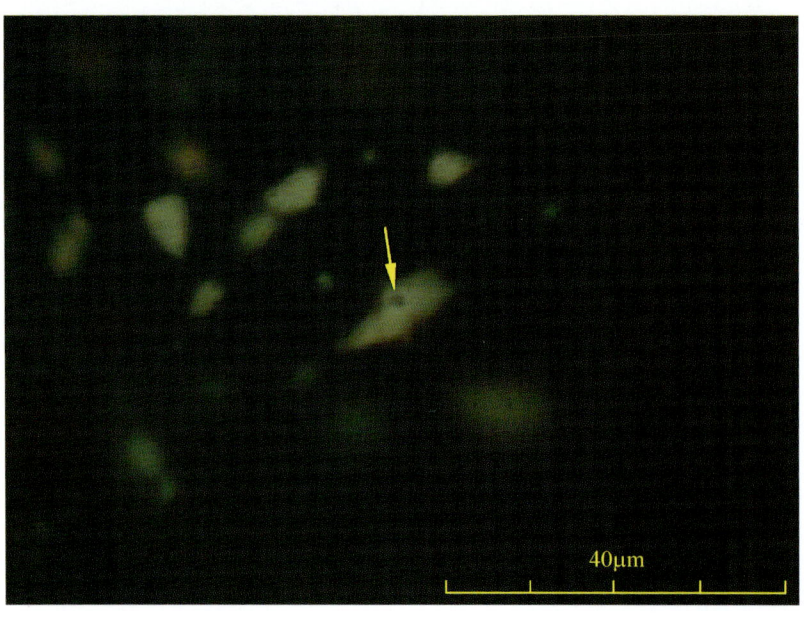

◆ 图1.27 图1.26中含沥青气液烃包裹体（黄色箭头所指），烃包裹体液相发中等亮黄绿色荧光，沥青发暗褐色荧光，气相部分不发荧光。紫外荧光

◆ 图1.28 方解石脉中含沥青液气烃包裹体(红色箭头所指),不规则形。黑灰色气烃占绝对优势,气液比约占70%;液烃有两部分:一是褐色,二是无色(左上角);沥青为黑色粉点分散在包裹体壁上。包裹体左上角的扇形裂口,是包裹体发生过破裂后泄漏的痕迹,这类包裹体成分上可能已有变化,为变形包裹体。新垦4井,O_2y,6839.60m,单偏光

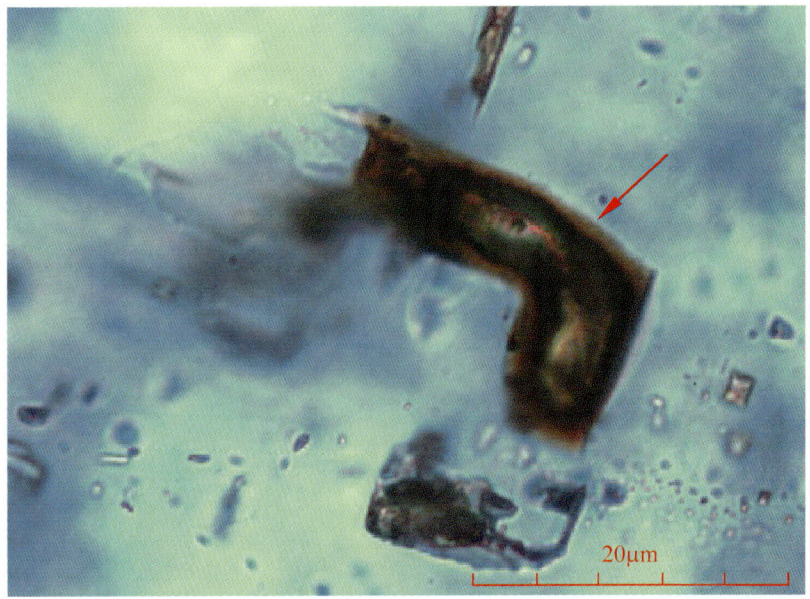

◆ 图1.29 图1.28中烃包裹体扇形缺口内无色液烃发蓝色荧光,褐色液烃发黄褐色荧光,沥青发黑色荧光,气相部分不发荧光(气相部分的蓝色是透过赋存矿物的荧光下特征)。赋存矿物方解石发蓝色荧光。新垦4井,O_2y,6839.60m,紫外荧光

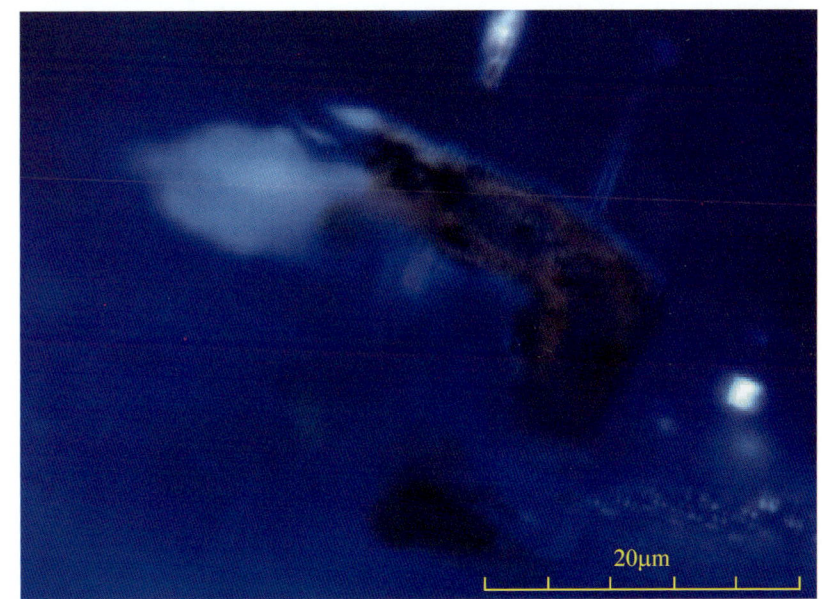

◆ 图1.30 方解石中含液烃沥青包裹体,不规则状,零星分布。其中包裹体壁发黑色荧光的是沥青质,发暗土黄色荧光的是液相烃,包裹体中沥青部分占主导。哈902井,O_2y,6647.32m,紫外荧光

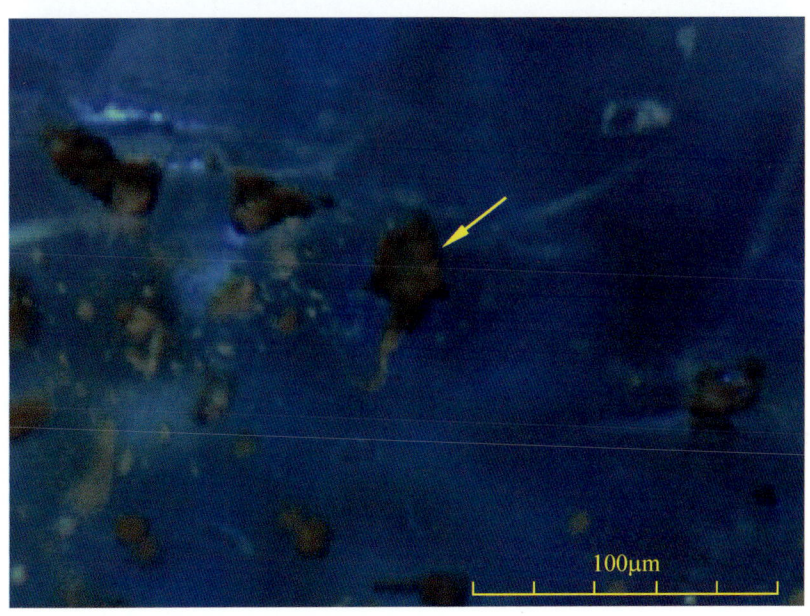

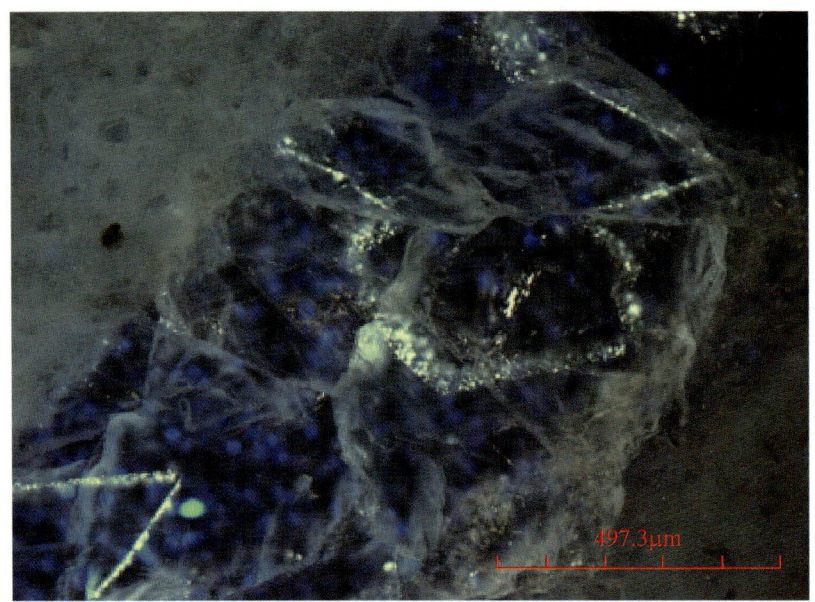

◆ 图1.31 方解石脉中发黄色荧光的原生烃包裹体,发黄色荧光烃包裹体沿晶体菱形生长面分布,呈菱形环状,保持晶体生长形态。轮南48井,O,5301.71m,紫外荧光

◆ 图1.32 愈合缝中的发褐色和蓝色荧光次生烃包裹体,发褐色和蓝色荧光烃包裹体呈串珠状分布,并穿过矿物颗粒,显示矿物形成后因构造原因产生穿过晶体的裂纹,后期油气充注被捕获其中,再后裂缝愈合而形成次生烃包裹体。解放127井,O_{2-3},5439.71m,紫外荧光

2 塔里木盆地寒武系—奥陶系碳酸盐岩储集层烃包裹体显微特征

烃包裹体的分布、形状、大小、相态、气液比、颜色、荧光、产状等特征都要借助于单偏光显微镜或荧光显微镜来观察,故称为烃包裹体显微特征。

2.1 烃包裹体的识别

在单偏光显微镜下烃包裹体液相通常有颜色,荧光下发荧光,这是识别烃包裹体的重要显微依据。烃包裹体多在10μm左右,一般观察顺序为:(1)先在20倍物镜下找烃包裹体;(2)再在50倍物镜下仔细观察烃包裹体特征;(3)后用低倍镜(如5倍物镜)确定其岩相特征;(4)最后用1~2.5倍物镜确定烃包裹体赋存脉体或缝隙特征。

2.2 烃包裹体的大小

烃包裹体为立体物质,其大小应是三维的,但在显微镜下是对烃包裹体的二维平面大小描述,单位用μm。有两种表示方法:一是测烃包裹体的长径(图2.1),二是将烃包裹体短径和长径一起表示"短径×长径"(图2.2)。

2.3 烃包裹体的形状

一般直接根据烃包裹体平行薄片的平面几何外形来描述烃包裹体二维形状。

(1)圆形(图2.3):为标准圆形或X、Y二轴方向近相等、外缘圆弧状的烃包裹体形状。在Z轴方向长度等于或不等于X、Y轴长度。

(2)椭圆形(图2.4):为X轴长度不等于Y轴长度、外缘圆弧状的烃包裹体形状。在Z轴方向长度等于或不等于X或Y轴长度。

(3)正方形(图2.5):为标准方形或X、Y二轴方向近相等、外缘近平直的烃包裹体形状。在Z轴方向长度等于或不等于X、Y轴长度。

(4)矩形(图2.6):为X、Y二轴方向不相等、外缘近平直的烃包裹体形状。在Z轴方向长度等于或不等于X或Y轴长度。

(5)菱形(图2.7):两个对角线不等长的四边形。

(6)三角形(图2.7):烃包裹体外缘有三个角三个边组成,可为任意三角形。

(7)长条形(图2.8):为X轴长度大于3倍Y轴长度的长条状烃包裹体。

(8)不规则形:外形不规则状(图2.9—图2.11),这种形状烃包裹体占大多数。有时也依据不规则形的外形轮廓较近于以上哪种几何类型而组合成复合名称,如不规则圆形(图2.12)、不规则椭圆形(图2.13)、不规则方形(图2.14)、不规则矩形(图2.15)、不规则三角形(图2.16)。

2.4 烃包裹体的颜色

2.4.1 烃包裹体液相颜色

大多数烃包裹体的液相在显微镜偏光下具有颜色,主要有6种色调:褐色、红色、黄色、无色、灰色、黑色及其过渡色,颜色有浅有深,无色烃包裹体可再用荧光加以区别。对塔里木盆地寒武系—奥陶系碳酸盐岩储集层多期烃包裹体观察发现,以上几种烃包裹体颜色都有出现,但以褐色调(褐色和黄褐色)、黑色和无色为主,少量黄色,偶见有红色和灰色(表2.1)。

表2.1 塔里木盆地碳酸盐岩储集层中烃包裹体液相显微镜偏光下颜色统计

包裹体液相颜色	黑色	无色	褐色(深褐色、浅褐色)	黄褐色(褐黄色)	灰色	红色(粉红色)	黄色(浅黄色)
样品个数	1137	774	163	35	15	7	6
所占比例(%)	53.21	36.22	7.63	1.64	0.70	0.33	0.28
图例	图2.17、图2.18、图2.21	图2.18—图2.20、图2.22	图2.21—图2.24	图2.25、图2.26	图2.18、图2.19	图2.28、图2.29、图2.23	图2.29—图2.33

2.4.2 烃包裹体颜色的影响因素

影响烃包裹体颜色的原因较多,普遍认为烃包裹体的颜色与内部捕获的烃类(原油)成分有关。

(1)轻质油颜色较浅,重质油颜色较深。

(2)杂环原子越多(N、S),颜色越深。通常氮(N)元素的颜色相关性大于硫(S)元素。

(3)金属元素含量与颜色呈正相关性。

(4)烃包裹体颜色与原油中显色基和助色基含量和吸光度有关。黑色烃包裹体中的显色基和助色基含量可能会比较高,但是并不代表黑色烃包裹体中显色基和助色基含量一定高,也取决于这些基团的吸光度大小。当原油的颜色不是黑色时,说明显色基和助色基含量低或吸光度小,只能吸收部分可见光。

(5)胶质和沥青质含有绝大部分形成颜色的基团(显色基和助色基)——苯环、杂环,有更多的显色基和助色基,所以导致烃包裹体颜色较深。

(6)烃包裹体垂向厚度与颜色关系。烃包裹体的颜色既与其烃组分有关,也受包裹体Z轴方向厚薄、薄片厚度、光的折射效应等外界因素影响。同一期烃包裹体,当烃包裹体在Z轴方向厚度极薄,会使颜色较浅,如有些烃包裹体由于相对视线方向的厚度太小,虽然含有能发光的高分子碳氢化合物,但看不到颜色,这是由于烃包裹体中石油对透射光的吸收性差,因而颜色很淡其至无色。

(7)在高倍镜下(600~1000倍)观察包裹体的颜色时要特别小心,因为放大倍数高时会产生虚假颜色或晕色。

2.5 烃包裹体的荧光

在紫外光照射下,石油中某些物质内部的光能基团(生色团)可被激发产生荧光。在原油族组成中,含量较多的纯饱和烃化合物不发荧光;含有共轭双键,共轭度越大的基团被激发产生荧光[1],如共轭双键的芳香烃发强荧光,其荧光波长主要集中在紫、蓝、绿短波区,再如非烃类其荧光波长主要集中在黄和红光区;一般族组成中沥青质的荧光很弱,荧光主要为褐色。原油的荧光性取决于原油中芳香烃、非烃、沥青质的含量与结构特征。

烃包裹体荧光性描述:强度+荧光色,如果发光色是过渡色,次色调在前主色调在后,如发强黄色荧光、发弱黄褐色荧光等。

根据紫外荧光颜色统计(表2.2),塔里木盆地烃包裹体液相主要发黄色(图2.26、图2.31、图2.34)、蓝色(图2.9和图2.35)、黑色(图2.36—图2.40)、褐色(图2.41—图2.45)、白色(图2.46—图2.48)荧光,少量发红色(图2.49、图2.50)、杏色(图2.51、图2.52)荧光,以及过渡色。发光强度分发强荧光(图2.31)、发中等荧光(图2.26)和发弱荧光(图2.42),说明塔里木盆地烃包裹体成熟度以中—高等成熟为主。

发黑色荧光的烃包裹体与不发荧光的盐水包裹体的区别:盐水包裹体一般不发荧光,荧光下它们与赋存矿物融为一体(无边界)(图2.53、图2.54);发黑色荧光的沥青包裹体与赋存矿物有明显边界(图2.55、图2.56),沥青包裹体呈完全不透的黑色,而赋存矿物呈半透不透的灰黑背景或发一定荧光。气烃包裹体也不发荧光(图2.57、图2.58),但多数气烃包裹体在其包裹体内缘外围见一点荧光和(或)黑色荧光,向中心部位会有一点透亮之感,与赋存矿物有明显边界线。

表2.2 塔里木盆地碳酸盐岩储集层中烃包裹体液相紫外荧光颜色统计

包裹体荧光色	黄色系	蓝色系	黑色系	褐色系	白色系	绿色系	红色系	杏色系
薄片数(个)	717	350	314	88	11	3	1	1
比例(%)	48.28	23.57	21.14	5.93	0.74	0.20	0.07	0.07

2.6　烃包裹体的相态

烃包裹体是一个封闭体系,相是体系中物理和化学性质均匀的物质部分[2],相态研究一直是烃包裹体研究的重点,如测试均一温度、冰点温度、相平衡、相律等。但并不要求包裹体中一个相在化学上是单一的,即一个相可含一种或多种物质,如含 H_2O(蒸汽)、CO_2、CH_4、N_2 的气体混合物和 $NaCl—H_2O$ 溶液。当然在包裹体中一种物质也可以有多个相,如 H_2O 有固相冰、液态水和水蒸气三种相。在包裹体中相与相之间有明显的界面,一定条件下不同相之间可以相互转变,称之为相变。烃包裹体相态有单相、两相和多相之分。

2.6.1　单相烃包裹体

常温常压下有单一气相烃包裹体、单一液相烃包裹体、单一固相烃包裹体。室温下由气体充填包裹体整个空腔称为气烃包裹体,单偏光镜下气烃包裹体一般呈黑灰色、灰色、黑色,多在气泡的中心处微透亮(图2.57—图2.59),在荧光下,其光学变化一般不清楚;如有变化,其透亮处的干涉色变化与主矿物的变化相同(图2.58)。室温下由单一液态原油充填的烃包裹体为液烃包裹体,液烃包裹体多带色,主要有黑色(图2.60)、褐色、黄色(图2.61、图2.62)、粉红色或无色(图2.63)系列。固相烃包裹体的固体部分为沥青质,多由包裹体轻质组分流失而造成沥青质残留,一般为黑色(图2.64)、褐黑色(图2.64、图2.65)、深褐色(图2.66)。

2.6.2　两相烃包裹体

两相烃包裹体主要包括气液相、液液相、液固相三种类型,其中气液两相烃包裹体在烃包裹体相态中最为普遍。因为在埋深成岩作用捕获的烃包裹体是有高于地表的温度和压力,在室温下由于温度压力的降低,原本均一的烃包裹体流体通常会出现气液分离,形成气液两相烃包裹体。气—液烃包裹体中,气相一般呈圆球形气泡,与液相的界限是一个黑圆圈。当烃包裹体中气相所占比例较大且受到包裹体自生形状限制时多呈椭圆状(图2.67、图2.68),气泡颜色有黑色(图2.69)、黑灰色(图2.70)、灰色(图2.71、图2.72)、褐色(图

2.73）、极浅红色（图2.74、图2.75），以灰黑色为主。液液相烃包裹体主要指油—水包裹体（图2.76）和油—油包裹体（图2.77）。液固两相烃包裹体多由液相油经物理化学分异产生固相沥青，固相沥青多分布在烃包裹体壁上，当然也不排除液相油在包裹时有杂质进入（图2.51、图2.52）。

2.6.3　多相烃包裹体

包裹体内部存在三种或三种以上相态的烃包裹体称之为多相烃包裹体。该类包裹体形成有两种情况：（1）均一的流体在捕获后经压力、温度等变化发生物理化学反应分异出气液固等不同相态；（2）非均一流体被捕获。

含液烃气液盐水包裹体（图2.78、图2.79）和含盐水气液烃包裹体（图2.80、图2.83）是三相流体包裹体最常见的。其次是有两个液相烃的气液液烃包裹体（图2.84、图2.85）、含沥青气液烃包裹体即气液固三相烃包裹体（图2.86、图2.88）、有晶体生成的气液烃包裹体（图2.89）。最后还存在一种含盐水气液固四相烃包裹体（图2.90）。

对于气、油、水三相包裹体，油含量多于水时，原油和水各占烃包裹体的一边，气泡多位于油部分（图2.80）；当油少水多时见油呈环形围绕着气泡（图2.78），但也有油珠与气各在一方的（图2.82）。

2.7　烃包裹体的赋存状态

烃包裹体的赋存状态是指在赋存矿物中的聚集状态和排列方式。聚集状态是指烃包裹体在赋存矿物中的数量，有单个烃包裹体独立分布在赋存矿物中的，有几个烃包裹体零星分布在赋存矿物中的，有很多烃包裹体群体分布在赋存矿物中的。而当一晶体矿物中含多个烃包裹体时，又有规则和不规则排列之分。

（1）孤立分布（图2.91、图2.92）：一个晶体矿物中只见到单个烃包裹体。

（2）零星分布（图2.93、图2.94）：几个烃包裹体不规则地分散在一个晶体矿物中。

（3）串珠状分布：烃包裹体在近一条"线"上——排列，烃包裹体的长轴可能沿着"线"方向定向（图2.95、图2.96），也可能不定向（图2.97、图2.98）。这种分布方式的烃包裹体多是在愈合缝中形成，是薄片面垂直含烃包裹体愈合微裂缝面而造成的。

（4）群体定向分布：无数烃包裹体沿着一个方向成片分布，烃包裹体的长轴多沿着"片"长轴方向定向（图2.99、图2.100），少数情况烃包裹体的长轴沿着"片"长轴方向不定向（图2.101）。这种分布方式的烃包裹体多是在愈合缝中形成，是薄片面不垂直含烃包裹体愈合微裂缝面而造成的。

（5）群体分布（图2.9、图2.36）：无数烃包裹体无规则的或杂乱无章的分布在一个晶体赋存矿物中，烃包裹体的长轴多无定向性，有时烃包裹体大小、形状也不统一。

（6）环带状分布：在一个晶体矿物中烃包裹体呈一圈或半环状分布，烃包裹体环带形状可与晶体晶形相似（图2.102），也可与颗粒外形相似（图2.103、图2.104），前者多是晶体生长过程中捕获的，后者是晶体形成后再加大时捕获的。

参 考 文 献

［1］刘德汉,卢焕章,肖贤明. 油气包裹体及其在石油勘探和开发中的应用［M］. 广州：广东科技出版社，2007.

［2］卢焕章,范宏瑞,倪培等. 流体包裹体［M］. 北京：科学出版社，2004.

◆ 图2.1 赋存于方解石脉中的液气烃包裹体,孤立分布。该烃包裹体呈方条形,长度为宽度的3倍,长径为44.88μm。液相部分呈褐色,黑褐色气相部分占90%,属大气液比烃包裹体。新垦4井,O_2y,6841.3m,单偏光

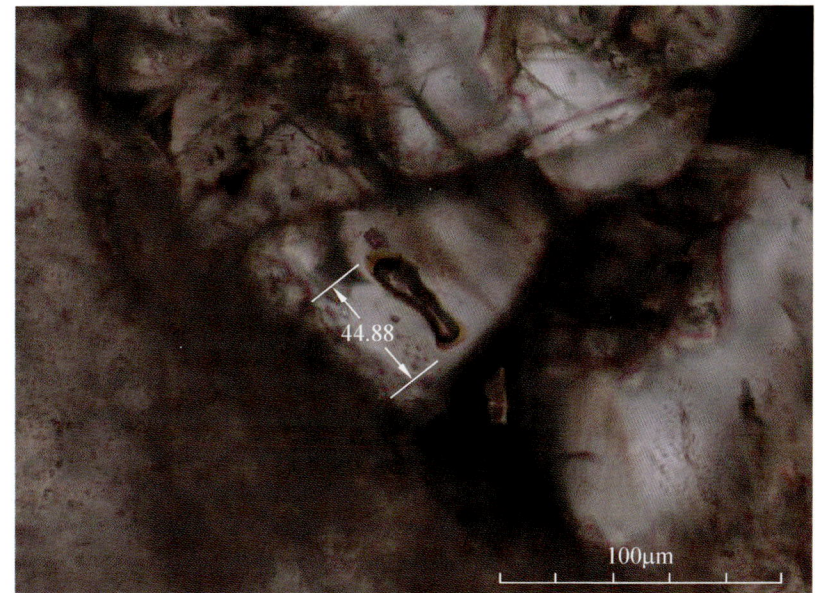

◆ 图2.2 赋存于方解石胶结物中气液烃包裹体,孤立分布。该烃包裹体呈矩形,短径和长径为20.72μm×41.78μm。烃包裹体液相近无色,气相为黑色。迪那201井,E—K,5195.58m,单偏光

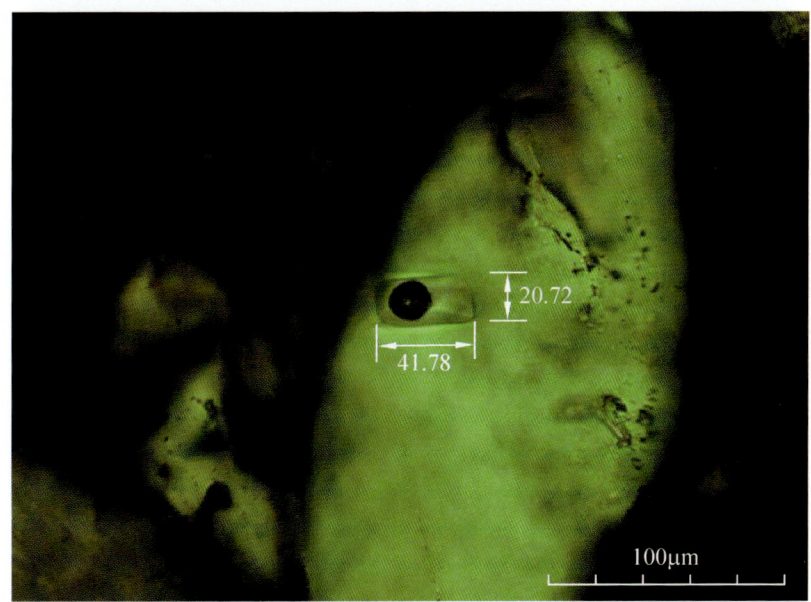

◆ 图2.3 外形呈圆形的气液烃包裹体,孤立分布。气液比约为40%,单偏光烃包裹体液相为浅黄色,气相为边部黑中心亮的灰黑色。赋存于石英胶结物中。柯东101井,K_2k,2967.23m,单偏光

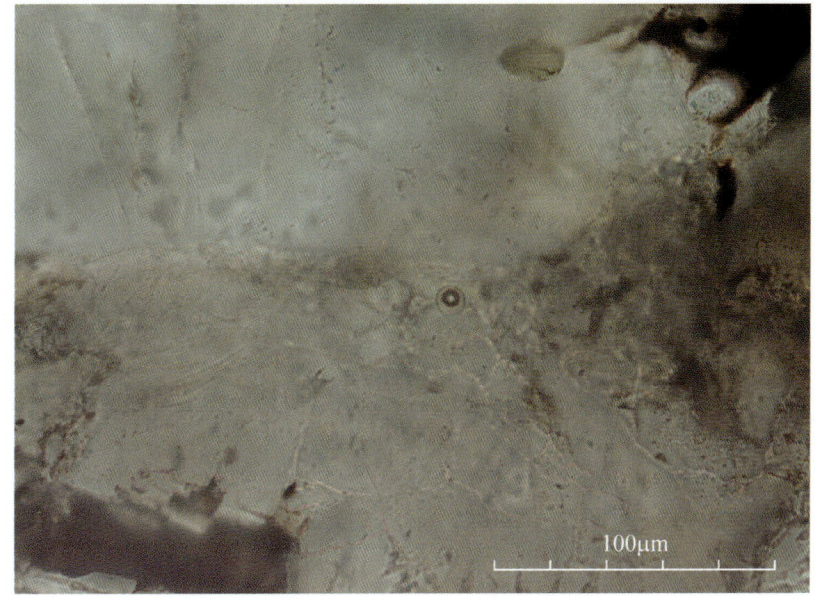

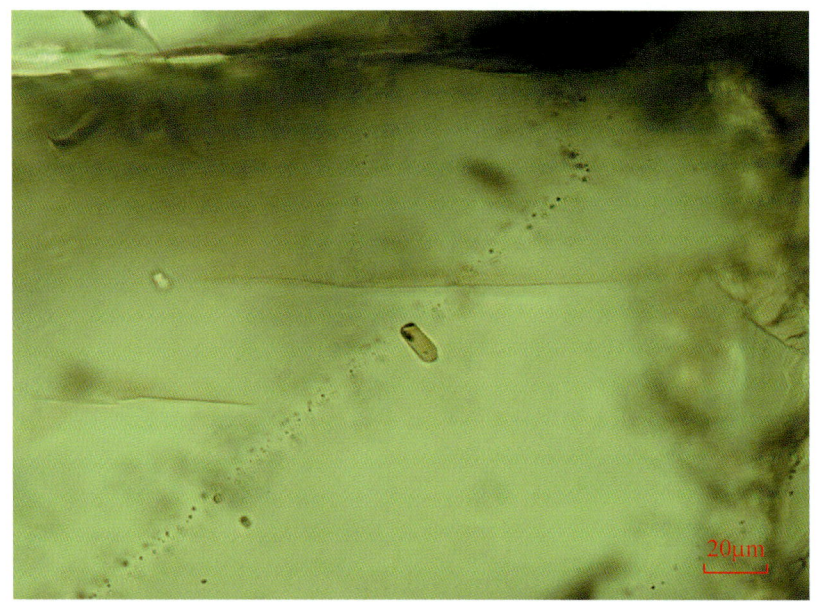

◆ 图2.4 外形呈椭圆形的含沥青液烃包裹体，串珠状分布。单偏光下烃包裹体液相为黄色，烃包裹体内部及烃包裹体壁有黑色固体沥青。整个包裹体赋存于方解石愈合缝中。塔中45井，O_{1+2}，6105m，单偏光

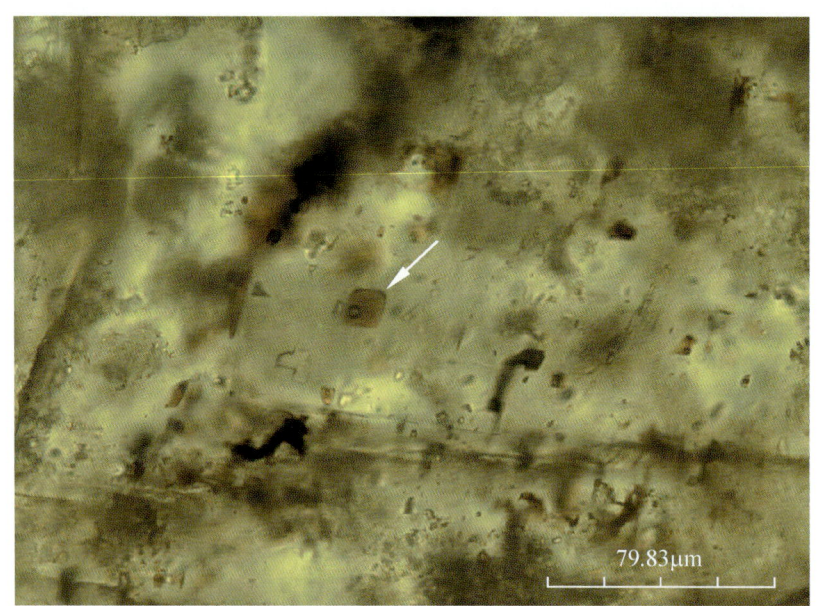

◆ 图2.5 外形呈正方形的气液烃包裹体，群体分布。单偏光下烃包裹体的液相为褐色，气液比较小，气相为灰色。整个烃包裹体赋存于方解石脉中，该烃包裹体周围还分布有黑色气烃包裹体、无色盐水包裹体。轮古5井，5485.68m，单偏光

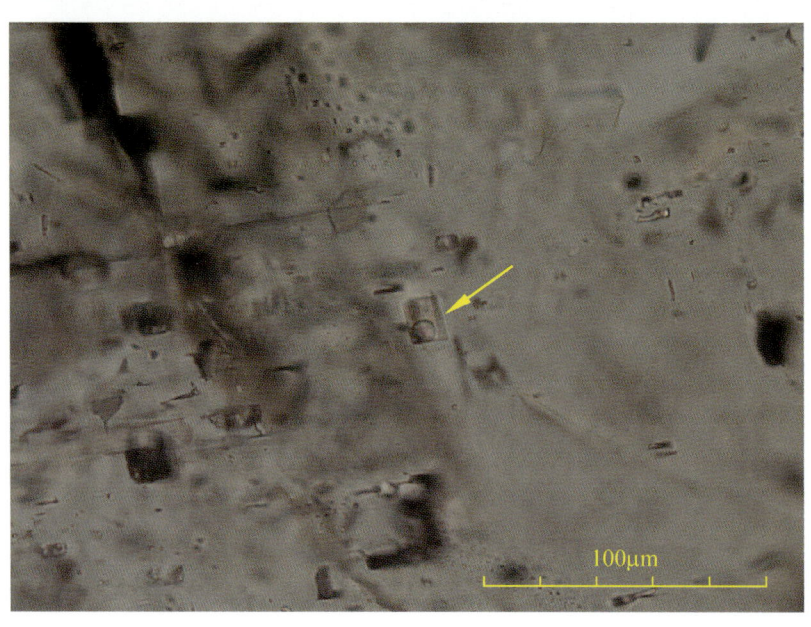

◆ 图2.6 外形为矩形的含烃气液盐水包裹体（箭头所指），零星分布。单偏光下盐水为无色，液烃为极浅黄色，液烃中的小气泡为灰色。此烃包裹体上边见盐水包裹体，左下方见黑色气烃包裹体。塔中823井，5398.90m，单偏光

◆ 图2.7 赋存于方解石脉中呈多种形状的气液烃包裹体,群体分布。箭头1所指外形为三角形的气液烃包裹体,箭头2所指外形为菱形气液烃包裹体,箭头3所指为椭圆形的气液烃包裹体。这组气液烃包裹体虽然大小、形状不同,但气液比相近、颜色相同,又在同一晶体方解石中,可能是同时期烃包裹体。新垦8H井,6809.50m,单偏光

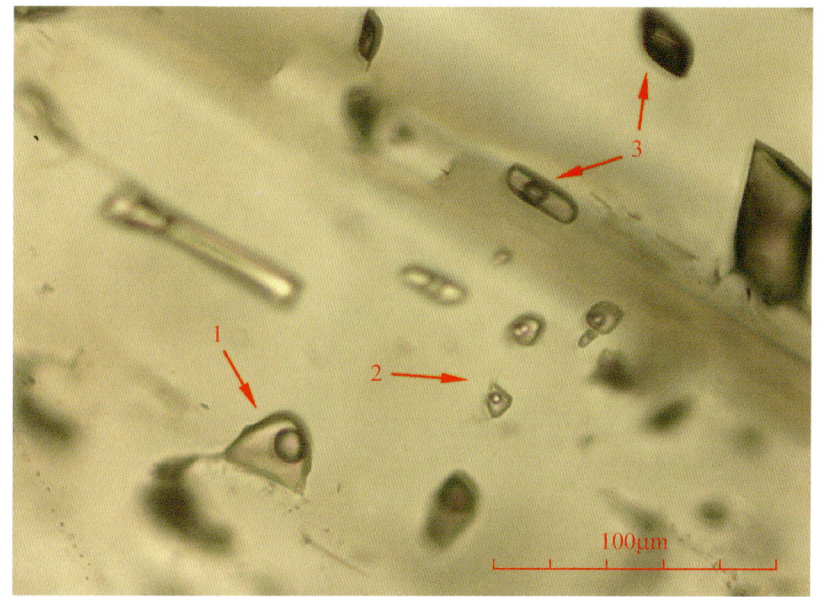

◆ 图2.8 外形呈长条形的气液烃包裹体,孤立分布。烃包裹体外形长度大于宽度的3倍。单偏光下烃包裹体液相为无色,气相为浅灰色。英买201井,5937.05m,单偏光

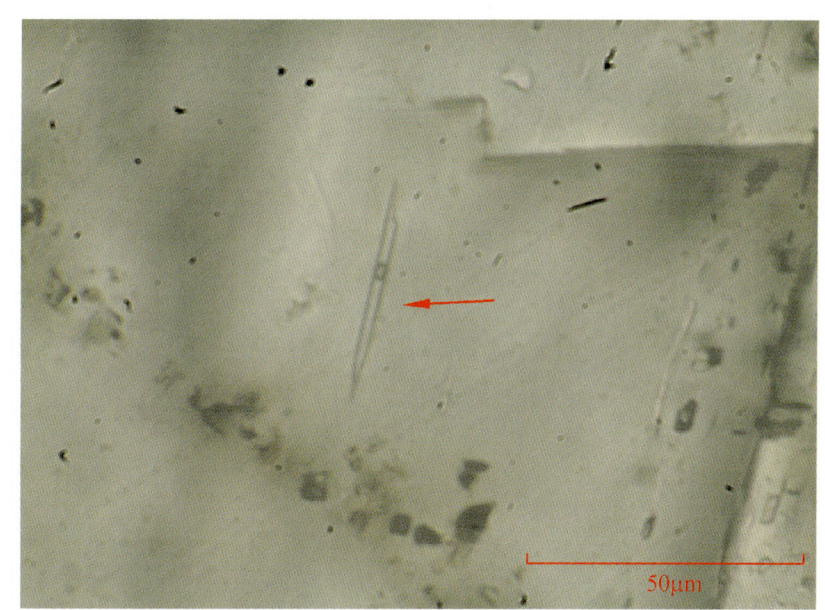

◆ 图2.9 外形呈不规则形的气液烃包裹体,群体分布。单偏光下烃包裹体液相为无色或浅灰色,气相为灰黑色,烃包裹体群体不定向赋存于方解石脉中。英买2井,O_2,6053.02m,单偏光

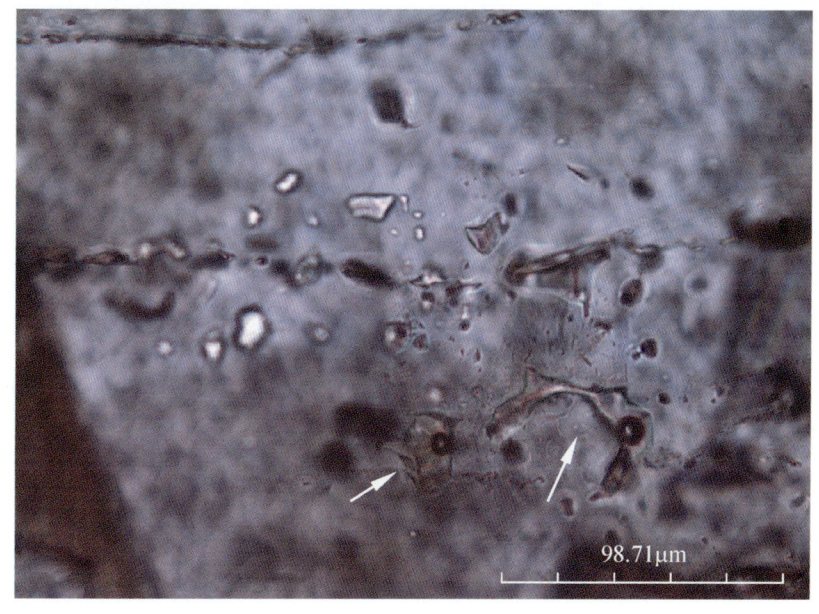

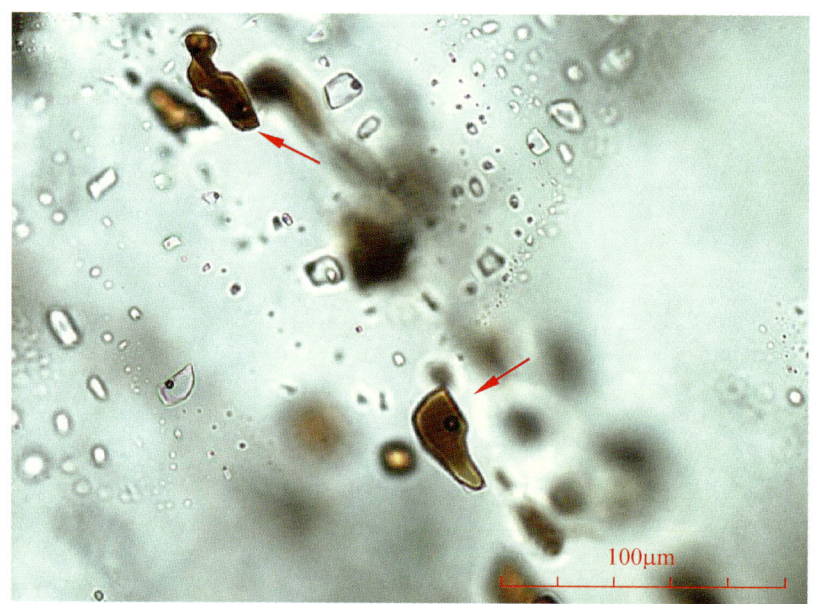

◆ 图2.10 外形呈不规则形的气液烃包裹体,烃包裹体群体定向分布。单偏光下烃包裹体液相为褐色,气相为灰黑色。烃包裹体周围见无色盐水包裹体。热普4井,6749.52m,单偏光

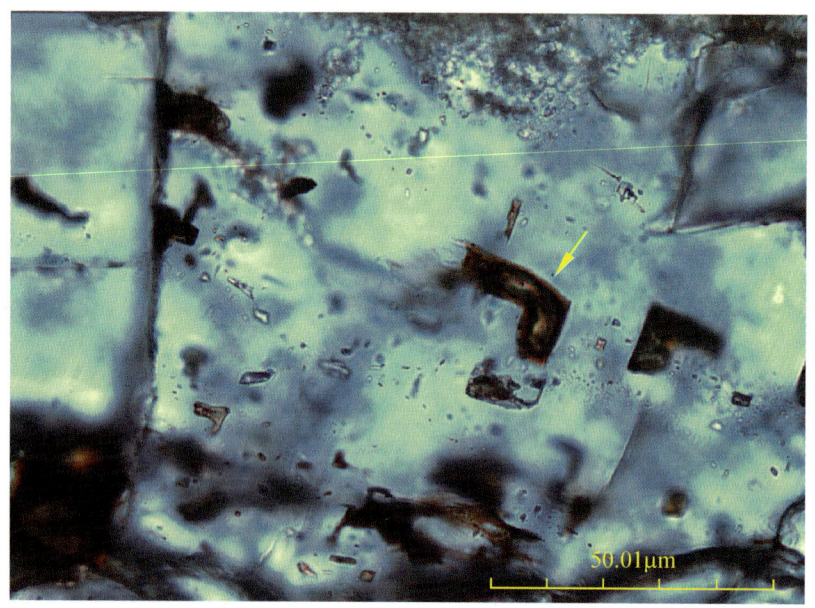

◆ 图2.11 赋存于方解石脉中的外形呈不规则形的含沥青液液气烃包裹体,群体分布。单偏光下为深褐色,该包裹体经历过后期地质作用影响导致包裹体破裂,烃包裹体壁内见分异出来的黑色沥青,左上方见浅灰色液烃。其右侧为一不规则状黑色气烃包裹体,左下方见一不规则状浅褐色气液烃包裹体和无色盐水包裹体。新垦4井,6839.60m,单偏光

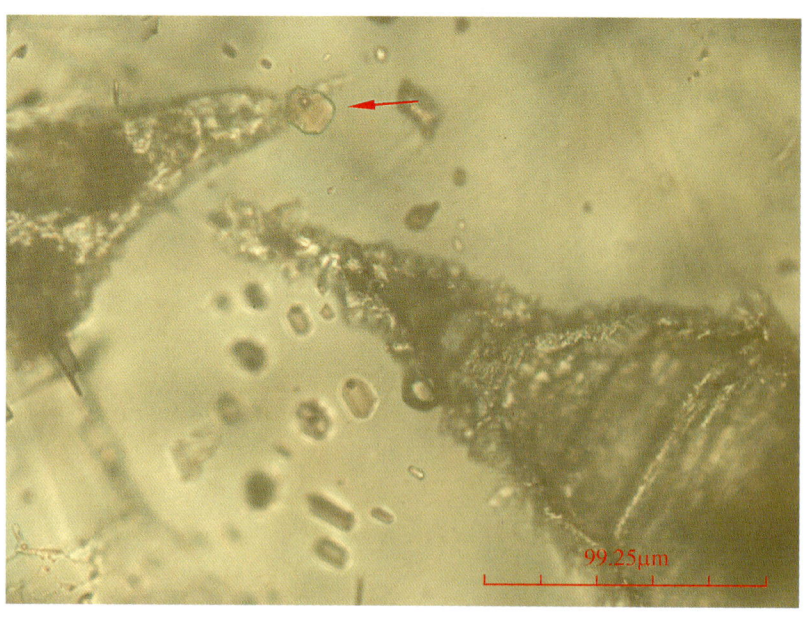

◆ 图2.12 外形呈不规则圆形的气液烃包裹体,孤立分布。单偏光下烃包裹体液相为浅黄褐色,气相为灰色。整个烃包裹体赋存于方解石胶结物中。解放127井,5548.81m,单偏光

◆ 图 2.13 赋存于萤石中呈不规则的气液烃包裹体,群体定向分布。单偏光下烃包裹体液相为黄褐色,气相为灰黑色。烃包裹体群体定向分布。其中箭头 1 所指为不规则形,箭头 2 所指为不规则椭圆形。热普 4 井,O_3l,6749.52m,单偏光

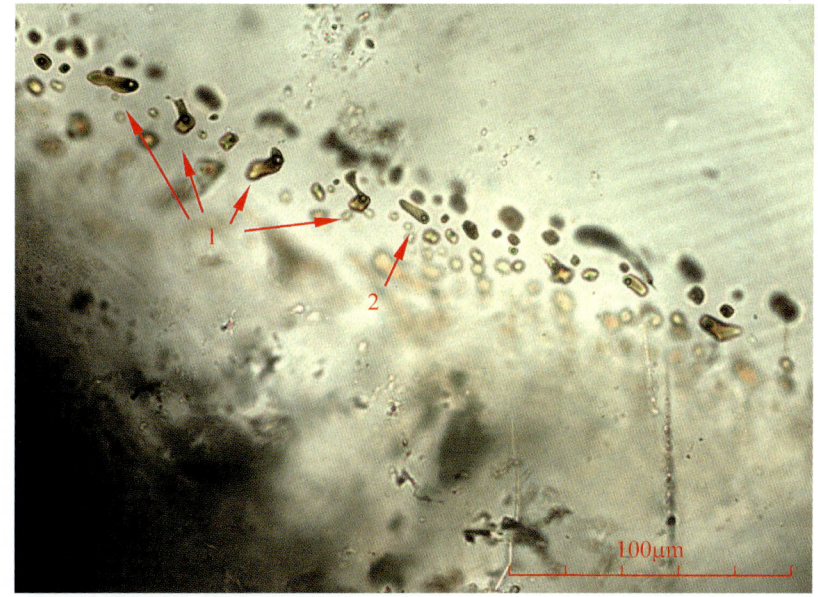

◆ 图 2.14 赋存于方解石脉中呈不规则形的气液烃包裹体,单偏光下烃包裹体液相为黄褐色,气相为灰色。烃包裹体为零星分布。箭头 1 所指为不规则正方形的烃包裹体,该烃包裹体被后期地质作用破坏,存在泄漏现象。箭头 2 所指为不规则矩形烃包裹体。轮古 5 井,$O_,5442.67m$,单偏光

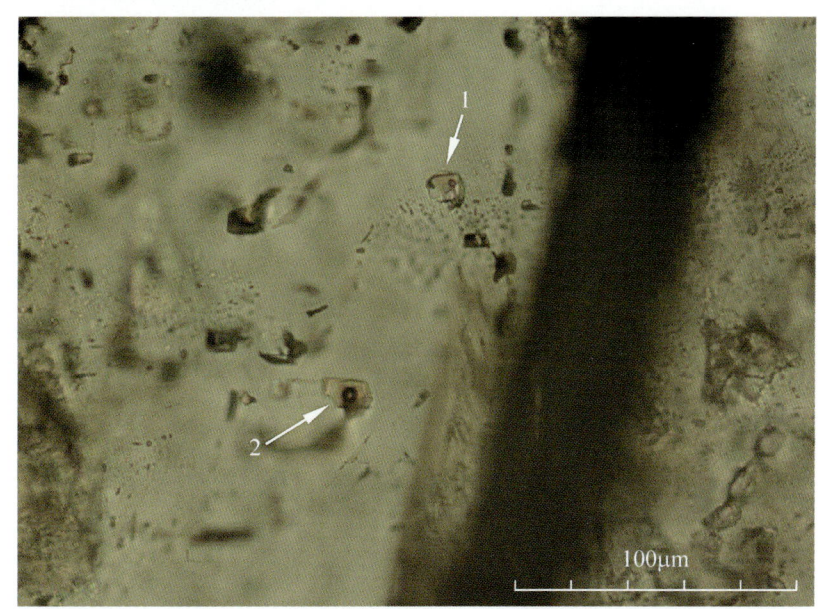

◆ 图 2.15 赋存于萤石中的外形呈不规则矩形的气液烃包裹体,群体定向分布。单偏光下烃包裹体液相为褐色,气相为黑色,气液比 8%～10%。热普 4 井,O_3l,6749.52m,单偏光

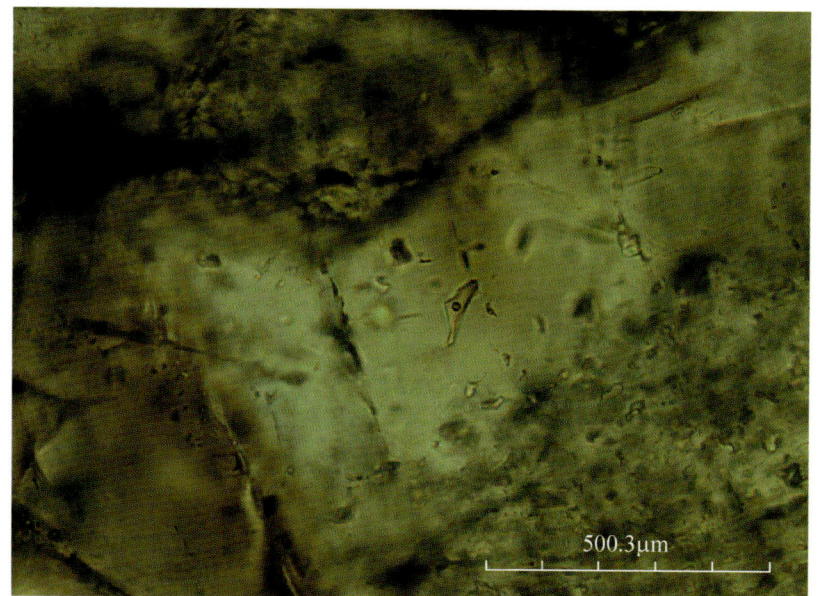

◆ 图 2.16 赋存于方解石脉中的外形呈不规则三角形的气液烃包裹体，零星分布。单偏光下烃包裹体液相为浅褐黄色，气相为灰黑色。巴东 2 井，O，4296.35m，单偏光

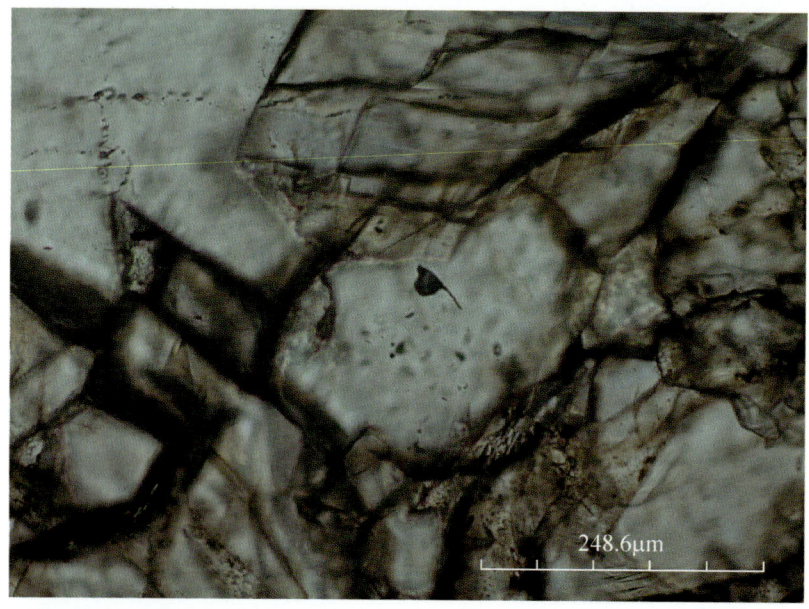

◆ 图 2.17 方解石脉中黑色烃包裹体，零星分布，烃包裹体大小不一。东河 24 井，O_1p，5785.36m，单偏光

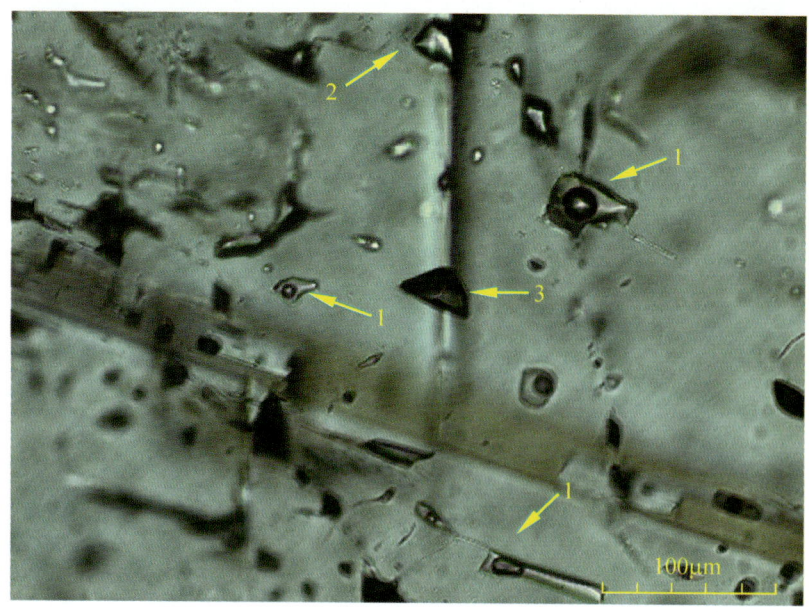

◆ 图 2.18 赋存于方解石中的灰色或黑灰色气烃包裹体，气液比变化大，但均小于 50%，部分烃包裹体出现卡脖子现象(照片右下方)：箭头 1 所指为不规则状灰色气液烃包裹体；箭头 2 所指为不规则状浅灰色气烃包裹体；箭头 3 所指为三角形黑色气烃包裹体。新垦 8H 井，6809.5m，单偏光

◆ 图2.19 赋存于方解石胶结物中的不规则状无色气液烃包裹体(视域中心),零星分布。烃包裹体液相部分几乎无颜色,气相部分灰色。胶结物中还见灰色气烃包裹体(箭头所指)。英买201井,5960.32,单偏光

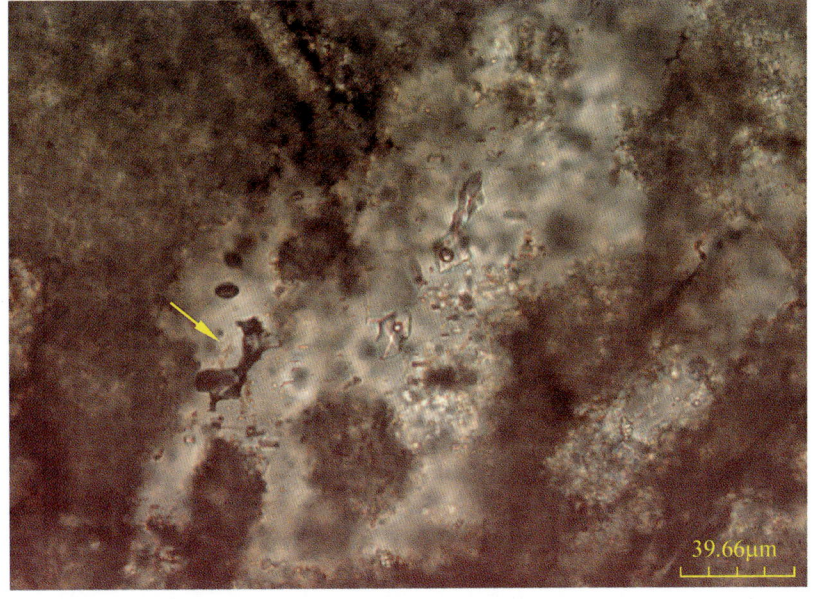

◆ 图2.20 方解石脉中的不规则状无色气液烃包裹体或椭圆形无色液烃包裹体,群体分布。气液烃包裹体液相部分为无色,仅气相部分为灰色。英买201井,$O_{1+2}y_2$,6098.15m,单偏光

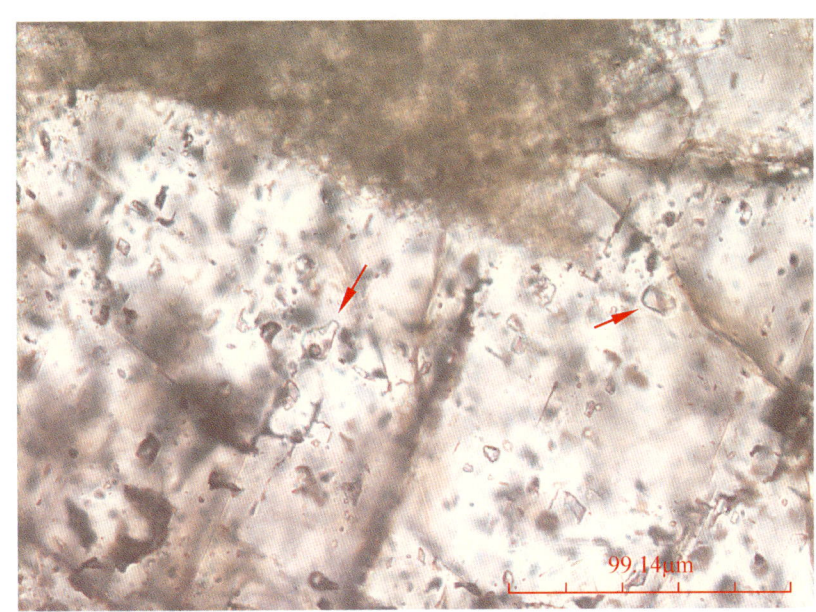

◆ 图2.21 深褐色液烃包裹体,该类包裹体呈不规则形,群体分布于方解石脉中。在方解石脉中还伴生黑色气烃包裹体(箭头)。哈902井,O_2y,6647.32m,单偏光

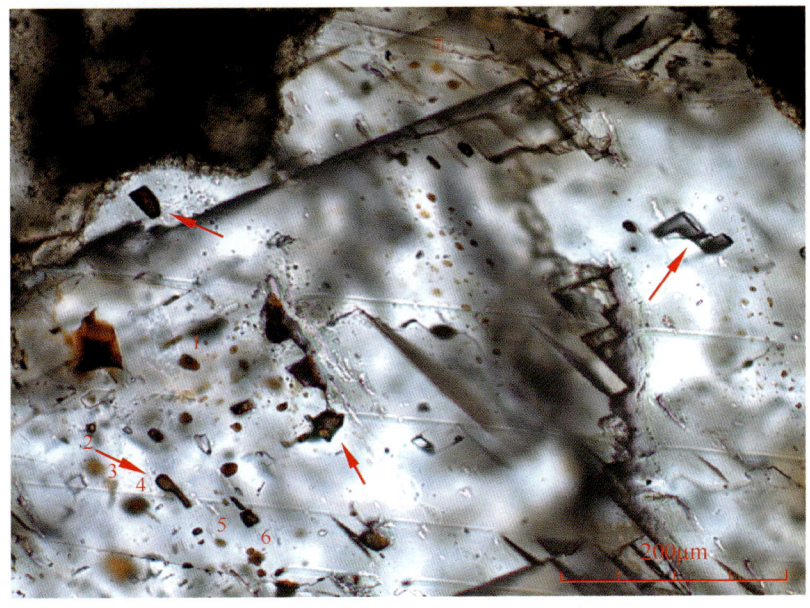

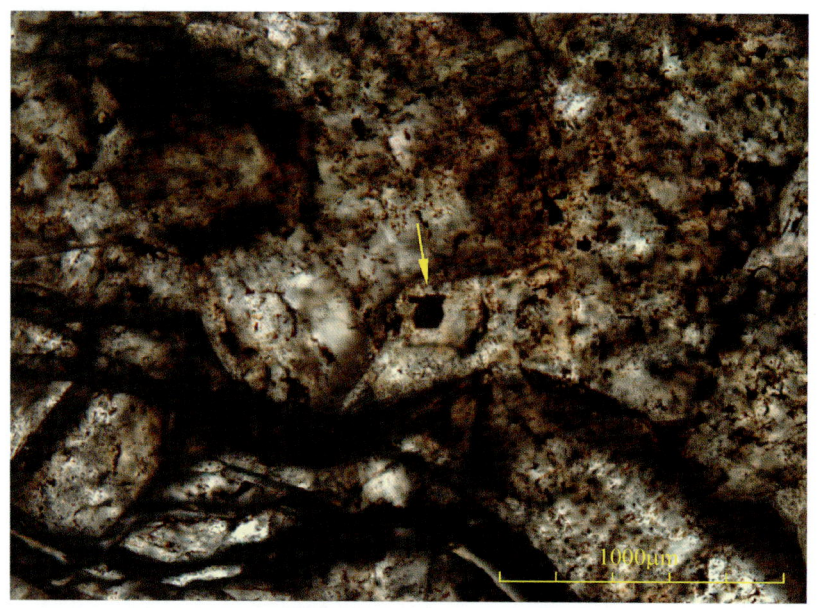

◆ 图2.22 白云石脉中不规则状深褐色沥青包裹体,群体分布,其周围有很多沥表包裹体和液烃包裹体。东河24井,O_1p,5825.51m,单偏光

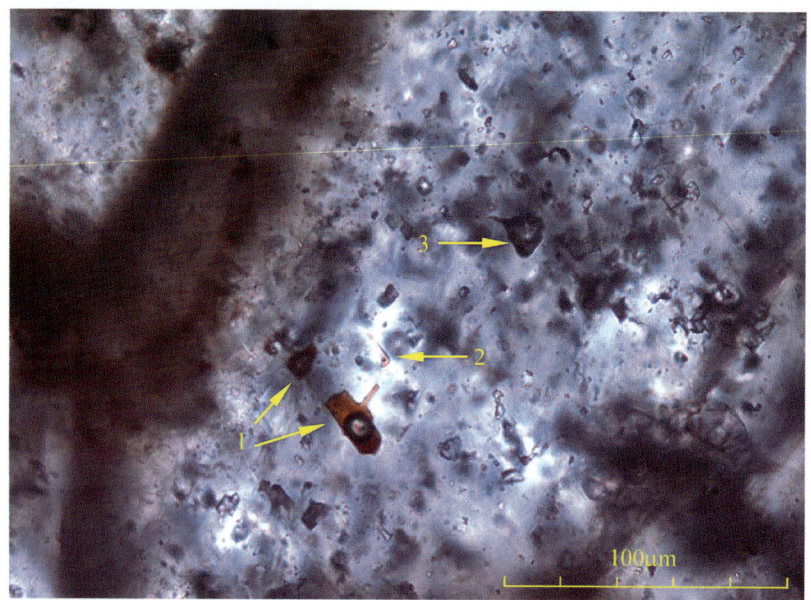

◆ 图2.23 褐色气液、液气烃包裹体(箭头1所指),大包裹体气液比小于50%为气液烃包裹体,小包裹体气液比高达85%属液气烃包裹体;箭头2所指为三角形粉红色气液烃包裹体;箭头3为不规则形灰色气烃包裹体,这些包裹体均赋存在棘皮生屑的腔中方解石中,群体分布,无色为盐水包裹体。哈902井,O_2y,6648.80m,单偏光

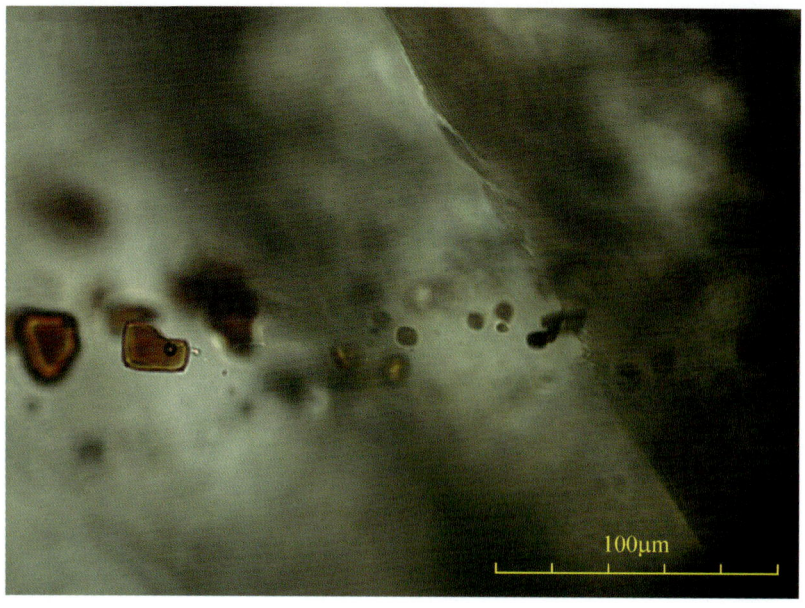

◆ 图2.24 褐色气液烃包裹体,呈群体定向分布于萤石愈合缝中。烃包裹体呈不规则矩形、矩形、不规则形,气液比约5%。热普4井,O_3l,6749.52m,单偏光

◆ 图 2.25 视域右上方见一黄褐色气液烃包裹体,呈椭圆形赋存于白云石中。在视域中心及左下方见较多不规则形黄褐色气液烃包裹体。英买 201 井,6015.80m,单偏光

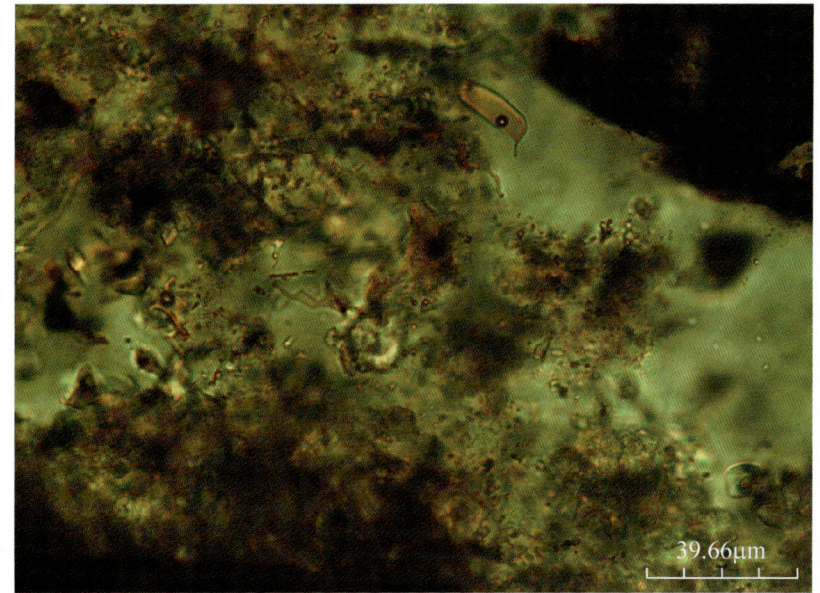

◆ 图 2.26 图 2.25 中白云石脉中烃包裹体的液相发中等亮度黄色荧光,气相不发荧光,白云石赋存矿物也不发光。英买 201 井,$O_{1+2}y_2$,6015.80m,紫外荧光

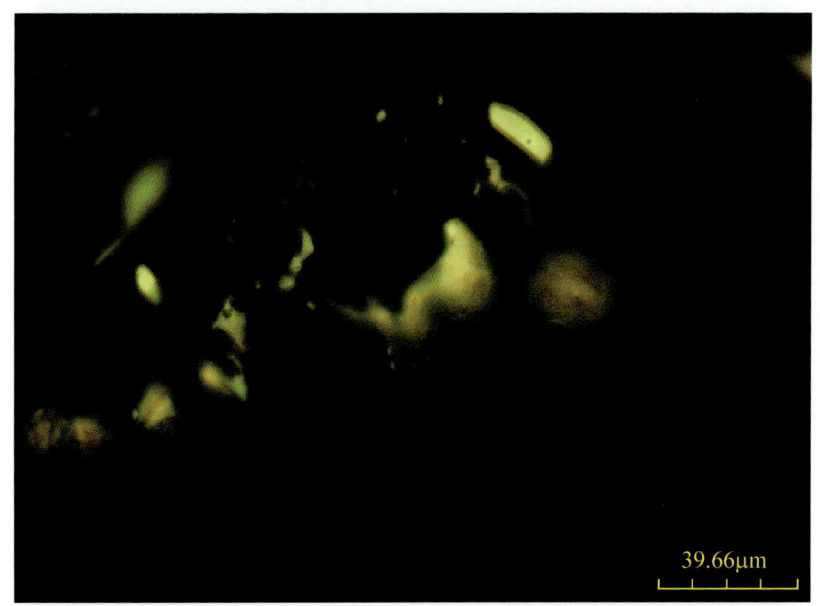

◆ 图 2.27 含沥青气液烃包裹体,呈椭圆形赋存于方解石脉体中。烃包裹体液相为黄褐色,气相为灰色,内部见褐红色固态沥青。烃包裹体零星分布,其左下方见同期长条形浅黄褐色气液烃包裹体。哈 12-3 井,6714.31m,单偏光

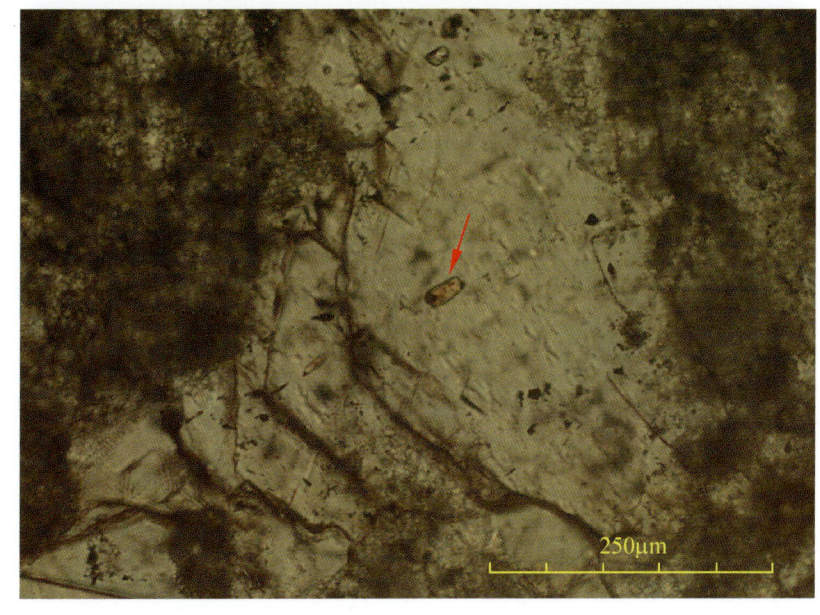

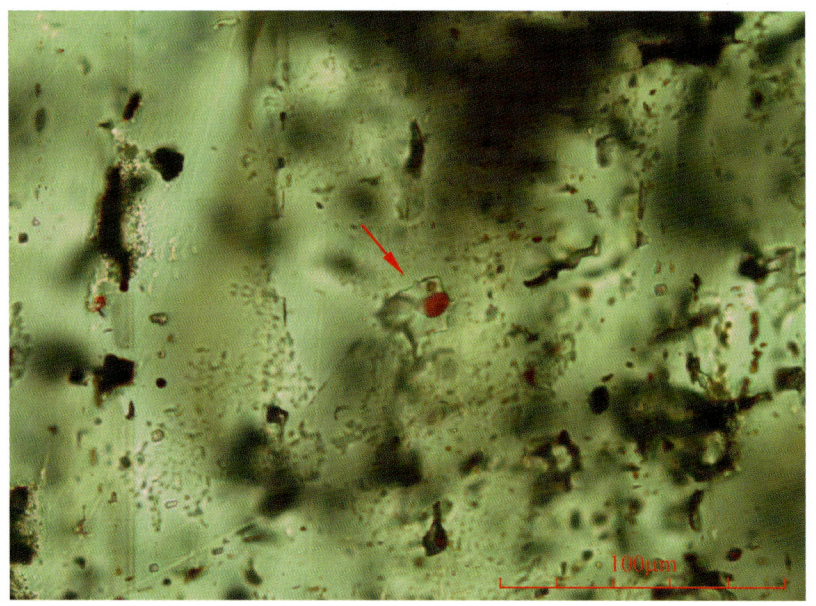

◆ 图2.28 含烃气液盐水包裹体，赋存于方解石脉中。烃包裹体液相烃部分为红色，盐水无色，气相为灰色。烃包裹体不规则形，零星分布，在其左侧见有同类型不规则状含烃气液盐水包裹体。塘南1井，O_3l，4697.78m，单偏光

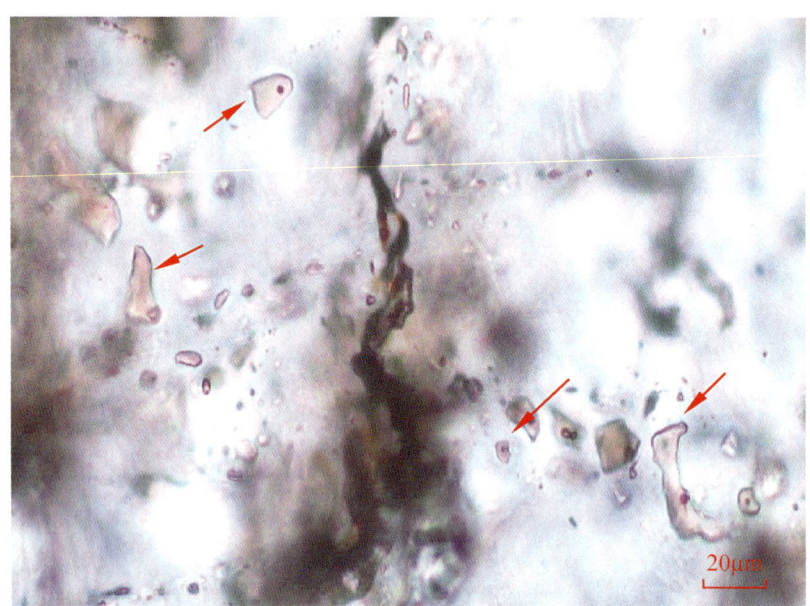

◆ 图2.29 赋存于方解石脉中的气液烃包裹体，群体不定向分布，不规则形或椭圆形。烃包裹体气液比含量小，部分烃包裹体为单一液相。烃包裹体液相为极浅粉红色，气相有的为红色，有的为灰色。英买2井，5339.25m，单偏光

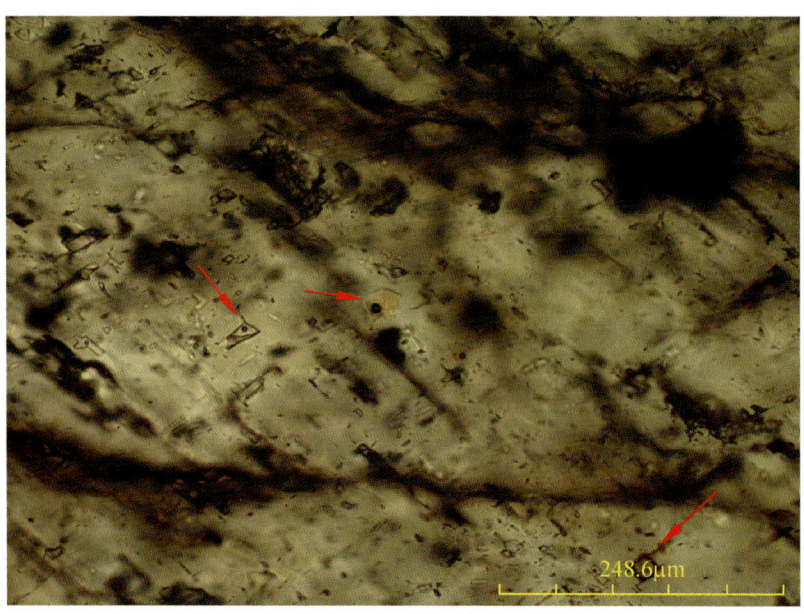

◆ 图2.30 黄色气液烃包裹体，零星分布，赋存在方解石脉中。烃包裹体不规则形，液相为黄色，气相为黑色。在方解石脉中存在大量无色气液盐水包裹体，另在照片右下角见有一个方形灰黑色气烃包裹体。东河24井，O_1p，5782.08m，单偏光

◆ 图 2.31　图 2.30 中黄色气液烃包裹体,在紫外荧光下发亮黄色荧光。气液盐水包裹体不发荧光并与赋存矿物没有界线,而气烃包裹体不发荧光但与赋存矿物有界线(周边极暗灰色,光中心黑色)。东河 24 井,O_1p,5782.08m,紫外荧光

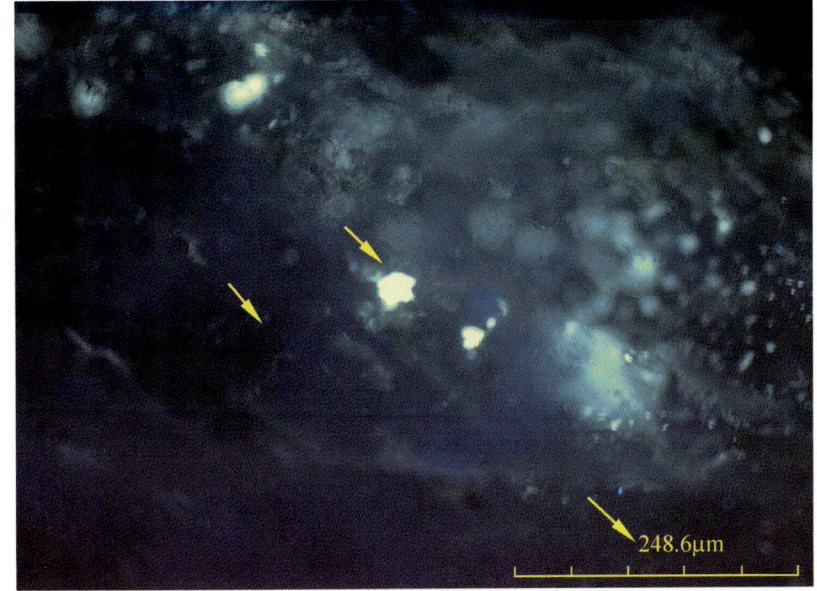

◆ 图 2.32　浅黄色气液烃包裹体(箭头 1),气液比较大约为 40%,赋存在萤石中。萤石中还见黑褐色多相液烃包裹体(箭头 2)和黑色液烃包裹体(箭头 3)。烃包裹体群体分布,多呈不规则形,大小不一。热普 4 井,O_3l,6752.30m,单偏光

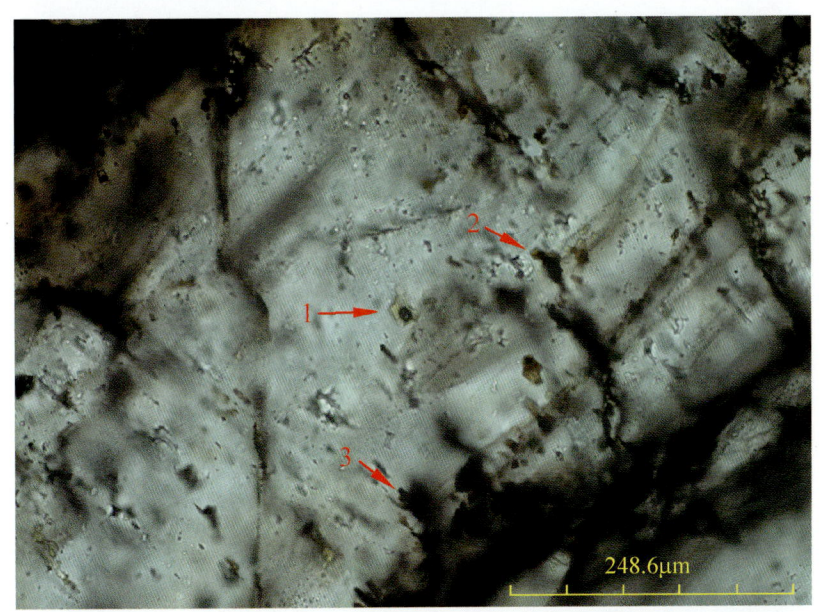

◆ 图 2.33　黄色气液烃包裹体赋存在方解石脉二世代生长方解石中。烃包裹体呈矩形,液相为黄色,气相为灰黑色。轮古 39 井,O,5442.67m,单偏光

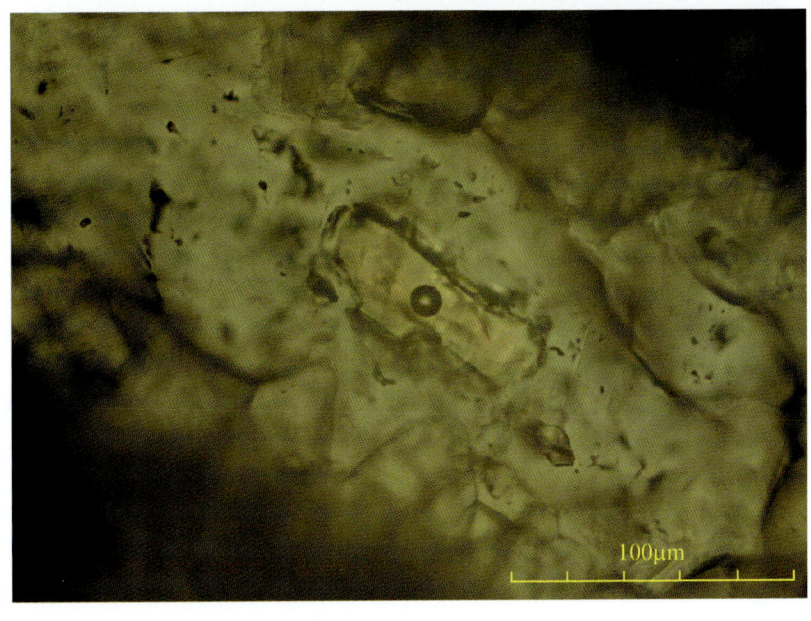

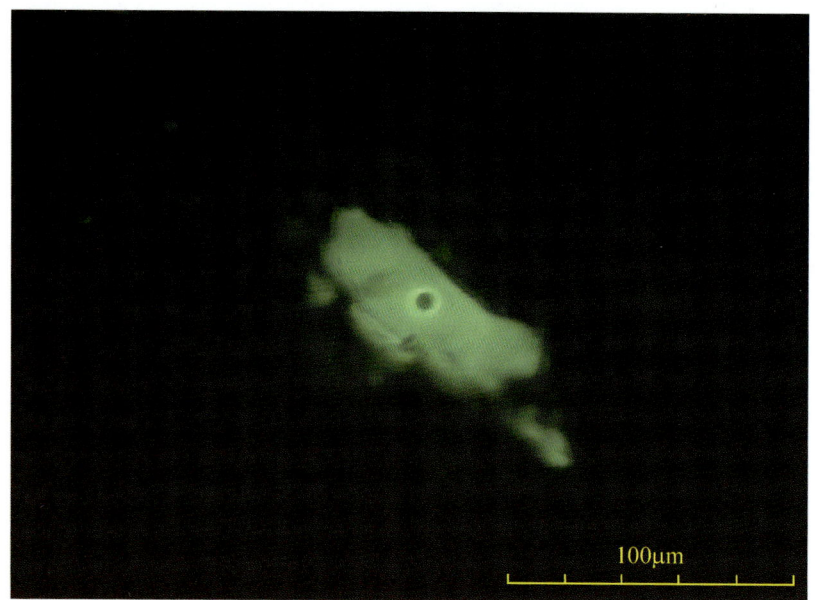

◆ 图2.34 图2.33中方解石脉中烃包裹体液相发中亮的浅黄色荧光,气相不发荧光,但在气相周边见一圈较高的荧光环,说明烃包裹体液相近气相处轻组分较多。轮古39井,$O_,5442.67m$,紫外荧光

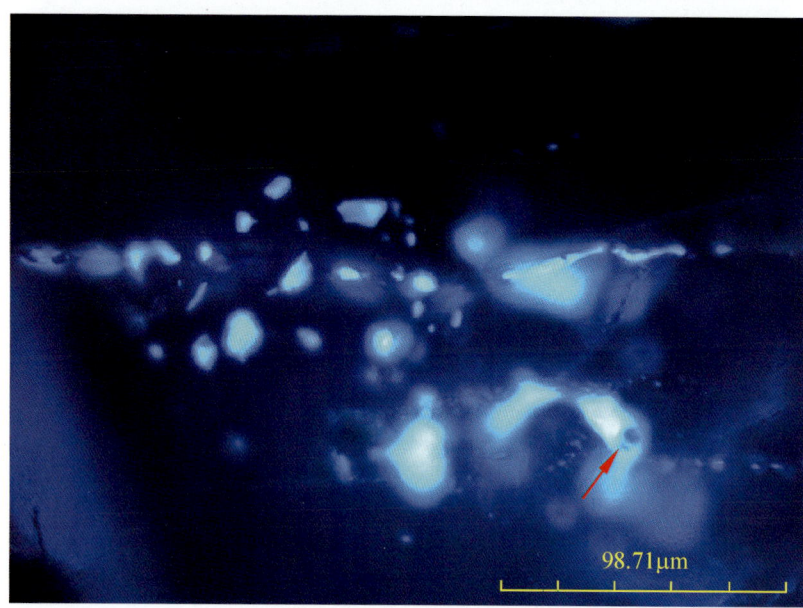

◆ 图2.35 图2.9烃包裹体液相发强的蓝白色荧光,气相不发荧光(红箭头)。气液烃包裹体和液烃包裹体荧光特征相同,应是同时期包裹体。英买2井,O_2,6053.02m,紫外荧光

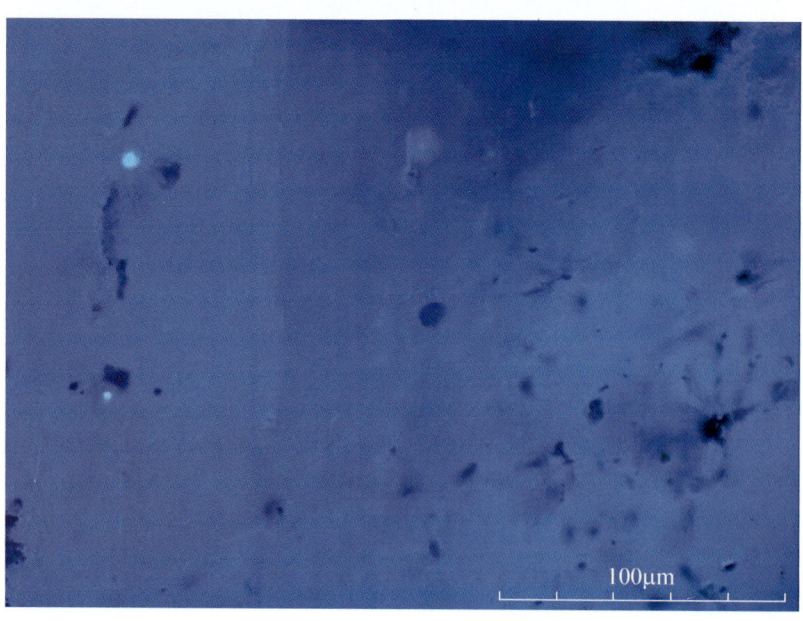

◆ 图2.36 图2.28中含烃气液盐水包裹体赋存于方解石脉中。烃包裹体红色液相烃部分发黑色荧光,无色盐水部分和灰色气相不发荧光。塘南1井,O_3l,4697.78m,紫外荧光

◆ 图2.37 深褐色气液烃包裹体（红箭头），呈不规则形分布在方解石二世代充填孔洞中。烃包裹体群体分布，周边见个体小点的浅褐色气液烃包裹体（黄箭头），多为椭圆状。气液盐水包裹体为无色三角形（蓝箭头）。哈902井，O_2y，6643.45m，单偏光

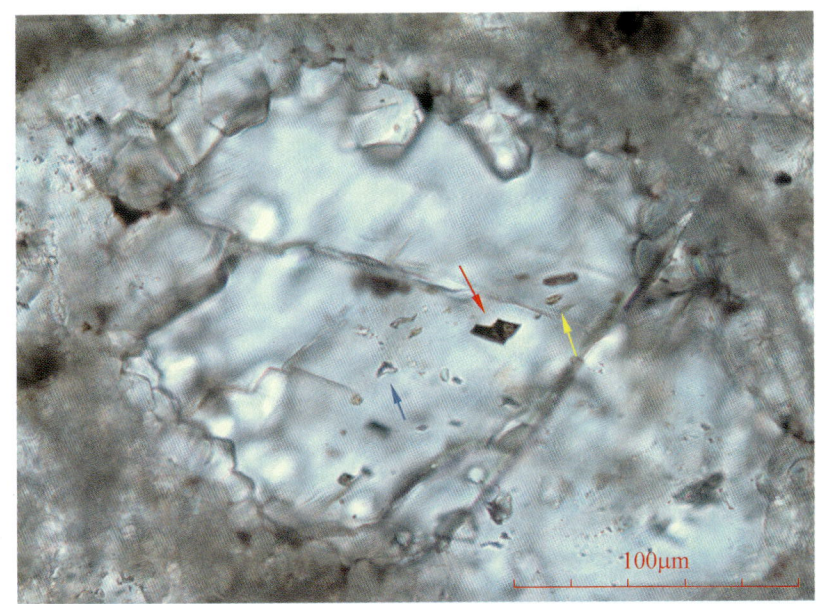

◆ 图2.38 图2.37深褐色烃包裹体发黑色荧光（红箭头），浅褐色烃包裹体发暗的黄色光（黄箭头），盐水包裹体不发荧光（蓝箭头）。哈902井，O_2y，6643.45m，紫外荧光

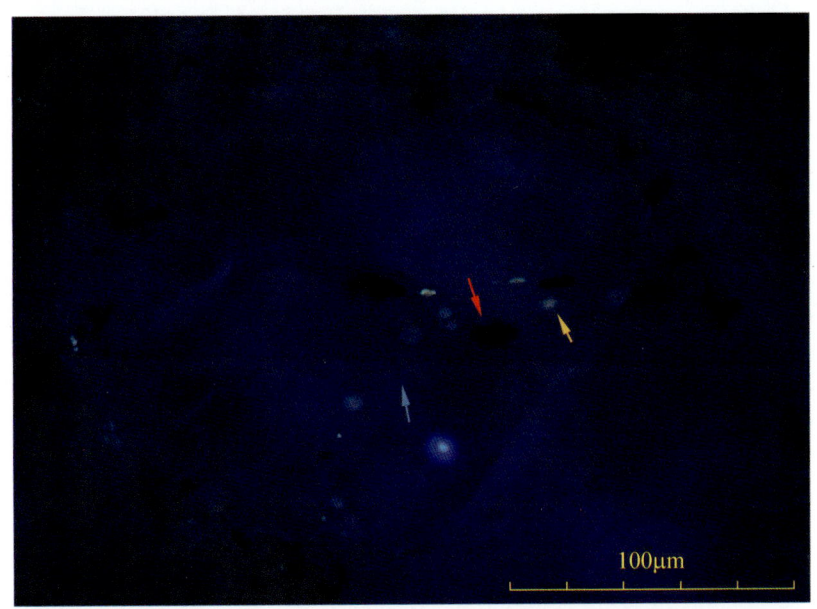

◆ 图2.39 褐色气液烃包裹体，呈菱形赋存在方解石胶结物中。零星分布。塔中161井，O_3，4302.25m，单偏光

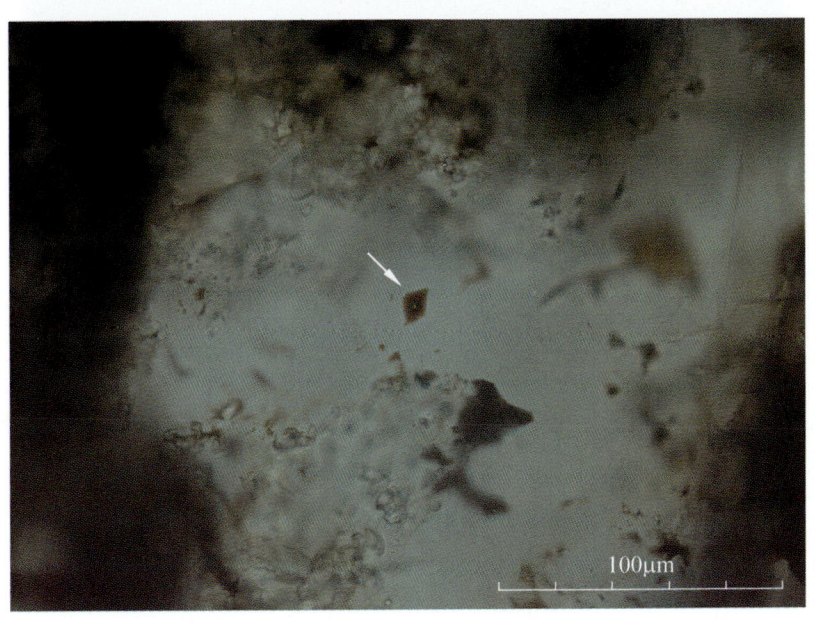

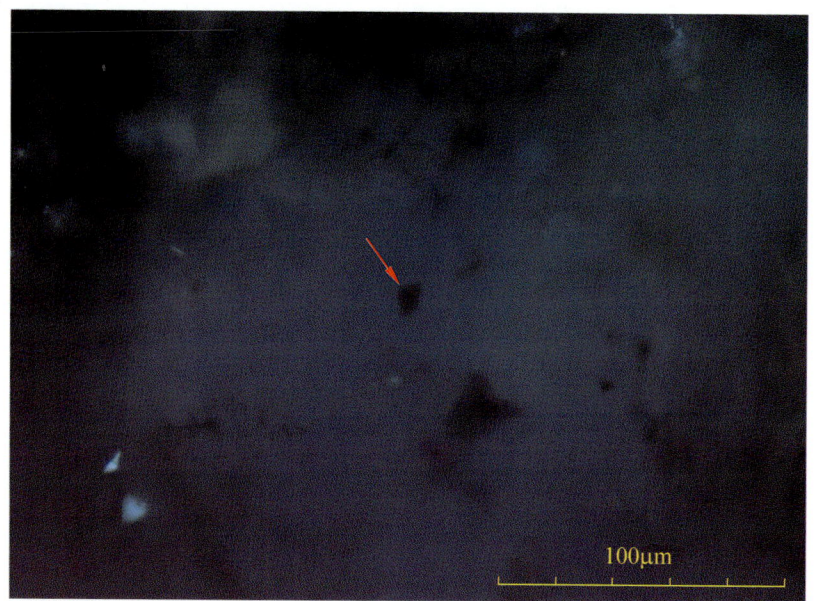

◆ 图2.40　图2.39液烃包裹体发黑色荧光。赋存矿物方解石见暗蓝色荧光浸染。塔中161井，O_3，4302.25m，紫外荧光

◆ 图2.41　褐色气液烃包裹体，赋存于白云石核部亮心处。烃包裹体不规则状，外形分支多，液相部分不均匀，左上角深褐色，其他部分褐色，说明这个烃包裹体可能组分上有变化。东河12井，O_1p，5667.86m，单偏光

◆ 图2.42　图2.41白云石中褐色不规则状气液烃包裹体。烃包裹体液相部分发暗褐色荧光，白云石发黄色荧光，气相部分不发荧光但透过了白云石的黄色荧光。东河12井，O_1p，5667.86m，紫外荧光

◆ 图2.43 图2.23中褐色气液烃包裹体(箭头1所指),液相部分发暗褐色荧光,气相部分不发荧光。浅褐色气液烃包裹体液相发黄色荧光(箭头2所指),黑色气烃包裹体不发荧光(箭头3所指)。哈902井,O_2y,6648.80m,紫外荧光

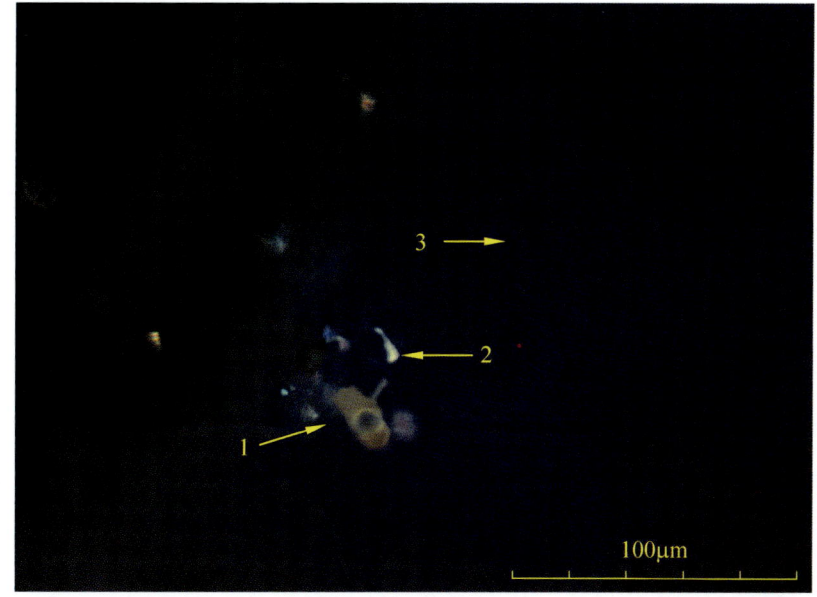

◆ 图2.44 不规则形气液烃包裹体赋存在方解石中。烃包裹体的液相为褐色,气相为灰黑色,气泡因较大受包裹体空间限制而呈椭圆形。英买101井,$O_{1+2}y_2$,5469.67m,单偏光

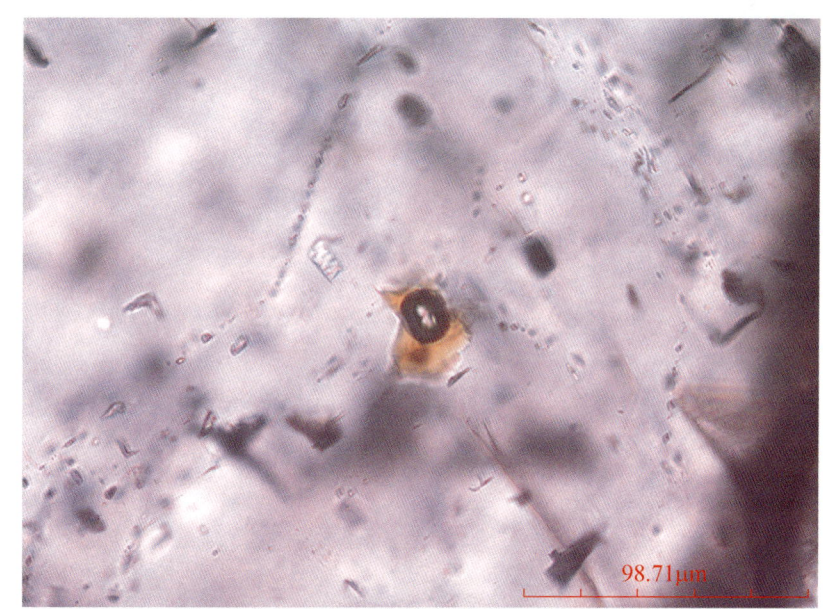

◆ 图2.45 图2.44中气液烃包裹体,液相部分发弱黄褐色荧光,气相部分不发光,但受液相部分颜色影响呈现褐黑色。赋存矿物方解石不发荧光。英买101井,$O_{1+2}y_2$,5469.67m,紫外荧光

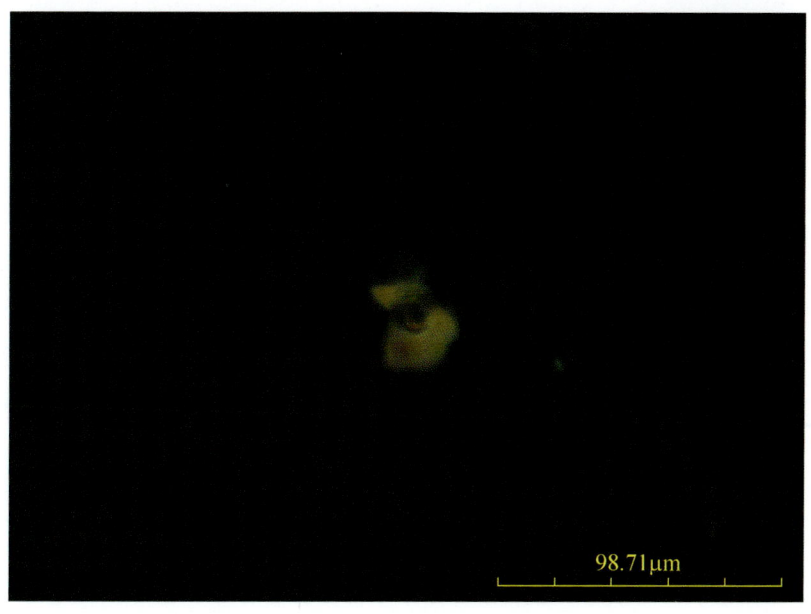

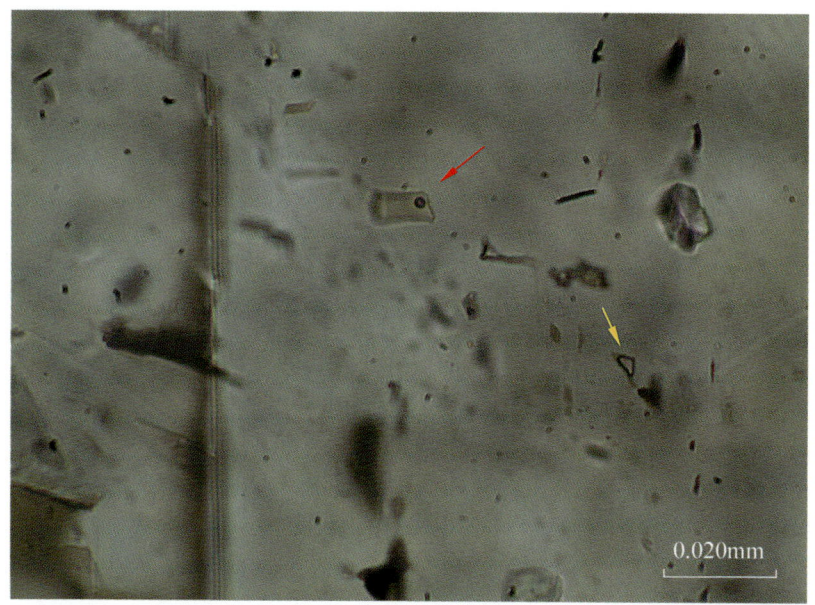

◆ 图 2.46 矩形气液烃包裹体赋存于方解石脉中(红箭头)。烃包裹体的液相部分为浅黄色,气相部分为灰黑色。烃包裹体群体分布,大小不一,形状不一。见有三角形液气烃包裹体伴生(黄箭头)。英买 201 井,$O_{1+2}y_2$,5877.10m,单偏光

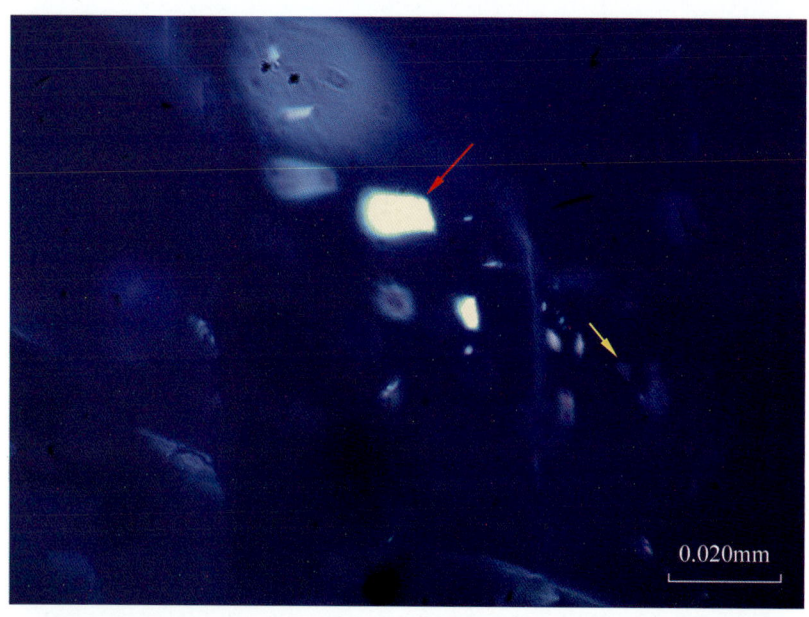

◆ 图 2.47 图 2.46 中的矩形气液烃包裹体发强的白色荧光(红箭头)。三角形液气烃包裹体发暗的灰色荧光(黄箭头)。英买 201 井,$O_{1+2}y_2$,5877.10m,紫外荧光

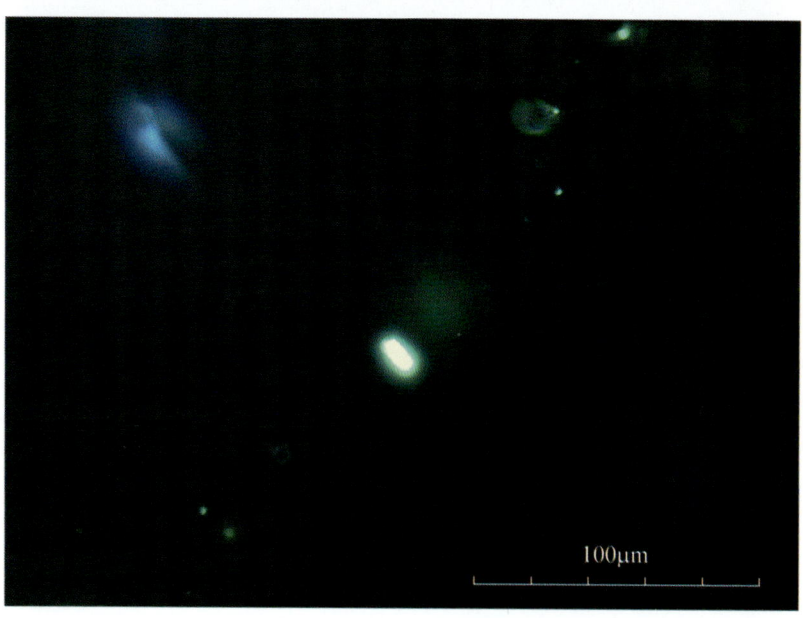

◆ 图 2.48 图 2.4 中椭圆形的含沥青液烃包裹体,发强的绿白色荧光。整个包裹体赋存于方解石愈合缝中,愈合缝中同期烃包裹体也发绿白色荧光。塔中 45 井,6105m,紫外荧光

◆ 图 2.49 白云石脉中的液气烃包裹体。烃包裹体孤立分布，不规则状。烃包裹体液相无色、气相灰色。中深 1 井,6713.4m,单偏光

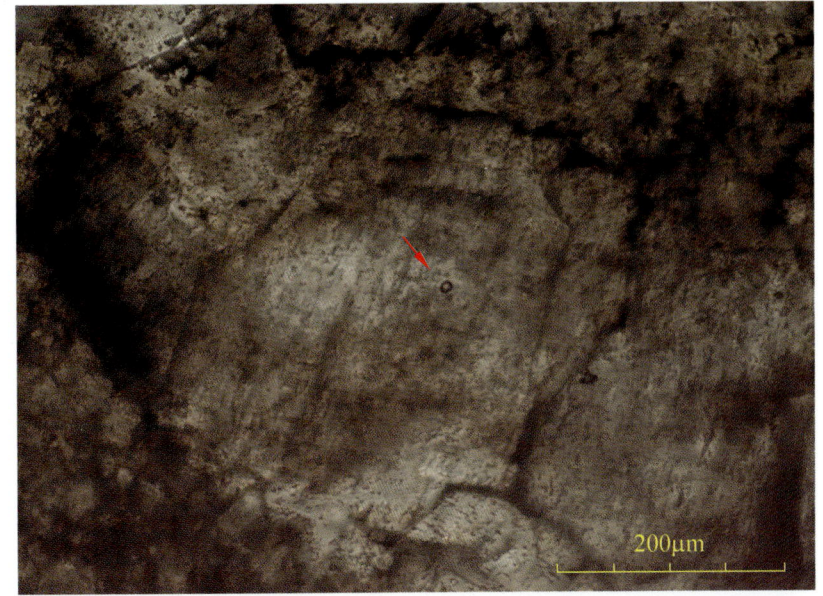

◆ 图 2.50 图 2.49 中白云石脉里的液气烃包裹体发粉红色荧光。中深 1 井,6713.4m,紫外荧光

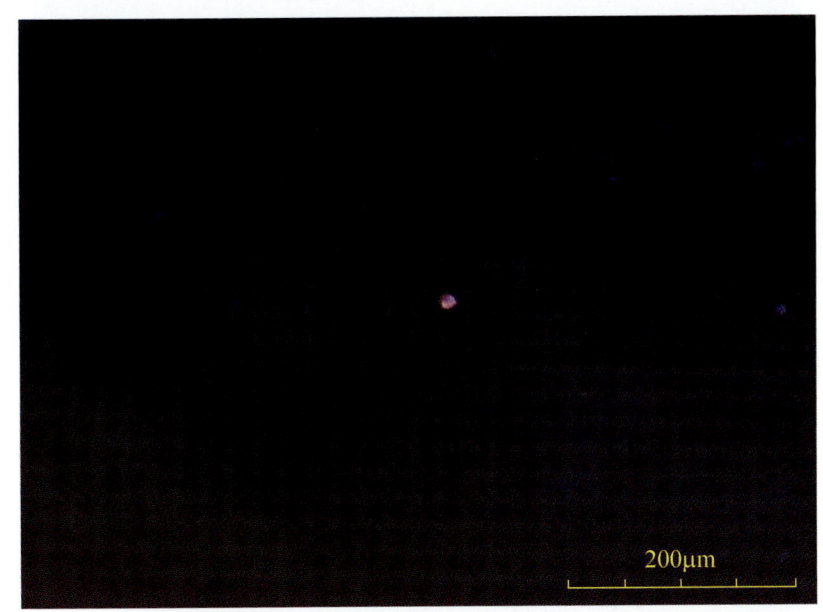

◆ 图 2.51 方解石中的含沥青液烃包裹体(红箭头)，烃包裹体液相为灰褐色，内部见黑色固体沥青。烃包裹体零星分布，呈椭圆形。视域中还有浅黄色气液烃包裹体(黄箭头)和无色液烃包裹体(蓝箭头)。塔中 45 井,6105m,单偏光

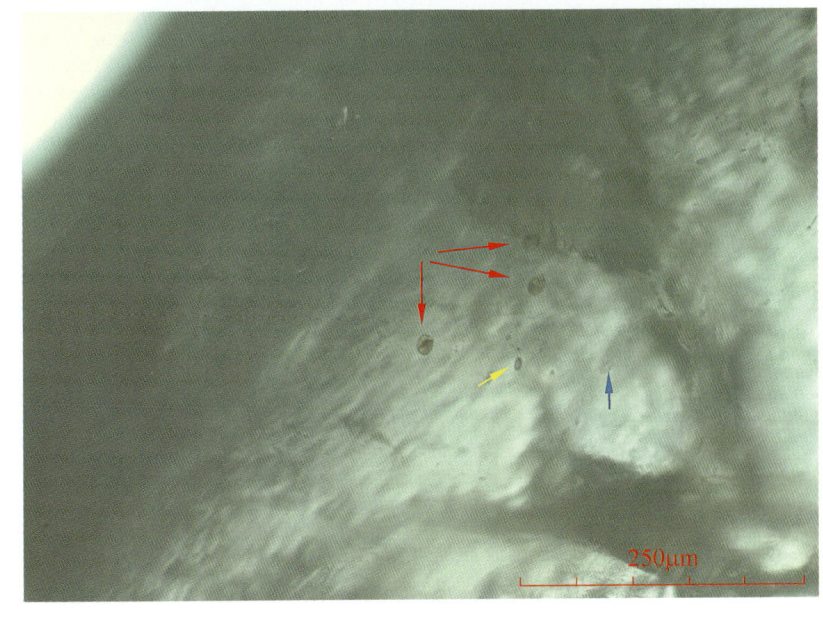

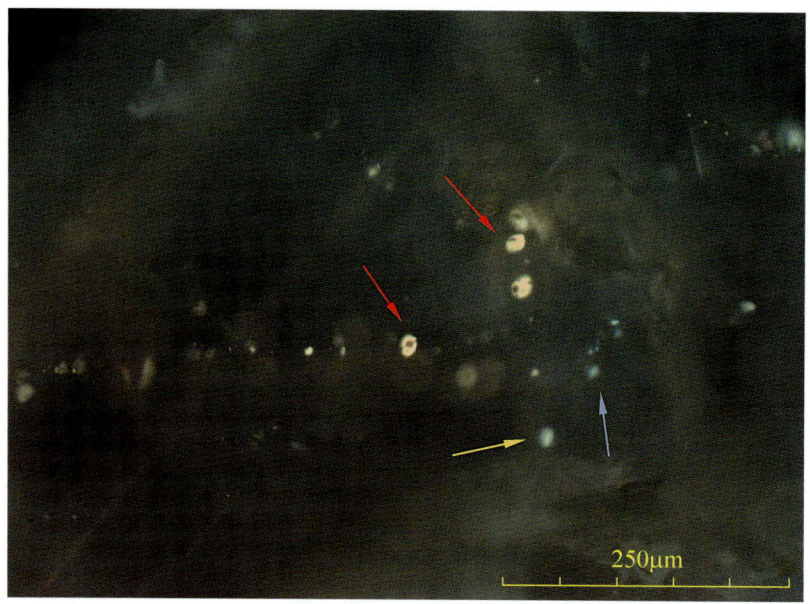

◆ 图 2.52　图 2.51 中含沥青液烃包裹体（红箭头）中的液相烃发杏色荧光，沥青质发黑色荧光，赋存矿物方解石呈暗蓝色荧光。另外黄色气液烃包裹体发黄蓝色光（黄箭头），无色液烃包裹体发蓝色光（蓝箭头）。塔中 45 井，6105m，紫外荧光

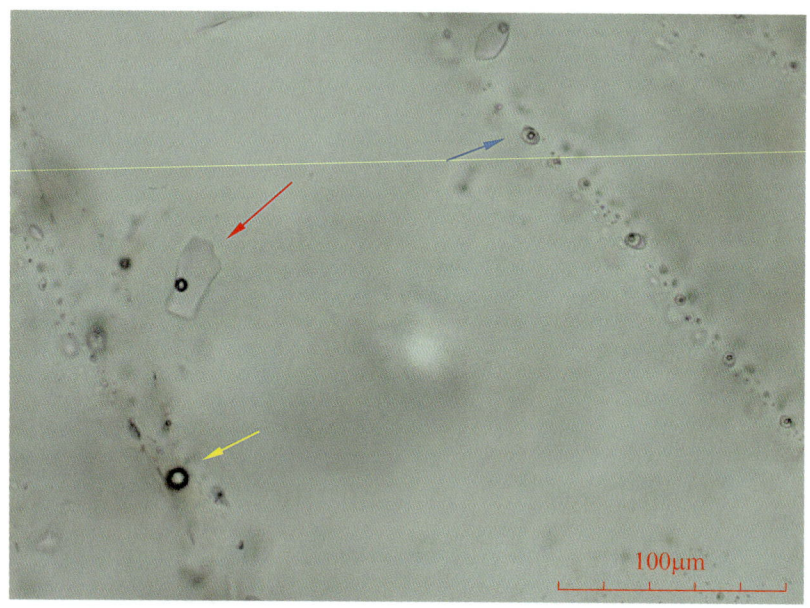

◆ 图 2.53　赋存于方解石脉中的灰色盐水包裹体（红箭头），该盐水包裹体为气液相不规则矩形。盐水包裹体周围见呈串珠状分布的无色气液烃包裹体（蓝箭头）和浅褐黄色气液烃包裹体（黄箭头）。塔中 45 井，O_{1+2}，6105m，单偏光

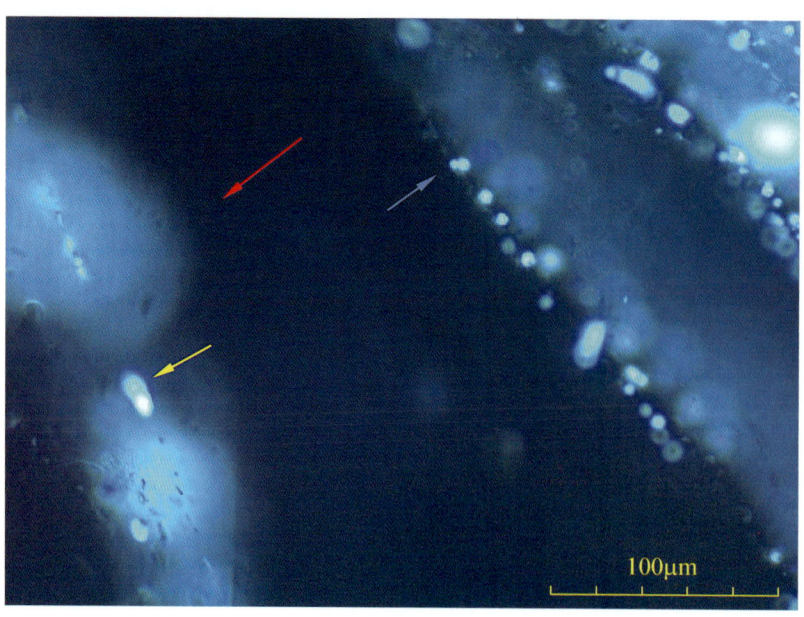

◆ 图 2.54　图 2.53 中盐水包裹体在紫外荧光下不发荧光，与赋存矿物融为一体（红箭头）。而呈串珠状分布的气液烃包裹体发蓝色、蓝白色荧光（黄箭头和蓝箭头）。塔中 45 井，O_{1+2}，6105m，紫外荧光

◆ 图2.55 方解石脉中见黑色、黑褐色沥青包裹体、含液烃沥青包裹体(箭头)。沥青包裹体群体分布,呈不规则形。沥青包裹体分布于愈合缝中,缝愈合不实,烃包裹体可能处于半开放体系,故轻质组分多分离出去,使含液烃沥青包裹体呈不均匀黑褐色固体相和少量褐色液相(箭头)。哈得24井,5780.33m,单偏光

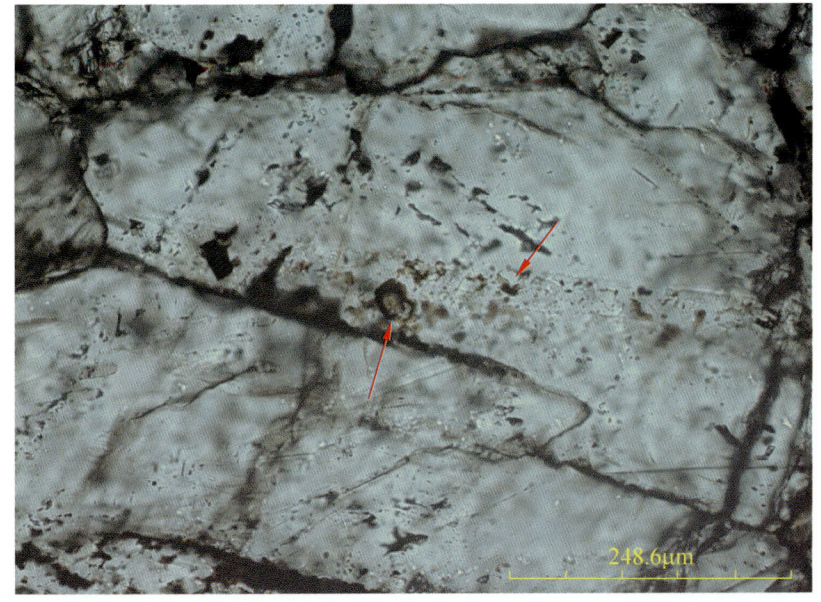

◆ 图2.56 图2.55中沥青包裹体在紫外荧光下发黑色荧光。含液烃沥青包裹体黑褐色沥青发黑色荧光,褐色液相发暗褐黄色光(箭头)。赋存矿物方解石脉呈浅蓝色荧光。在荧光下还见发蓝色荧光和黄色荧光的液烃包裹体。哈得24井,5780.33m,紫外荧光

◆ 图2.57 赋存于方解石中的灰色气烃包裹体(箭头),不规则状,孤立分布。塔中451井,O_{1+2},6202.7m,单偏光

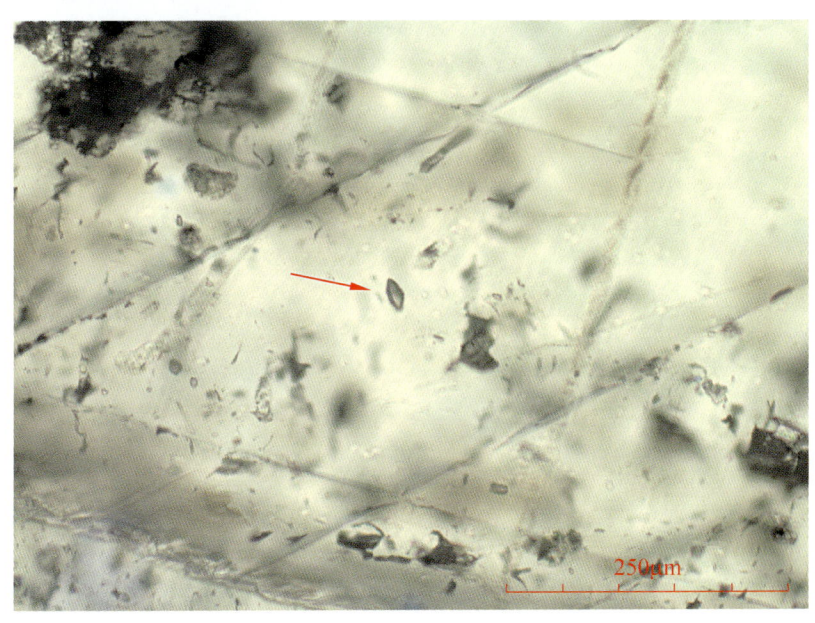

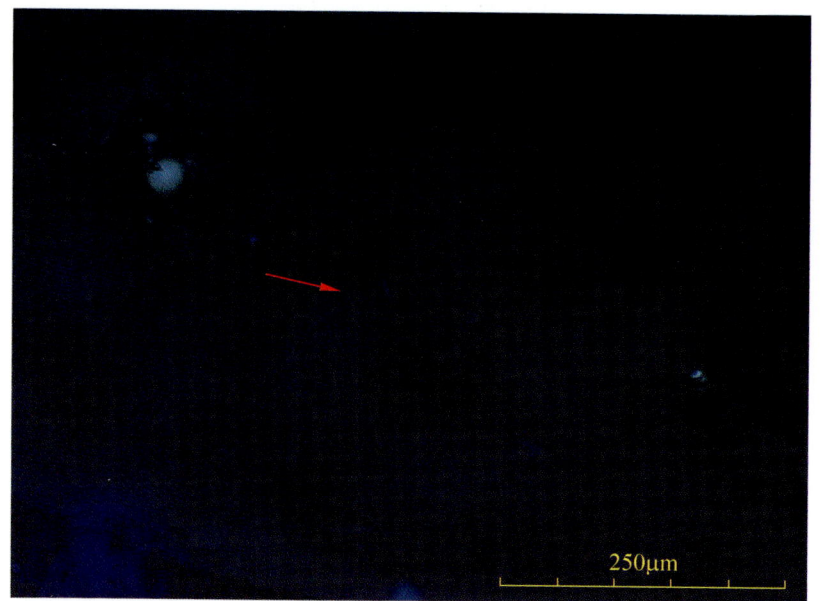

◆ 图 2.58 图 2.57 中气烃包裹体在紫外荧光下不发光,所在位置与周围赋存矿物的荧光色并没有不同。塔中 451 井,O_{1+2},6202.7m,紫外荧光

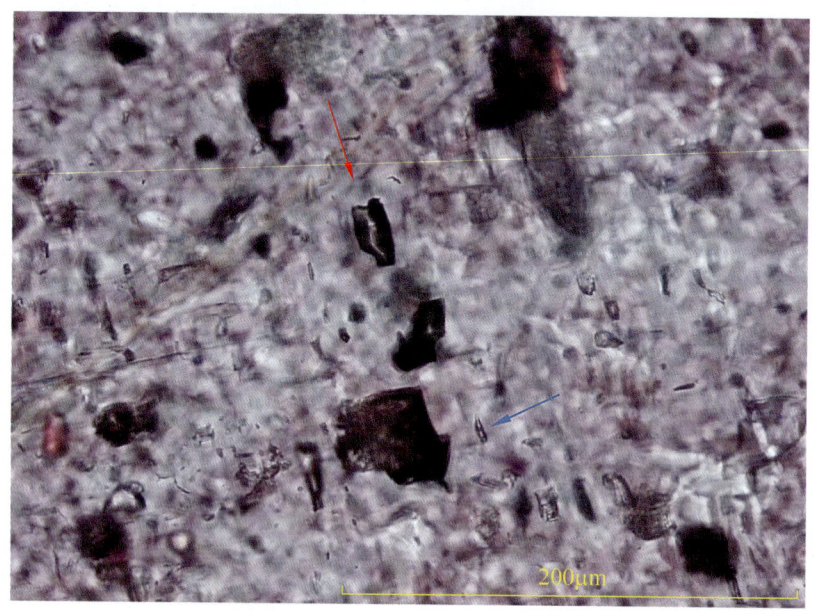

◆ 图 2.59 方解石中的灰黑色气相烃包裹体(红箭头)。气烃包裹体群体分布,不规则状。视域中还见无色气液盐水包裹体(蓝箭头)。塔中 1 井,4221.81m,单偏光

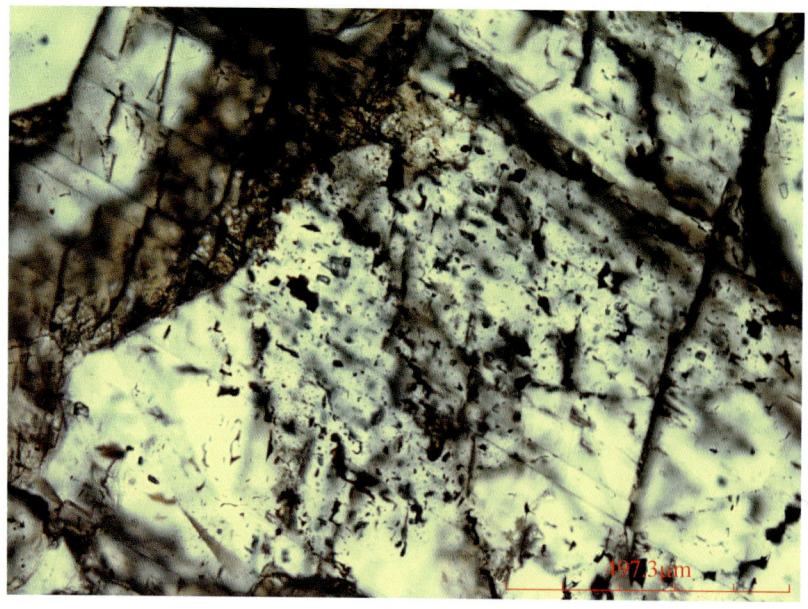

◆ 图 2.60 方解石中的黑色液烃包裹体。烃包裹体群体分布,多为不规则状,个别为椭圆形。哈得 24 井,5784.16m,单偏光

◆ 图 2.61　方解石中浅黄色液烃包裹体。烃包裹体零星分布，呈方形。塔中 45 井，6105m，单偏光

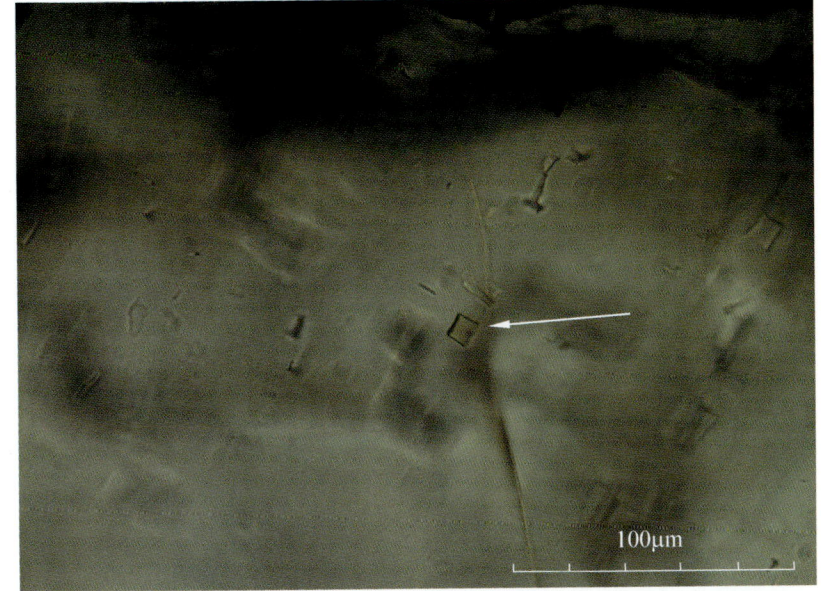

◆ 图 2.62　方解石中的黄色液烃包裹体。烃包裹体群体分布，呈不规则形。英买 201 井，6072.15m，单偏光

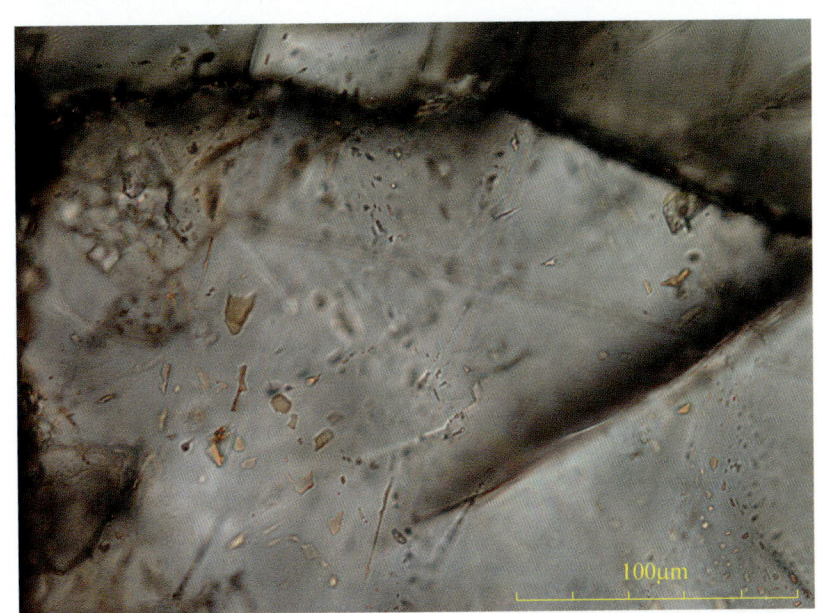

◆ 图 2.63　方解石中的无色液烃包裹体（红箭头）和气液烃包裹体（黄箭头）。烃包裹体群体定向分布，多为不规则形。英买 201 井，6112.54m，单偏光

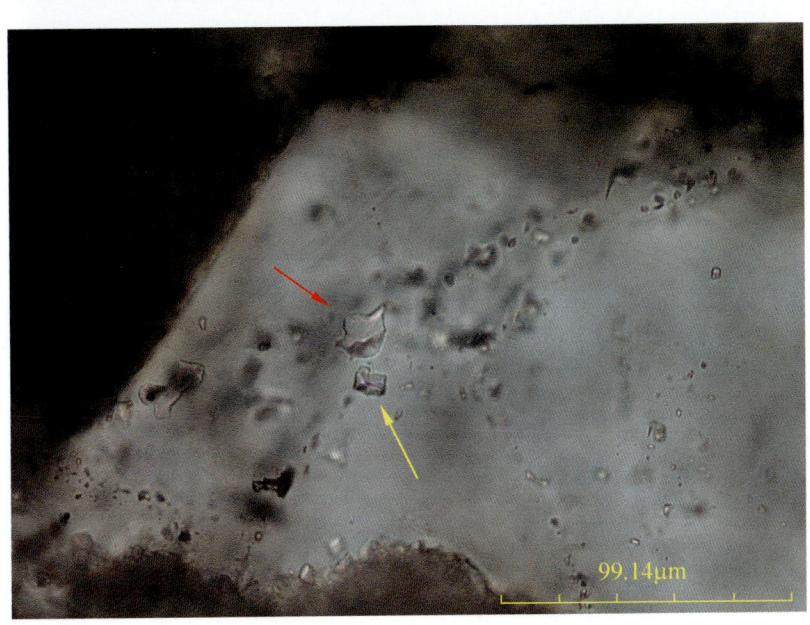

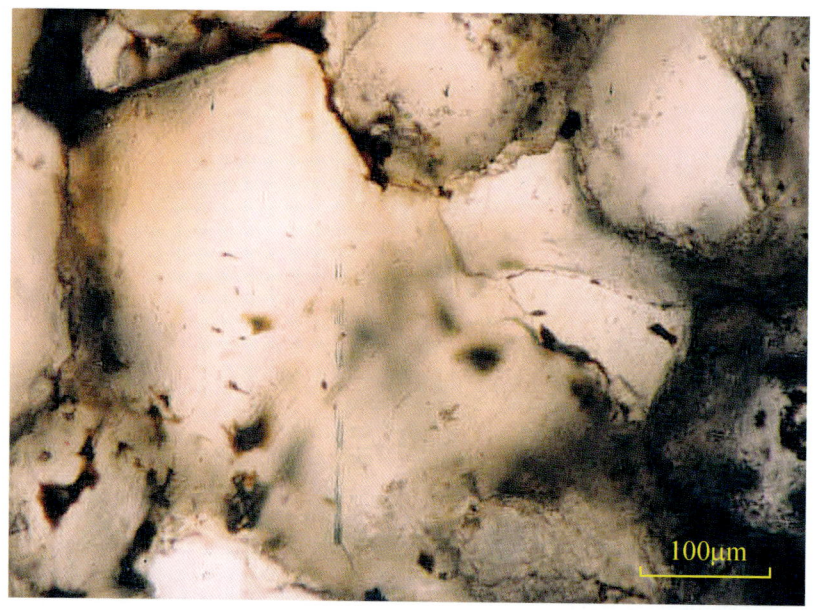

◆ 图 2.64 石英颗粒中的褐黑色沥青包裹体,沥青包裹体群体分布,不规则状,多近石英边部,可能在半封闭体系中。塔中 117 井,4409.2m,单偏光

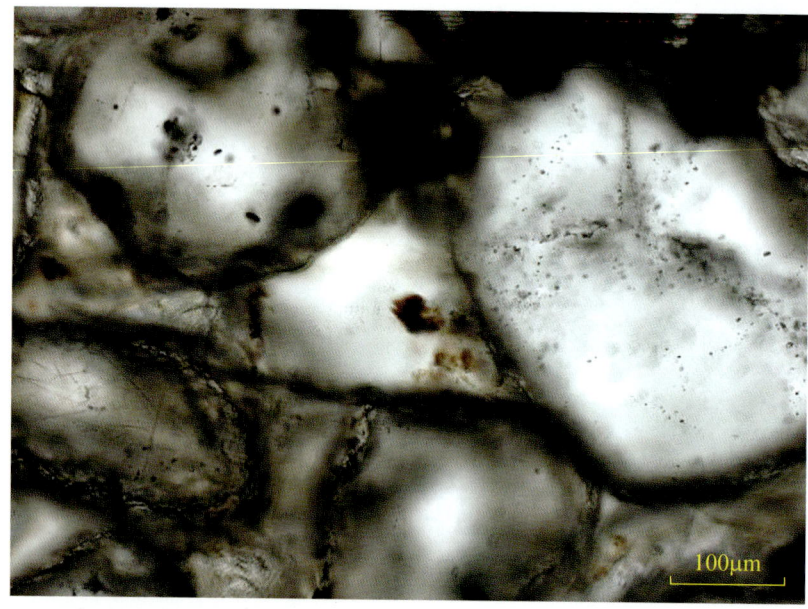

◆ 图 2.65 石英颗粒中的褐黑色沥青包裹体,沥青包裹体群体分布,不规则状,多近石英边部,可能在半封闭体系中。塔中 117 井,4417.9m,单偏光

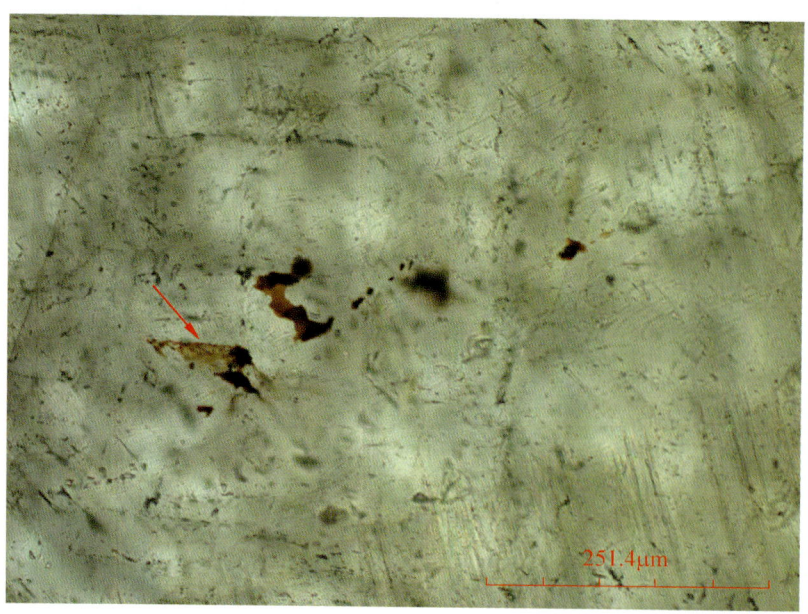

◆ 图 2.66 方解石中的褐色沥青包裹体,沥青包裹体群体定向分布,不规则形。箭头所指烃包裹体分支多,组分分布不均匀,可能组分后期是有变化的。英买 322 井,5371.30m,单偏光

◆ 图 2.67 方解石中的液气烃包裹体(箭头)。烃包裹体群体定向分布,矩形。液气烃包裹体中的气相受包裹体壁影响,气相部分呈椭圆状。轮古 5 井,5488.62m,单偏光

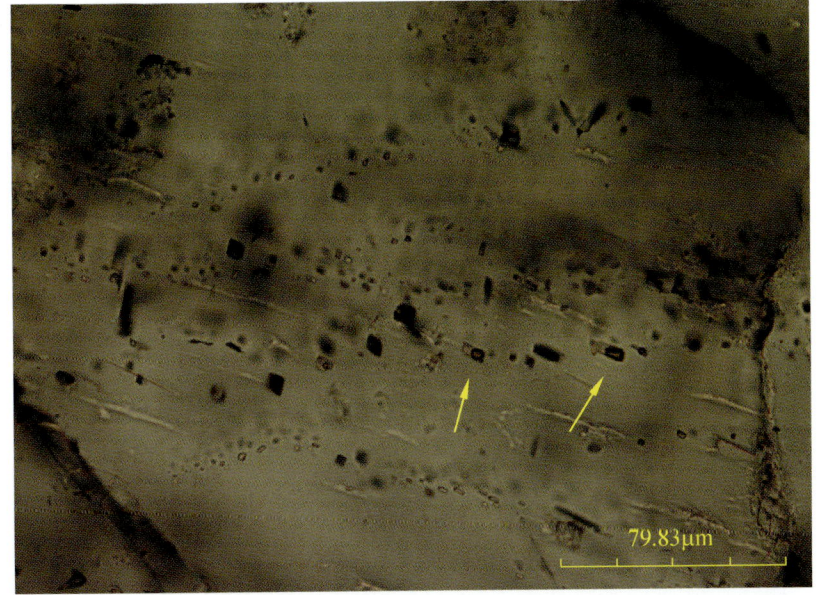

◆ 图 2.68 方解石中的液气烃包裹体。烃包裹体零星分布,不规则矩形。烃包裹体液相呈浅褐色,气相呈灰色。液气烃包裹体的气相受包裹体壁影响,气相部分呈椭圆状产出的烃包裹体。塔中 45 井,6064m,单偏光

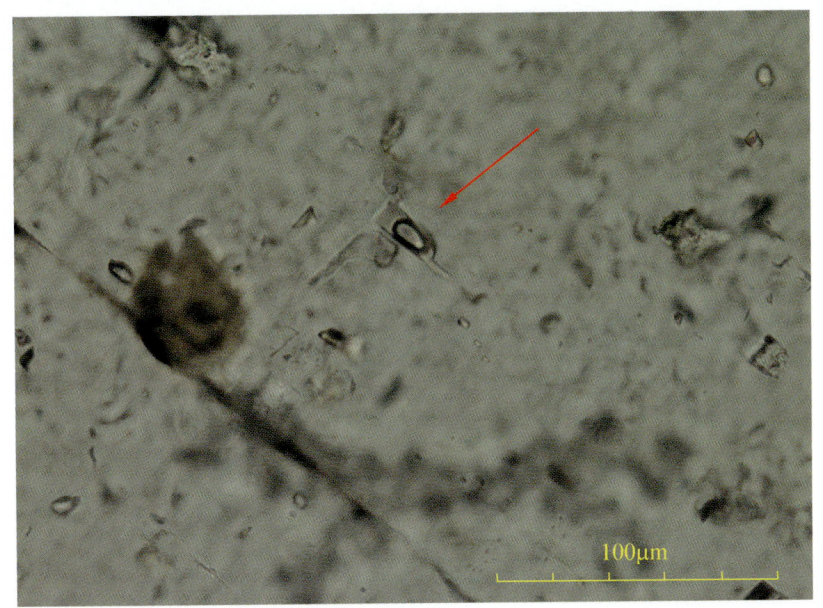

◆ 图 2.69 方解石中的含盐水气烃包裹体。含盐水气烃包裹体零星分布,不规则状。含盐水气烃包裹体盐水为无色,气泡呈黑色,气相部分呈椭圆状产出的烃包裹体。塔中 1 井,4221.81m,单偏光

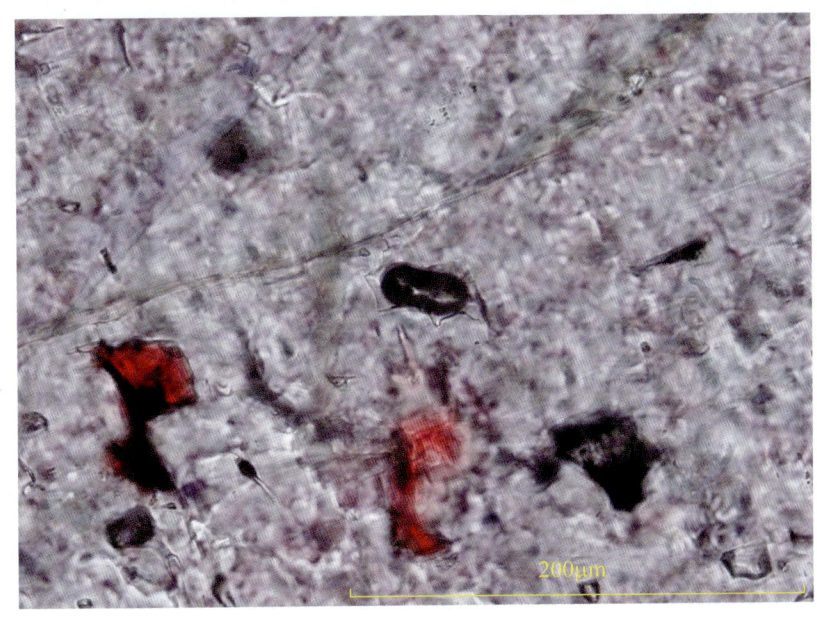

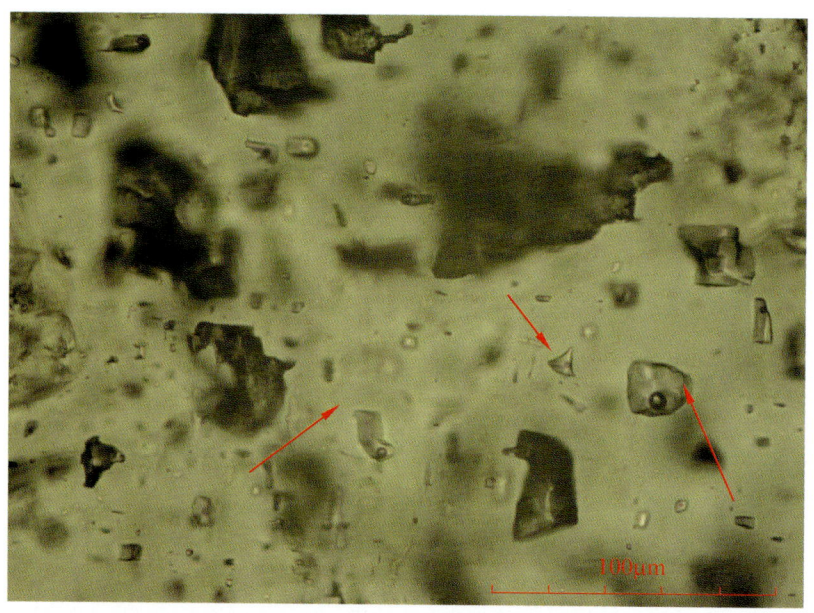

◆ 图 2.70 方解石中的气液烃包裹体（箭头）。气液烃包裹体群体分布，多呈不规则形。烃包裹体的气泡呈黑灰色，液相呈浅灰色。牙哈 5 井，6126.26m，单偏光

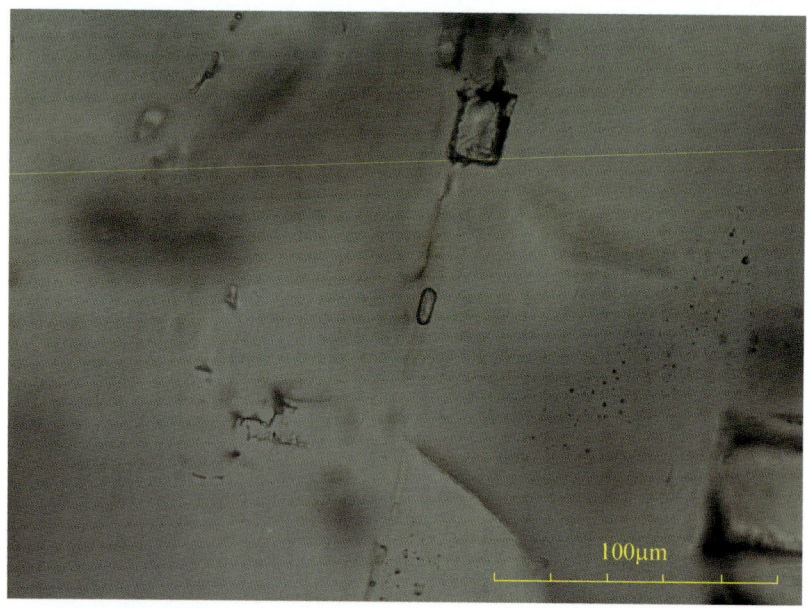

◆ 图 2.71 方解石愈合缝中的气液烃包裹体。烃包裹体群体定向分布，多为长条形，烃包裹体液相呈无色，气泡呈浅灰色，因烃包裹体较窄使气泡不圆呈椭圆形。塔中 45 井，6105m，单偏光

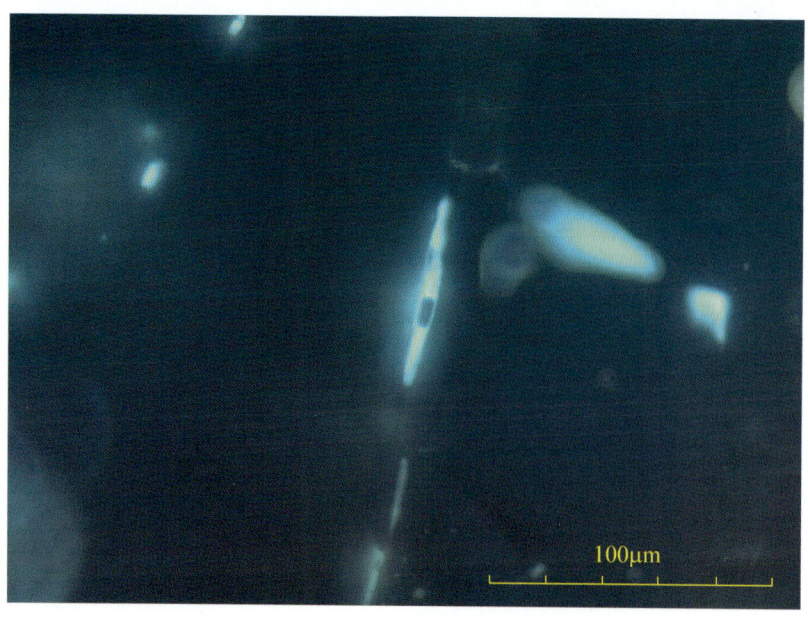

◆ 图 2.72 图 2.71 中气液烃包裹体。烃包裹体群体定向分布，多为长条形，烃包裹体无色液相发亮蓝色荧光，浅灰色气泡不发光，因烃包裹体较窄使气泡不圆呈椭圆形。塔中 45 井，6105m，紫外荧光

◆ 图2.73 方解石中的气液烃包裹体(红箭头)。烃包裹体群体分布,不规则形。气液烃包裹体中的气泡呈褐黑色,液相呈褐色。见长条状黑色液气烃包裹体(蓝箭头)。哈902井,6651m,单偏光

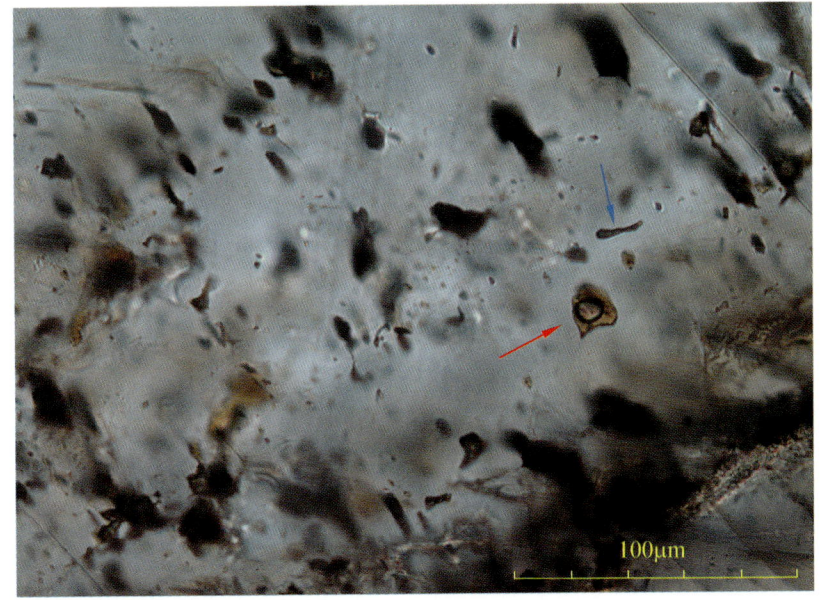

◆ 图2.74 方解石中的气液烃包裹体。烃包裹体群体分布,多呈不规则形,个别为椭圆形。烃包裹体气泡呈粉红色,液相呈极浅红色。英买2井,5339.25m,单偏光

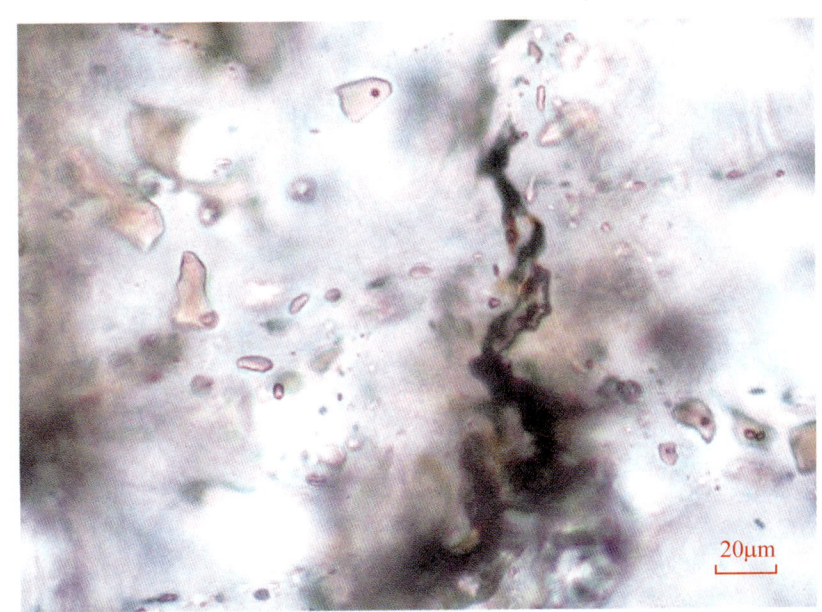

◆ 图2.75 方解石中的气液烃包裹体。烃包裹体群体定向分布,多为不规则椭圆形。气液烃包裹体气泡呈粉红色,液相呈极浅红色。英买2井,5921.15m,单偏光

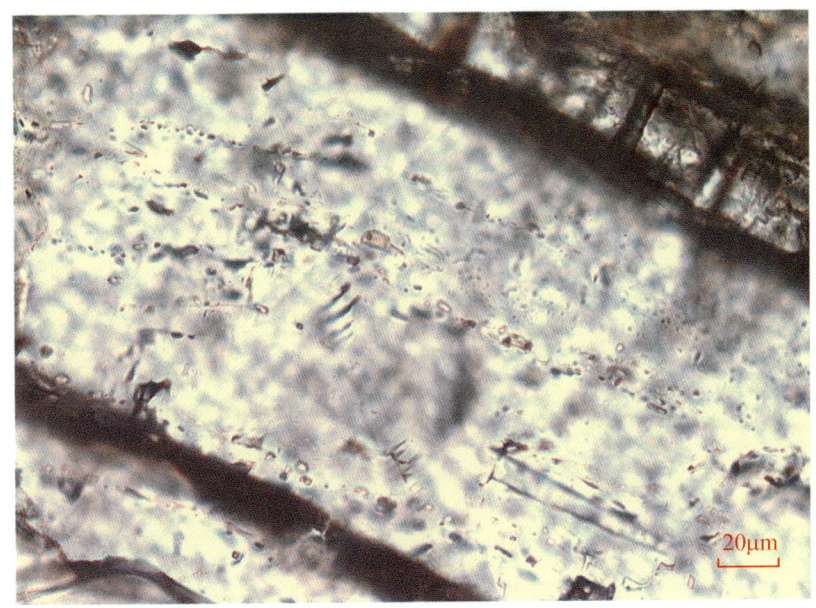

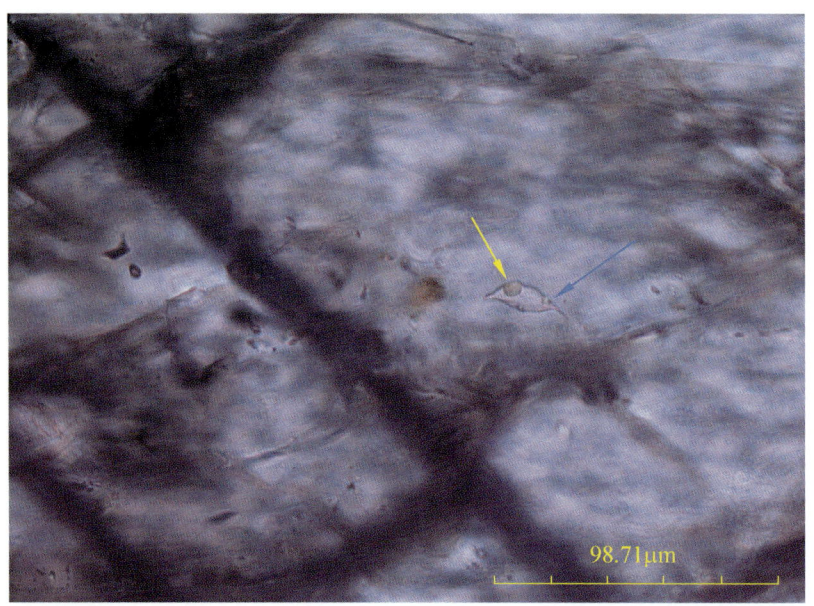

◆ 图2.76 方解石中的含烃气液盐水包裹体。烃包裹体零星分布,不规则形。含烃气液盐水包裹体中的液烃为极浅黄色(黄箭头),气相无色(蓝箭头,在烃包裹体中的右边)、盐水无色。新垦7井,6923.31m,单偏光

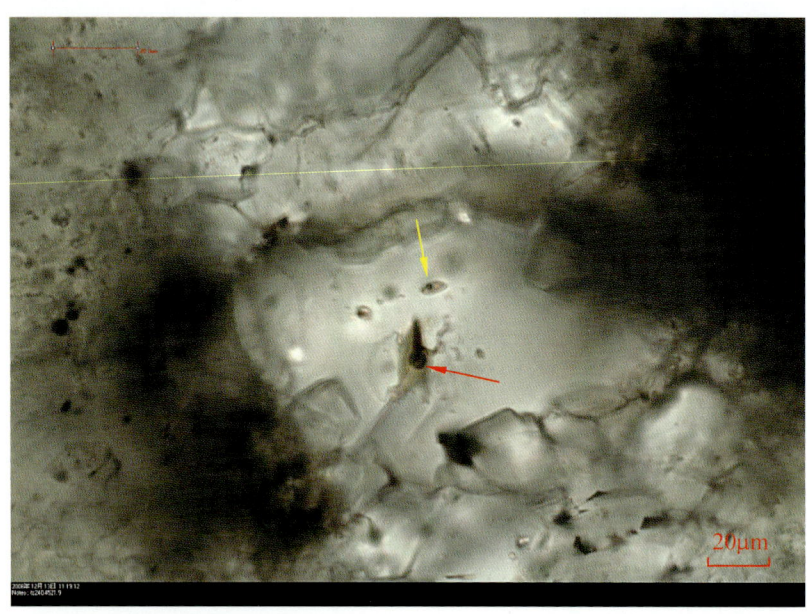

◆ 图2.77 亮晶方解石中的气液液烃包裹体(红箭头)和气液烃包裹体(黄箭头)。烃包裹体零星分布。气液液烃包裹体(红箭头)为不规则形,气相为黑色,液相为褐色和浅褐色;气液烃包裹体(黄箭头)椭圆形,气相为黑色,液相为浅褐色。塔中24井,O_3l,4521m,单偏光

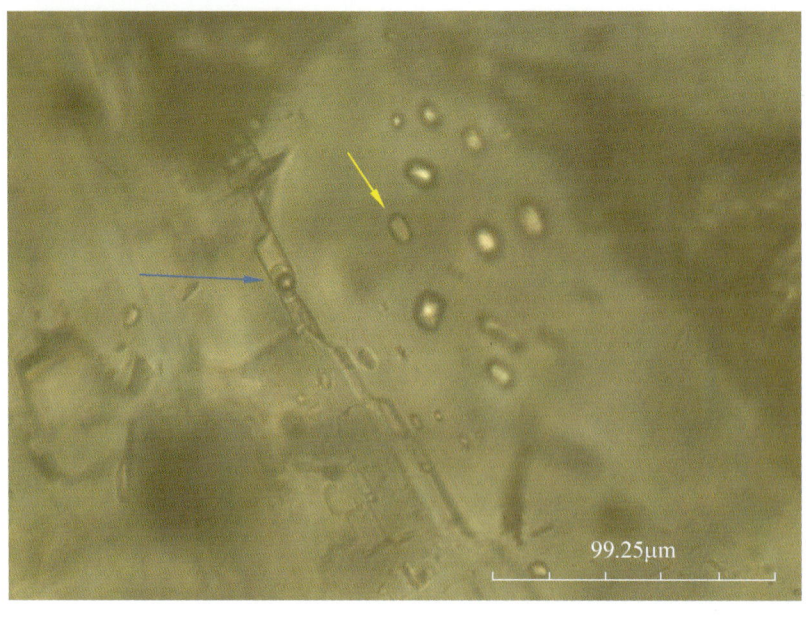

◆ 图2.78 赋存于方解石脉中的含烃气液盐水包裹体(蓝箭头)和液烃包裹体(黄箭头)。包裹体群体定向分布,多为矩形,个别为长条形。含烃气液盐水包裹体(蓝箭头)为气液液三相流体包裹体,围绕在气泡周边的液相烃部分为无色,气相为灰色,盐水为无色;液烃包裹体(黄箭头)为无色。解放127井,O_{2-3},5548.81m,赋存于方解石脉,黄色,单偏光

◆ 图2.79 图2.78中的含烃气液盐水包裹体(蓝箭头)液相发中等黄色荧光,气相和盐水不发荧光。液烃包裹体(黄箭头)发黄色荧光。解放127井,O_{2-3},5548.81m,紫外荧光

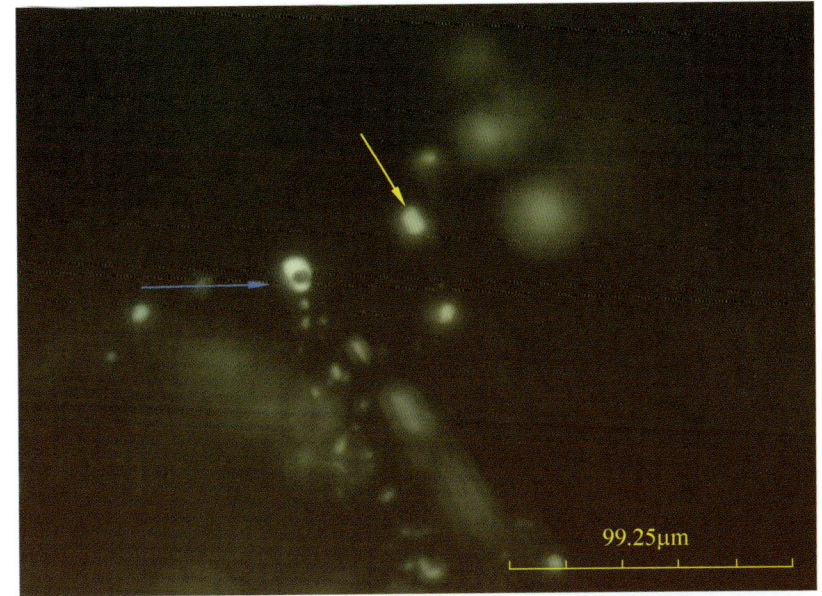

◆ 图2.80 白云石脉中的多相烃包裹体,烃包裹体呈串珠状分布,多为椭圆形。a为含烃气液盐水包裹体,属气液液三相包裹体,无色液烃围着灰色气泡分布,无色盐水在包裹体的右角。b为含烃盐水包裹体,属多相流体包裹体。黑灰色气相外存在一层无色液相油,气相的右边下方也存在一个无色液相油,剩下部分为无色盐水溶液。塔中45井,O_{2+3},6105m,单偏光

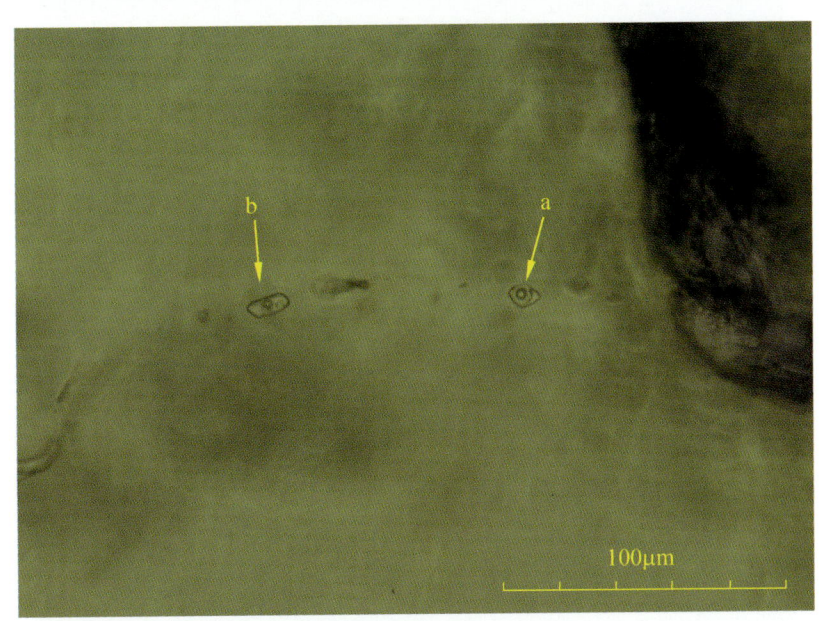

◆ 图2.81 图2.80中a含烃气液盐水包裹体的无色液烃发蓝色荧光,灰色气泡不发光,无色盐水不发光。b含烃盐水包裹体两个液相发蓝色荧光,气相不发荧光,盐水不发荧光。塔中45井,O_{2+3},6105m,紫外荧光

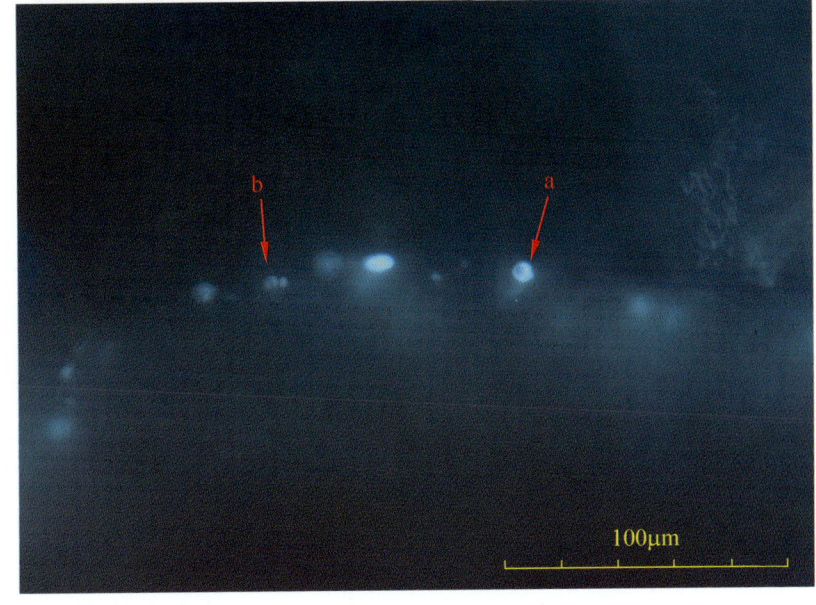

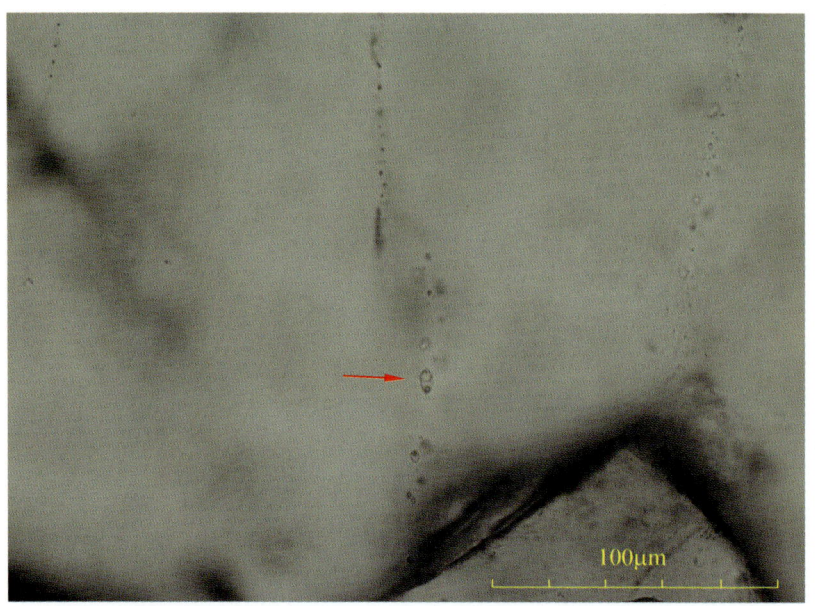

◆ 图2.82 萤石中的含盐水气液烃包裹体。烃包裹体串珠状分布,椭圆形。烃包裹体中的液气烃是两个不混溶两相分布在包裹体的两端,无色液相在上部,灰色气相在下部,其他地方为盐水。塔中45井,6105m,单偏光

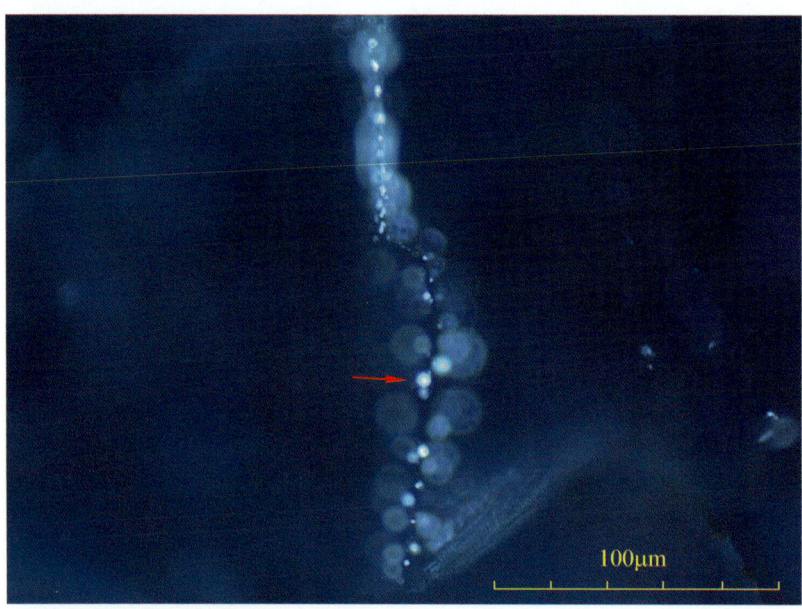

◆ 图2.83 图2.82中的含盐水气液烃包裹体。烃包裹体呈串珠状分布,椭圆形。烃包裹体上部无色液相发亮蓝色荧光,下部气相不发光,盐水不发光。塔中45井,6105m,紫外荧光

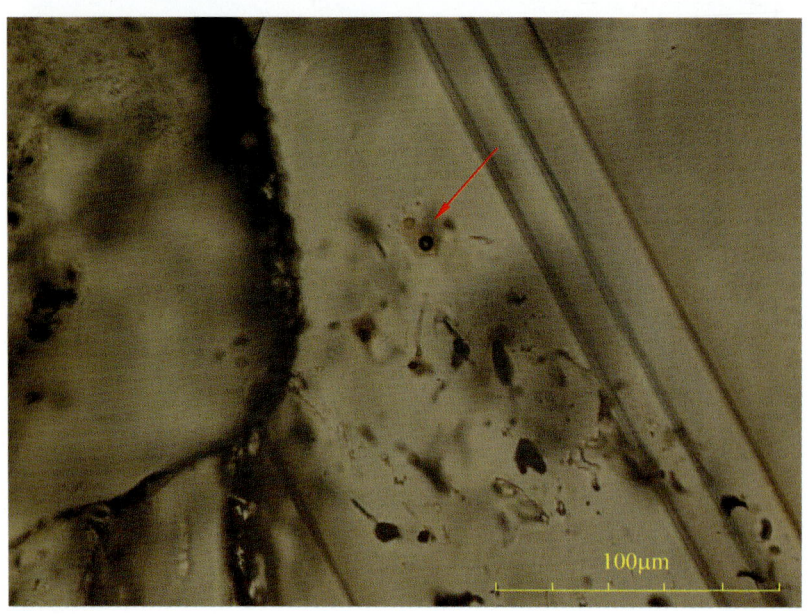

◆ 图2.84 方解石中的气液液三相烃包裹体。烃包裹体群体分布,多为不规则形。气液液烃包裹体中有浅黄色液相烃和黄褐色液相烃(包裹体上部圆珠)两个液相部分,气相为灰黑色(包裹体下方圆球)。视域中还见气液烃包裹体和沥青包裹体。轮古5井,O,5442.67m,单偏光

◆ 图2.85 方解石脉中的气液液三相烃包裹体。烃包裹体群体定向分布,多为不规则矩形。气液液烃包裹体中有浅黄色液相烃和无色液相烃(包裹体下部圆珠)两个液相部分,气相为灰黑色(包裹体上方圆球)。轮古5井,O,5492.43m,单偏光

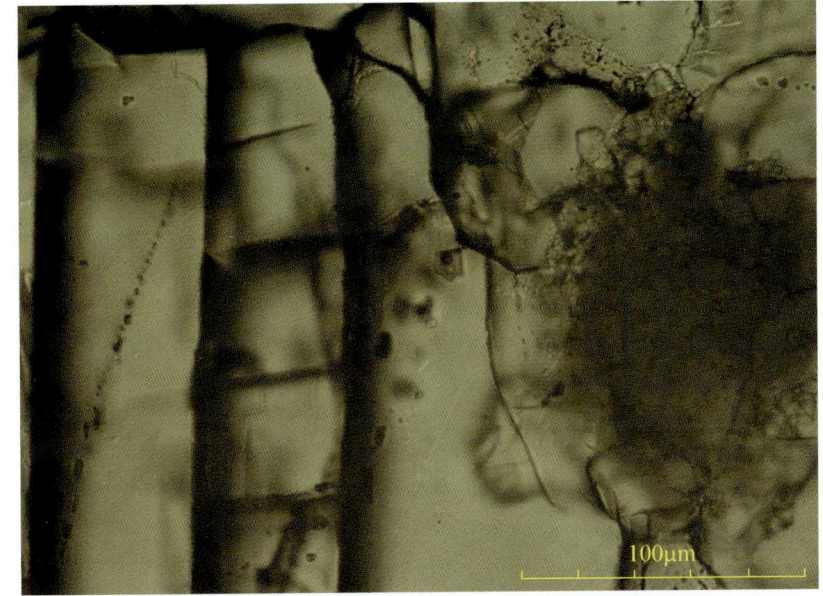

◆ 图2.86 方解石中的含沥青气液烃包裹体,属气液固三相烃包裹体。烃包裹体群体分布,不规则形。含沥青气液烃包裹体中沥青为褐色固相(褐色箭头),气相为一灰黑色圆球(灰黑箭头),液相为浅褐色。哈902井,6640.20m,单偏光

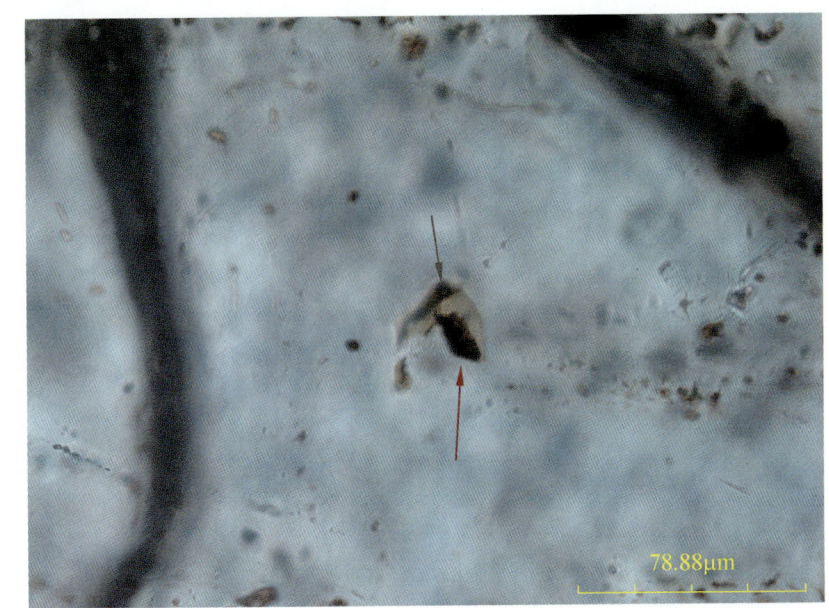

◆ 图2.87 方解石中的含沥青气液烃包裹体。烃包裹体群体分布,多为不规则椭圆形。含沥青气液烃包裹体中的沥青为褐色,分布在包裹体壁上,气相为灰色圆球,液相为浅褐色。哈902井,6650.55m,单偏光

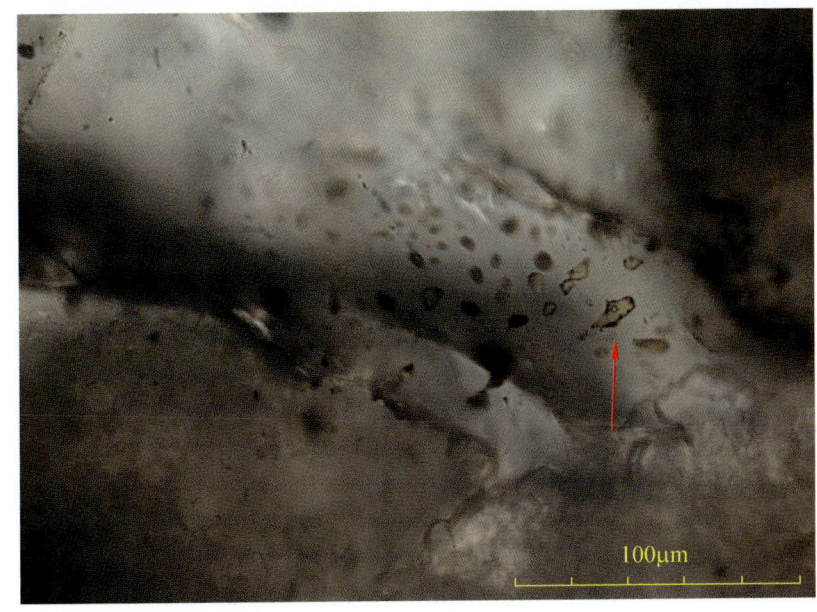

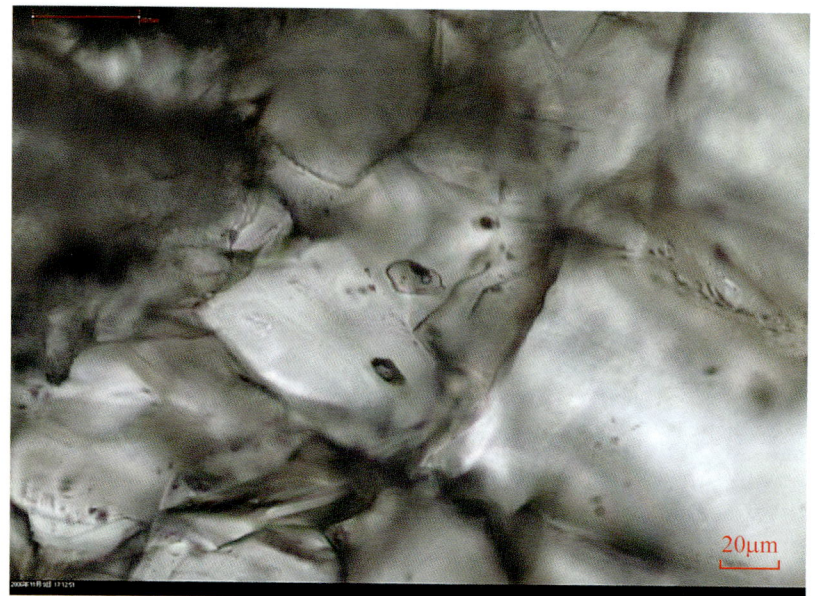

◆ 图2.88 方解石中的含沥青气液烃包裹体。烃包裹体零星分布,不规则形。含沥青气液烃包裹体中沥青为深褐色,位于包裹体上方,气相为灰色圆球,液相为极浅灰色。塔中24井,3144.54m,单偏光

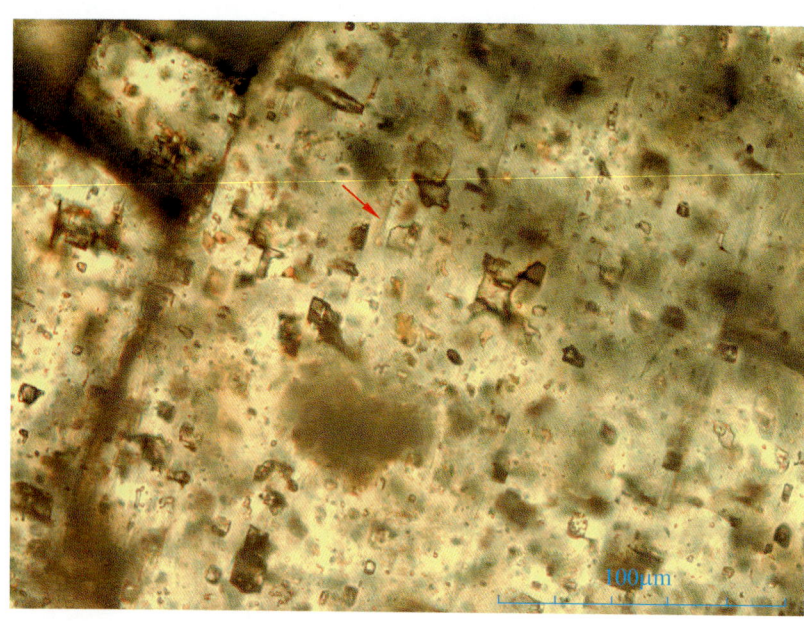

◆ 图2.89 棘皮生屑内腔方解石中的含晶体气液烃包裹体(红箭头)。棘皮生屑内腔方解石中含大量的烃包裹体,多为不规则矩形。含晶体气液烃包裹体(红箭头)中晶体为白色立方体,气相为灰褐色在晶体上方,液相为浅褐色。英买2井,5921.15m,单偏光

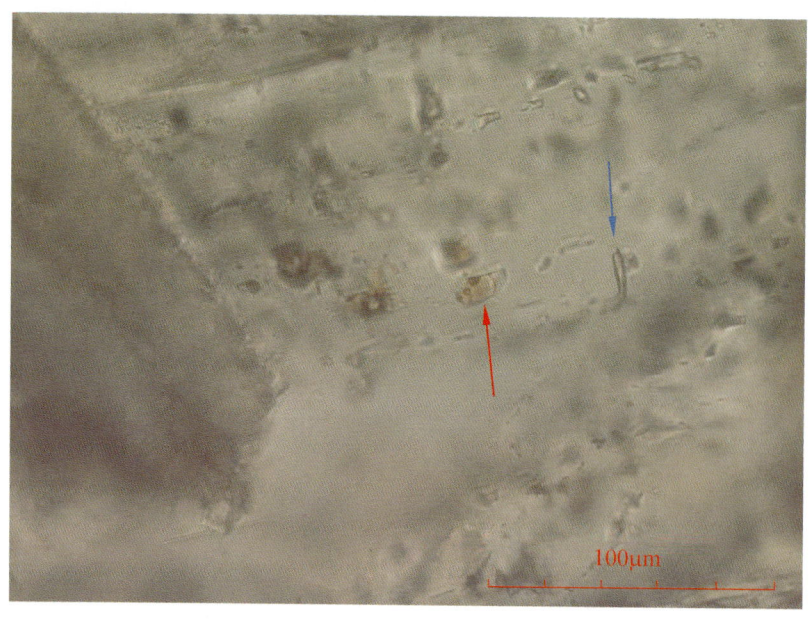

◆ 图2.90 方解石中见含盐水含沥青气液烃包裹体,属四相流体包裹体(红箭头)。烃包裹体零星分布,不规则形。含盐水含沥青气液烃包裹体中无色盐水在包裹体右角,褐色沥青在包裹体上方,气相为灰色圆球,液相为浅褐色。照片中还见无色气液盐水包裹体(蓝箭头)。塔中62井,4733.9m,单偏光

◆ 图2.91 白云石中气液烃包裹体。烃包裹体孤立分布,椭圆形。气液烃包裹体的液相褐—红—无色的变化,这可能与包裹体垂直薄片的厚度有关。气液烃包裹体的气相为灰色圆球。塔中24井,O_3l,4500m,紫外荧光

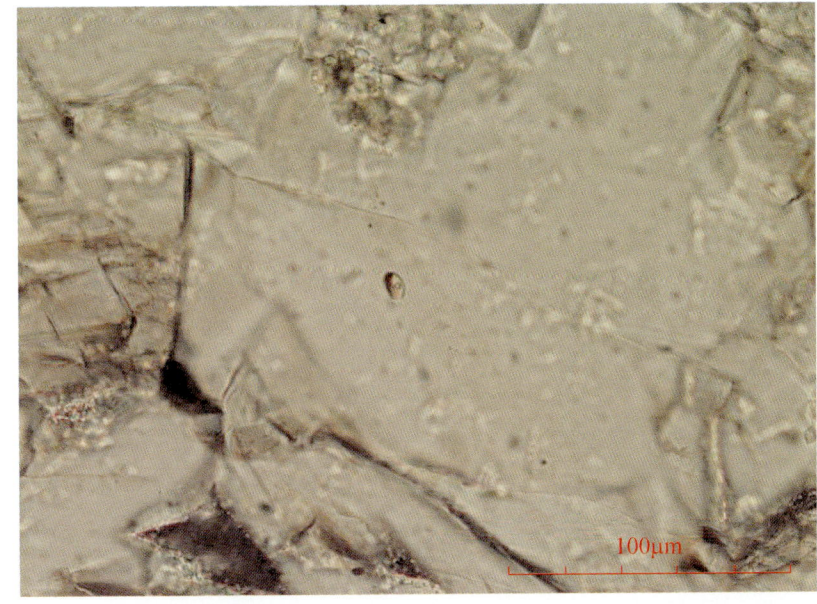

◆ 图2.92 图2.91中气液烃包裹体液相发强黄绿色荧光,液相在荧光下发光均匀,证明在单偏光下的渐变色是因厚度不同引起的。塔中24井,O_3l,4500m,紫外荧光

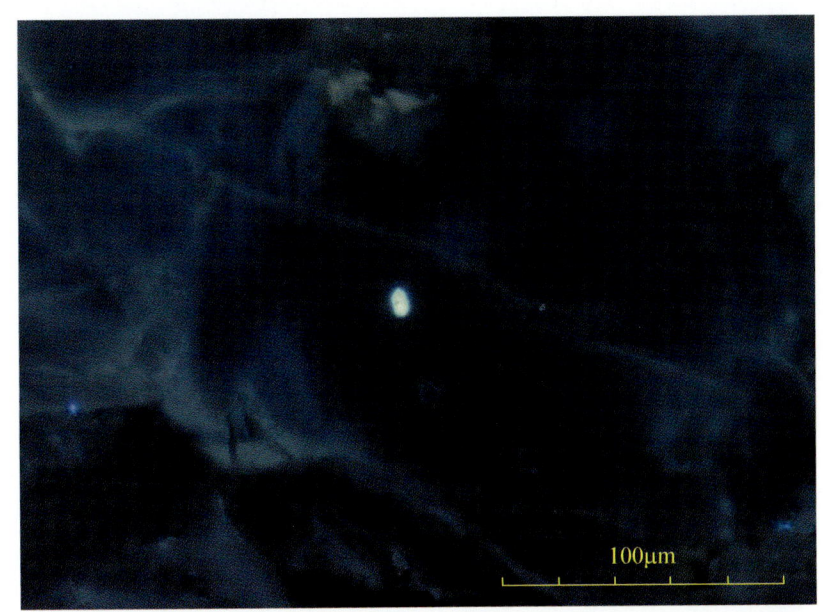

◆ 图2.93 方解石中气液烃包裹体。烃包裹体零星分布,矩形为主。气液烃包裹体的液相为无色,气相为浅灰色。解放127井,5485.31m,单偏光

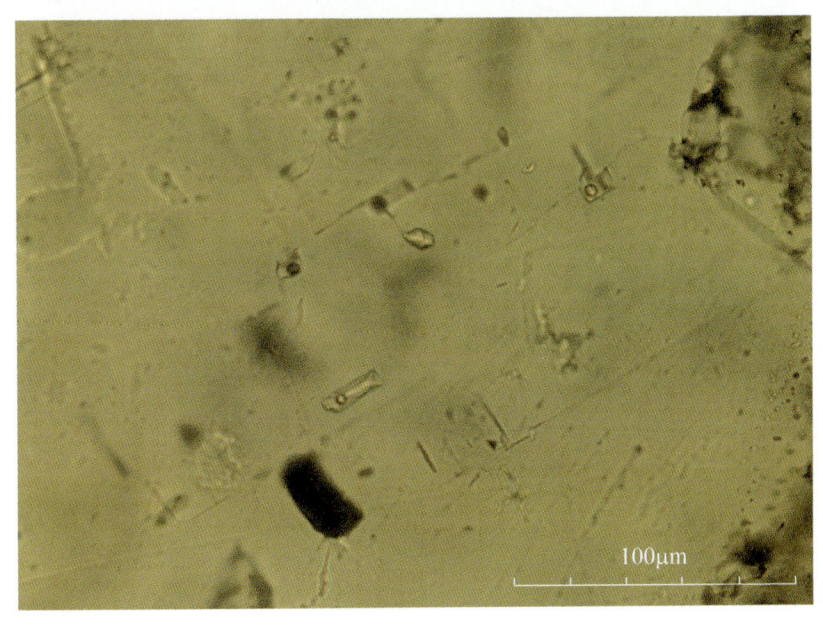

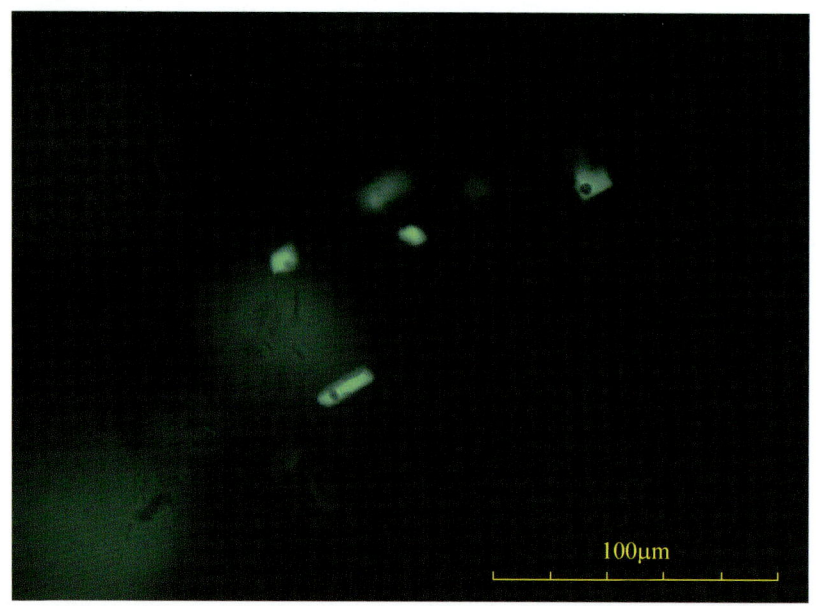

◆ 图 2.94　图 2.93 中的气液烃包裹体。液相发中等强度的黄绿色荧光，气相不发荧光。赋存矿物方解石不发荧光。解放 127 井，5485.31m，紫外荧光

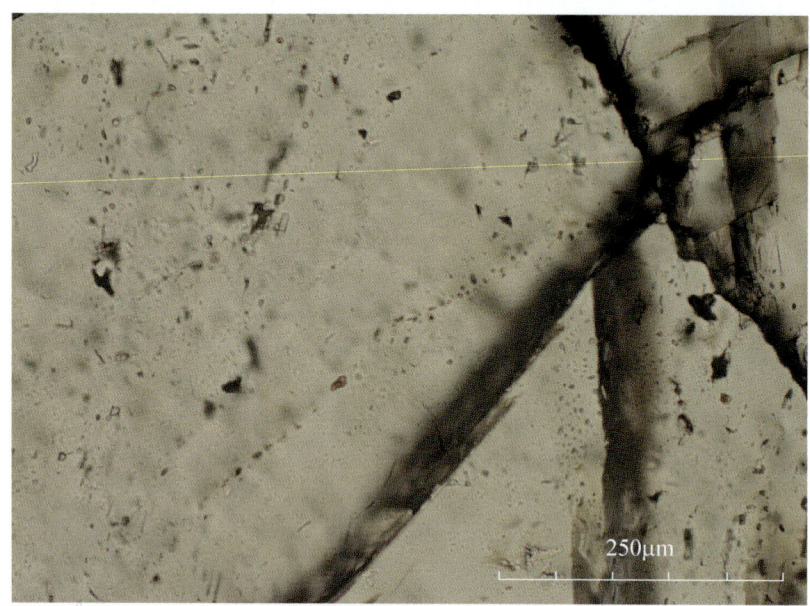

◆ 图 2.95　呈串珠状分布的褐色气液烃包裹体，烃包裹体长轴沿愈合缝延长方向定向排列。塔中 161 井，4290.9m，单偏光

◆ 图 2.96　图 2.95 中呈串珠状分布的烃包裹体发黄色荧光，烃包裹体长轴沿愈合缝延长方向定向排列。塔中 161 井，4290.9m，紫外荧光

◆ 图2.97 方解石—石英脉的石英中呈串珠状分布的黄色烃包裹体，烃包裹体长轴未沿愈合缝延长方向定向排列。英买2井，$O_{1+2}y_1$，5339.25m，单偏光

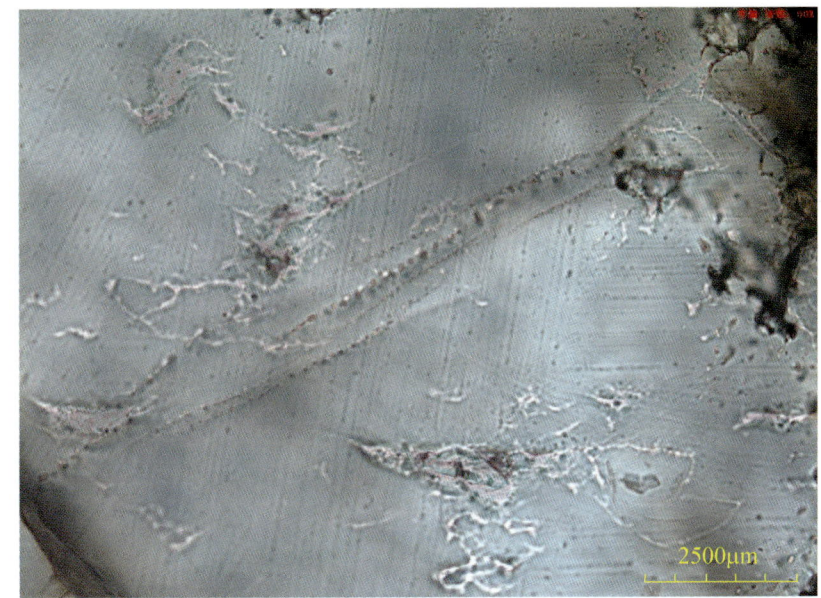

◆ 图2.98 图2.97中的呈串珠状分布的烃包裹体发亮蓝色荧光。烃包裹体长轴未沿愈合缝延长方向定向排列。英买2井，$O_{1+2}y_1$，5339.25m，紫外荧光

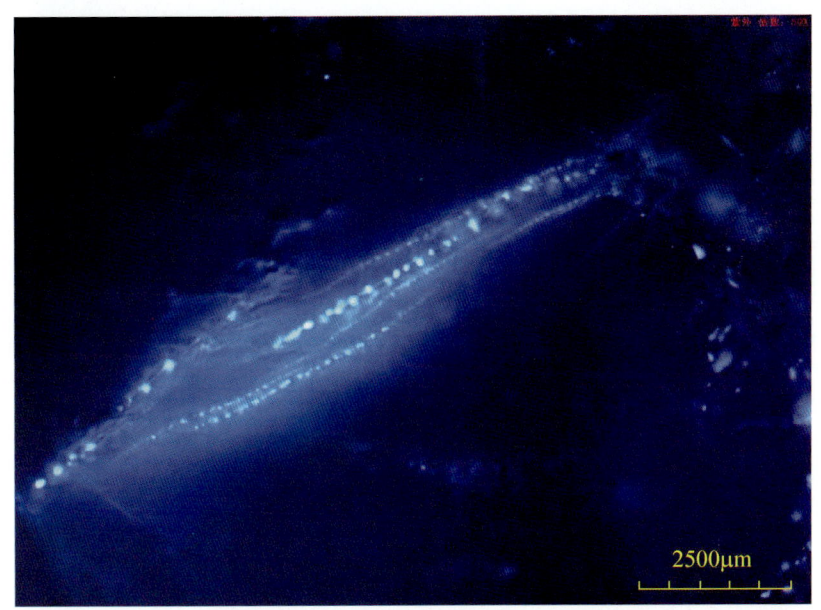

◆ 图2.99 方解石中呈群体定向分布的气液烃包裹体，其烃包裹体长轴也定向排列。烃包裹体多为长条形，主要是褐色和浅褐色气液烃包裹体，少量含沥青气液烃包裹体。哈601-2井，6633.50m，单偏光

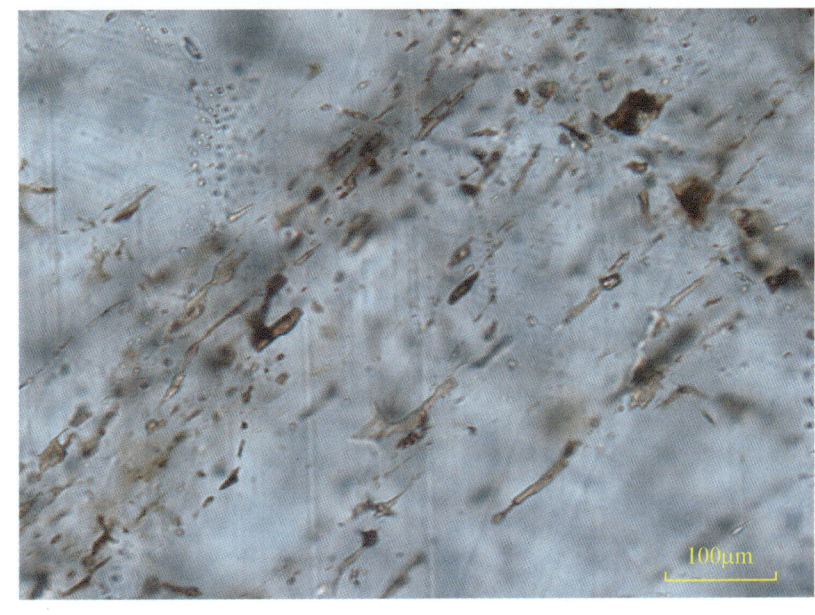

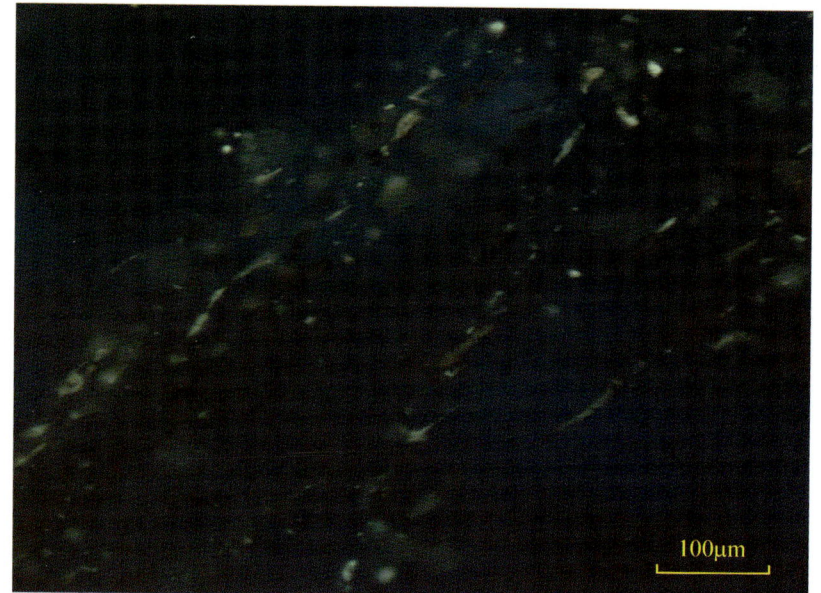

◆ 图 2.100　图 2.99 中呈群体定向分布的气液烃包裹体。浅褐色的烃包裹体发黄色荧光,褐色烃包裹体发暗褐黄色荧光、暗褐色荧光,沥青发黑色荧光,赋存矿物方解石呈蓝色荧光。其烃包裹体长轴定向排列。哈 601-2 井,6633.50m,紫外荧光

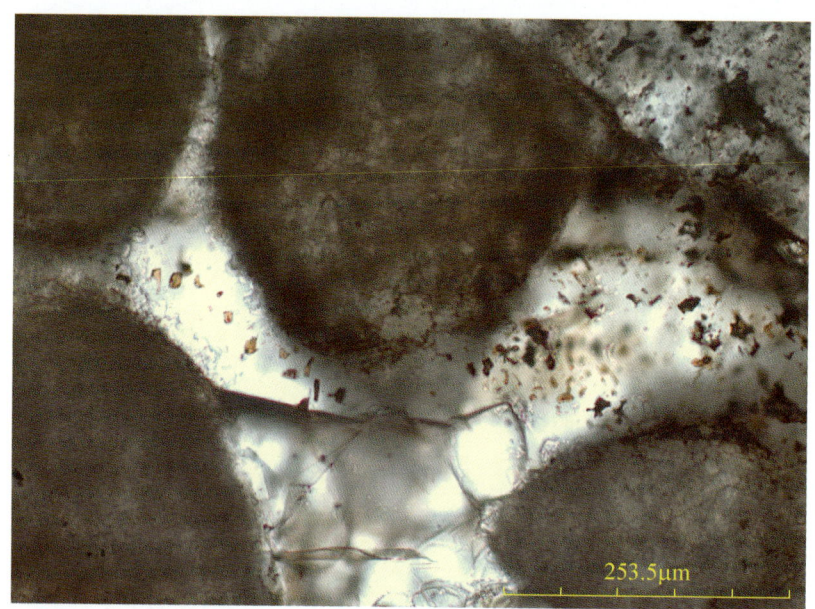

◆ 图 2.101　方解石胶结物中呈群体分布的褐色、黑褐色烃包裹体。烃包裹体形状不一、大小不一、无定向性排列。烃包裹体多是气液烃包裹体,个别为液气烃包裹体。哈 902 井,6650.55m,单偏光

◆ 图 2.102　白云石中呈环带状分布与晶体晶形相似的发黄白色荧光烃包裹体,是白云石晶体一边生长一边包裹油而形成,故是假次生包裹体,也就是原生包裹体。塔中 45 井,O_{2+3},6015m,紫外荧光

◆ 图2.103 白云石加大边(照片中亮白透明好的部分)内见大量的褐色烃包裹体,烃包裹体只是白云石加大边,是白云石晶体形成后又有加大边形成并在加大边形成时包裹油气在加大边中形成大量烃包裹体。牙哈5井,$\in_3 q_1$,6141.25m,单偏光

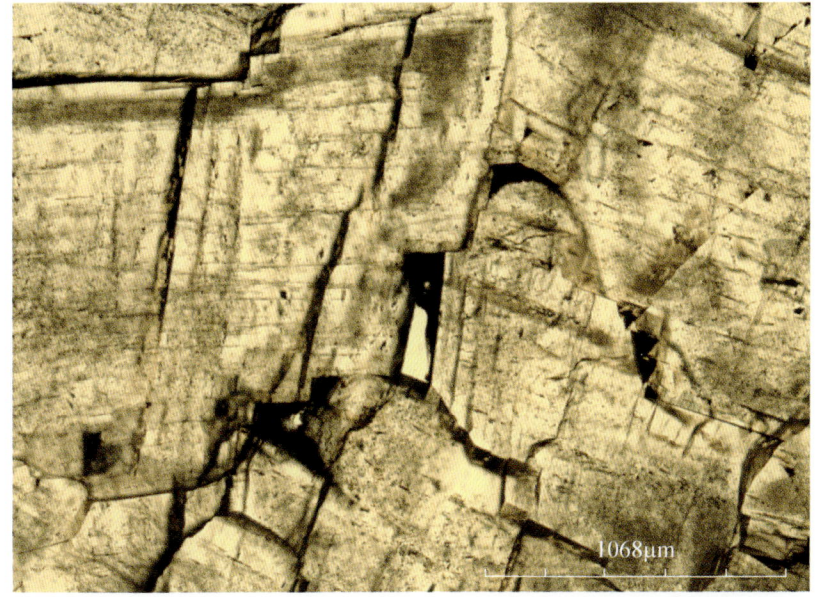

◆ 图2.104 白云石加大边中发黄色荧光烃包裹体,呈环带状分布。是白云石晶体形成后又有加大边形成,并在加大边形成时包裹油气,在加大边中形成大量烃包裹体。牙哈5井,$\in_3 q_1$,6141.25m,紫外荧光

3 塔里木盆地寒武系—奥陶系碳酸盐岩储集层烃包裹体气液比例

烃包裹体气液比例包括气液面积比(气液比)和气液体积比。

3.1 烃包裹体的气液(面积)比

3.1.1 气液比的意义

烃包裹体的气液比通常是指包裹体在平面上的气液面积比,即最大气体平截面与整个烃包裹体平行薄片的最大截面的相对百分比。

烃包裹体的气液比在烃包裹体研究中有重要意义:

(1)作为包裹体分类的一个重要参数。刘鑫和杨传忠[1]根据气液比将包裹体分为纯液体包裹体、气液包裹体、气体包裹体。前面流体包裹体分类中也涉及气液比的考虑:如纯气相烃包裹体称为气烃包裹体(图3.1);气相含量大于50%,能均一为气相,称为液气烃包裹体(图3.2);气相含量小于50%,能均一为液相,称为气液烃包裹体(图3.3);气液比为零的纯液相烃包裹体称为液烃包裹体(图3.4)。

(2)依据烃包裹体相态可指导找油还是找天然气。如果储集层中以气烃包裹体和液气烃包裹体为主,占烃包裹体总量的50%~100%,可能有沥青包裹体或含沥青气烃包裹体伴生,则烃包裹体被包裹前应是天然气,是气藏的"痕迹"。如果储集层中以液烃包裹体和气液烃包裹体为主,占烃包裹体总量的50%~100%,不见或见少量气烃包裹体和液气烃包裹体,可能见沥青包裹体或含沥青液烃包裹体,则烃包裹体被包裹前应是石油,是油藏的"痕迹"。

(3)分析烃包裹体均一温度时温度与气液比有关系。气液烃包裹体从常温至均一化时气液比的变化,在分析烃包裹体原位拉曼光谱特征、烃包裹体压力时都是非常重要的参考指标。

3.1.2 气液比估算方法

烃包裹体气液比一般用肉眼估计来定,有人为误差。实际操作时有两种快捷估测法:三线切割法和网格法。

3.1.2.1 三线切割法

就是将烃包裹体先一切为二,再将含气泡的1/2部分一切为二,再将含气泡的1/4部分一切为二,大体看气泡所占面积比(图3.5),图3.5按三线切割法估计气液比约7.5%。这种方法多适宜于小气液比的烃包裹体和形状较规整的烃包裹体。

3.1.2.2 网格法

在显微镜下找到目标烃包裹体,并在10×50倍视域下拍摄照片,将拍摄照片放入CorelDRAW软件中,放大5~20倍(图3.6a),参照多层面图像(图3.6b)将包裹体边界勾绘(图3.6c),同时利用软件左侧工具栏中的图纸工具添加 20×20 的网格正好盖住包裹体（图 3.6d），统计图片中烃包裹体所占单元格个数 a 以及气态烃包裹体所占单元格个数 b，得出：

$$气液比 = b \div a \times 100\%$$

其中小格全为包裹体的按 3 算，近半格是包裹体的按 1.5 算，少半格是包裹体的按 1 算，多半格是包裹体的按 2 算，则 $a=$ 全为包裹体的格数 ×3+ 多半为包裹体的格数 ×2+ 近半为包裹体的格数 ×1.5+ 少半为包裹体的格数 ×1；同理，$b=$ 全为气泡的格数 ×3+ 多半为气泡的格数 ×2+ 近半为气泡的格数 ×1.5+ 少半为气泡的格数 ×1。如图 3.6 中 d：$a=$160（全为包裹体的格数）×3+15（多半为包裹体的格数）×2+8（近半为包裹体的格数）×1.5+12（少半为包裹体的格数）×1=534，$b=$58（全为气泡的格数）×3+8（多半为气泡的格数）×2+3（近半为气泡的格数）×1.5+11（少半为气泡的格数）×1=205.5，气液比 =205.5÷534×100%=38.48%。图 3.6 烃包裹体气液比如用目测很可能估计到 50%，人为误差在 11.52%。

这种方法多适宜于大气液比的烃包裹体和形状特复杂的烃包裹体。

3.2 烃包裹体的气液体积比

烃包裹体的气液体积比（the volumetric liquid: vapour ratios）是气相体积占整个烃包裹体体积的百分比，也叫气相充填度。烃类包裹体的气液体积比是进行热力模拟研究的重要参数之一，准确获取烃类包裹体的气液体积比十分重要[2]。激光共聚焦扫描显微镜分析技术是集显微技术、高速激光扫描技术与图像处理技术为一体的一项新的光学显微测试方法[3]。Pironon[4]首次报道了用激光共聚焦扫描显微镜测定烃类包裹体总体积及其气泡体积。Aplin[5]研究实例中，1% 的气相充填度计算误差导致了约 6% 的压力计算误差，可见计算烃包裹体最小捕获压力时，气相充填度对压力计算结果影响很大。

3.2.1 液相体积确定

在激光的激发下，气相和寄主矿物不发荧光，只有液相发荧光，故利用 CLSM（共聚焦激光扫描显微镜）灰度二值化发现烃包裹体的液相存在两个边界，即气相与液相的气/液相边界以及液相与寄主矿物的液/固相边界。

3.2.1.1 液/固相边界的确定

液/固相边界位于一个灰度渐变带内（图 3.7 边界 a 与 c 之间的区域）。与包裹体面积最大、荧光最强的光切片相对应的透射光图片的边界最清晰，以此图片中烃包裹体的面积（图 3.8 中黑色虚线内）为标准调整对应的光切片（图 3.7）灰度二值化时的灰度阈值，直至上述两个图片中烃包裹体的面积一致时为止，此时的边界（图 3.7 中的红线 b）即为光切片中烃包裹体的液/固相边界。

3.2.1.2 液相的校正

方法是以透射光图片中液相的面积为标准[6]，调整图 3.8 中的光切片灰度二值化时的最小值，直至光切片中的液相面积与透射光图片中的液相面积一致时为止。如图 3.9 所示，在液相校正的过程中，随着最小值的增大，e 逐渐移向 f，b 也不可避免地随之内移，即原先确定的液/固相的边界也随之改变。至光切片中液相的面积（d 和 f 之间的面积）与透射光图片中液相面积（b 和 g 之间的面积）相等。

液相的校正仅在有气相存在的光切片中进行。对于纯液相的光切片，确定出液/固相边界后，直接提取液相即可。将此时的灰度阈值应用于其他层"填气泡"后光切片,便确定了整个包裹体的边界,进而计算出烃包裹体的总体积。

3.2.2 气相体积确定

聚焦显微荧光技术,通过测量烃类包裹体荧光强度而精确获取其气相直径。王鑫涛等(2015)是通过观察液相及气相两个边界荧光光谱的变化拐点,并测量两个拐点的间距获取气相的直径(图3.10)[7]。测试流程如下:步骤1,选择一条仅通过液相烃类包裹体的直线1,测量其荧光强度,获取纯液相烃类包裹体的荧光谱线图;步骤2,选择一条既通过液相又通过气相的烃类包裹体的直线2,测量其荧光强度,获取液相中包含气相的烃类包裹体的荧光谱线图。从谱线图中可看到进入包含气相边界时的液相荧光强度会有一个变化拐点,一般是这个范围内出现的最高强度值所对应的扫描点位置,随着离气相中心越近,荧光强度逐渐变弱至最低,到气相的另一个边界时荧光强度逐渐变强会有一个变化拐点,即另一个局部范围内出现的最高强度值(或局部出现同等强度值时最先出现点)所对应的扫描点位置,测量两个拐点间的距离 d(误差0.02um);步骤3,重复步骤2,由于荧光影响,视觉上难以判断气相的中心位置,因此选择不同方向(既通过液相又通过气相)进行测量获取直线3距离 d,直到测量中直线4出现最大值 d,即认为是气相的直径;步骤4,包裹体中气相的体积按下式计算: $R=d/2$, $V=(4/3)\pi R^3$。

3.2.3 气液体积比

根据各层的液相面积计算出液相体积后,结合上文获得的包裹体中气相的体积,便可计算出烃包裹体的气液体积比(气相充填度)。

参 考 文 献

[1]刘鑫,杨传忠. 碳酸盐岩矿物流体包裹体的主要研究方法及其应用[J]. 石油实验地质,1991,13(4):399-407.

[2]周振柱,周瑶琪,陈勇. 一种获取流体包裹体气液比的便捷方法[J]. 地质论评,2011,57(1):147-152.

[3]孙先达,索丽敏,张民志. 激光共聚焦扫描显微检测技术在大庆探区储集层分析研究中的新进展[J]. 岩石学报,2005,21(5):1479-1488.

[4]Pironon J, Canals M, Dubessy J, et al. Volumetric Reconstruction of Individual Oil Inclusions by Confocal Scanning Laser Microscopy [J]. European Journal of Mineralogy, 1998, 10 (6):1143-1150.

[5]Aplin A C, Macleod G, Larter S R, et al. Combined Use of Confocal Laser Scanning Microscopy and PVT Simulation for Estimating the Composition and Physical Properties of Petroleum in Fluid Inclusions [J]. Marine and Petroleum Geology, 1999, 16:97-110.

[6]王爱国,吴小宁,蒲磊. 对VTflinc软件计算流体包裹体最小捕获压力方法中参数的研究[J]. 中国石油大学学报:自然科学版,2015,39(1):25-32.

[7]王鑫涛,陈勇,周瑶琪. 烃类包裹体理论气液比计算方法及其误差分析[J]. 吉林大学学报(地球科学版),2015,45(1):1513-21.

◆ 图 3.1 方解石脉中的灰色气烃包裹体。气烃包裹体零星分布,椭圆形。塔中 1 井,3802.13m,单偏光

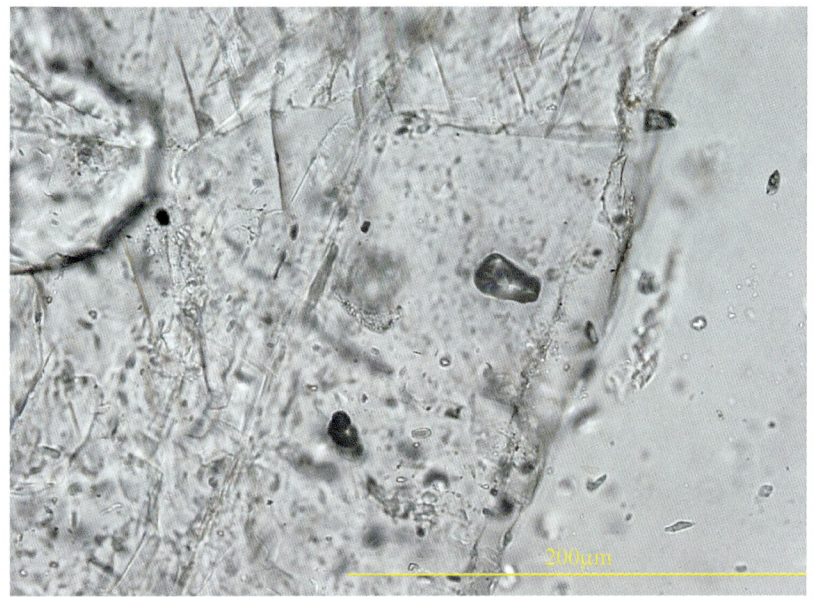

◆ 图 3.2 方解石洞中的液气烃包裹体。液气烃包裹体群体分布,不规则形。液气烃包裹体液相无色,气相为灰黑色,气泡较大,因受包裹体空间限制而变形。塔中 4 井,O,3845.2m,单偏光

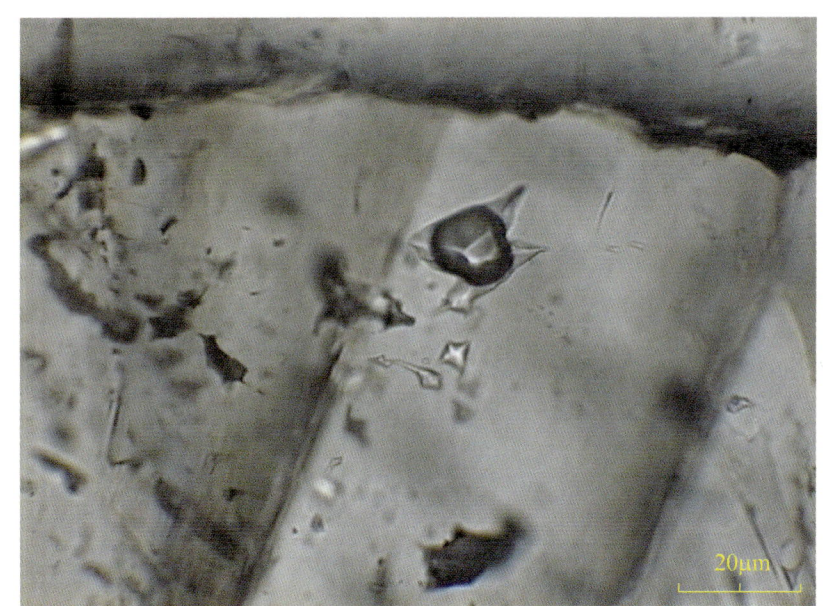

◆ 图 3.3 萤石中的含盐水气液烃包裹体。烃包裹体群体定向分布,多为不规则矩形。气液烃包裹体液相为褐色,气相为黑色,盐水为无色(在包裹体的下角)。热普 4 井,6749.52m,单偏光

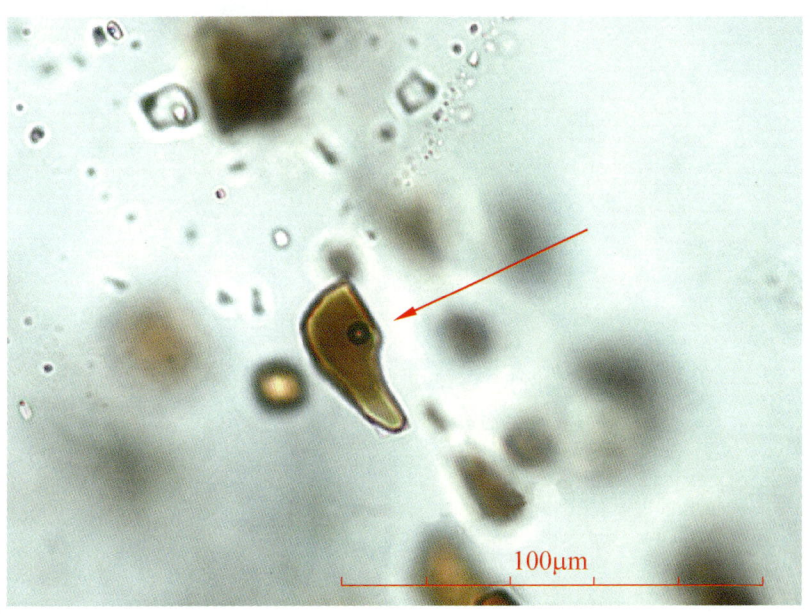

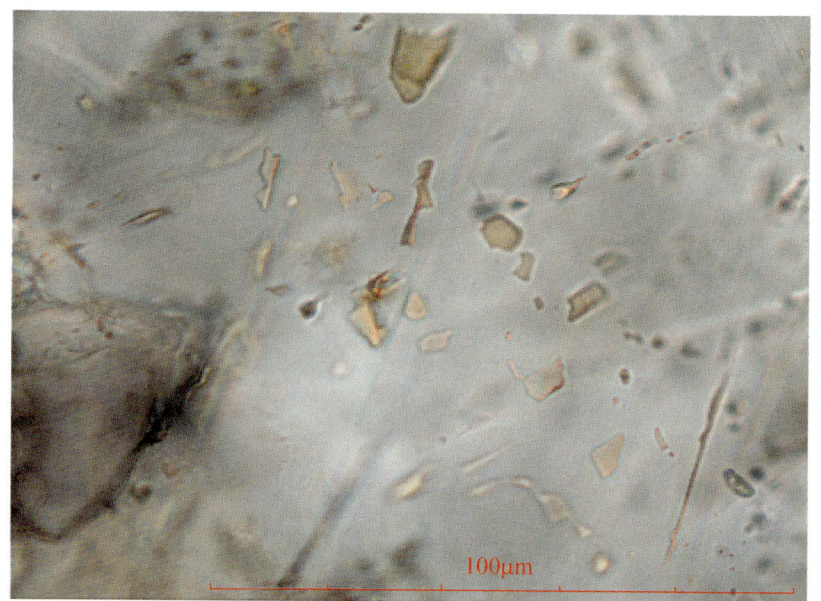

◆ 图3.4 方解石中的黄色液烃包裹体。烃包裹体群体分布,不规则形。英买201井,6072.15m,单偏光

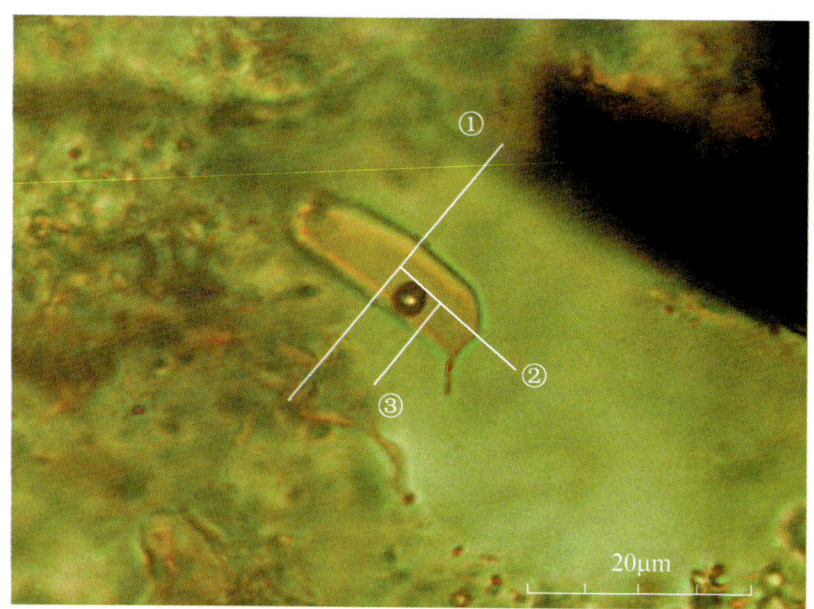

◆ 图3.5 白云石中椭圆形气液烃包裹体。烃包裹体零星分布,液相为褐色,气相为灰黑色圆球状,烃包裹体气液比小,用三线切割法估测其气液比,约为8%。英买201井,$O_{1+2}y_2$,6015.80 m,单偏光

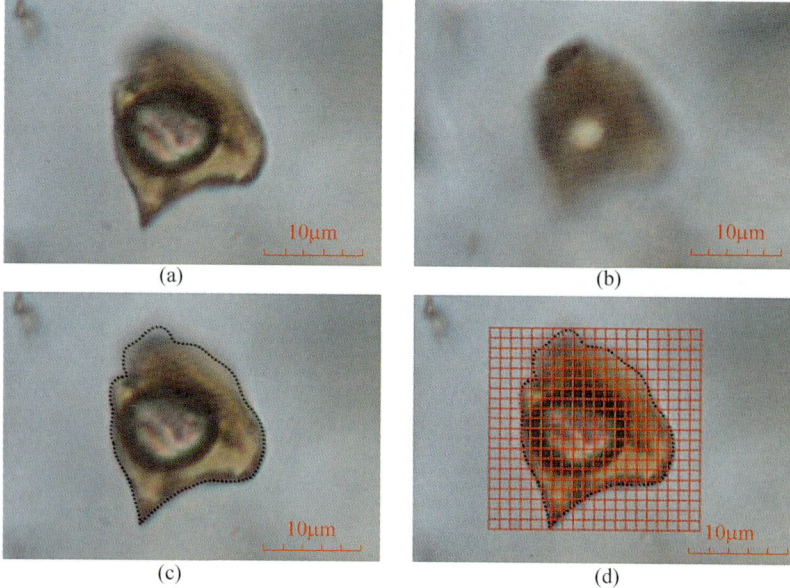

◆ 图3.6 不规则形大气液比烃包裹体,通过图a和图b两照片将烃包裹体外界线定出并绘在气泡较清楚的图c中,在将大于烃包裹体的20×20的网加在烃包裹体表面,如图d,H902井,O_2y,6651.00m,赋存于方解石脉中,褐色,单偏光

◆ 图3.7 光切片"填气泡"处理后的图片（引自王爱国等，2015）[6]

a、c为液/固相边界渐变带的上下限；b为最终确定的液/固相边界

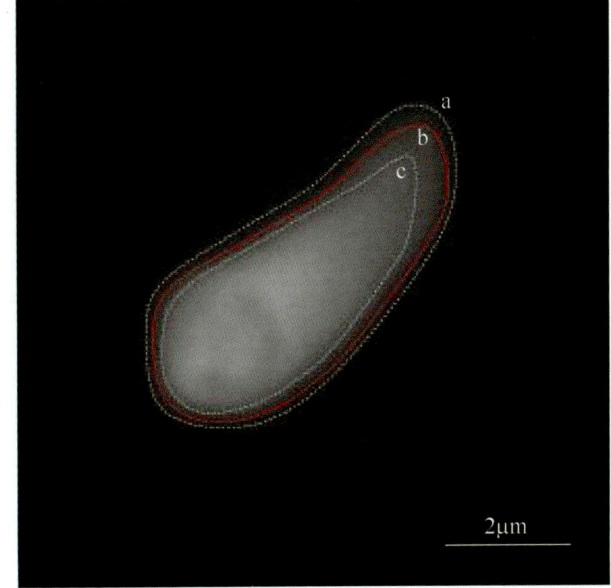

◆ 图3.8 透射光图片（引自王爱国等，2015）[6]

黑色虚线为透射光下包裹体的液/固相边界；b为图3.7中的液/固相边界；黄色实线为透射光下气/液相边界

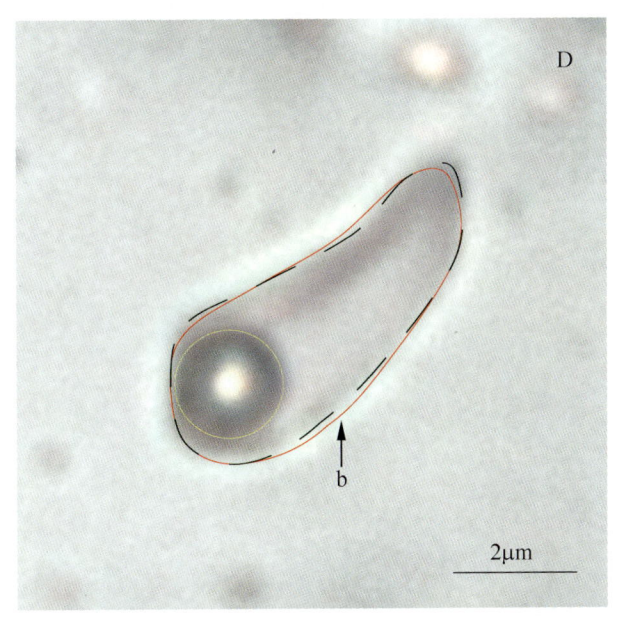

◆ 图3.9 光切片包裹体液相校正示意图（引自王爱国等，2015）[6]

b为图3.7中确定的液/固相边界；d、f为确定的液相等效边界；g为图3.8中的气/液相边界；e为与b的灰度值相等的边界

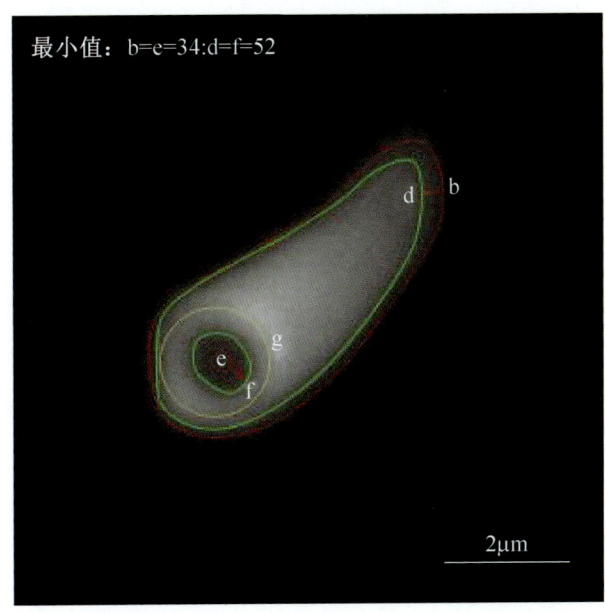

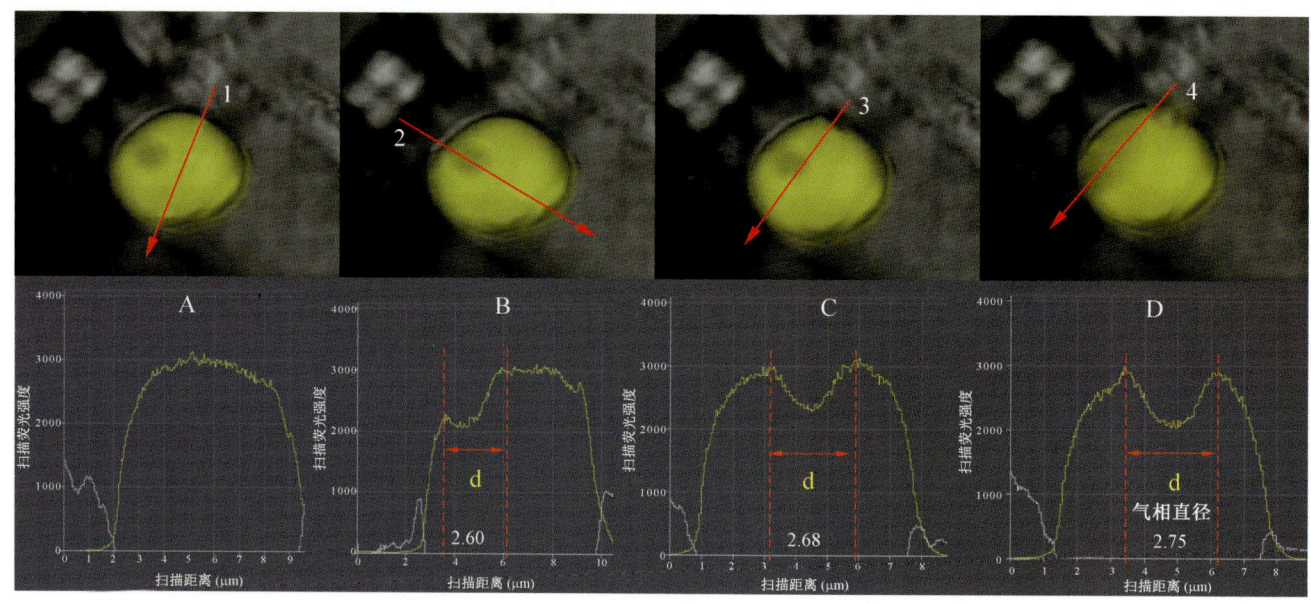

◆ 图 3.10　利用激光共聚焦显微荧光技术获取气相直径图（引自王鑫涛等，2015）[7]

4 塔里木盆地寒武系—奥陶系碳酸盐岩储集层烃包裹体含量

1996年 Eadington[1] 等提出 GOI（Grains containing Oil Inclusions）：GOI（%）= 含烃包裹体的矿物颗粒数目/总矿物颗粒数目 ×100%。针对砂岩储集层油藏提出了 GOI 统计方式如下：应用计算机程序控制的电动显微镜，在10倍目镜下随机选择100个 0.625mm×0.625mm 网格，在紫外光激发下统计含发荧光烃包裹体石英颗粒数，然后统计视域下的石英颗粒总数，利用公式得到 GOI 值。随后 GOI 参数被用来反映储集层含油饱和度，其中古油层、古运移通道和水层的 GOI 指数通常分别为：≥5%、1%～5% 和 ≤1%。Zhang Nai 等（2015）[2] 针对碳酸盐岩储集层提出了 EGOI 参数，用于研究碳酸盐岩储集层的油层、古油层和气层。

4.1 碳酸盐岩油层烃包裹体含量的统计方法

4.1.1 碳酸盐岩油层 EGOI 的统计方法

由于碳酸盐岩不像砂岩那样由石英颗粒组成，不便于统计含烃包裹体矿物数目。碳酸盐岩内的烃包裹体多分布在愈合缝（图4.1—图4.5）、缝合线两侧（图4.6、图4.7）、脉体（图4.8、图4.9）和孔洞充填物（图4.10、图4.11）中，只有少数是在亮晶方解石中（图4.12、表4.1），用 GOI 对碳酸盐岩储集层中的烃包裹体含量进行统计不太合理。

表4.1 塔里木盆地碳酸盐岩储集层烃包裹体薄片统计量

赋存位置	塔北隆起 个数	塔北隆起 占比（%）	塔中隆起 个数	塔中隆起 占比（%）	巴楚隆起 个数	巴楚隆起 占比（%）	塔东隆起 个数	塔东隆起 占比（%）	共计 个数	共计 占比（%）
脉体	138	21.2	6	17.6	55	45.8	29	58	228	26.6
缝合线两侧	163	25.0	2	5.9	16	13.3	4	8	185	21.6
愈合缝	266	40.8	9	26.5	8	6.7	6	12	289	33.8
孔洞	52	8.0	8	23.5	27	22.5	5	10	92	10.7
亮晶方解石	33	5.1	9	26.5	14	11.7	6	12	62	7.3
含烃包裹体合计	652		34		120		50		856	

Zhang Nai 等（2015）针对碳酸盐岩储集层提出了有效网格法（Effective Grid Containing Oil Inclusions，简称 EGOI）分析方法[2]。分两种情况：（1）如烃包裹体主要赋存于愈合缝或缝合线中，在紫外荧光下用10倍目镜×10倍物镜，以 0.625mm×0.625mm 为一个单元做 10×10 的标尺网格。将同期延长贯穿全视域的愈合缝（图4.13a）或缝合线（图4.13b）放入网格进行统计，计算含发荧光的烃包裹体所占网格（称为有效网格）占该愈合缝或缝合线所占总网格数的百分比，即为该碳酸盐岩储集层的 EGOI。也可以 0.625mm 为标尺段，将其分成若干段，统计含发荧光的烃包裹体段占该愈合缝或缝合线总段数的百分比。实际实验中最好任意

取10个全视域,将10个全视域统计的含发荧光的烃包裹体有效网格占总有效网格的百分比作为该碳酸盐岩储集层的EGOI。(2)如烃包裹体主要赋存于脉体矿物或孔洞充填物中,在紫外荧光下用10倍目镜×10倍物镜,以0.625mm×0.625mm为单元做10×10的标尺网格。如一个单元网格中含有脉矿物(或孔洞充填物)(无论是否充满该网格),则称为有效网格。统计有效网格与该脉矿物(图4.13c)[或孔洞充填物(图4.13d)]所占总网格数的百分比,即为该碳酸盐岩储集层的EGOI。实际实验中最好任意取10个全视域,将10个全视域统计的含发荧光的烃包裹体有效网格占总有效网格的百分比作为该碳酸盐岩储集层的EGOI。

用图示说明一个视域中如何统计含发荧光的烃包裹体有效网格数和总有效网格数。在图4.13a中10个有效段中有2段含烃包裹体,则EGOI=2÷10×100%=20%;在图4.13b中20个有效段中有4段含烃包裹体,则EGOI=4÷20×100%=20%;在图4.13c中一共有38个格中含脉体矿物,其中只有5个格见烃包裹体,则EGOI=5÷38×100%=13.15%;在图4.13d中32个单元格含有孔洞矿物,其中只有1个格见烃包裹体,则EGOI=1÷32×100%=3.12%。当然实际实验中要任意选10个视域,将10个全视域统计的含发荧光的烃包裹体有效网格占总有效网格的百分比,作为碳酸盐岩的EGOI。

4.1.2　碳酸盐岩古油层EGOI指数特点

流体包裹体是赋存矿物生长时包裹周围流体而形成的,因此包裹体内部物质与形成时该流体的饱和度有很大关系。烃包裹体丰度越高表明赋存矿物在形成包裹体时周围流体中油气的饱和度越大。塔里木盆地塔北、塔中和巴楚地区寒武系—奥陶系典型碳酸盐岩储集层样品EGOI统计(图4.14)。从图中可看出,多数油层EGOI≥5%,故将古油层的EGOI指数定在不低于5%。塔里木盆地碳酸盐岩的大部分古油层中的油一直保存至今形成现在的油藏(图4.14)。但也有层位中的烃包裹体EGOI≥5%,但现在是水层,如图4.14中的d井轮古36井,6016～6025m段为水层,说明曾经有过古油层,但油气未被保存下来,现已成水层。塔中721-8H井、塔中17-1H井、英南202井、哈6井4口井水层烃包裹体含量统计,EGOI多不超过1%。故定水层的EGOI≤1%。故辨别碳酸盐岩古油层的EGOI指数标准为[2]:EGOI≤1%为水层或干层,EGOI=1%～5%为含油层或油水层,EGOI≥5%为古油层。

4.2　气藏烃包裹体含量统计方法

4.2.1　气层砂岩GOI和碳酸盐岩EGOI的分析方法

砂岩GOI统计方法是统计视域中发荧光的烃包裹体,但气藏中的气态烃包裹体多不发荧光或发极弱荧光,因此不能再利用荧光统计气态烃包裹体含量,偏光显微镜更适合观察气烃包裹体。气藏的砂岩GOI和碳酸盐岩的EGOI指数统计应包含所有烃包裹体(发荧光的液气烃包裹体和不发荧光的气烃包裹体)。

4.2.2　气藏砂岩GOI和碳酸盐岩EGOI的指数特点

对塔里木盆地库车地区克深4井、阿瓦3井、依南2井、迪那201井、大北204井、羊塔11井、吐北2井和牙哈地区牙哈3井的砂岩气藏气层、含气层、水层做在单偏光下烃包裹体颗粒百分比统计(GOI),结合国内其他地区的成果,如准噶尔盆地莫索湾地区莫北1井、莫北5井[3]、盆5井[4],塔里木盆地塔中402井、牙哈地区、英南2井[5],做出中国砂岩储集层中气藏GOI图(图5.15)。图5.15中数据显示塔里木盆地英南2井志留系和侏罗系中的气层、羊塔11井白垩系中的气层的多数点落在3%～5%,其他气层也有很多点落在3%～5%;含气层GOI多数落在1%～3%,水层的GOI多不超过1%。因此建议将砂岩气藏GOI≥3%定为古气层界线，1%～3%定为含气层或气水层，GOI≤1%定为水层或干层。

塔里木盆地轮台断隆牙哈断裂上的牙哈3井新近系中新统吉迪克组（N_1j）4998.5～5017.84m粉砂岩段主要为气水同层或干层（图4.15），但喜马拉雅期形成的气态烃包裹体含量为12%～50%，平均为22.5%（图4.15、图4.16），说明有古气层存在。颗粒荧光分析也证明这一段烃包裹体含量很高，在其上覆4909.41～4996.99m有近87.58m的泥岩层，即有较好的盖层，也证明古气层形成的有利条件。但因为受燕山—喜马拉雅期牙哈断裂带负反转构造作用影响，牙哈3井吉迪克组发育有不规则张性裂缝，构造裂缝使4998.53～5017.84m粉砂岩段油气沿裂缝移出，故成为气水同层或干层。

对塔里木盆地全盆地寒武系—奥陶系碳酸盐岩19个气藏的气层、含气层、水层进行了单偏光下气烃包裹体有效网格百分比统计（图4.17）：虽然气层的有些点EGOI数值是从2%开始，但多数点EGOI还是以不低于3%为特征；气水层或含气层的EGOI多落在1%～3%；水层的EGOI多数不超过1%（图4.17）。故建议将碳酸盐岩古气藏的EGOI指数与砂岩古气藏的GOI指数划分标准一致起来：≥3%为古气层，1%～3%为古含气层或古气水层，≤1%为水层或干层。

参 考 文 献

[1] Eadington, P.J., Lisk, M., and Krieger, F.W. Identifying oil well sites [J]. United States Patent, 1996, 5: 543—616.

[2] Zhang Nai, Pan Wenlong, Tian Long, et al. Using a Modified GOI Index (Effective Grid Containing Oil Inclusions) to Indicate Oil Zones in Carbonate Reservoirs [J]. Acta Geologica Sinica (English Edition), 2015, 89 (3): 902-910.

[3] 谢小敏，曹剑，胡文瑄. 叠合盆地储集层烃包裹体GOI成因与应用探讨——以准噶尔盆地莫索湾地区为例 [J]. 地质学报，2007，81（6）:834—842.

[4] Cao Jian, Jin Zhijun, Hu Wenxuan, Xie Xiaomin, Wang Xulong, and Yao Suping. Integrate GOI and composition data of oil inclusions to reconstruct petroleum charge history of gas-condensate reservoirs: example from the Mosuowan area, central Junggar basin (NW China) [J]. Acta Petrologica Sinica (English edition), 2007, 23 (1): 137—144.

[5] 王飞宇，师玉雷，曾花森. 利用烃包裹体丰度识别古油藏和限定成藏方式 [J]. 矿物岩石地球化学通报，2006，25（1）:12-18.

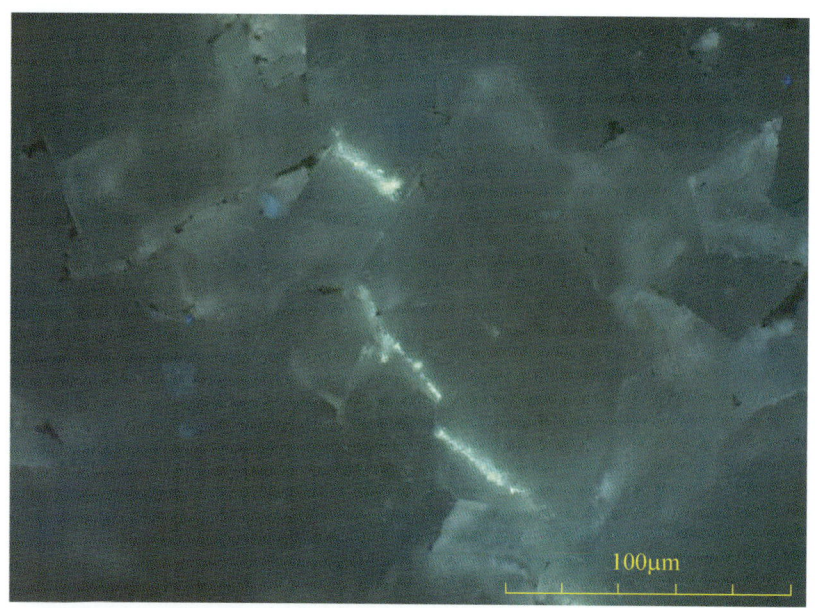

◆ 图4.1 愈合缝中烃包裹体发黄色荧光,烃包裹体沿愈合缝呈串珠状分布,虽然有多条愈合缝,但愈合缝未穿过颗粒。塔中162井,5029.15m,荧光

◆ 图4.2 愈合缝中烃包裹体发蓝色荧光,烃包裹体沿愈合缝呈串珠状分布,愈合缝穿过颗粒(箭头处)。塔中45井,6105m,紫外荧光

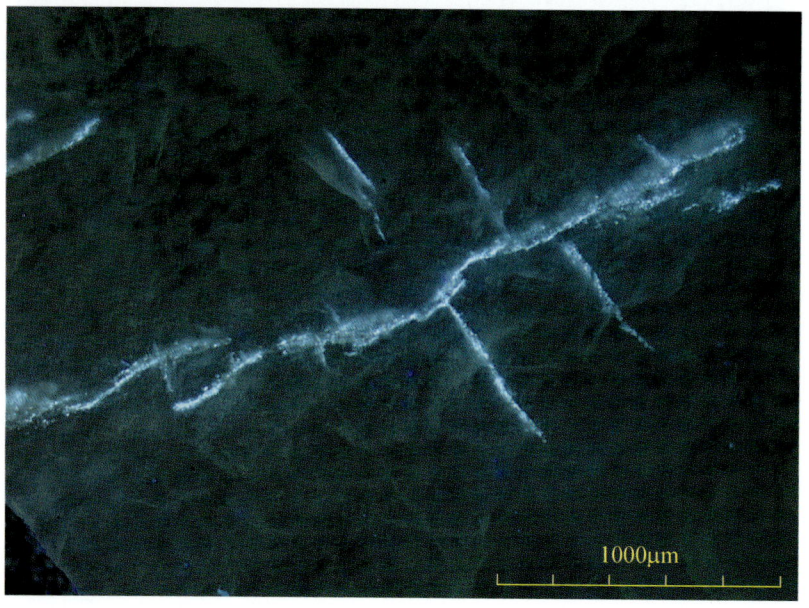

◆ 图4.3 愈合缝中发蓝色荧光烃包裹体,愈合缝较长并有分枝,穿过整个视域。罗西1井,3934.10m,紫外荧光

◆ 图4.4 方解石脉中的愈合缝,缝内含有大量的灰色烃包裹体,英买2井,6053.02m,单偏光

◆ 图4.5 图4.4中方解石脉中的愈合缝,缝内含有大量的灰色烃包裹体,发蓝色荧光。英买2井,6053.02m,紫外荧光

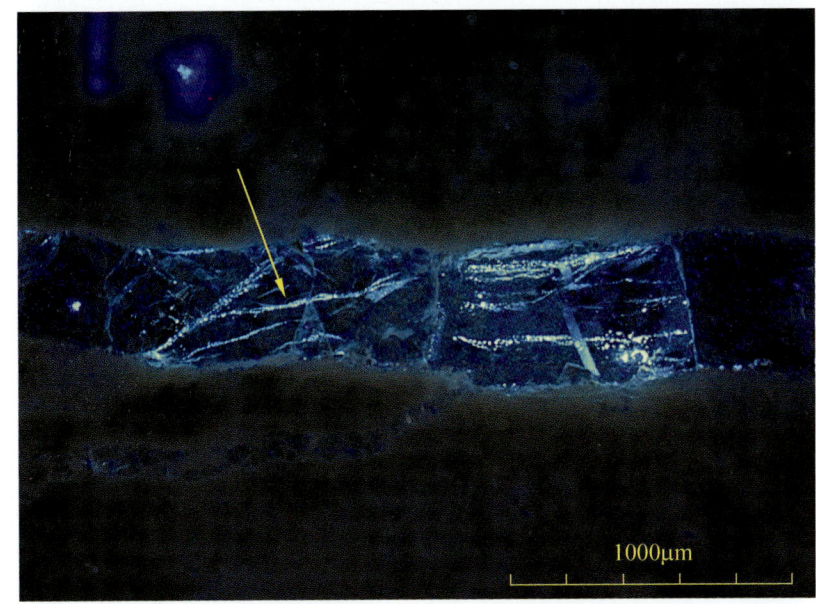

◆ 图4.6 沿缝合线及两侧分布的褐黑色、灰色、灰黑色的烃包裹体。哈902井,O,6647.32m,单偏光

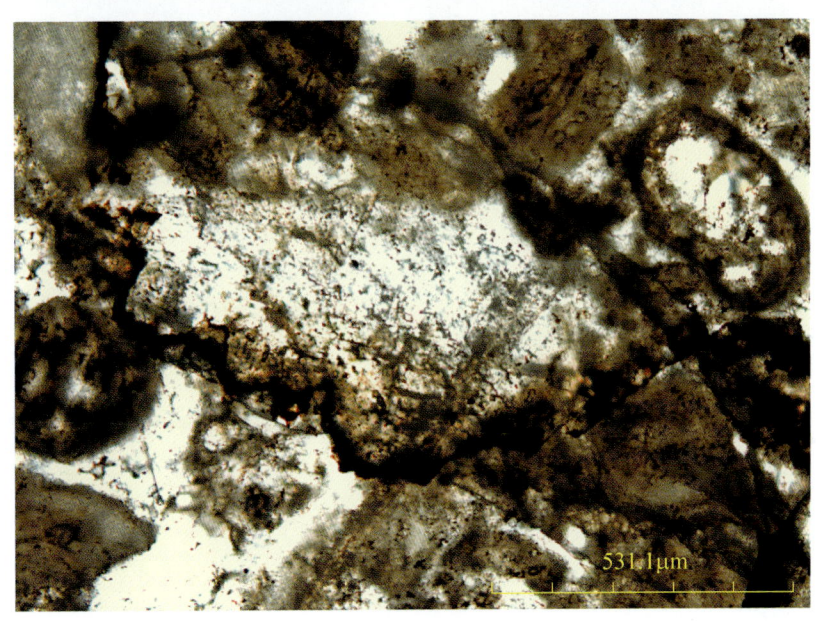

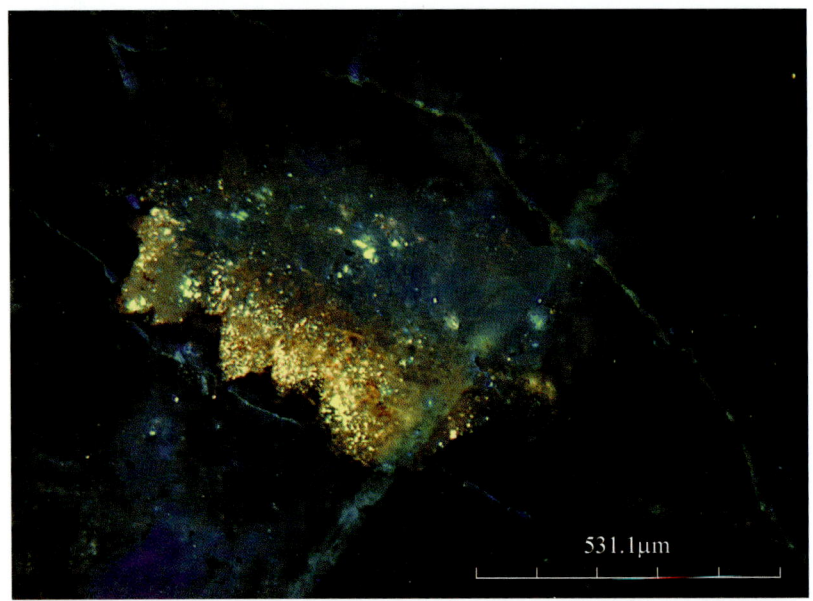

◆ 图4.7 沿缝合线及两侧分布的褐黑色、灰色、灰黑色的烃包裹体。褐色烃包裹体发黄色荧光,褐黑色烃包裹体发褐色荧光,灰黑色烃包裹体发黄色荧光,灰色烃包裹体发蓝色荧光。近缝合线处烃包裹体色重,发荧光为褐黄色,而远离缝合缝烃包裹体色轻,发蓝色荧光,说明油中的轻组分比重组分运移的远。哈902井,O,6647.32m,紫外荧光

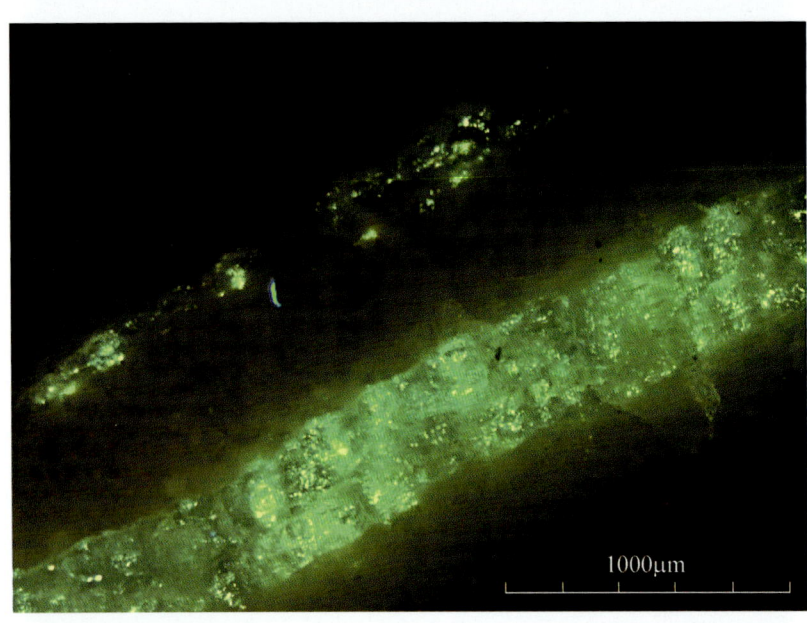

◆ 图4.8 方解石脉体中发黄色荧光烃包裹体。有两条脉体,下面一条烃包裹体大量群体分布在脉体中,上面一条烃包裹体含量少点,呈群体定向分布。轮古36井,5933.89m,紫外荧光

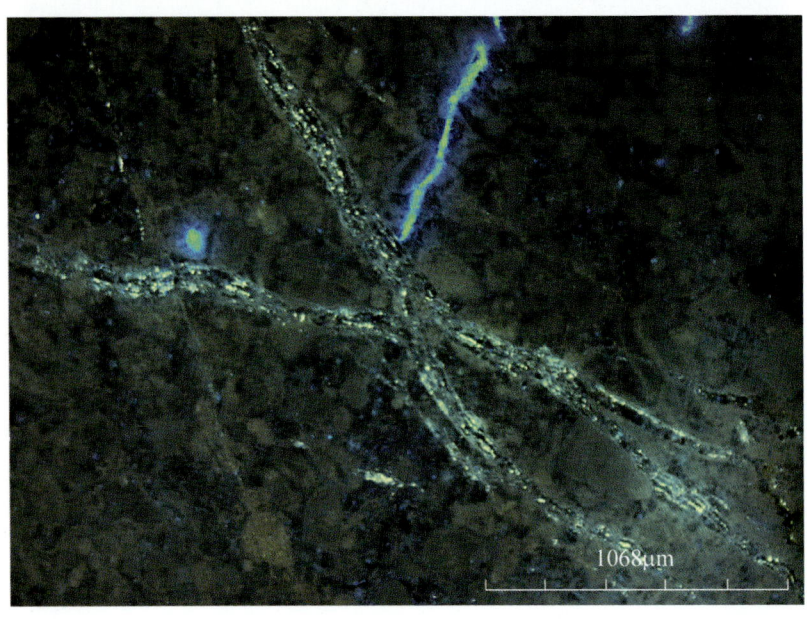

◆ 图4.9 共轭方解石脉体中发黄色荧光烃包裹体。烃包裹体群体定向分布。轮南48井,5459.34m,紫外荧光

◆ 图4.10 孔洞内充填方解石,内见灰色烃包裹体群体分布。玛401井,2361.02m,单偏光

◆ 图4.11 图4.10中孔洞内充填方解石,内发褐色荧光的烃包裹体群体分布。玛401井,2361.02m,紫外荧光

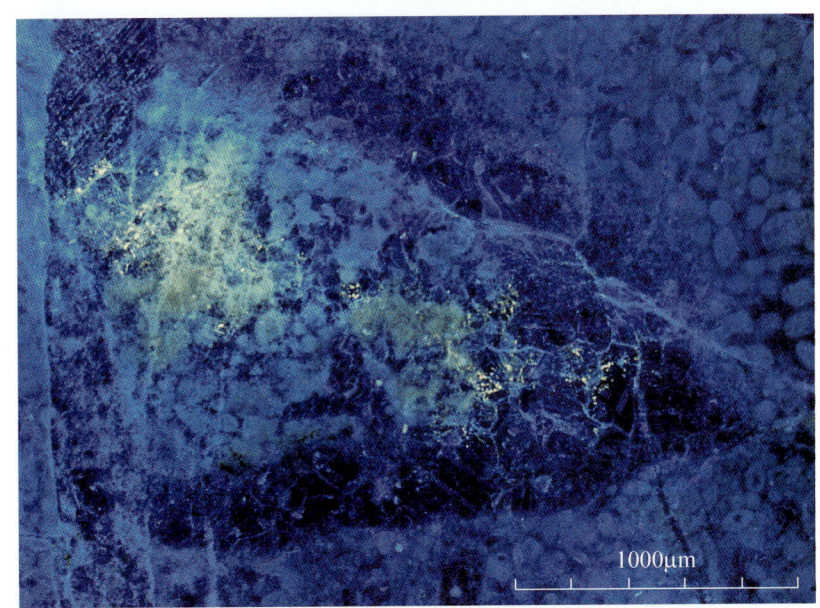

◆ 图4.12 方解石胶结物中呈群体分布的褐色、黑褐色烃包裹体,烃包裹体形状不一、大小不一、无定向性排列,哈902井,6650.55m,单偏光

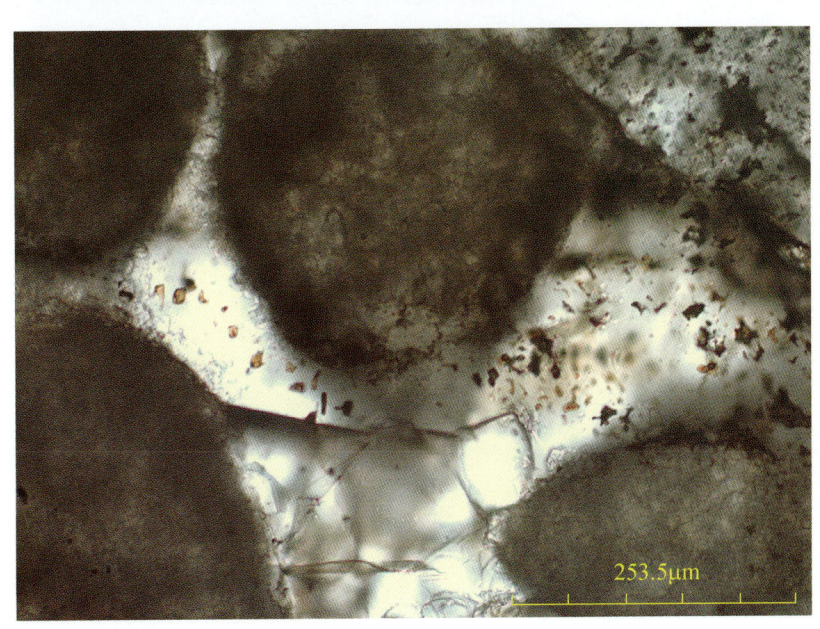

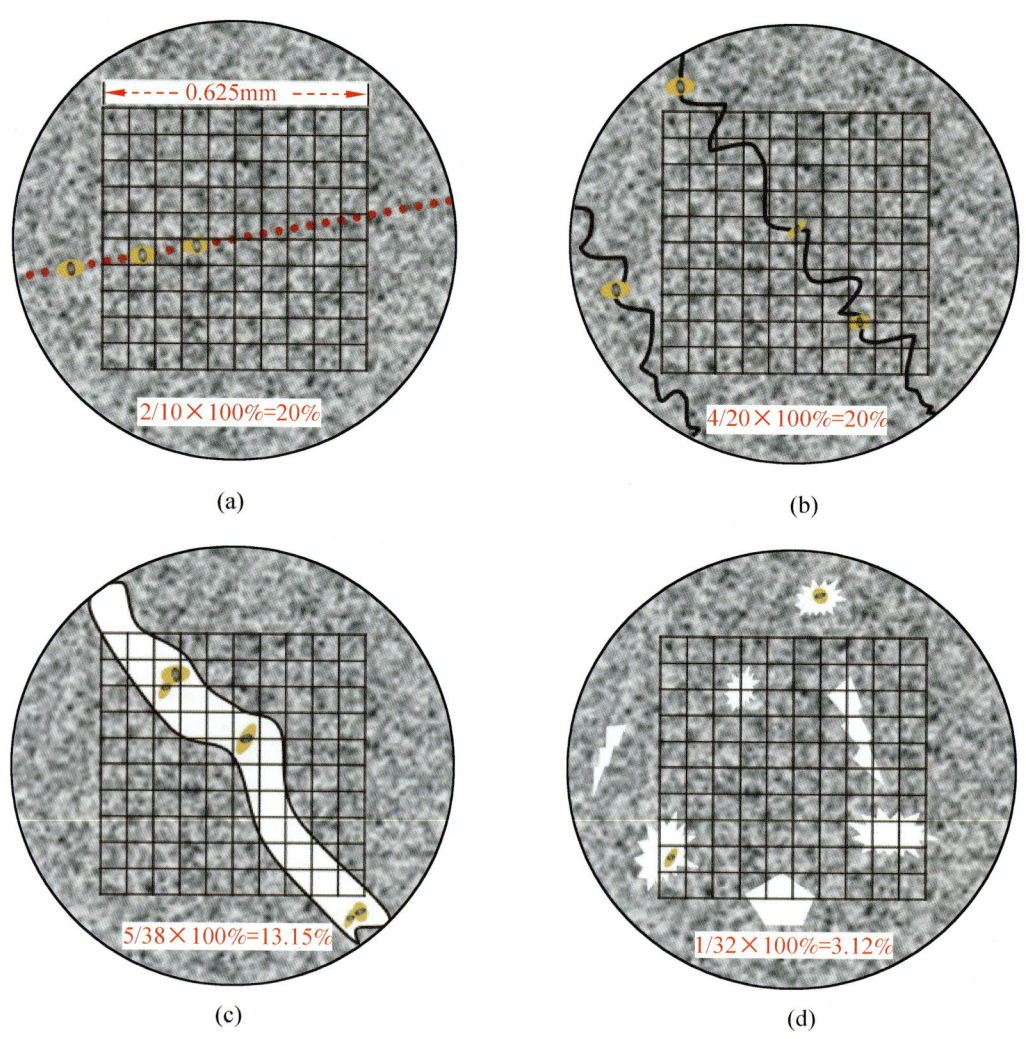

◆ 图4.13 碳酸盐岩烃包裹体 EGOI 统计方法示意图

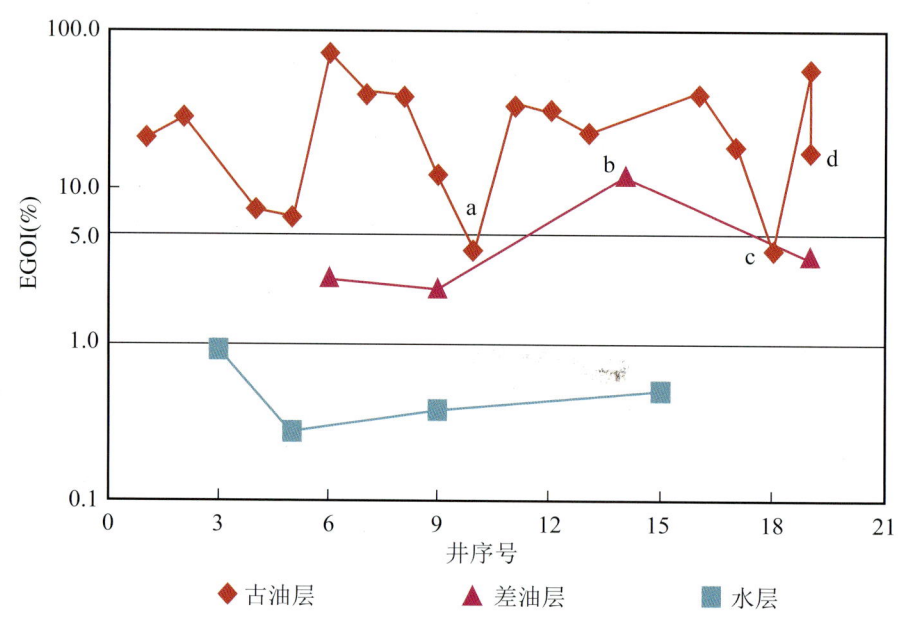

◆ 图4.14 塔里木盆地19口井油水层的 EGOI 值

其中 a 井为英买101井,晚成藏,现今为干层,EGOI 小于5；b 为哈801井,现今为差油层,EGOI 大于5；c 为齐古1井,晚成藏,现今为油层,EGOI 小于5；d 为轮古36井,现今为水层,EGOI 大于5.

4 塔里木盆地寒武系—奥陶系碳酸盐岩储集层烃包裹体含量

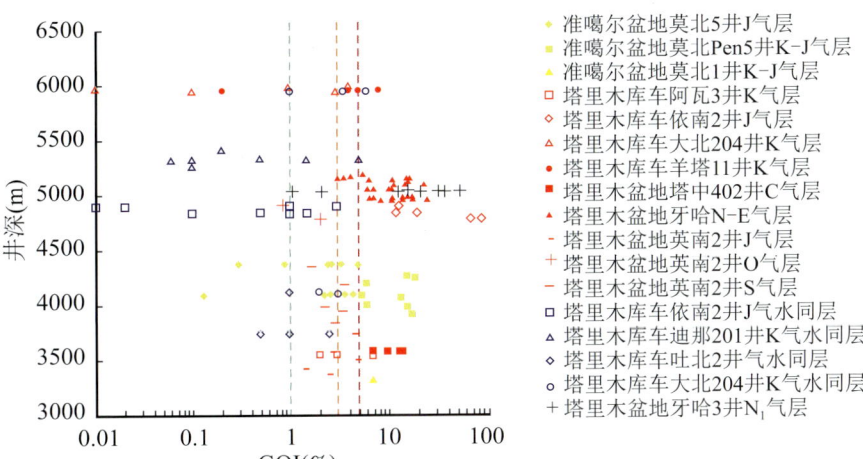

◆ 图4.15 塔里木盆地砂岩储集层气藏GOI值

莫1井、莫北5井的GOI值引自谢小敏等（2007）[3]；盆5井的GOI值引自Cao Jian等（2007）[4]；塔中402井、牙哈地区、英南2井的GOI值引自王飞宇等（2006）[5]

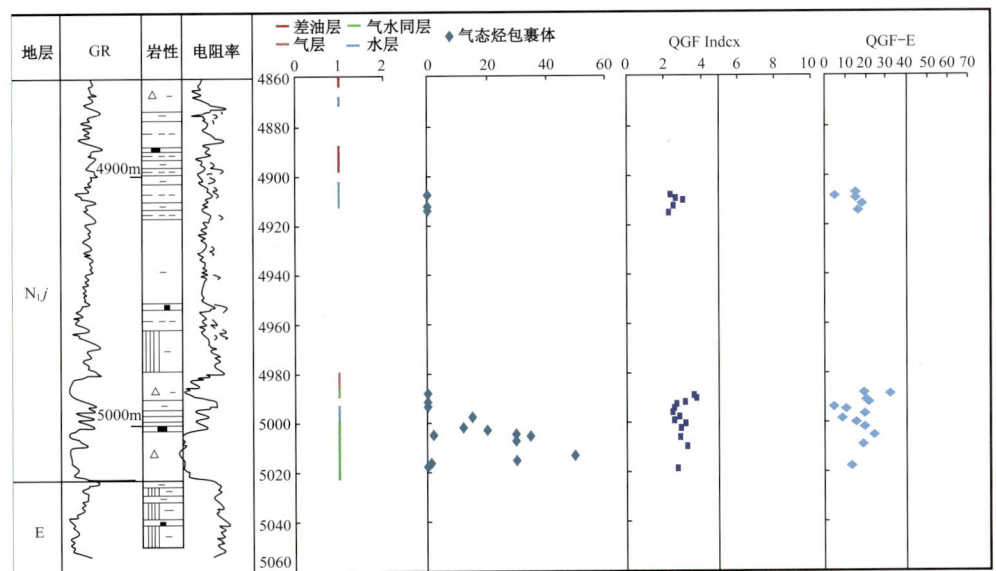

◆ 图4.16 牙哈3井自然伽马曲线和电阻率测井曲线与GOI值、QGF值、QGF—E值深度剖面对比图

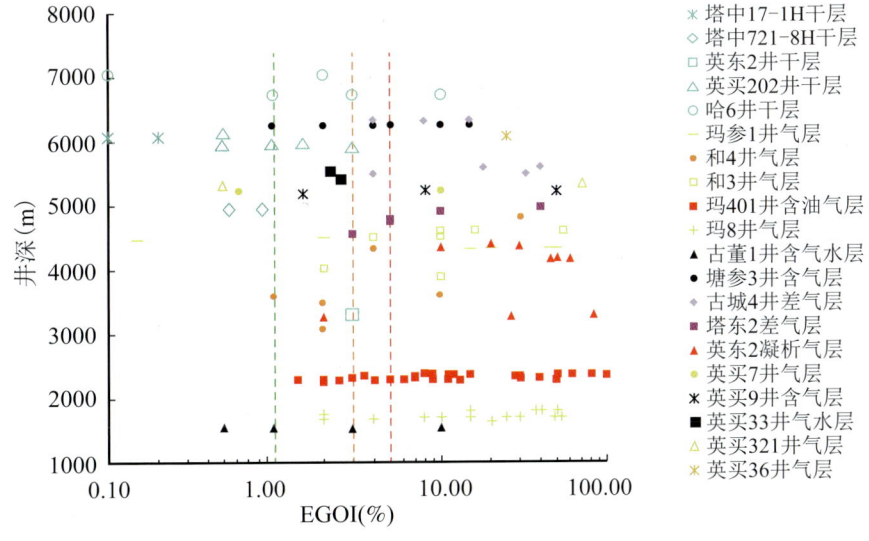

◆ 图4.17 塔里木盆地碳酸盐岩气藏EGOI值

— 71 —

5 塔里木盆地寒武系—奥陶系碳酸盐储集层烃包裹体后生变化

虽然包裹体必须是封闭体系、与赋存矿物未发生反应、没有物质的进入或逸出,但地质流体被封闭在晶体矿物中可能长达几至几百百万年(Ma),地质温度、压力变化会使流体包裹体发生除了相变化外的其他物理化学变化。相变是可逆的,但有些变化是不可逆的,不可逆的后生变化有以下几种。

5.1 包裹体体积变化

(1)由于赋存矿物重结晶,使大包裹体分成几个小包裹体——"卡脖子"现象(图5.1、图5.2),包裹体体积改变了,气液比也可能发生变化。

(2)可塑性矿物(如石盐、方解石、萤石)中的包裹体,可因包裹体内外压差的不同使体积发生永久变化。当内压超过外压时,将引起包裹体体积的胀大(图5.3、图5.4);当内压小于外压时,会使流体包裹体体积缩小。

(3)脆性矿物如石英或有解理的矿物如方解石、萤石等中的流体包裹体,可因内外压差的不同使包裹体沿着方解石解理纹向外溢涨,体积发生永久变化,但包裹体组分基本未变。

5.2 包裹体组分变化

(1)由某种机制产生的微裂隙,常造成包裹体内组分的漏失。Roedder(1984)认为,除了碎裂和变形的岩石以外,包裹体形成之后渗漏的情况并不多见;渗漏在很大程度上取决于包裹体周围有无微裂缝的存在(图5.5)。在成岩过程中,由于自然爆裂,包裹体中的物质可以全部漏失,或者局部爆裂后包裹体流体进入裂缝,形成卫星状次生包裹体(图5.6),这些现象的出现是包裹体发生过漏失的有力证据。但是一些微裂缝在显微镜下是看不出来的,例如在磨制薄片时,样品受力而产生的微裂缝就难以分辨了。外来物质进入包裹体也是以微裂缝为通道的,外部物质也可能渗入包裹体里,改变原来包裹体的成分。

(2)变形矿物中位错也是包裹体组分渗漏的原因之一。

(3)当包裹体的内压大于外压并超过一定限度时,包裹体壁会破裂,致使物质泄漏(图5.7—图5.9)。

(4)流体包裹体中的组分因温度变化,与赋存矿物发生反应,如流体包裹体中的氧与主晶中的二价铁离子作用转变成三价铁离子,在包裹体壁上形成褐色的晕圈,而流体包裹体中的氢逸出。

(5)沥青质的分离,在烃包裹体壁上见有黑色固相沥青(图5.8—图5.10),尤其是在气态烃包裹体中,有三种原因导致这种现象:①均一相烃包裹体因温度降低而沥青质分离出来;②捕获时就是沥青和油气不混溶体;③包裹体被破坏轻组分有溢出,重组分沥青质沉淀在包裹体壁上。其中第②③种情况的可能性最大。因此,若烃包裹体中发现含固相沥青,一般即表明烃包裹体封闭体系内发生了不可逆的物理—化学变化,这类包裹体不再符合均匀体系的PVTX状态方程,在分析烃包裹体组分时应注意这个问题。

包裹体如有体积或成分的变化,流体包裹体的均一温度和盐度都会受影响,故这类包裹体的均一温度与盐度不能代表晶体矿物形成时或流体包裹体形成时的温度和盐度。包裹体如有成分变化了,包裹体组分已不是当时被包裹前的流体组分,在分析流体包裹体组分时应注意这个问题。

◆ 图5.1 方解石中烃包裹体的卡脖子现象,重新分成的两个流体包裹体气液比相近,液相和气相颜色相同。新垦8H井,O,6809.5m,单偏光

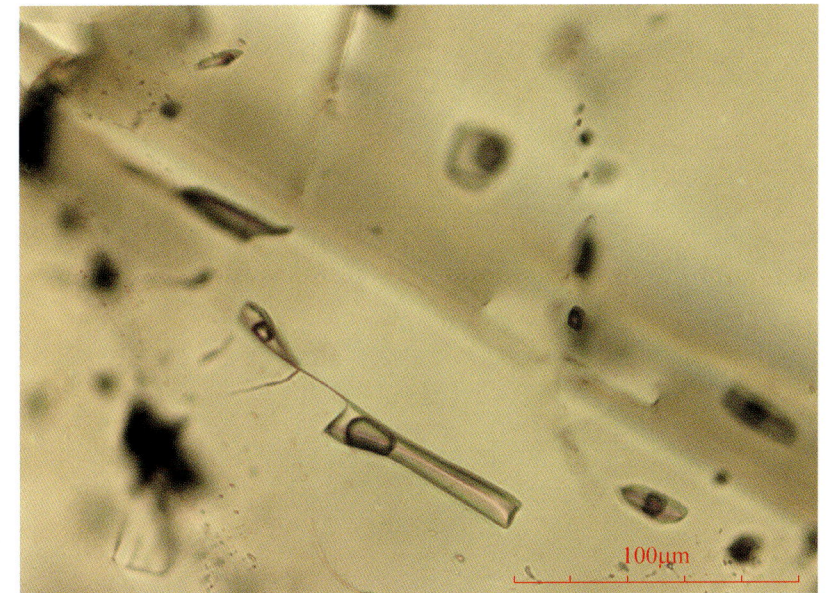

◆ 图5.2 方解石中烃包裹体的卡脖子现象,重新分成的两个流体包裹体液相颜色相同,但气液比已不相同,气泡在一边(红箭头),而另一边的包裹体已没有气泡(黄箭头)。新垦8H井,6809.50m,单偏光

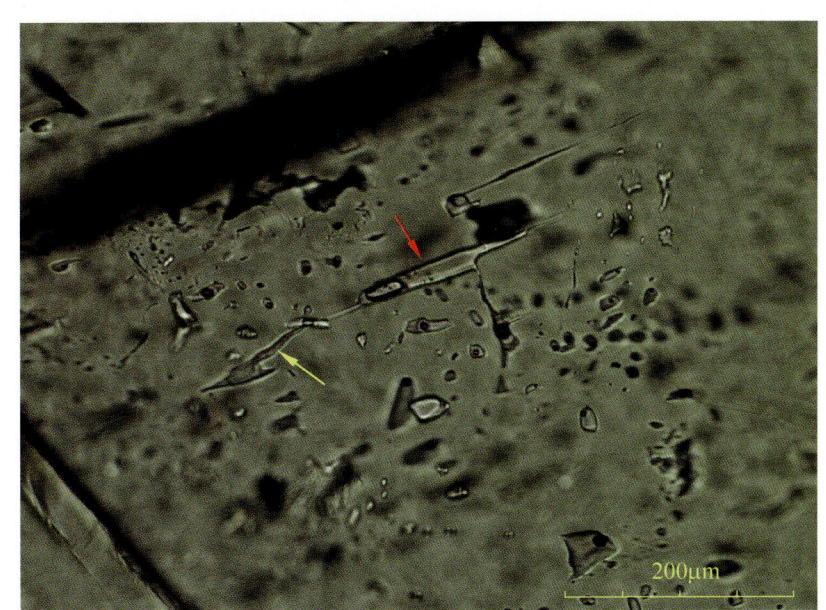

◆ 图5.3 方解石脉中的无色烃包裹体,原来的矩形的流体包裹体下面部分向外突出并带晕边,故推测是内部压力大于外部压力,使包裹体变形导致。解放127井,5548.81m,单偏光

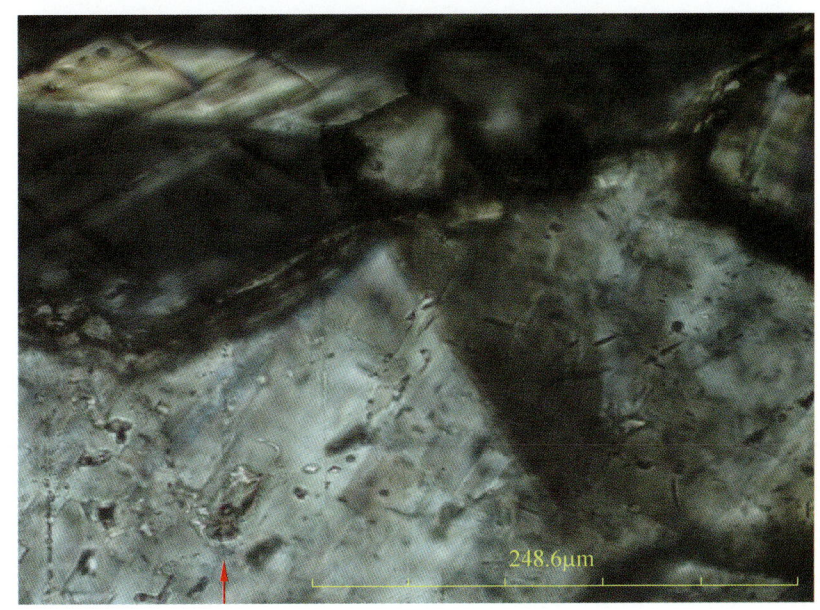

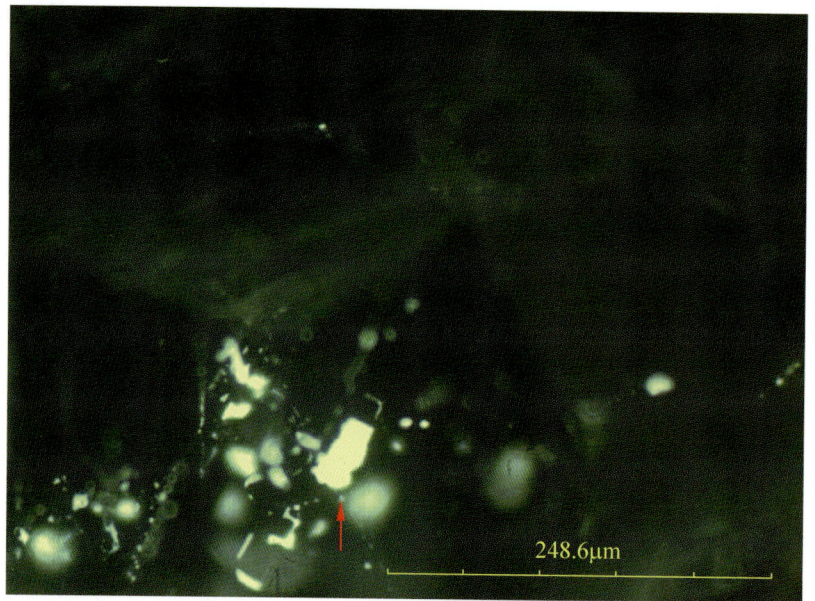

◆ 图5.4　图5.3中的烃包裹体发亮黄白色荧光。原来矩形的流体包裹体下面部分向外突出并带晕边,故推测是内部压力大于外部压力,使包裹体变形导致。解放127井,5548.81m,荧光

◆ 图5.5　方解石脉内的方解石解理缝发育。近缝边的烃包裹体沿裂缝有分支,如红箭头所指的两个烃包裹体;或沿裂缝延长,如黄箭头所指的烃包裹体。这类烃包裹体可能成分都已有变化,测温时非常易使裂缝涨开并进一步泄露或进入组分。新垦8H井,O,6809.5m,单偏光

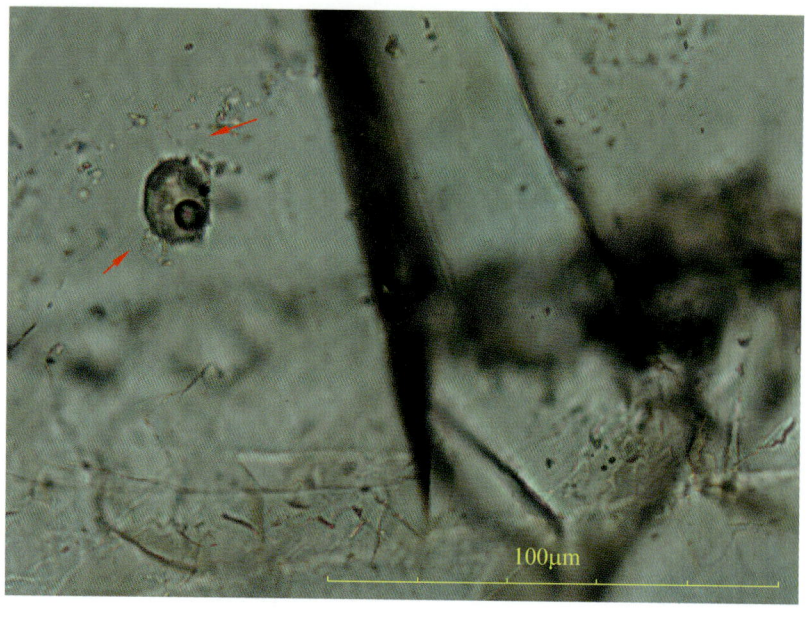

◆ 图5.6　方解石中黄色烃包裹体,在包裹体的上部和下部见有卫星状分布的系列细小包裹体。塔中26井,O_{1+2},4282m,单偏光

◆ 图5.7 白云石脉中的褐色含沥青气液烃包裹体,包裹体一侧破裂轻组分有外移,故在烃包裹体内见有黑色固体沥青沉淀(包裹体上角)。哈9井,O_2y,6619.49m,单偏光

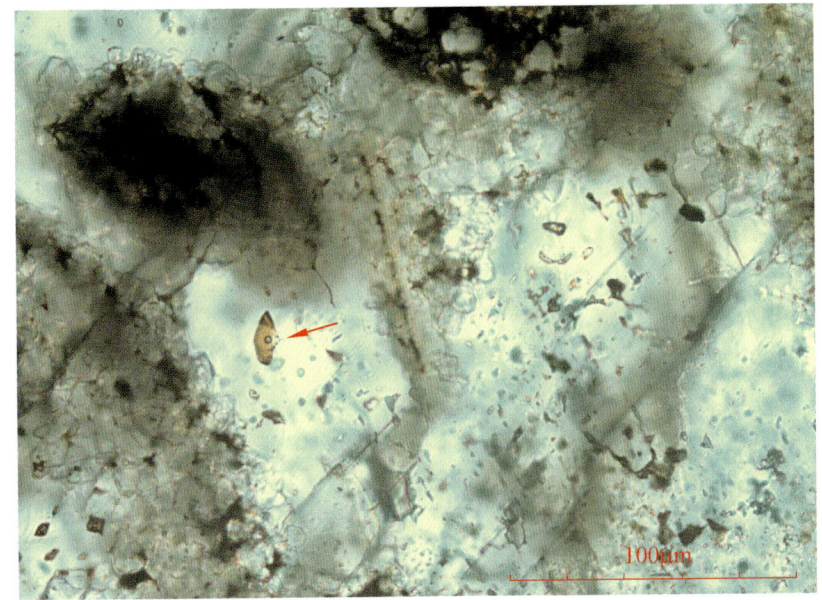

◆ 图5.8 方解石中的深褐色液气烃包裹体,在包裹体上部向外裂开,烃包裹体中的轻组分向裂开处外移而颜色变浅呈无色,并在气泡边见有深褐色沥青分离出来。新垦4井,6839.60m,单偏光

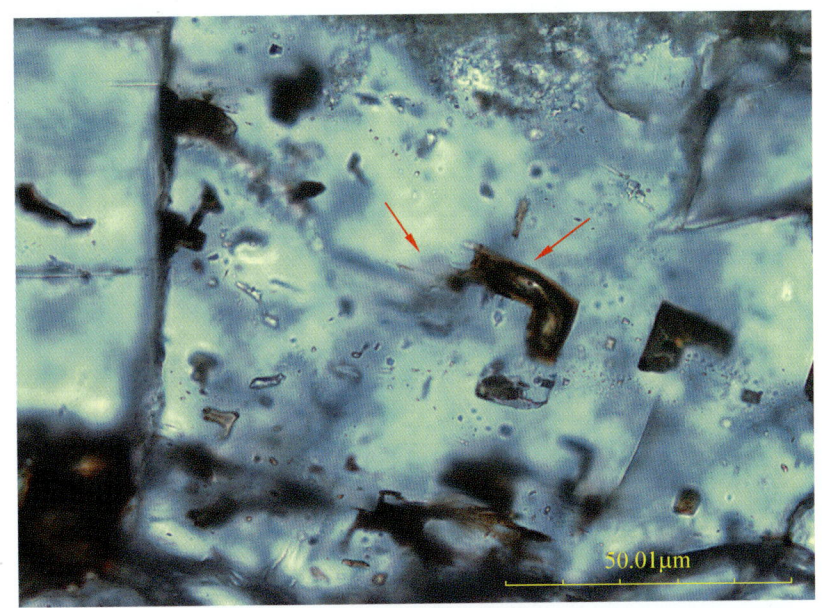

◆ 图5.9 方解石中的深褐色液气烃包裹体,在包裹体上部向外裂开,烃包裹体中的轻组分向裂开处外移而发蓝白色荧光,并在气泡边见有发黑色荧光的沥青分离出来,气相不发荧光(透过赋存矿物呈现的蓝色)。新垦4井,6839.60m,紫外荧光

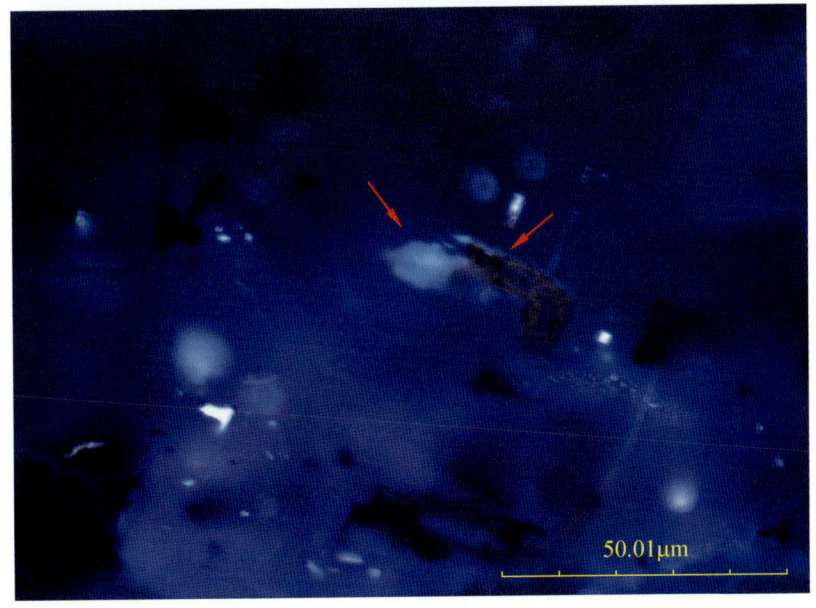

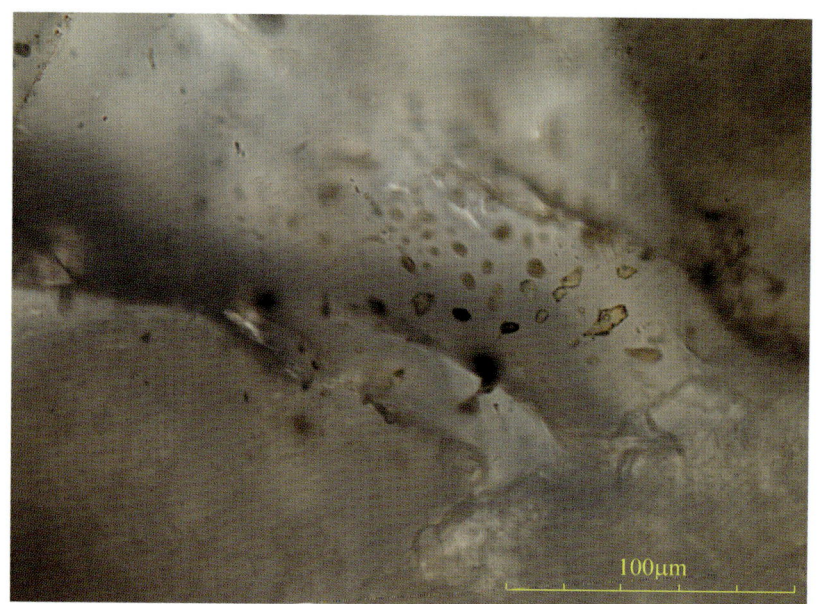

◆ 图5.10 裂缝中的褐黄色含沥青气液烃包裹体,烃包裹体群体定向分布在一愈合缝中,可能愈合缝愈合前烃包裹体处于半开放体系,使组分有了分离形成了沥青质。哈902井,O_2y,6650.55m,单偏光

6 塔里木盆地寒武系—奥陶系碳酸盐储集层烃包裹体赋存矿物

6.1 赋存矿物

碳酸盐岩中烃包裹体的形成与成岩过程中矿物的形成或再愈合密切相关,成岩矿物生长过程中产生晶格缺陷将油气包裹,或矿物微裂缝愈合将油气包裹,便形成了烃包裹体。包裹油气的矿物称赋存矿物。塔里木盆地寒武系—奥陶系碳酸盐岩中常见的赋存矿物有以下几种。

6.1.1 方解石

方解石是碳酸盐岩储集层中最为普遍的矿物,有方解石、含铁方解石和铁方解石几类。方解石可形成于不同成岩阶段[1]。泥晶方解石(图6.1、图6.2)常见于早成岩期A期,亮晶方解石(图6.3)常见于早成岩期B期及晚成岩期,含铁方解石常在晚成岩期A期及B期出现。碳酸盐岩成岩过程中最常见的方解石充填物有方解石胶结物(图6.3)、孔洞方解石充填物(图6.4、图6.5)、裂缝方解石充填物(方解石脉)(图6.6、图6.7),这三类方解石是碳酸盐岩烃包裹体最为常见的赋存矿物。烃包裹体可原生在方解石中(图6.3),也可次生在方解石(图6.8、图6.9),可沿生长纹分布(图6.5、图6.10、图6.11),也可沿加大边分布(图6.12)。

6.1.2 白云石

白云石也是碳酸盐岩的主要矿物之一,也是烃包裹体的主要赋存矿物。常见有白云石、含铁白云石、铁白云石等。白云石可形成于不同成岩阶段[1]。白云石在荧光下有时呈菱形雾心亮边结构(图6.13、图6.14),或在荧光下见环状荧光带(图6.15—图6.17)。白云石和铁白云石中的流体包裹体有时在核部[2](图6.18、图6.19),并常沿生长带分布,其边上白云石中包裹体较少;但孔洞边上的白云石加大边亦常是重要的烃包裹体发育部位(图6.13、图6.14)。

6.1.3 石英和硅质

碳酸盐岩中的石英作为自生矿物出现的形式有两种:(1)孔洞或裂缝中的充填物;(2)硅质交代物。孔洞充填(图6.20—图6.22)的石英或裂缝中充填的石英(石英脉)(图6.23—图6.28)中常含有流体包裹体。硅质交代物因结晶细小,故一般很难含包裹体,常在其残余孔中残留有沥青质(图6.29、图6.30)或沥青包裹体(图6.31、图6.32)。

6.1.4 萤石

在塔里木盆地寒武系—奥陶系碳酸盐岩中常见有萤石充填物充填于孔洞中。萤石中的原生烃包裹体多沿生长纹分布(图6.33—图6.37),也有的不规则分布在晶体中(图6.38),原生烃包裹体与萤石同时形成;还有次生烃包裹体呈群体定向(图6.39)或串珠状分布(图6.40),次生烃包裹体晚于萤石形成。

6.1.5 石膏

石膏常出现在碳酸盐岩的蒸发环境中，或受大气淋滤作用影响由硬石膏水解而成。石膏难于溶解，会降低储集层的孔隙度。在塔里木盆地寒武系—奥陶系碳酸盐岩中常见孔洞石膏充填物或裂缝内石膏充填物，个别见有石膏胶结物。石膏晶体多较干净，内不含流体包裹体（图6.41、图6.42），偶然也见含烃包裹体（图6.43、图6.44）。

6.1.6 天青石

在塔里木盆地寒武系—奥陶系碳酸盐岩中偶见孔洞天青石充填物或裂缝内天青石充填物。天青石的出现普遍代表着晚成岩期，其内部的原生烃包裹体可以认为是晚成岩期形成的（图6.45—图6.52）。

6.2 赋存位置

6.2.1 胶结物

胶结作用因其可以发生在同生作用、成岩作用和表生作用各个阶段，以及在矿物岩石固结成岩过程中的普遍性，导致其是包裹体最主要的赋存位置。胶结物中普遍含有盐水包裹体。当储集层孔隙中的地层水被油气取代时，容易形成烃包裹体，但塔里木盆地寒武系—奥陶系碳酸盐岩胶结物中的烃包裹体多为次生（图6.53），少量为原生（图6.54、图6.55）。

6.2.2 愈合缝

愈合缝是指矿物晶体受构造作用发生晶体破裂而产生的微细裂纹，在后期成岩胶结作用下又愈合胶结成一体。愈合缝可以是晶体局部破裂纹，也可以是穿过多个晶体颗粒的裂缝愈合而成。在塔里木盆地寒武系—奥陶系碳酸盐岩中愈合缝是烃包裹体最为常见的赋存位置，有仅在一个方解石晶体内的愈合缝中的烃包裹体（图6.56、图6.57），有穿过多个方解石晶体的愈合缝中的烃包裹体（图6.58—图6.60），还有穿过多个构造单元如胶结物、粒屑等的愈合缝内的烃包裹体（图6.61、图6.62）。

6.2.3 脉体

在构造运动或应力作用下，碳酸盐岩岩石会产生破碎、张裂形成一系列裂缝，后期成岩作用地质流体易沿裂缝流动、沉积形成各种脉体矿物。裂缝是油气运移的重要通道，塔里木盆地寒武系—奥陶系碳酸盐岩中多数烃包裹体都是在脉体中发现的。脉体中的充填物可能是单世代（图6.63—图6.66），也可能是多世代充填（图6.67—图6.69），可能是一种矿物充填（图6.63—图6.66），也可能是多种矿物充填（图6.67—图6.72）。脉赋存矿物的形成先后是分析原生烃包裹体期次的重要依据（图6.63—图6.64）。脉体中的烃包裹体也有原生和次生之分，原生的烃包裹体是与脉体矿物同时期形成的（图6.63、图6.64、图6.67—图6.69），但次生烃包裹体形成要晚于赋存脉矿物的形成（图6.65—图6.72）。

6.2.4 缝合线

缝合线是碳酸盐岩中常见的一种岩石构造，是两个岩石块之间的复杂界面（压溶面），其形态呈锯齿状、波状、柱状弯曲[4]。碳酸盐岩储集层中，缝合线对流体的渗透性影响很大，可作为油气运移通道和储集空间，是烃包裹体常见富集之地（图6.73、图6.74）。因缝合线本身多是泥质残留，无法包裹流体，故烃包裹体通常不分布在缝合线上,而存在于缝合线两边的愈合缝(图6.75、图6.76)和矿物中(图6.77、图6.78),或存在于缝合线内重结晶的方解石块中(图6.79、图6.80)。

6.2.5 孔洞充填物

埋藏条件下碳酸盐岩矿物的溶解—沉淀是一个对立统一体,即溶解、溶解—沉淀动态平衡、沉淀[3]。溶解作用可以形成溶蚀孔隙、孔洞,改变储集性能,而沉淀作用则造成孔洞充填。一个孔洞充填物可以是一种矿物充填(图6.81—图6.90),也可以是多种矿物充填(图6.91—图6.94);可以是一世代充填(图6.81—图6.84),也可以是多世代充填(图6.85—图6.94);可以是全充填(图6.83—图6.94),也可以是半充填(图6.81、图6.82)。

6.2.6 生物腔内充填物

碳酸盐岩地层中免不了生物遗迹、生物碎屑的存在,当生物碎屑含量高于50%时就称为生物灰岩。生屑一般都是由泥晶或隐晶质方解石组成,无法包裹油气成为烃包裹体。但有两种情况:一是生屑空腔内充填的晶体方解石等矿物内可含烃包裹体,多为次生烃包裹体;另一种情况是棘皮生屑,其内常含有大量烃包裹体,各期烃包裹体都会含有,这是因为棘皮生屑多由不移定的文石组成并成网格状生物结构,文石转化成方解石的过程和方解石结晶会因网格状结构变得漫长,致使每次油气流经都会有油气被包裹在其内而成为一个多期次烃包裹体的"集中地"(图6.95—图6.98)。

参 考 文 献

[1] 陈丽华,郭舜玲,王衍琦,等. 中国油气储集层研究图集(卷五)——自生矿物显微荧光阴极发光[M]. 北京:石油工业出版社,1994.

[2] 刘德汉,卢焕章,肖贤明. 油气包裹体及其在石油勘探和开发中的应用[M]. 广州:广东科技出版社,2007.

[3] 谭聪,于炳松,阮壮,等. 利用流体包裹体评价碳酸盐岩储集层埋藏孔洞充填强度的新方法——以塔里木盆地为例[J]. 地学前缘,2015,22:1-11.

[4] 李方正,张俊华. 缝合线构造的成因类型[J]. 长春地质学院学报,1990,20(1):21-28.

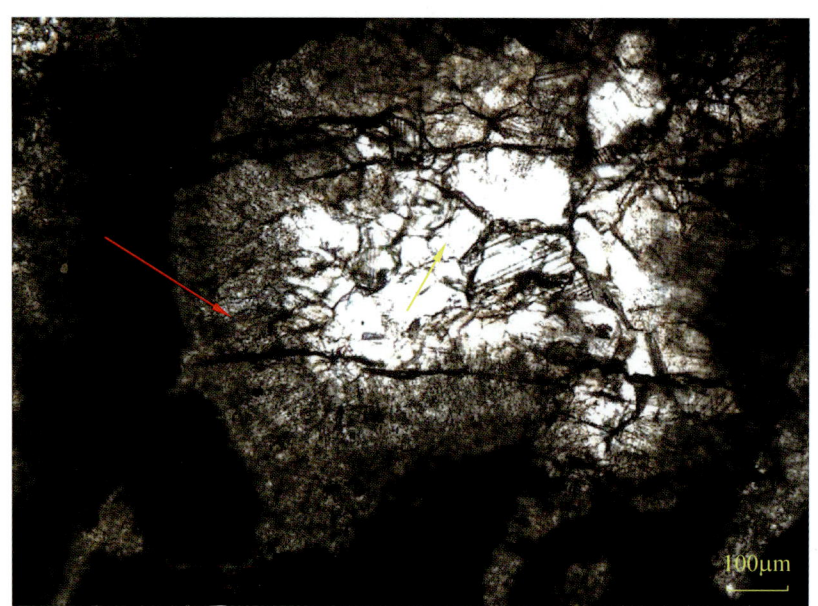

◆ 图6.1 孔隙中见方解石充填物,早期泥晶方解石胶结(红箭头),晚期亮晶方解石胶结(黄箭头)。塔中24井,O_3l,4516m,单偏光

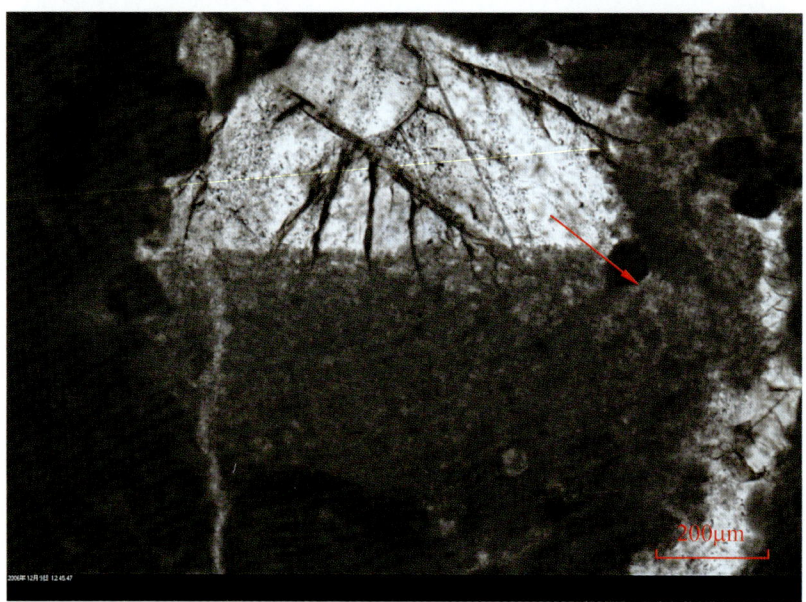

◆ 图6.2 孔洞中下部充填泥晶方解石(红箭头),上部充填亮晶方解石,形成示底构造。塔中83井,5502.7m,单偏光

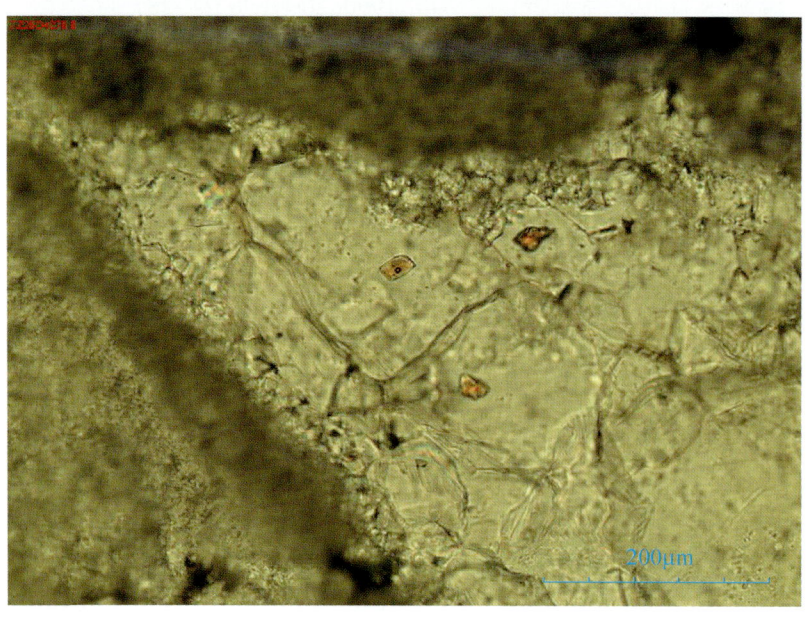

◆ 图6.3 亮晶方解石胶结物中原生气液烃包裹体,烃包裹体液相为褐色,气相为灰黑色。烃包裹体零星分布,多呈不规则矩形。塔中26井,4276.9m,单偏光

6 塔里木盆地寒武系—奥陶系碳酸盐储集层烃包裹体赋存矿物

◆ 图 6.4 孔洞内充填的连晶方解石。在方解石充填物内孤立分布的气液烃包裹体,烃包裹体液相为褐黄色,气相为灰色,呈不规则圆形。塔中 26 井,4284.2m,单偏光

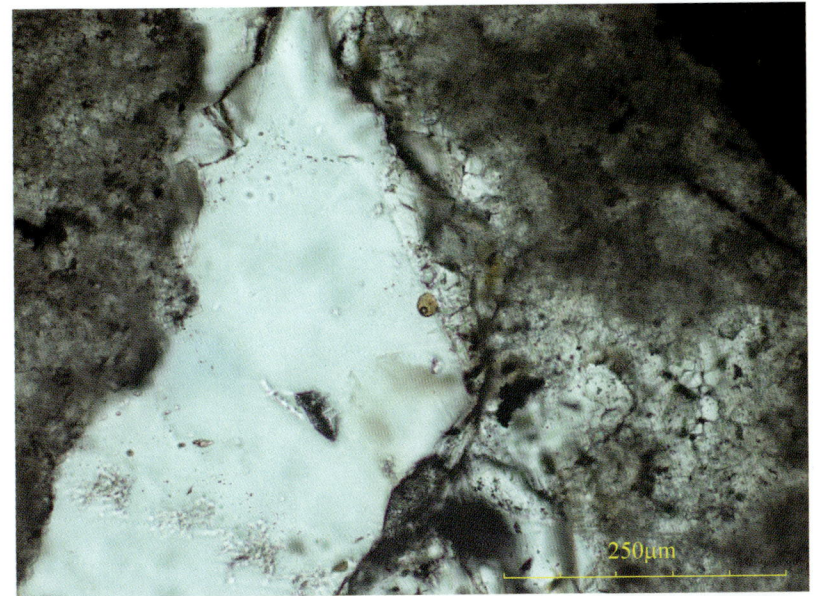

◆ 图 6.5 孔洞内充填两个世代方解石。一世代方解石顺方解石结晶生长纹分布,含发黄色荧光烃包裹体(红箭头)。二世代方解石内未见烃包裹体(黄箭头)。塔中 62 井,4279.2m,紫外荧光

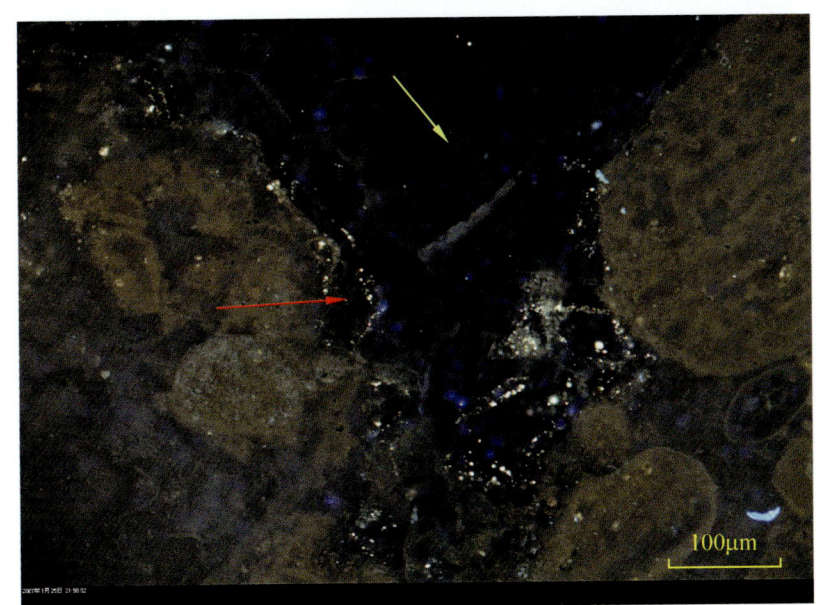

◆ 图 6.6 裂缝中充填两个世代方解石。一世代方解石为细粒结晶,分布在裂缝两侧。二世代方解石粗粒结晶,分布在中心。轮古 102 井,5605.89m,单偏光

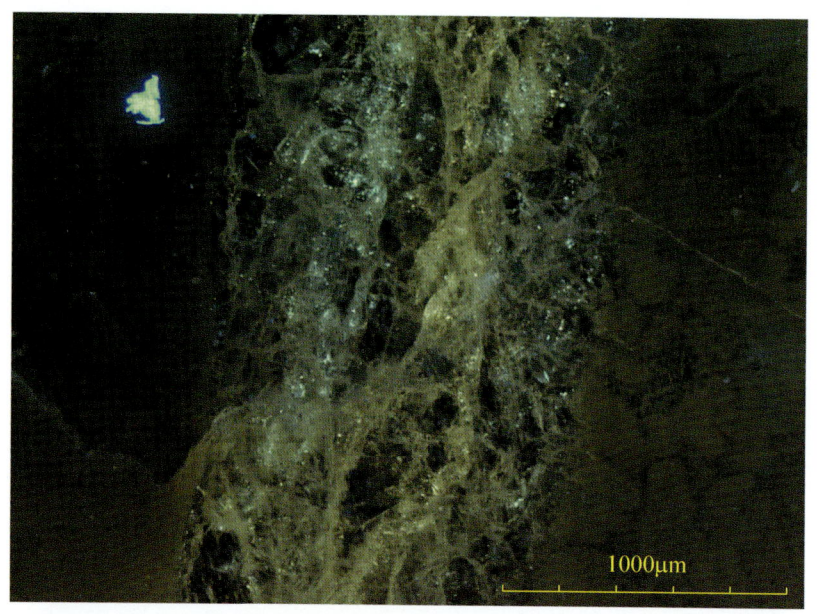

◆ 图6.7 裂缝中充填两个世代方解石。一世代方解石为细粒结晶分布在裂缝两侧,内见有发蓝色荧光的烃包裹体;二世代方解石粗粒结晶,分布在中心,内见有发黄色荧光的烃包裹体。轮古102井,5605.89m,紫外荧光

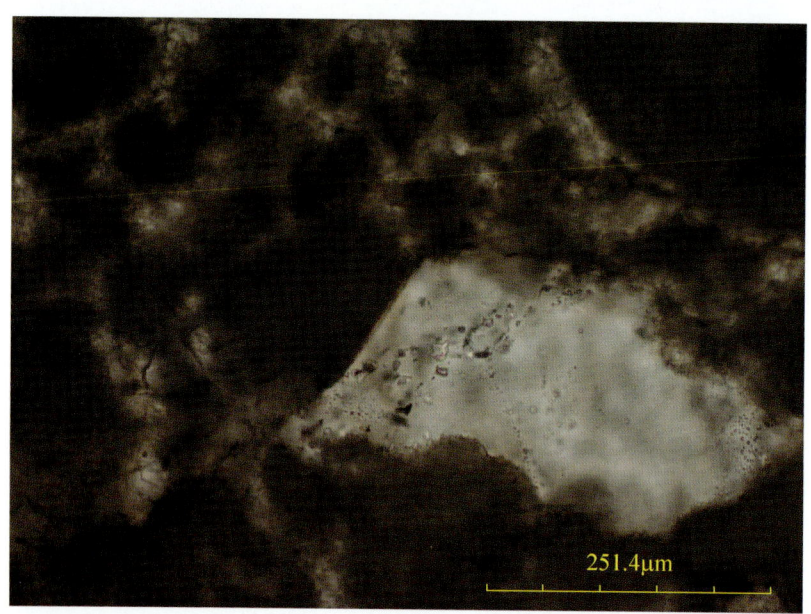

◆ 图6.8 方解石孔隙充填矿物中有一组群体定向分布的灰色烃包裹体,应是在愈合缝中分布,愈合缝穿过方解石晶体向外延伸,故烃包裹体为次生。英买201井,6112.54m,单偏光

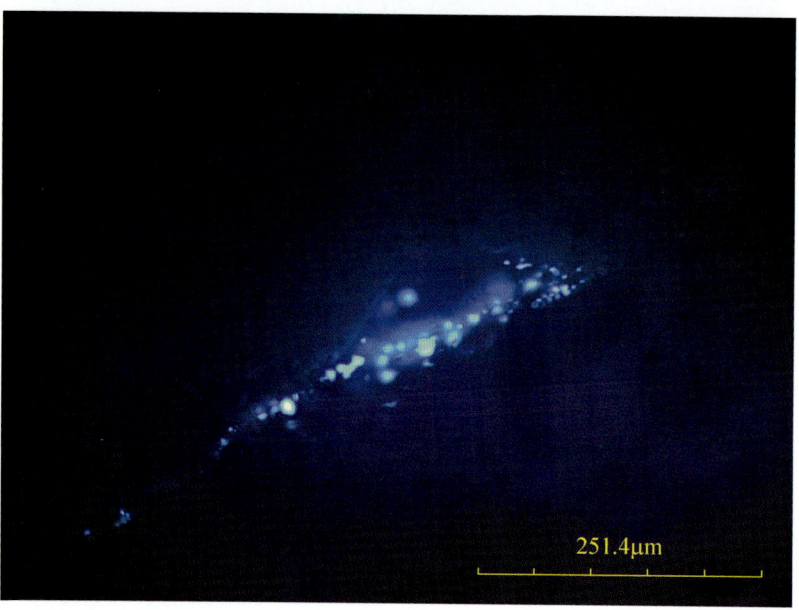

◆ 图6.9 图6.8中在荧光下,发现愈合缝中发蓝色荧光的烃包裹体向方解石晶体矿物之外延伸到泥晶方解石或粒屑中,愈合缝穿过多个构造单元,可见烃包裹体,对于方解石充填物是次生的。英买201井,6112.54m,紫外荧光

◆ 图 6.10　方解石晶体内见有两种烃包裹体:中心处为灰色液烃包裹体,群体不定向分布,烃包裹体大小不一;边部顺方解石结晶生长纹分布的褐色气液烃包裹体,烃包裹体呈环状分布,大小较均一。塔中 24 井,4459.8m,单偏光

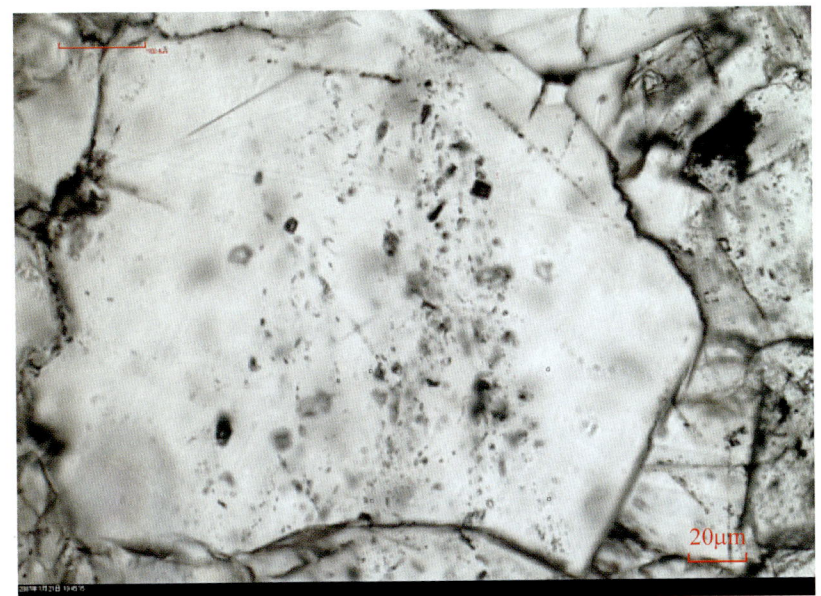

◆ 图 6.11　图 6.10 中方解石晶体内见有两种烃包裹体:中心处为发强蓝白色荧光的液烃包裹体,群体不定向分布,烃包裹体大小不一;边部顺方解石结晶生长纹分布的发中等黄色荧光气液烃包裹体,烃包裹体呈环状分布,大小较均一。塔中 24 井,4459.8m,紫外荧光

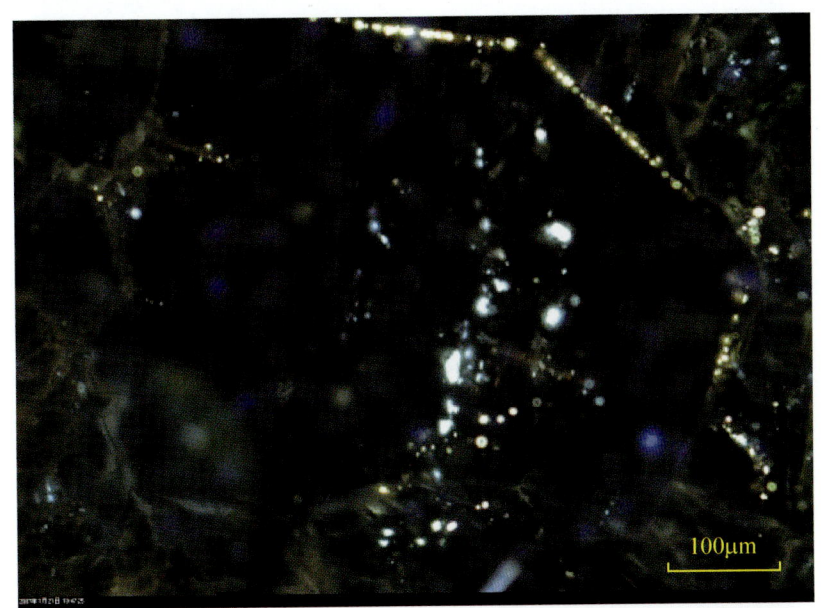

◆ 图 6.12　在方解石外围见多圈褐色烃包裹体,是方解石不断加大生长时包裹进去的,包裹体固体状,可能是沥青质被包裹在其中。英买 9 井,5187.28m,单偏光

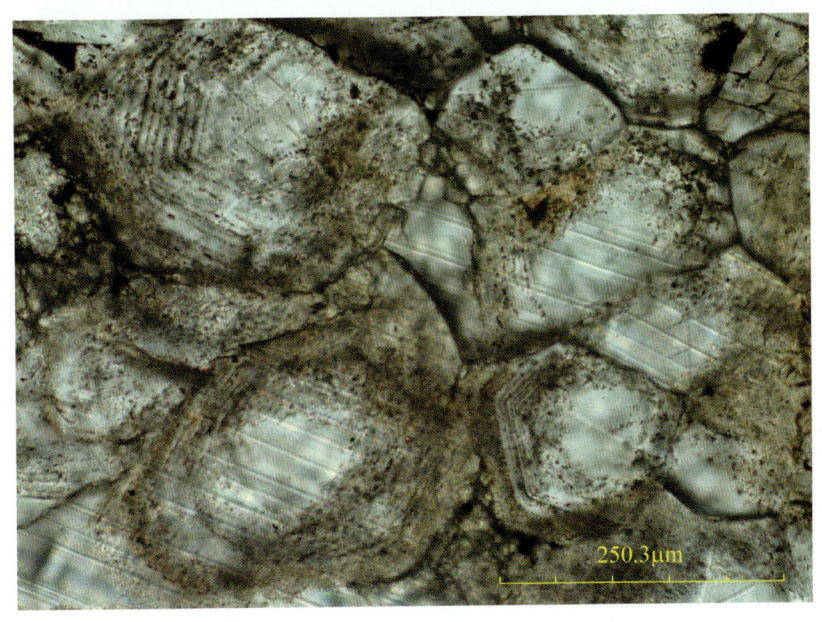

◆ 图6.13 铁白云石,白云石较自形,具雾心亮边现象,其最外边见有大量褐色沥青质被包裹。英买321井,5346.35m,单偏光

◆ 图6.14 图6.13中铁白云石,白云石较自形,具雾心亮边现象,其最外边见有大量发褐色荧光的沥青质被包裹。英买321井,5346.35m,紫外荧光

◆ 图6.15 半自形白云石,单偏光下看不出环带结构。玛南1井,5372.21m,单偏光

◆ 图6.16 图6.15中半自形白云石，单偏下看不出环带结构，但在荧光下发现中心处见黄色沥青浸染并发黄色荧光，边部不发荧光或发暗的蓝色荧光。玛南1井，5372.21m，紫外荧光

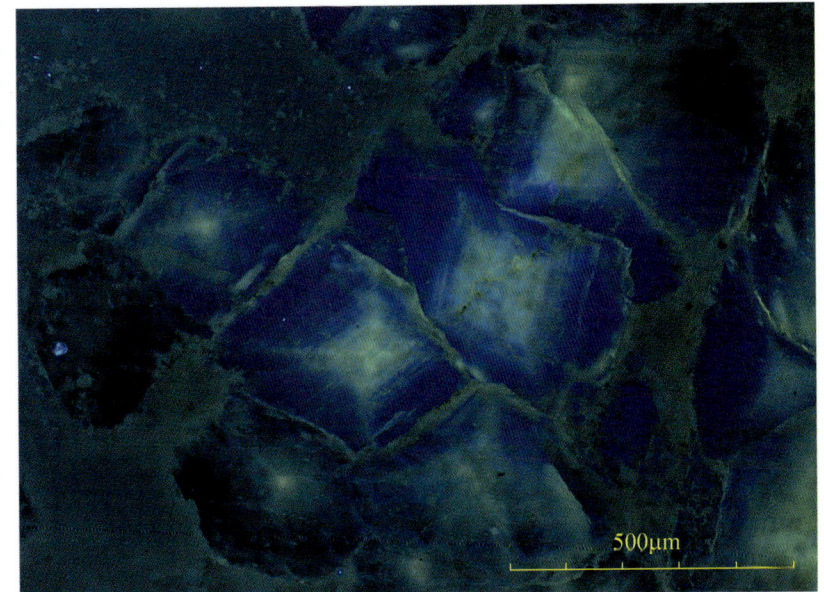

◆ 图6.17 自形白云石，在荧光下发现中心处见黄色沥青浸染并发黄色荧光，向外发暗的蓝色荧光，最边部发褐色荧光。玛南1井，5372.21m，紫外荧光

◆ 图6.18 白云石核部见有浅黄色气液烃包裹体，烃包裹体零星分布。白云石边部未见烃包裹体。解放127井，5450.32m，单偏光

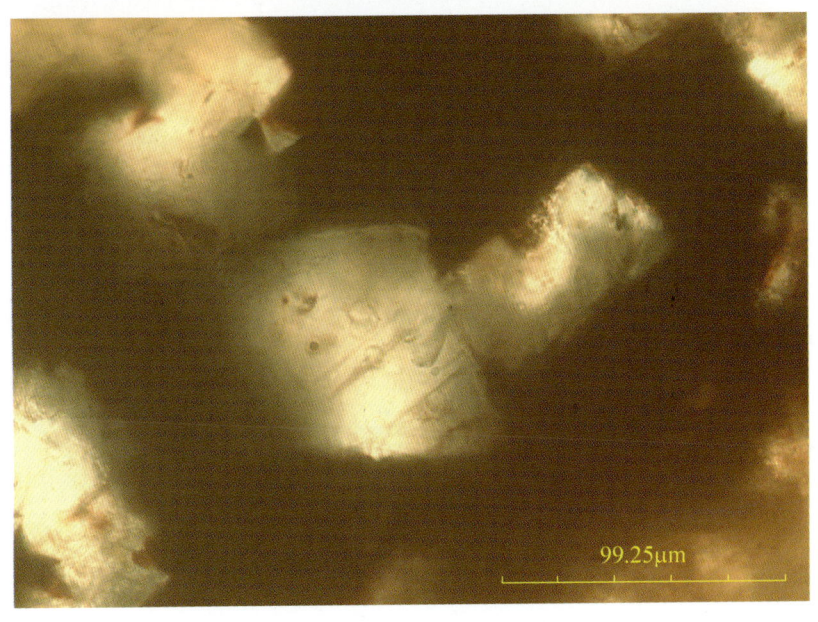

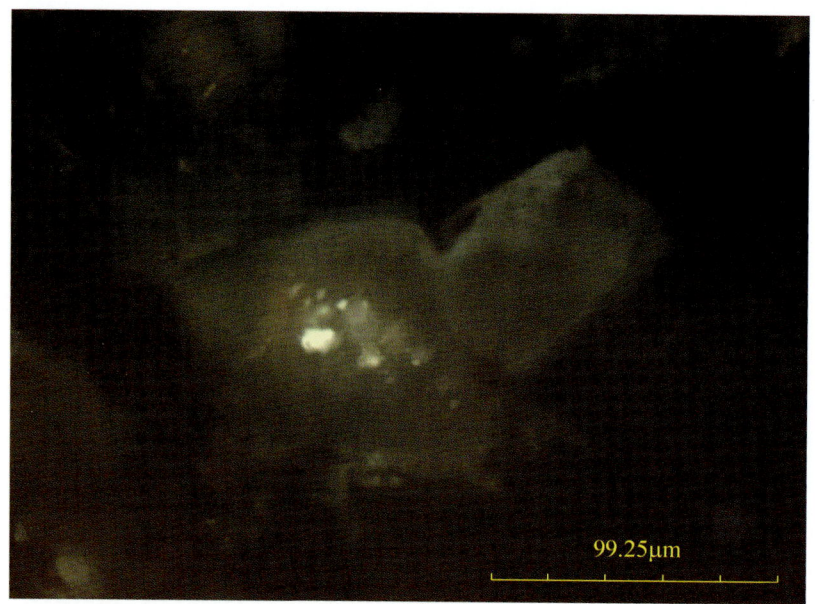

◆ 图 6.19　图 6.18 中的白云石核部见有浅黄色气液烃包裹体，在荧光下发黄色荧光，烃包裹体零星分布。白云石边部未见烃包裹体。解放 127 井，5450.32m，紫外荧光

◆ 图 6.20　孔洞内充填的石英（因结晶微晶，多称硅质），内含大量流体包裹体。牙哈 7X-1 井，5854.17m，单偏光

◆ 图 6.21　图 6.20 中的孔洞内充填的石英（因结晶微晶，多称硅质），因薄片厚度是 0.7mm，比普通厚度厚，故正交光下呈蓝、棕、紫等色，在正交光下更清楚看到硅质的结晶情况。牙哈 7X-1 井，5854.17m，正交光

◆ 图6.22 图6.20中的孔洞内充填的石英，石英中含有发黄色荧光的烃包裹体，烃包裹体群体分布，大小较均匀。牙哈7X-1井，5854.17m，紫外荧光

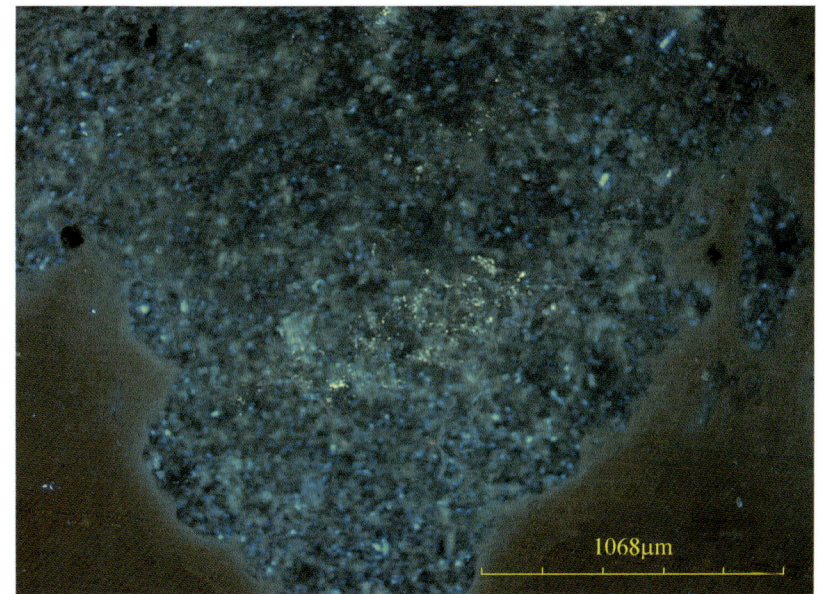

◆ 图6.23 裂缝中充填方解石（灰白色）和石英（红黄彩色）两种矿物。因包裹体薄片较厚故在正交光下方解石解理呈灰白色、石英无解理呈黄红绿杂色。英买201井，5813.80m，正交光

◆ 图6.24 将图6.23放大，裂缝中充填方解石和石英。方解石脉中见有原生群体分布的灰色盐水包裹体，石英脉中见有串珠状分布的灰色烃包裹体。英买201井，5813.80m，单偏光

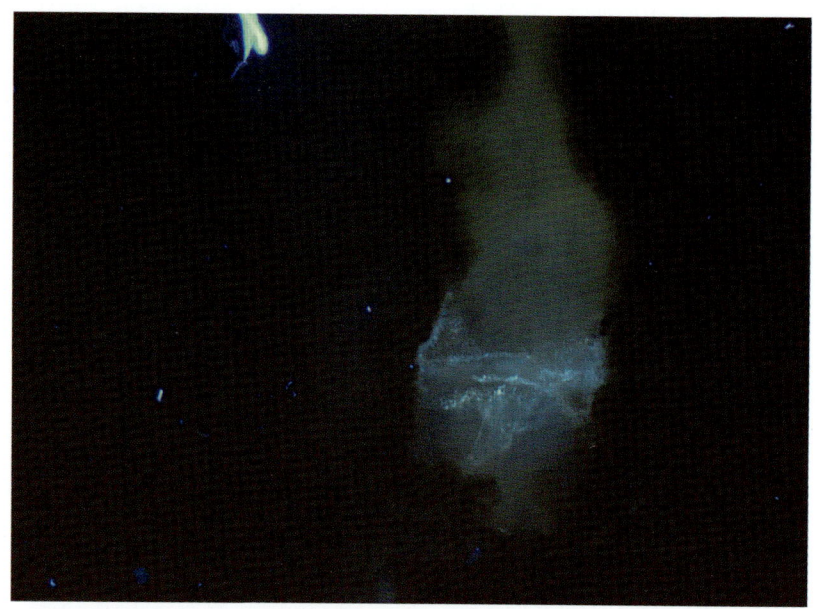

◆ 图6.25　图6.24中裂缝充填方解石和石英。方解石脉中见有原生群体分布的灰色盐水包裹体,在荧光下不发光,石英脉中见有串珠状分布的灰色烃包裹体,发蓝色荧光。英买201井,5813.80m,紫外荧光

◆ 图6.26　张性裂缝内充填石英,石英为细晶质,因包裹体薄片较厚使石英正交下呈棕色、黄色、灰色,牙哈7X-1井,5887.60m,正交光

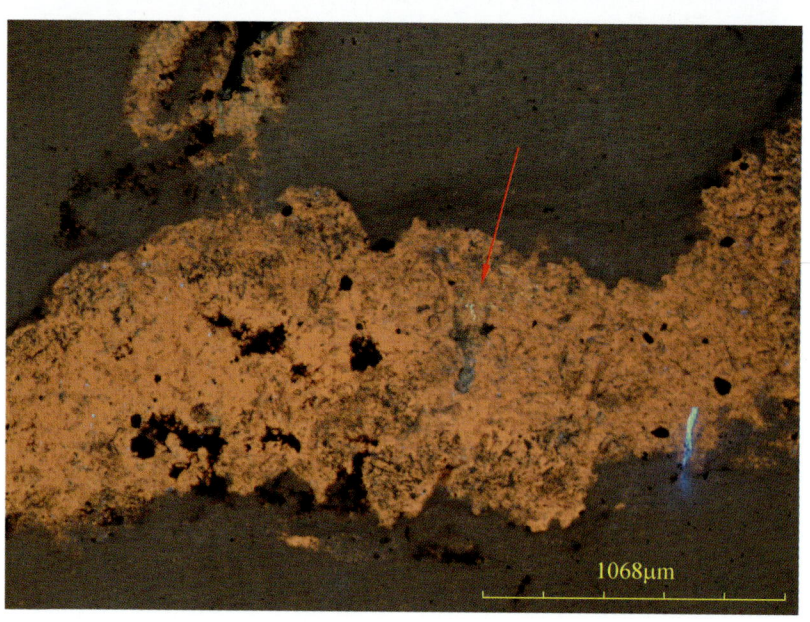

◆ 图6.27　图6.26中张性裂缝内充填石英,石英为细晶质。石英脉内含有发黄色荧光的烃包裹体,烃包裹体群体分布。牙哈7X-1井,5887.60m,单偏光+紫外荧光

◆ 图 6.28 图 6.27 中张性裂缝内充填石英。石英中的流体包裹体在荧光下发黄色荧光。牙哈 7X-1 井,5887.60m,紫外荧光

◆ 图 6.29 胶结物被硅质交代,石英呈隐晶质。在硅质胶结物中心见有残余孔,孔中有黑褐色沥青残留物。英买 32 井,5418.25m,单偏光

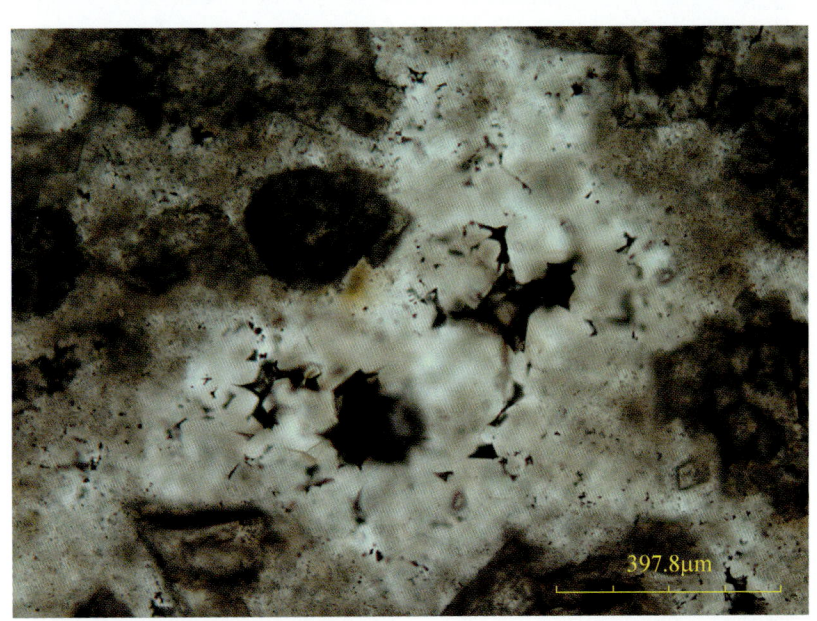

◆ 图 6.30 图 6.29 中胶结物被硅质交代,因包裹体薄片较厚使隐晶质硅质呈红黄白蓝杂色。残余孔中残留黑色沥青。英买 32 井,5418.25m,正交光

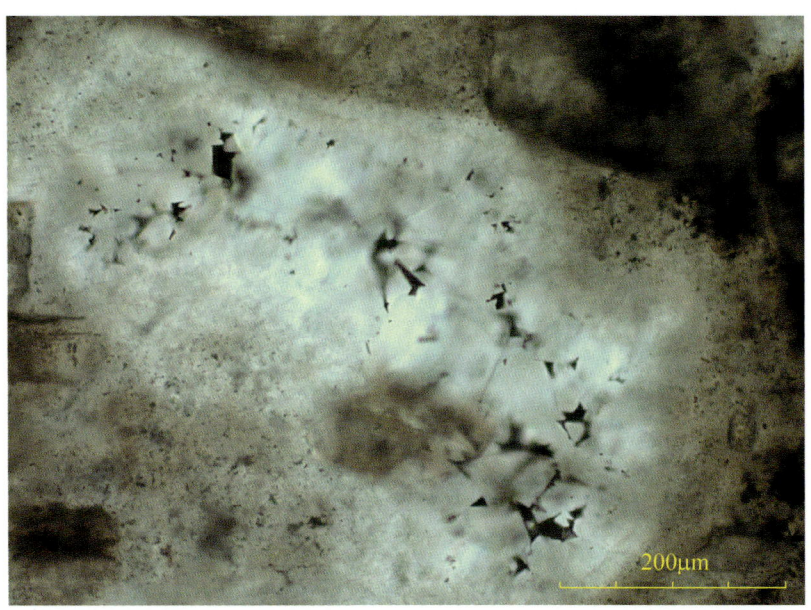

◆ 图6.31 孔中充填物被硅质交代，石英呈隐晶质。在硅质充填物中见有残余黑色沥青包裹体。英买32井，5418.25m，单偏光

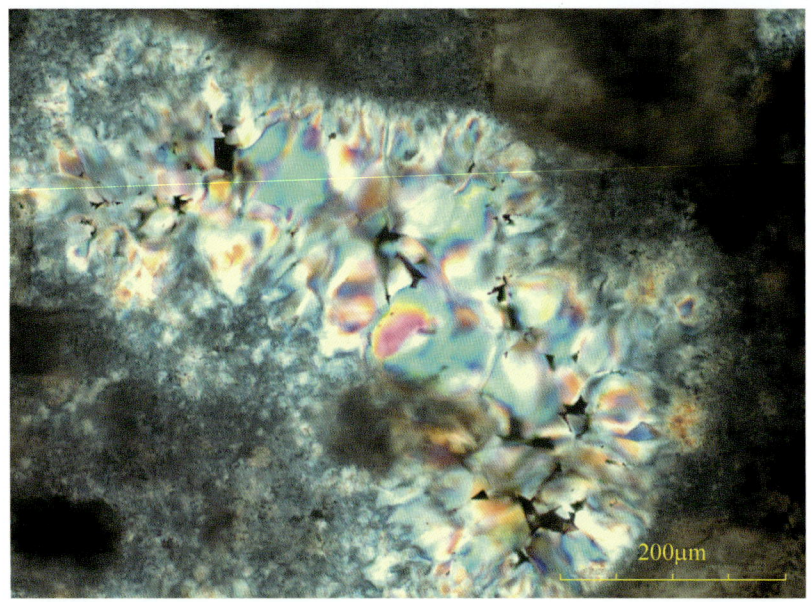

◆ 图6.32 孔中充填物被硅质交代，因包裹体薄片较厚使隐晶质硅质呈红黄白蓝杂色。硅质充填物中残余黑色沥青包裹体，呈黑色。英买32井，5418.25m，正交光

◆ 图6.33 萤石中发黄白色荧光，烃包裹体沿生长纹分布，呈环带状。塔中45井，6015m，紫外荧光

◆ 图6.34 萤石中发黄白色荧光，烃包裹体沿生长纹分布，呈几个环带层层分布。萤石里还见有群体定向分布的原生烃包裹体。塔中45井，6015m，紫外荧光

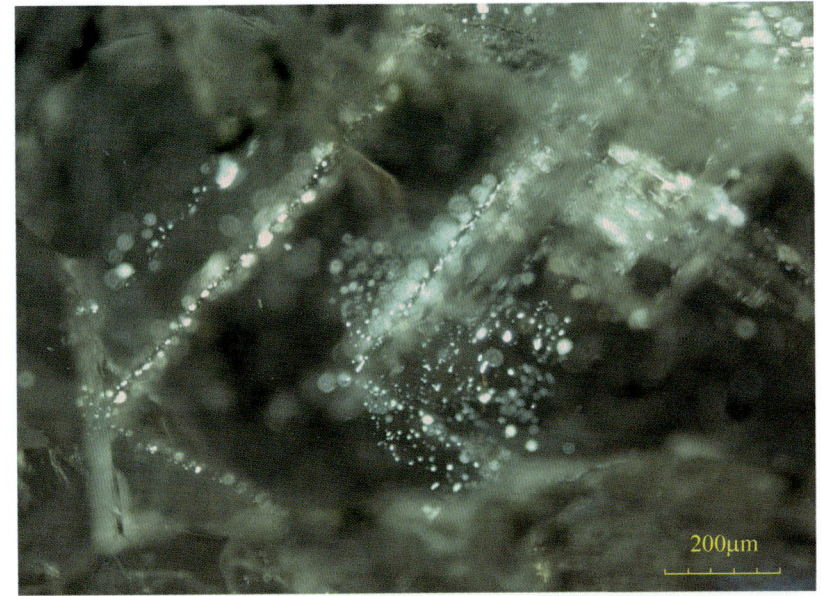

◆ 图6.35 脉中的萤石里见发黄色荧光，烃包裹体沿生长纹分布。另外还见群体分布的发黄色荧光的烃包裹体。塔中45井，6015m，紫外荧光

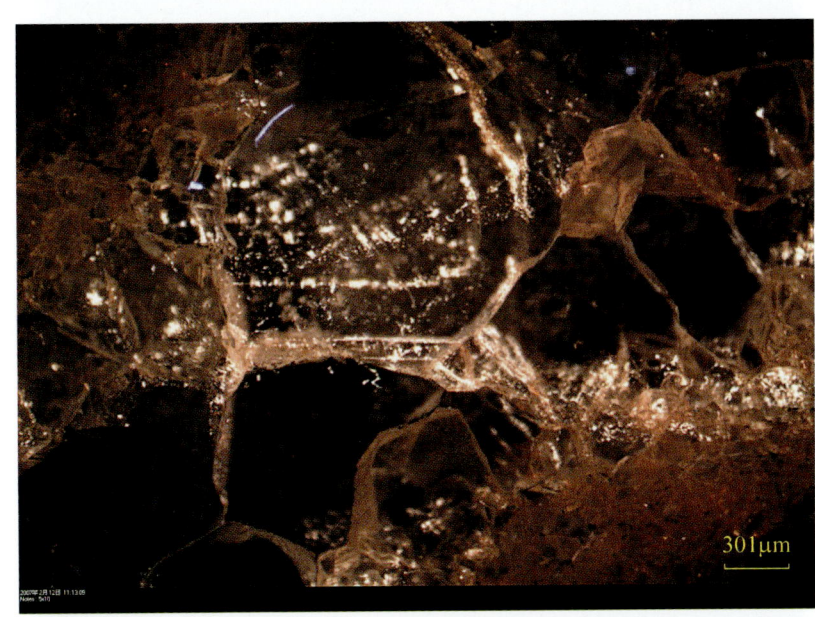

◆ 图6.36 在萤石中内圈见发白色荧光的烃包裹体环带，外圈见发黄色荧光烃包裹体沿生长纹呈环带分布。说明萤石生长过程中有两次油气运移，且前后成分是有变化的。塔中45井，6015m，紫外荧光

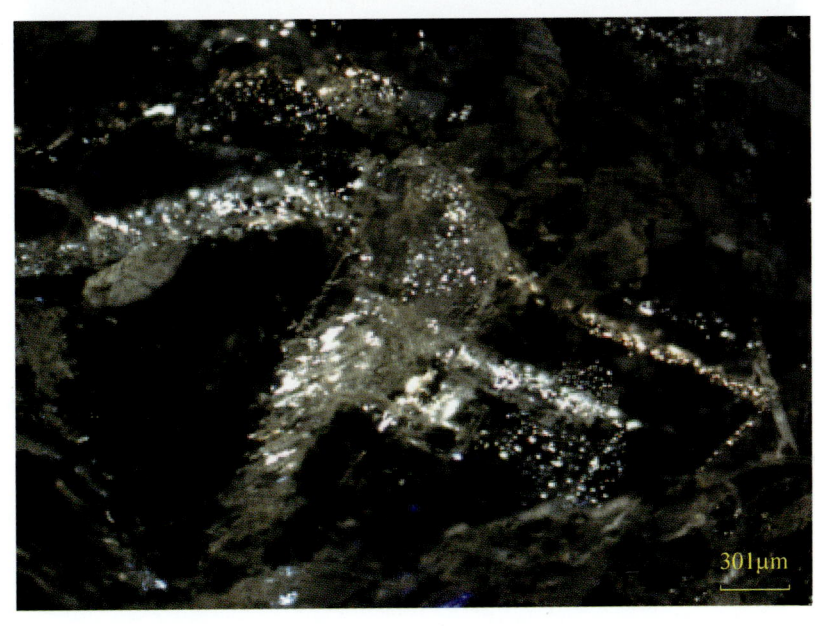

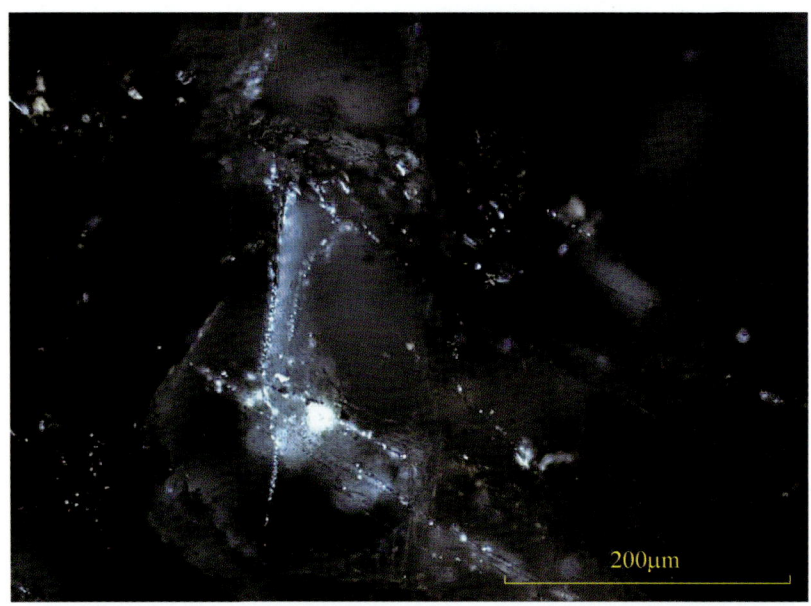

◆ 图6.37 萤石中发蓝色荧光的烃包裹体沿生长纹分布。塔中45井，6099m，紫外荧光

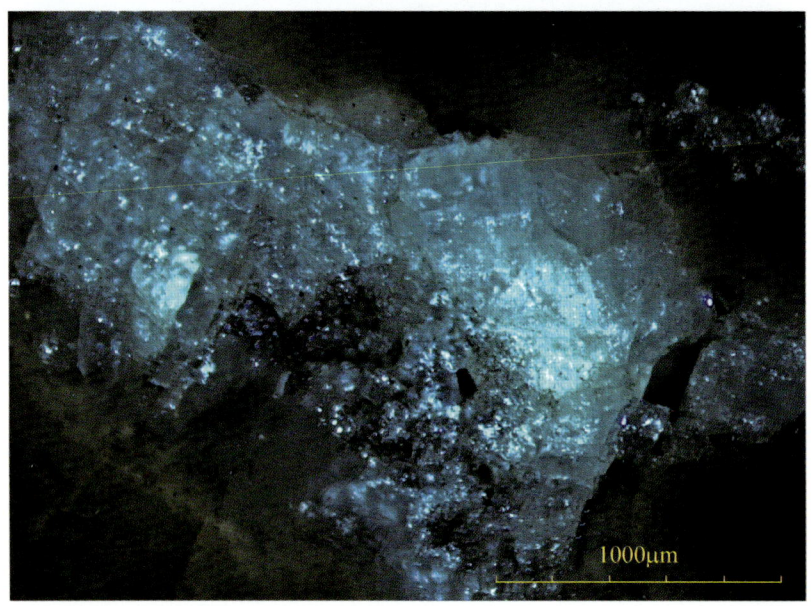

◆ 图6.38 孔洞中充填的萤石，萤石中含大量发蓝色荧光的烃包裹体，烃包裹体不规则排列、群体分布。牙哈5井，5823.28m，紫外荧光

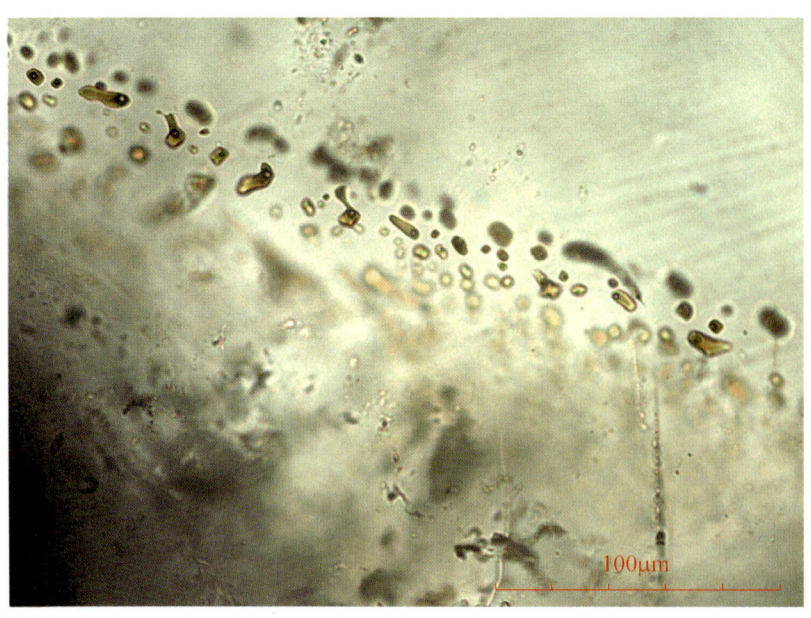

◆ 图6.39 萤石中的黄褐色气液烃包裹体，烃包裹体多呈椭圆状、不规则椭圆状，大小不一，长轴近一个方向呈有规则排列，群体定向分布。热普4井，6749.52m，单偏光

◆ 图6.40 萤石中的愈合缝内黄褐色气液烃包裹体,烃包裹体多呈椭圆状、不规则椭圆状,长轴近一个方向呈有规则排列,串珠状分布。热普4井,6752.30m,单偏光

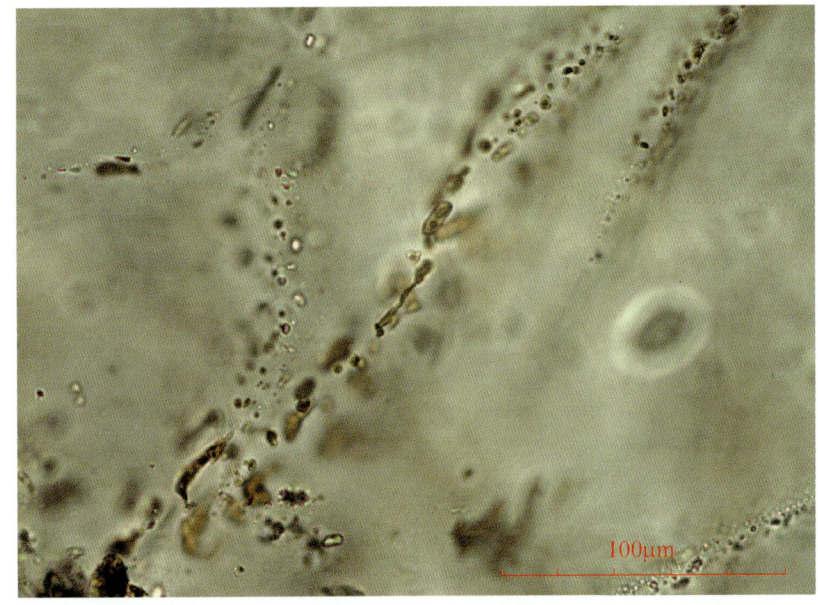

◆ 图6.41 裂缝中充填有石膏,石膏长条状,晶体干净,其内基本没有流体包裹体。方1井,4601.28m,单偏光

◆ 图6.42 裂缝中充填有石膏,石膏呈长条状,晶体干净,其内基本没有流体包裹体。正交光下石膏呈五彩或灰色。方1井,4601.28m,正交光

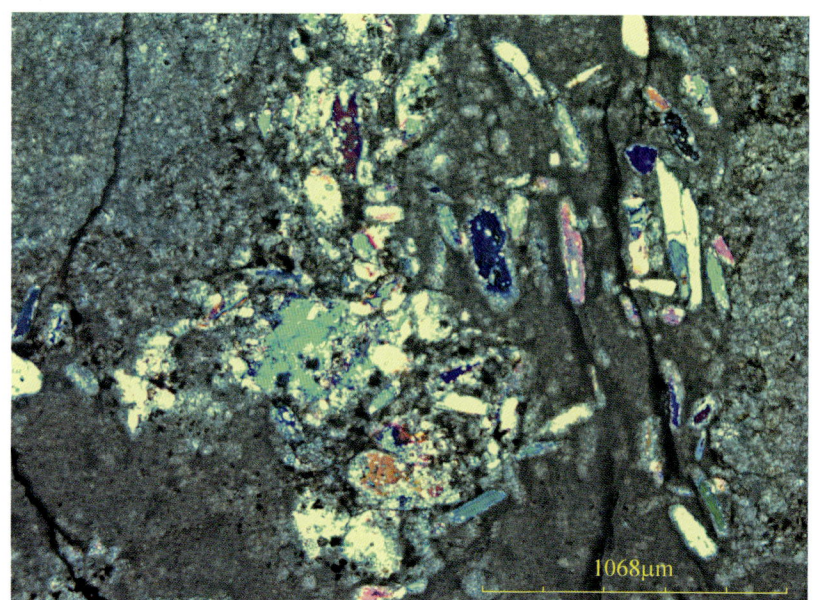

◆ 图6.43 石膏胶结物,石膏呈长柱状分布在石灰岩胶结物中,因包裹体薄片较厚使石膏呈五彩色。牙哈5井,5804.24m,正交光

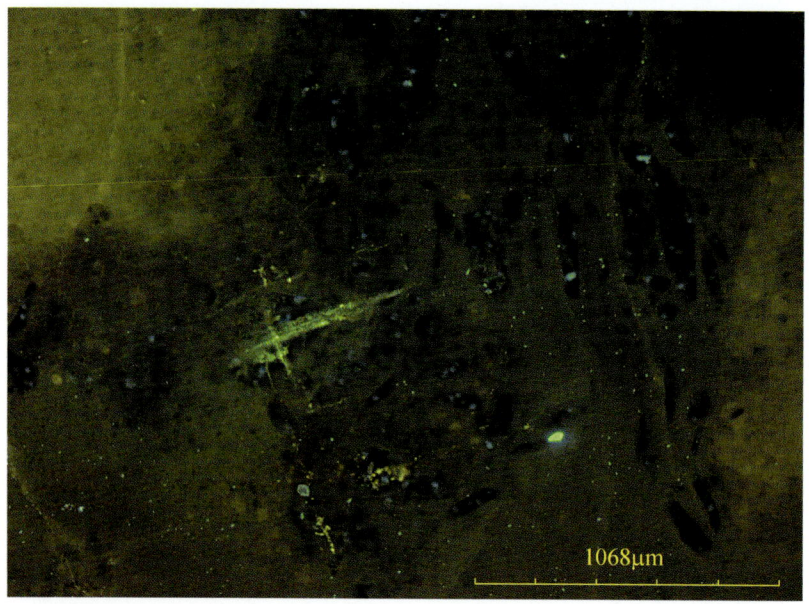

◆ 图6.44 图6.43中的石膏胶结物,石膏呈长柱状分布在石灰岩胶结物中。在石膏中见有发黄色荧光的液烃包裹体。牙哈5井,5804.24m,紫外荧光

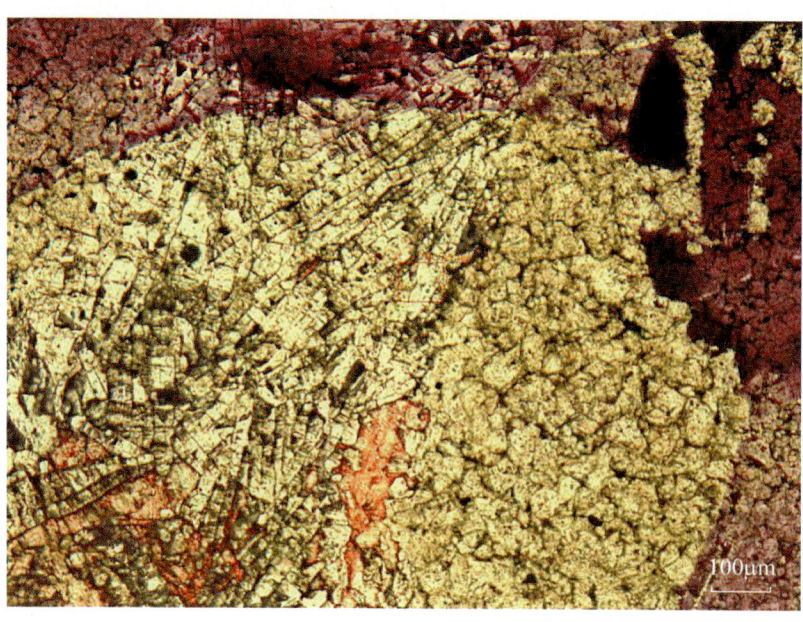

◆ 图6.45 孔洞中充填有自形白云石、长条状天青石、方解石(红色)。在天青石中见灰黑色烃包裹体,塔中162井,5979.5m,单偏光

◆ 图6.46 将图6.45放大,天青石中的烃包裹体呈灰黑色,群体分布,多为椭圆形。塔中162井,5979.5m,单偏光

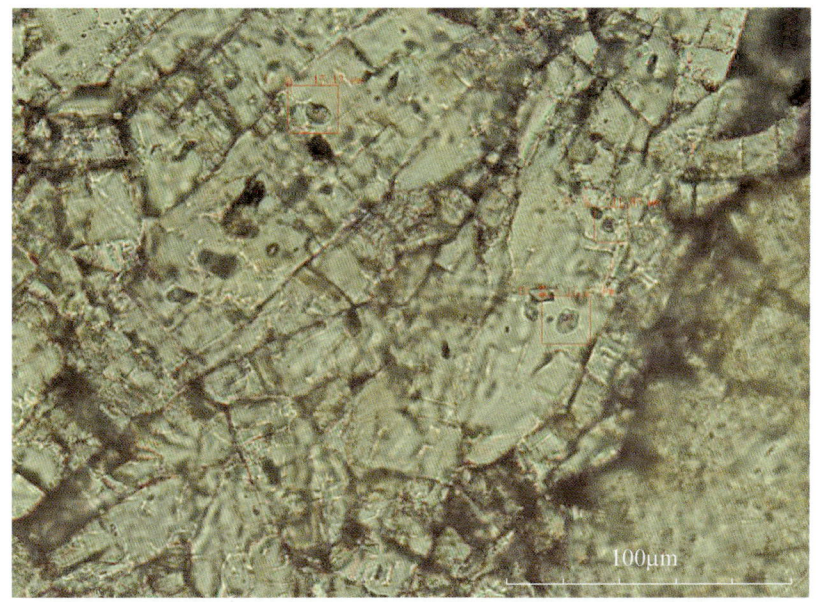

◆ 图6.47 裂缝中充填长条状天青石和自形萤石。热普4井,6752.40m,单偏光

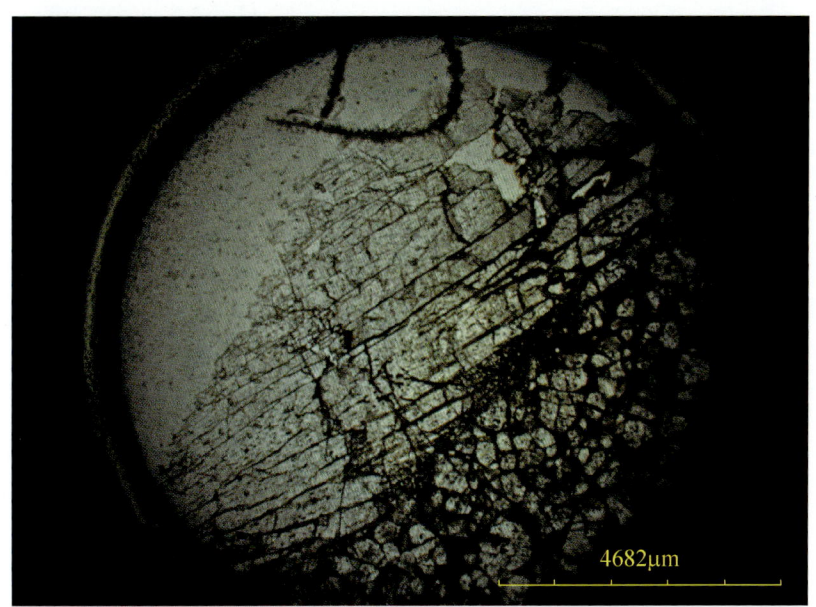

◆ 图6.48 图6.47中的裂缝中充填长条状天青石和自形萤石,因包裹体薄片较厚使天青石变蓝绿色。热普4井,6752.40m,正交光

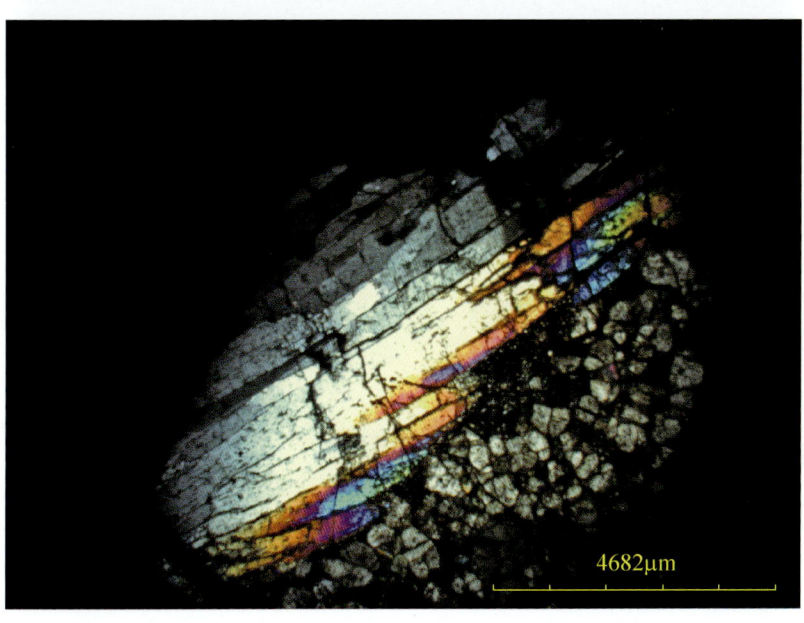

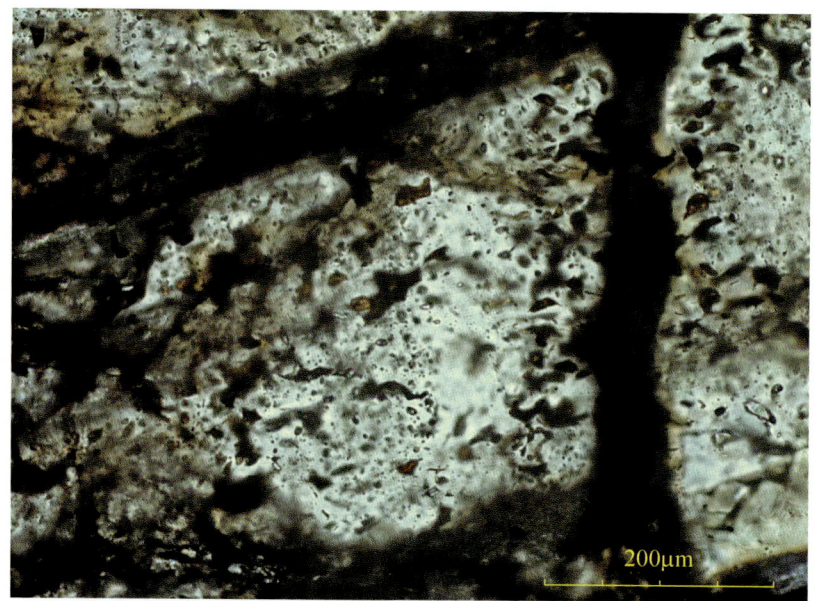

◆ 图6.49 将图6.47中的天青石比例放大,见天青石中的黑褐色液烃包裹体,烃包裹体群体分布,不规则状。热普4井,6752.40m,单偏光

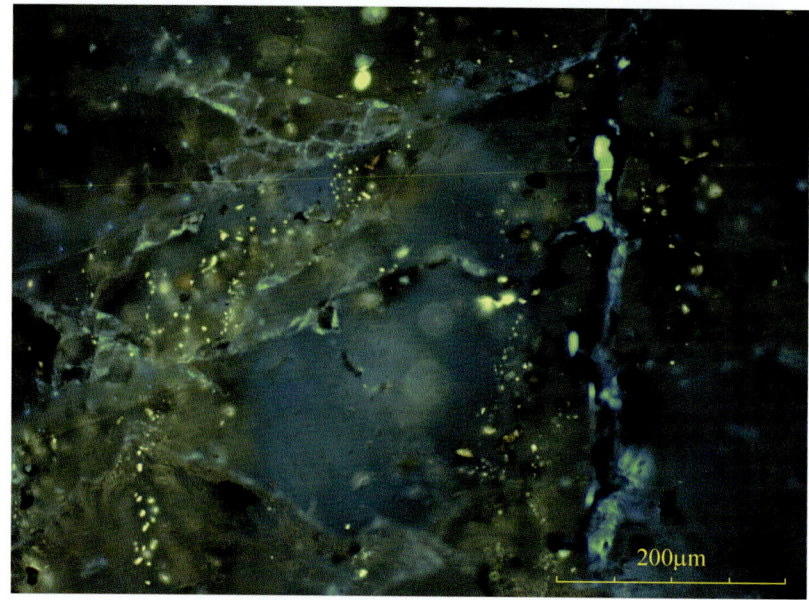

◆ 图6.50 图6.49中天青石里的液烃包裹体发黑色烃荧光、黄色荧光、黄褐色荧光。在缝隙中见有发蓝色荧光的油质沥青。热普4井,6752.40m,紫外荧光

◆ 图6.51 天青石中的黑褐色液烃包裹体,烃包裹体群体分布,不规则状,大小不一。热普4井,6752.40m,单偏光

◆ 图6.52 图6.51中的天青石内黑褐色液烃包裹体,发黄色荧光、黑色荧光。烃包裹体群体分布,不规则状,大小不一。热普4井,6752.40m,紫外荧光

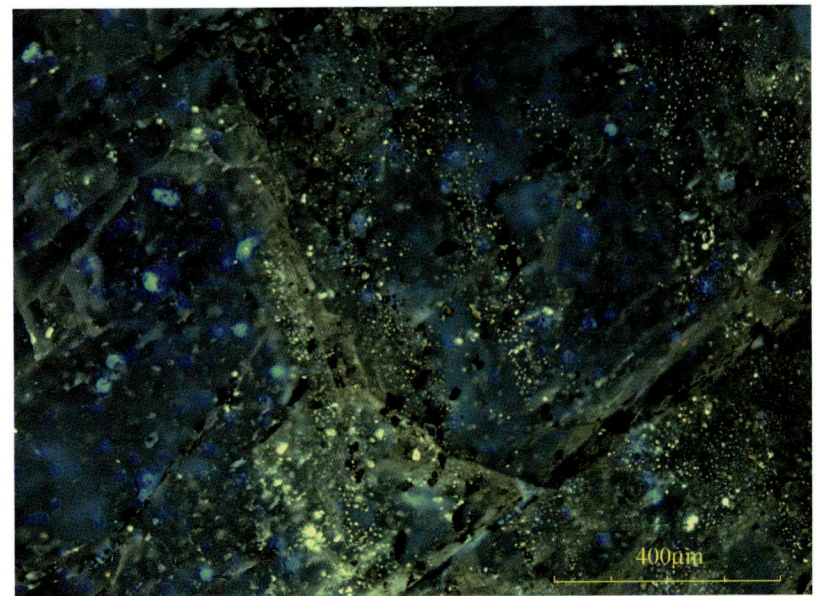

◆ 图6.53 亮晶粒屑灰岩。亮晶方解石胶结物中次生烃包裹体,烃包裹体矩形为主,大小不一,呈串珠状分布。轮古1井,5263.12m,单偏光

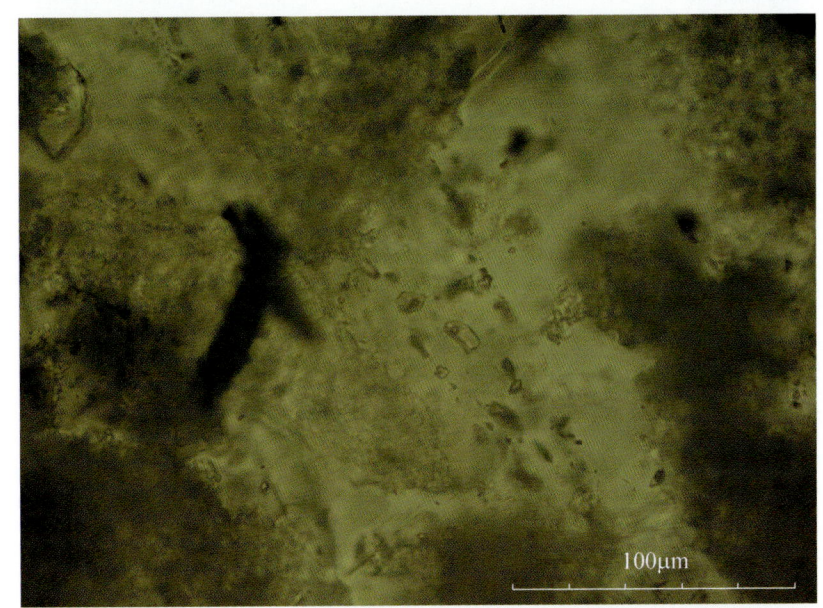

◆ 图6.54 亮晶粒状灰岩。亮晶方解石胶结物呈细晶到粗晶充填在粒屑中间。见几个原生无色气液烃包裹体零星分布在胶结物中心的粗晶方解石晶体中,烃包裹体不规则形。塔中30井,5043m,单偏光

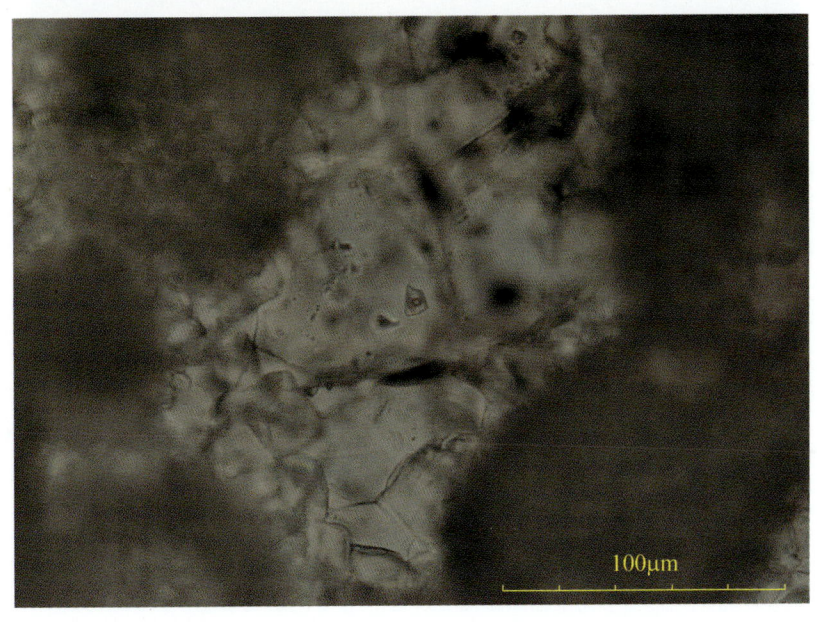

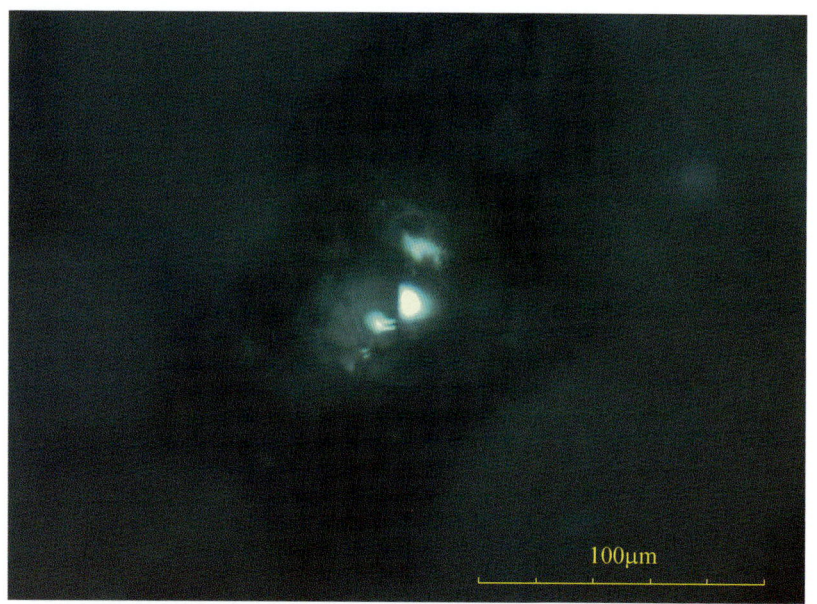

◆ 图 6.55 同图 6.54，亮晶粒状灰岩。亮晶方解石晶体中零星分布的气液烃包裹体发亮蓝白色荧光。塔中 30 井，5043m，紫外荧光

◆ 图 6.56 方解石晶体内的愈合缝，愈合缝中含有灰色烃包裹体，烃包裹体群体定向分布。塔中 30 井，4982.4m，单偏光

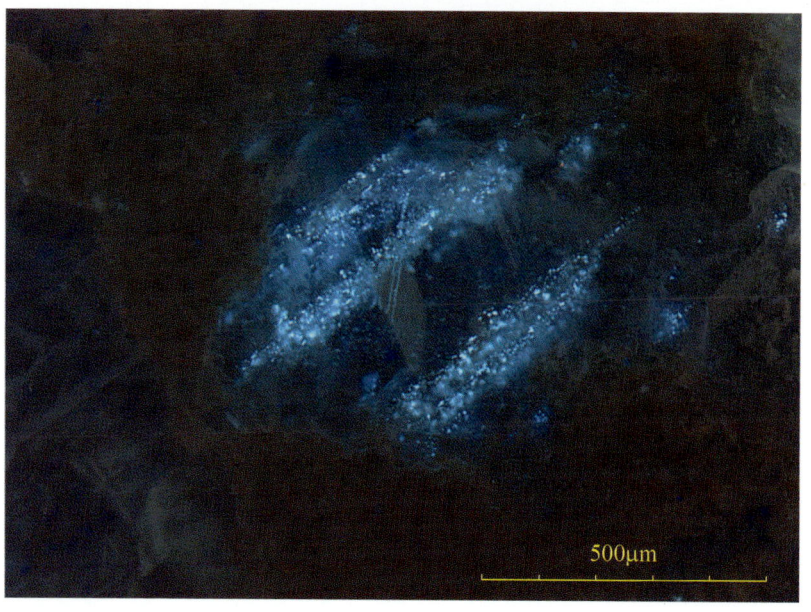

◆ 图 6.57 同图 6.56，方解石晶体内的愈合缝，愈合缝中含有灰色烃包裹体发蓝色荧光，烃包裹体群体定向分布。塔中 30 井，4982.4m，紫外荧光

◆ 图6.58 含发黄褐色荧光烃包裹体的愈合缝,穿过多个晶体颗粒;而含发蓝色荧光烃包裹体的愈合缝有两条,一条穿过两个晶体颗粒,一条只在一个晶体内发育,说明是两期愈合缝。解放127井,5439.71m,紫外荧光

◆ 图6.59 见数条愈合缝平行排列,穿过多个晶体。愈合缝内含大量灰黑色烃包裹体。解放127井,5439.77m,单偏光

◆ 图6.60 图6.59中的数条平行排列愈合缝,穿过多个晶体内含大量灰黑色烃包裹体。愈合缝含发暗褐色荧光的烃包裹体;有一条愈合缝中是发亮黄色荧光的烃包裹体,可见不是一期的愈合缝。解放127井,5439.77m,紫外荧光

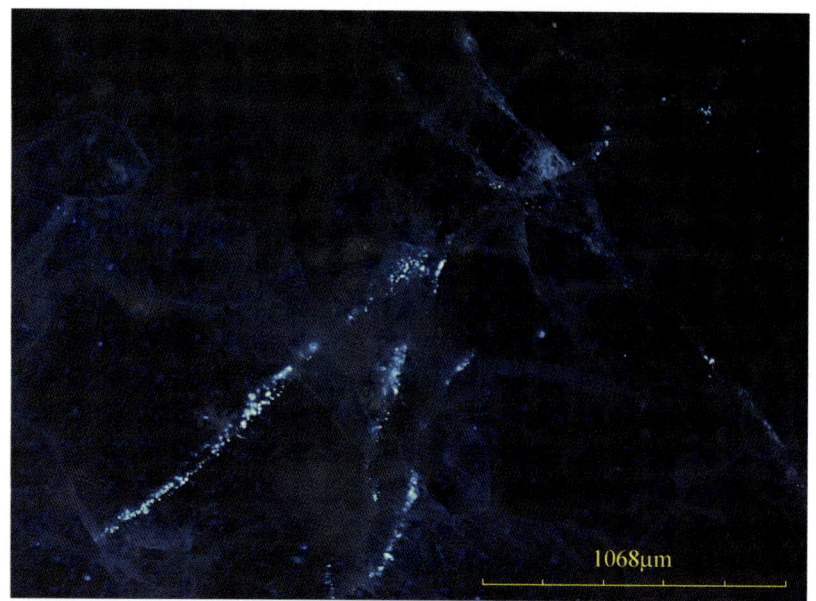

◆ 图6.61 愈合缝穿过多个颗粒、充填物,内含有发蓝色荧光的烃包裹体。轮南48井,5467.96m,紫外荧光

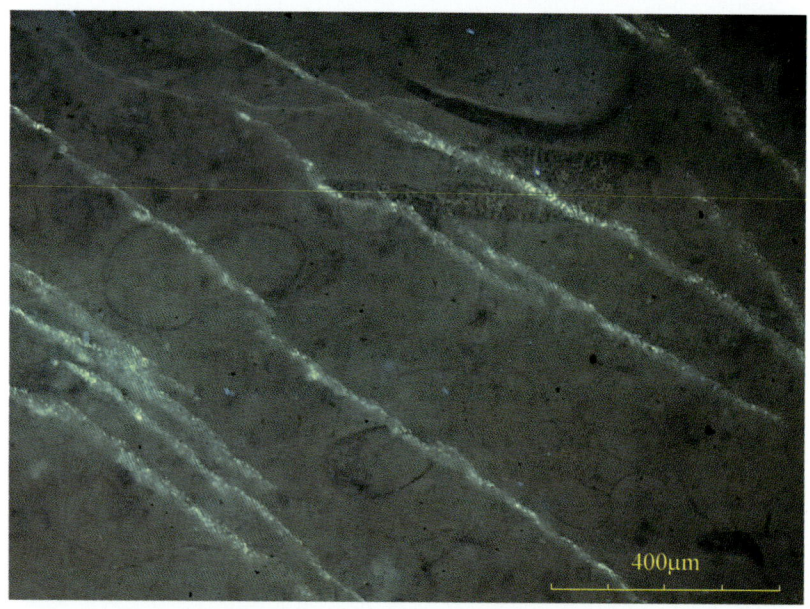

◆ 图6.62 多条愈合缝平行排列,愈合缝穿过多个构造单元。愈合缝中含有发黄色荧光的烃包裹体。解放127井,5446.84m,紫外荧光

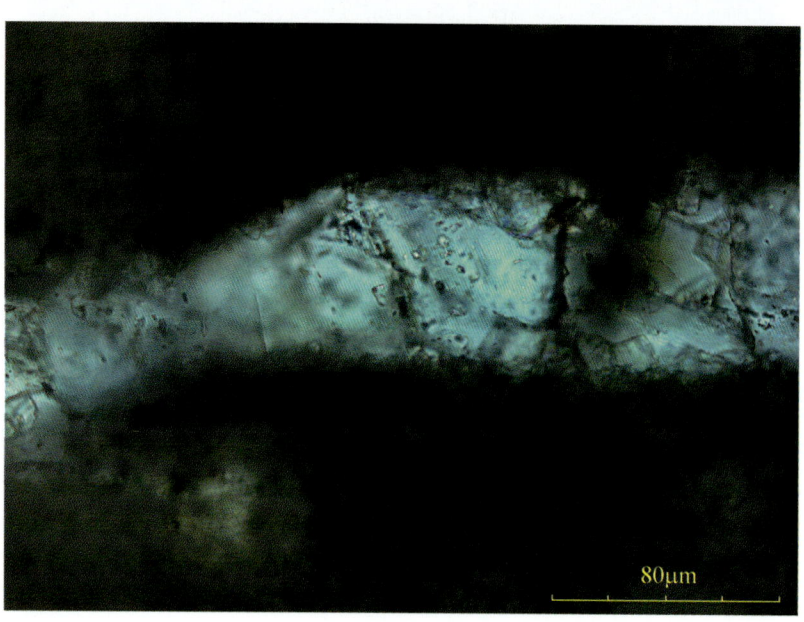

◆ 图6.63 裂缝被一世代粗晶方解石全充填,属于单世代单矿物充填的脉体。方解石脉含原生无色液烃包裹体,烃包裹体与方解石脉为同时期形成。烃包裹体零星分布,液相无色,气相灰色。玛401井,2349.62m,单偏光

◆ 图6.64 图6.63中的方解石脉,含原生无色液烃包裹体,烃包裹体在荧光下发蓝色荧光,烃包裹体零星分布,原生在方解石脉中,故烃包裹体与方解石脉为同时期形成。玛401井,2349.62m,紫外荧光

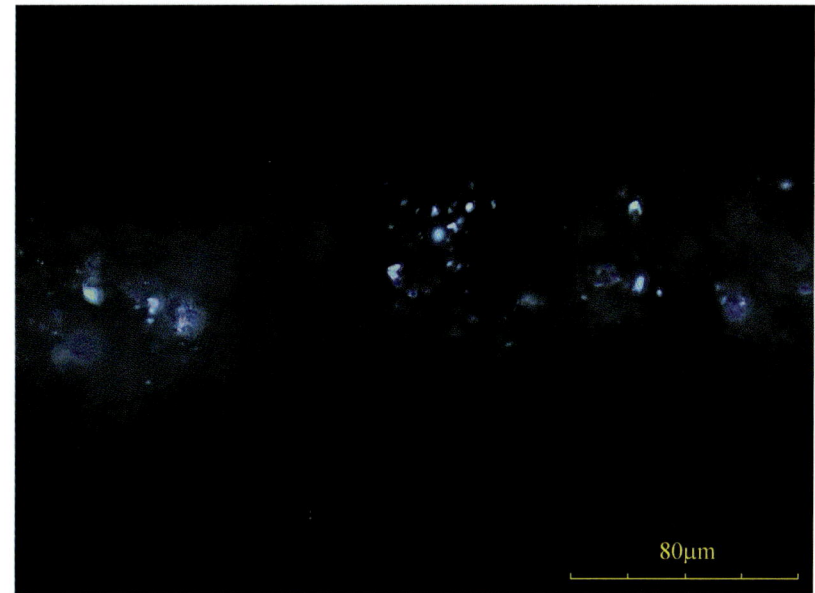

◆ 图6.65 裂缝被一世代粗晶方解石全充填,属于单世代单矿物充填的脉体。脉方解石形成后又有一组愈合缝斜交脉体而形成,愈合缝中见大量的灰色液烃包裹体,烃包裹体串珠状分布,对于脉方解石赋存矿物来说烃包裹体为次生,烃包裹体形成时间晚于脉方解石的形成时间。英买2井,6053.02m,单偏光

◆ 图6.66 图6.65中的脉方解石形成后又有一组愈合缝斜交脉体而形成,愈合缝中见大量的灰色液烃包裹体,液烃包裹体在荧光下发蓝色荧光。烃包裹体串珠状分布,属次生包裹体,对于脉方解石赋存矿物来说烃包裹体为次生,烃包裹体形成时间晚于脉方解石的形成时间。英买2井,6053.02m,紫外荧光

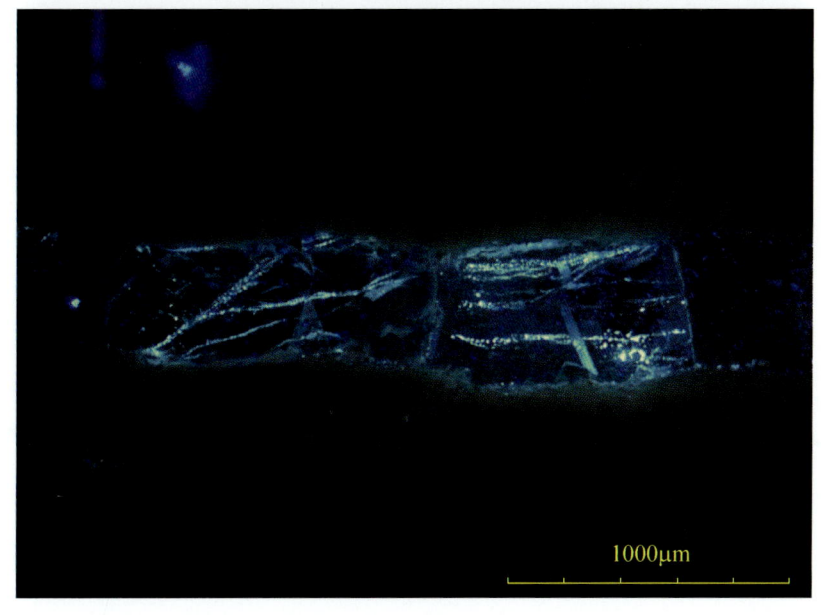

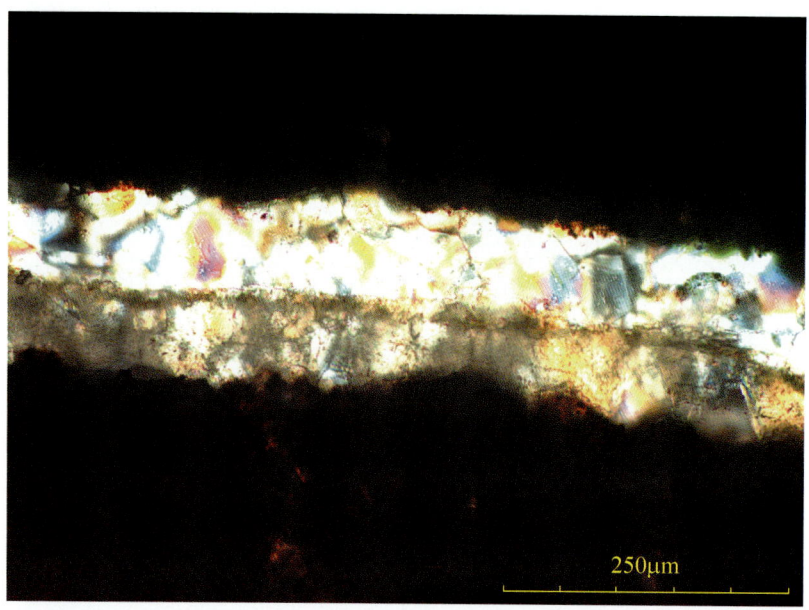

◆ 图6.67 一条裂缝先后被白云石和石英全充填,属于两世代两种矿物充填的脉体。因包裹体薄片较厚,在正交光下石英为红黄白蓝杂色,白云石为高级白灰。英东2井,4167.55m,正交光

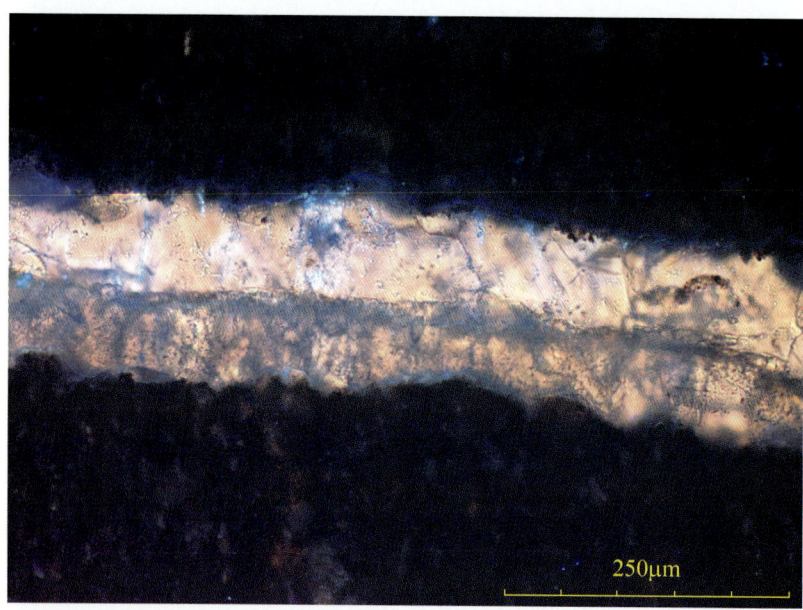

◆ 图6.68 同图6.67一条裂缝中先后被白云石和石英全充填,属于两世代两种矿物充填的脉体。在石英脉中见一期发蓝色荧光的次生气液烃包裹体沿近垂直脉壁方向分布,而在脉白云石中见一期原生发黄色荧光的液烃包裹体。发黄色荧光的液烃包裹体与白云石同时期形成,而发蓝色荧光的烃包裹体晚于石英脉形成,故发黄色荧光的烃包裹体早于发蓝色荧光的烃包裹体形成。英东2井,4167.55m,单偏光+紫外荧光

◆ 图6.69 同图6.67一条裂缝中先后被白云石和石英全充填,属于两世代两种矿物充填的脉体。在石英脉中见一期发蓝色荧光的次生气液烃包裹体沿近垂直脉壁方向分布,而在脉白云石中见一期原生发黄色荧光的液烃包裹体。发黄色荧光的液烃包裹体与白云石同时期形成,而发蓝色荧光的烃包裹体晚于脉石英形成,故发黄色荧光的烃包裹体早于发蓝色荧光的烃包裹体形成。英东2井,4167.55m,紫外荧光

◆ 图6.70 一条裂缝中被方解石和石英全充填,属于一世代两种矿物充填的脉体。脉石中发现系列愈合缝,愈合缝穿过方解石和石英。愈合缝内有灰色液烃包裹体。对于脉石矿物来说烃包裹体为次生。英买2井,5339.25m,单偏光

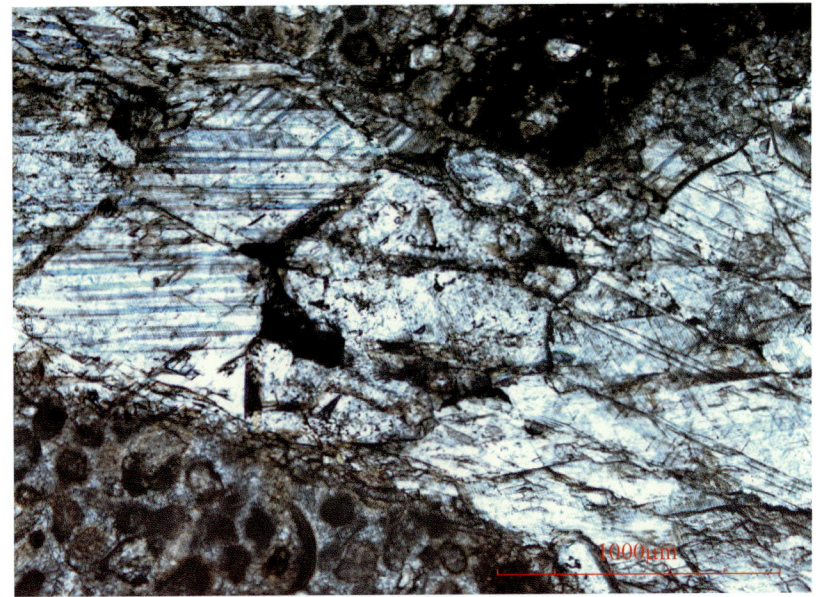

◆ 图6.71 同图6.70一条裂缝中被方解石和石英全充填,属于一世代两种矿物充填的脉体。因包裹体薄片较厚,在正交光下石英为红黄绿色,方解石为高级白或灰色。脉石中发现系列愈合缝,愈合缝穿过方解石和石英。英买2井,5339.25m,正交光

◆ 图6.72 同图6.70一条裂缝中被方解石和石英全充填,属于一世代两种矿物充填的脉体。脉石中发现系列愈合缝,愈合缝穿过方解石和石英。愈合缝内有灰色液烃包裹体。愈合缝中的烃包裹体发黄色荧光,在荧光下更易见到含烃包裹体的愈合缝穿过石英和方解石。对于脉石矿物来说烃包裹体为次生。英买2井,5339.25m,紫外荧光

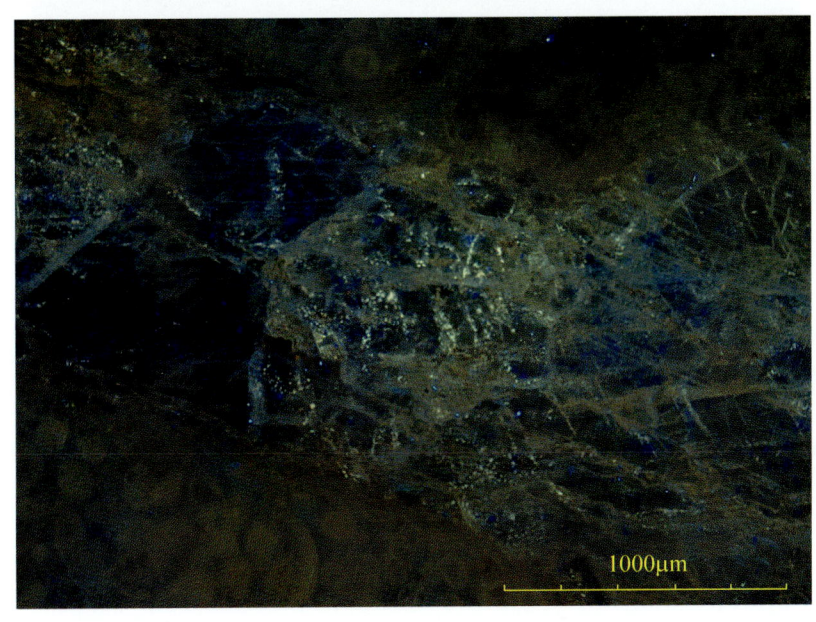

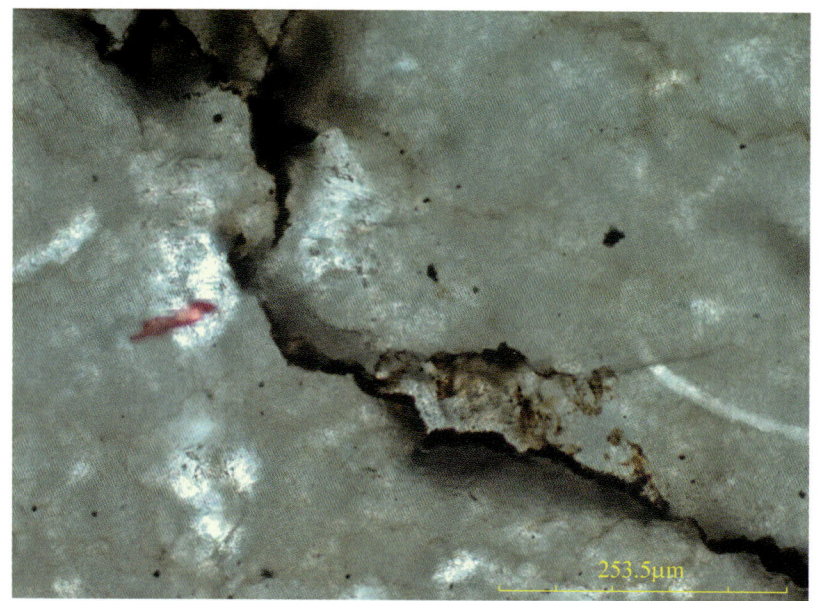

◆ 图6.73 褐黑色泥质缝合线,缝合线边上方解石中见数条愈合缝,内有褐色液烃包裹体,烃包裹体群体定向分布。哈6井,6727m,单偏光

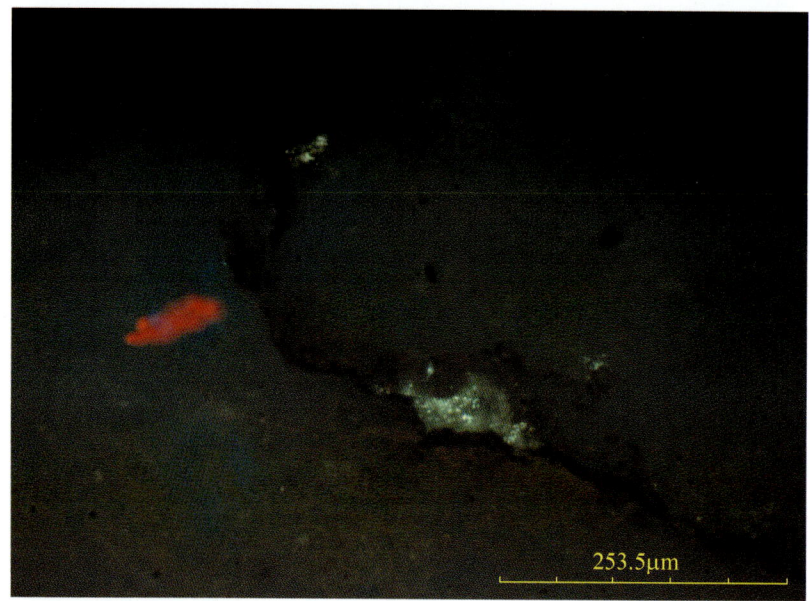

◆ 图6.74 同图6.73,褐黑色泥质缝合线,缝合线边上方解石中见数条愈合缝,内有褐色液烃包裹体。在荧光下,缝合线中泥质不发光,烃包裹体发黄色荧光。哈6井,6727m,紫外荧光

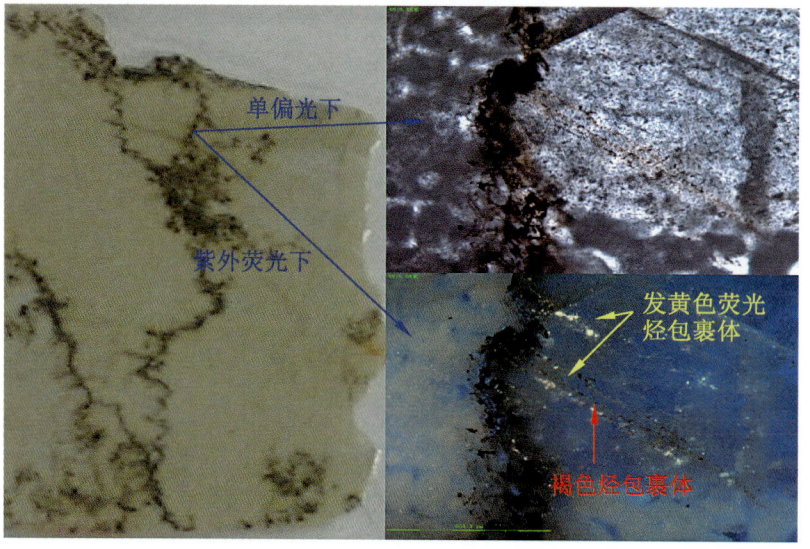

◆ 图6.75、图6.76 岩心照片中构造缝合线发育,黑色。在显微镜下沿缝合线愈合缝发育,内充填褐色液烃包裹体,紫外荧光下发褐色、黄色荧光。新垦7井,6915.68m,岩心照片+单偏光+紫外荧光

◆ 图6.77 缝合线边上的方解石，其内见有大量烃包裹体，烃包裹体近缝合线处为褐黑色、褐色，离缝合线远点为灰色，烃包裹体群体分布，多为椭圆形。哈902井，6647.32m，单偏光

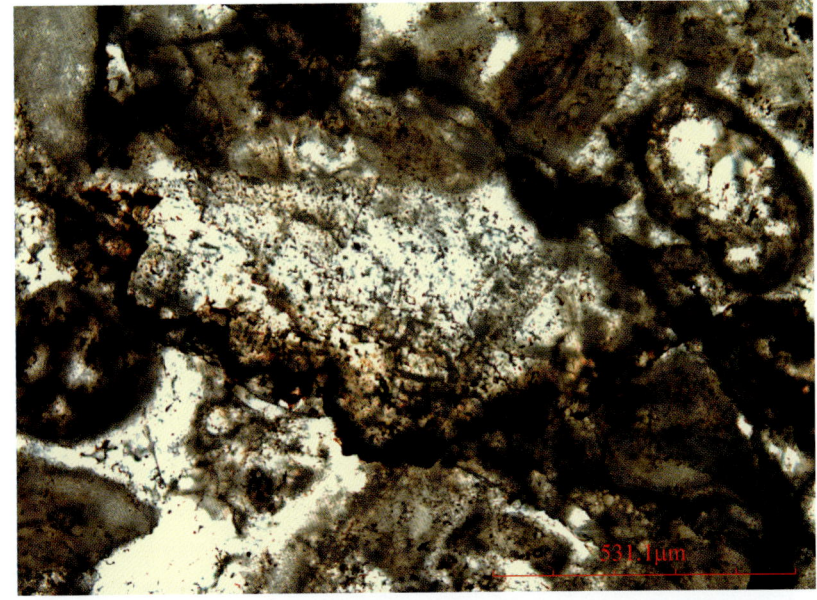

◆ 图6.78 图6.77中缝合线边上的方解石，其内见有大量烃包裹体，近缝合线处为褐黑色、褐色烃包裹体，发褐色、黄色荧光，离缝合线远点的灰色烃包裹体发蓝色荧光，烃包裹体群体分布，多为椭圆形。哈902井，6647.32m，紫外荧光

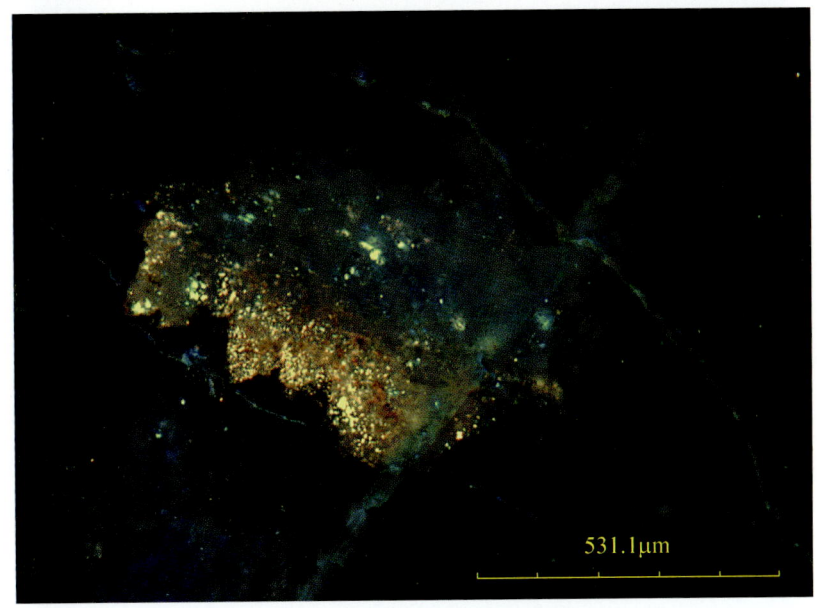

◆ 图6.79 缝合线中的方解石夹块，在方解石中见灰褐色烃包裹体，烃包裹体群体分布，较细小，多为不规则形状。哈6井，6727.00m，单偏光

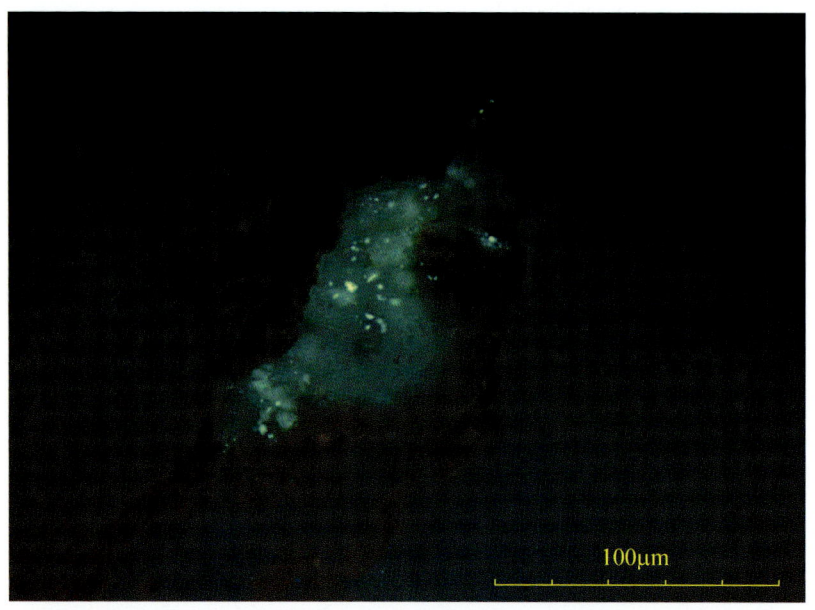

◆ 图 6.80　图 6.79 中缝合线中的方解石夹块,在方解石中见灰褐色烃包裹体,发黄绿色荧光。烃包裹体群体分布,较细小,多为不规则形状。哈 6 井,6727.00m,紫外荧光

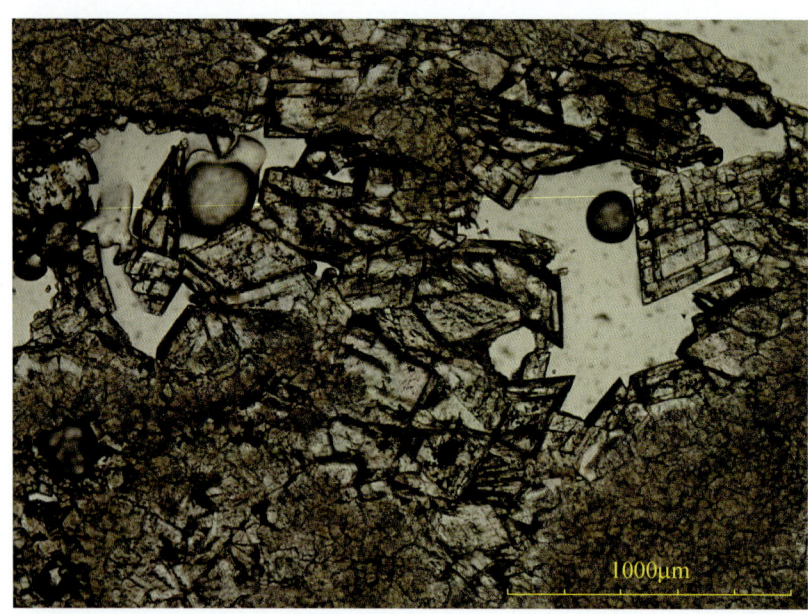

◆ 图 6.81　白云岩孔洞中见有一期较自形的白云石半充填,为一世代一种矿物半充填的孔洞。孔洞白云石中含有大量原生灰色液烃包裹体。牙哈 5 井,5822.84m,单偏光

◆ 图 6.82　图 6.81 中的孔洞白云石内含有大量原生灰色液烃包裹体,烃包裹体发蓝色荧光,烃包裹体群体分布,大小均匀,多为不规则椭圆形。牙哈 5 井,5822.84m,紫外荧光

◆ 图6.83 白云岩孔洞中见有一期连晶方解石全充填,为一世代单矿物充填的孔洞。白云岩白云石为细晶,孔洞方解石解理发育,白色,内见有大量灰色液烃包裹体,烃包裹体群体分布,大小均匀。牙哈5井,5818.34m,单偏光

◆ 图6.84 图6.83中白云岩孔洞中见有一期连晶方解石全充填,为一世代单矿物充填的孔洞。孔洞方解石内见有大量灰色液烃包裹体,在荧光下烃包裹体发蓝色荧光,烃包裹体群体分布,大小均匀。牙哈5井,5818.34m,紫外荧光

◆ 图6.85 多世代多矿物充填,白云石加大—白云石再生长—粗晶方解石充填孔洞。古董1井,1544.15m,单偏光

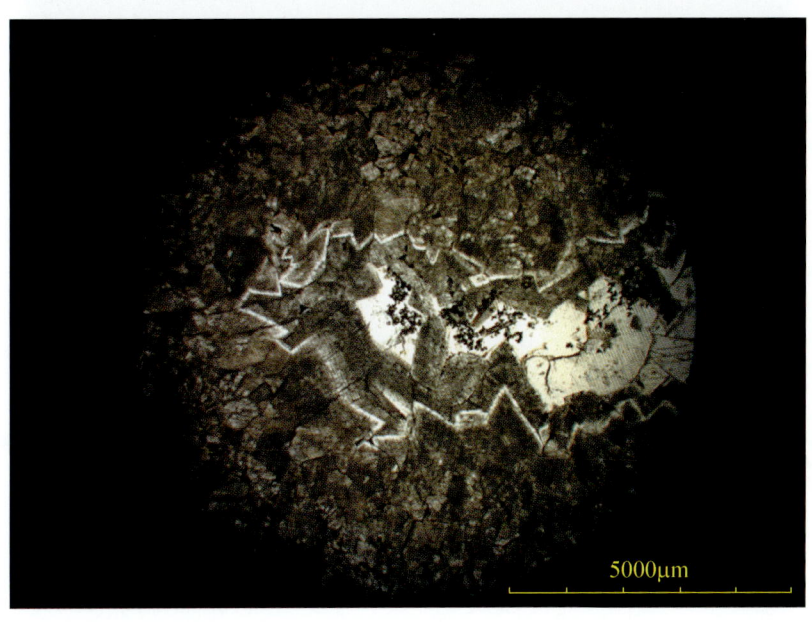

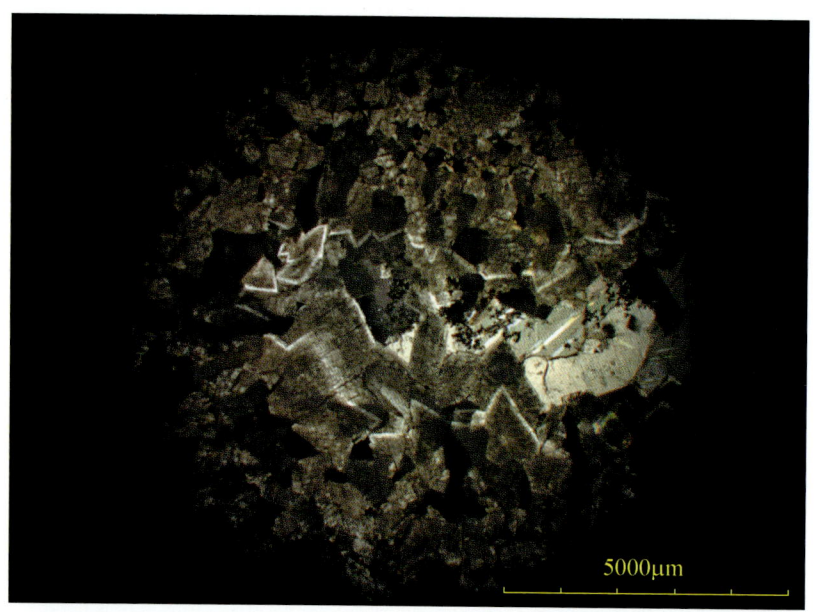

◆ 图 6.86 同图 6.85，多世代多矿物充填，白云石加大—白云石再生长—粗晶方解石充填孔洞。古董 1 井，1544.15m，正交光

◆ 图 6.87 多世代多矿物充填孔洞，细晶白云石—粗晶白云石—粗晶方解石全充填孔洞。古董 1 井，1546.50m，单偏光

◆ 图 6.88 同图 6.87 多世代多矿物充填孔洞，细晶白云石—粗晶白云石—粗晶方解石全充填孔洞。古董 1 井，1546.50m，正交光

◆ 图6.89 多世代一种矿物充填孔洞,早世代马牙状方解石沿周壁充填,后粗晶方解石全充填。轮古36井,5845.80m,单偏光

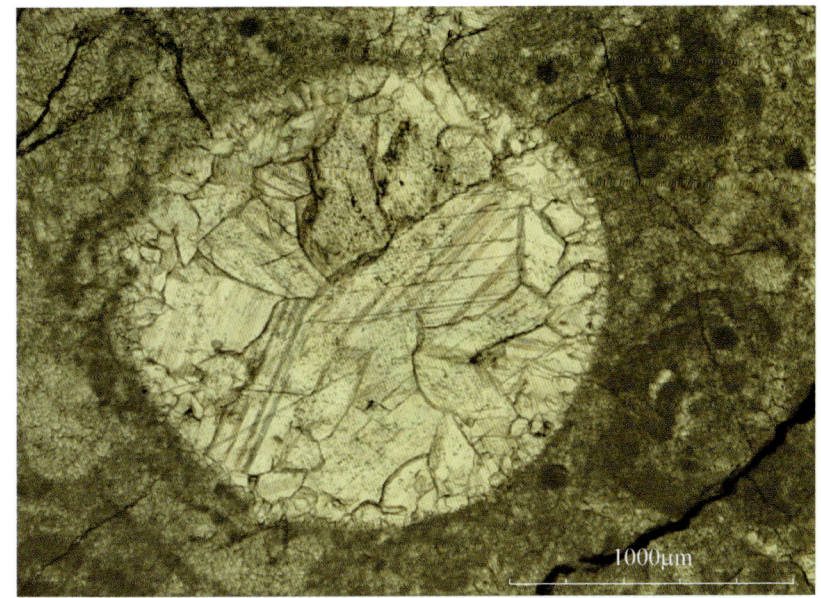

◆ 图6.90 同图6.89,多世代一种矿物充填孔洞,早世代马牙状方解石沿周壁充填,后粗晶方解石全充填。轮古36井,5845.80m,正交光

◆ 图6.91 多世代多矿物充填孔洞,自形白云石+泥质半充填在孔洞下方,连晶方解石全充填在孔洞上方。轮古41井,5703.66m,单偏光

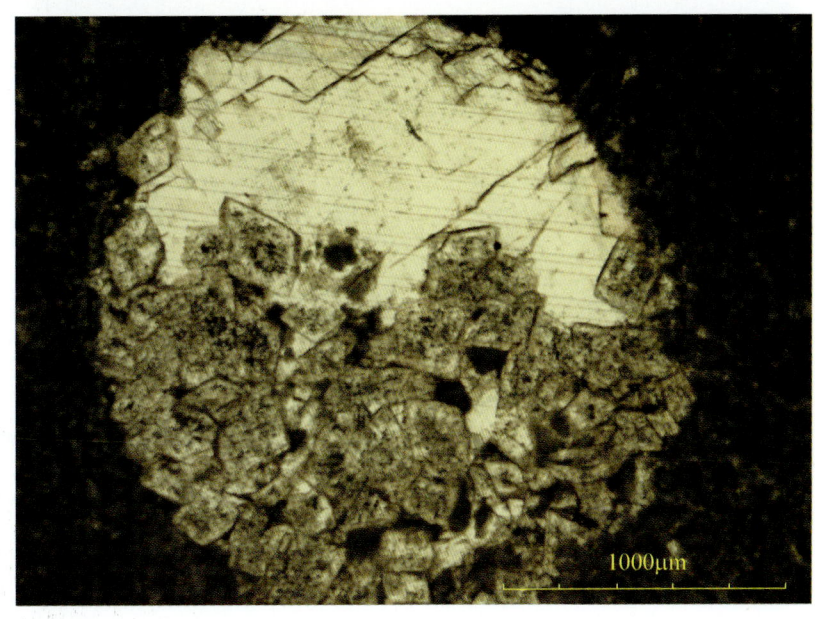

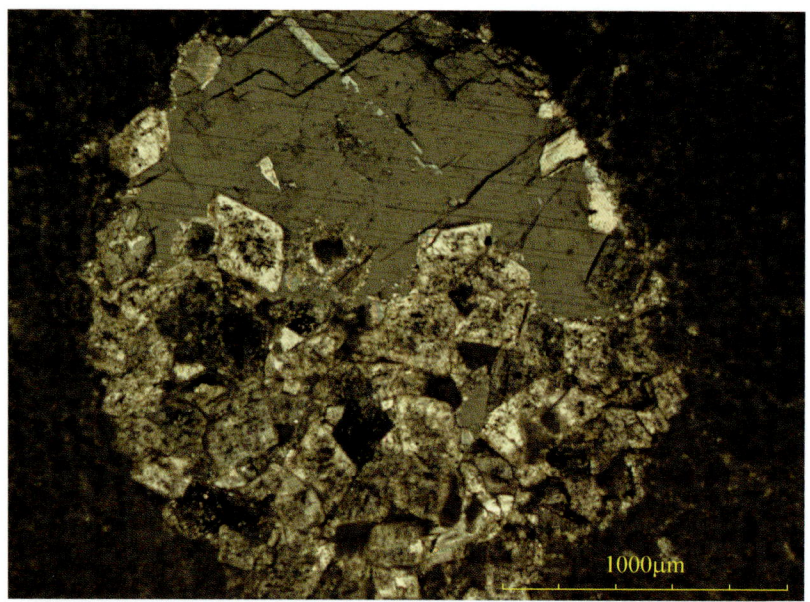

◆ 图 6.92 同图 6.91,多世代多矿物充填孔洞,自形白云石+泥质半充填在孔洞下方,连晶方解石全充填在孔洞上方。轮古 41 井,5703.66m,正交光

◆ 图 6.93 多世代多矿物充填孔洞。先是自形白云石半充填在孔洞中,后细晶石英全充填在孔洞中心。山 1 井,4165.31m,单偏光

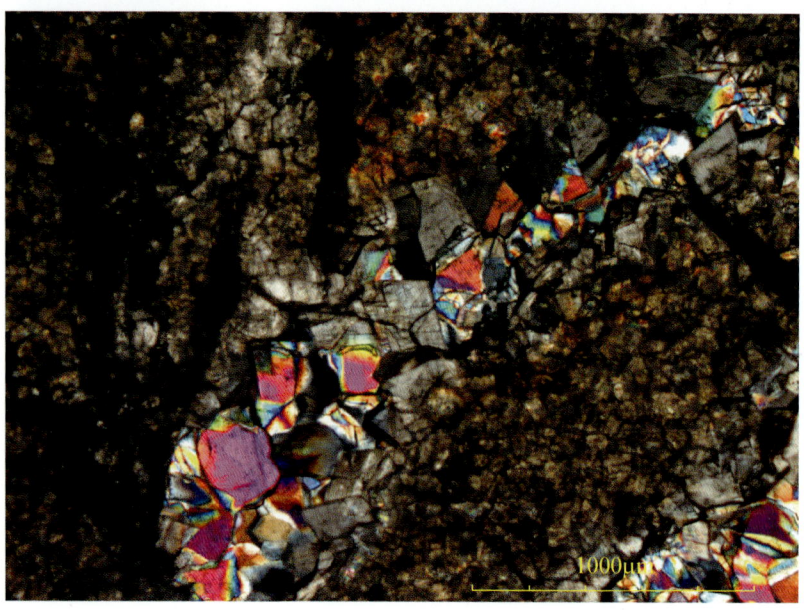

◆ 图 6.94 同图 6.93,多世代多矿物充填孔洞。先是自形白云石半充填在孔洞中,后细晶石英全充填在孔洞中心。因是包裹体薄片,薄片较厚,故石英呈紫红色等。山 1 井,4165.31m,正交光

◆ 图6.95 棘皮生屑。其内见大量的流体包裹体,有褐黑色沥青包裹体、褐色烃包裹体、灰色液烃包裹体、无色盐水包裹体。玛401井,2266.98m,单偏光

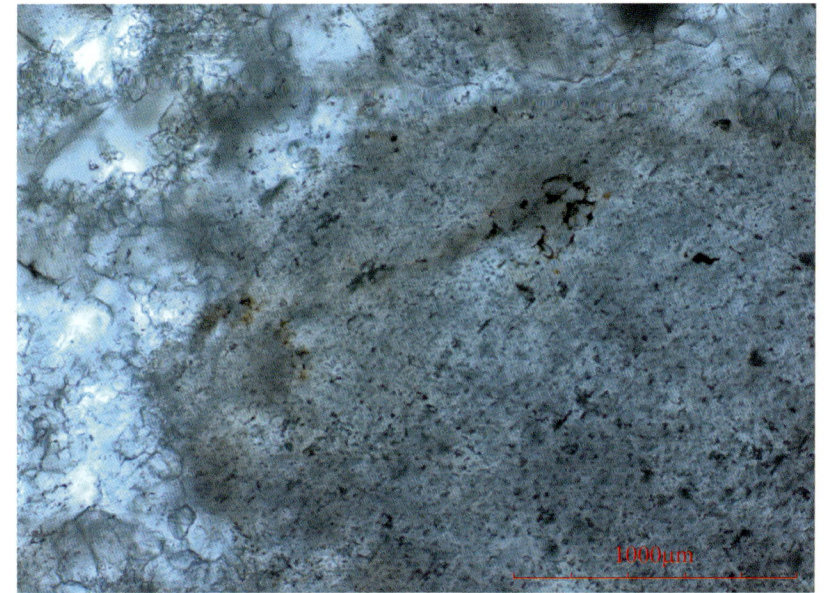

◆ 图6.96 同图6.95,棘皮生屑。其内见大量的流体包裹体。不发荧光的褐黑色沥青包裹体,发褐色荧光的褐色烃包裹体,发黄色、蓝色、白色、绿色荧光的灰色液烃包裹体,不发荧光的无色盐水包裹体。多期次烃包裹体共集中在棘皮生屑的方解石充填物中。玛401井,2266.98m,紫外荧光

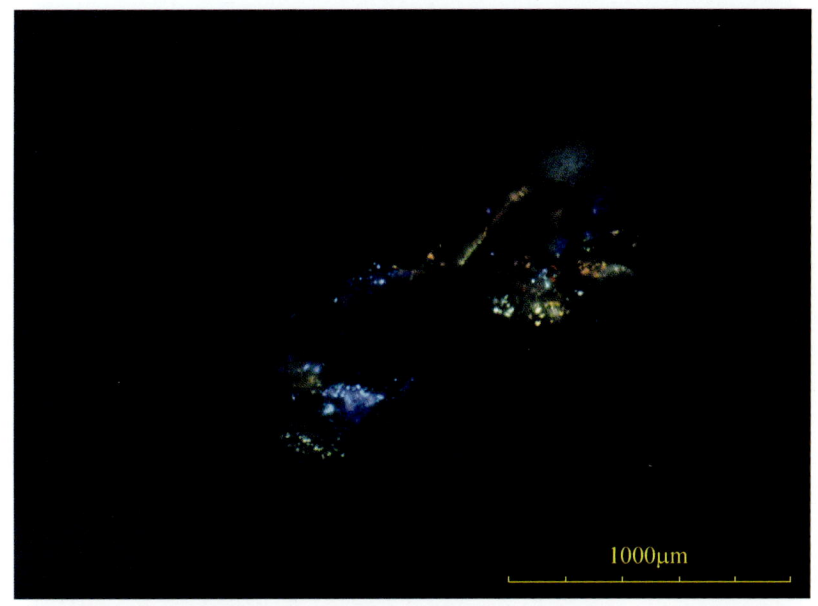

◆ 图6.97 棘皮生屑,其生屑外围为褐色沥青质沥青,棘皮生屑近边部见褐色烃包裹体、灰色烃包裹体、烃包裹体细小。玛401井,2266.98m,单偏光

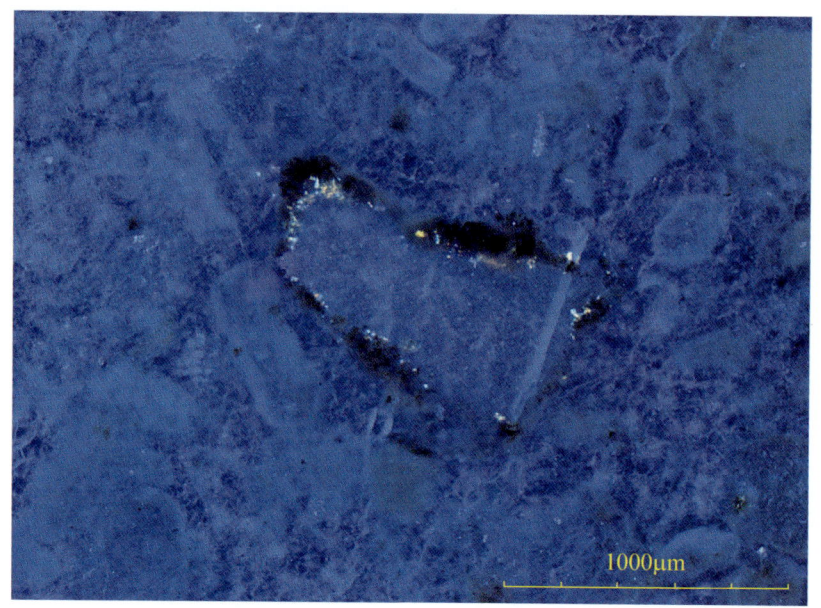

◆ 图6.98 同图6.97，棘皮生屑，生屑外围为发黑色荧光的沥青质沥青，棘皮生屑近边部见发黑色荧光烃包裹体、发绿黄色荧光的烃包裹体、发黄色荧光的烃包裹体，烃包裹体细小。玛401井，2266.98m，紫外荧光

7 塔里木盆地寒武系—奥陶系碳酸盐岩储集层烃包裹体赋存矿物生长关系

烃包裹体期次分析是烃包裹体研究中的一项重要内容。通过烃包裹体期次研究可以确定出油气藏中油气的充注运移情况，一般有几期烃包裹体就存在几期油气运移。镜下判别不同期次的烃包裹体通常是利用其赋存矿物的成岩次序、裂缝脉体穿插先后关系、先后世代关系等构造特征。

7.1 赋存矿物生长关系

7.1.1 矿物加大边期次

埋藏在地下的矿物颗粒在成岩作用下会继续向外生长，使颗粒发生次生加大（图7.1、图7.2）。根据矿物次生加大边的世代关系来区分烃包裹体世代关系是常见而可靠的方法。赋存于矿物颗粒内的原生烃包裹体和未穿过加大边的次生包裹体必先于次生加大边中的原生烃包裹体形成。矿物存在多期次加大边情况下，由里到外可分为第一世代加大边、第二世代加大边等，内层加大边必早于外层加大边形成，其内层加大边内的原生烃包裹体也必先于外层加大边内原生烃包裹体形成（图7.3）。

7.1.2 胶结物充填世代

胶结作用是从沉积物堆积到固结成岩所必须经历的成岩变化，它几乎贯穿整个成岩过程：同生作用、成岩作用、后生作用均会发生胶结作用。不同成岩过程意味着胶结物存在不同的成岩次序（表7.1），进而形成胶结物的充填世代关系，如颗粒边泥质充填物应早于孔隙内的粒状方解石胶结（图7.4、图7.5），孔隙边缘的马牙状、粒状方解石胶结物早于孔隙中心的片状方解石胶结物（图7.4—图7.7）。依据烃包裹体所赋存胶结物的成岩次序，可划分出不同的原生烃包裹体期次。

表 7.1 浅海碳酸盐沉积物的理想成岩次序[1]

阶段	环境	特征
（1）沉积	浅海、海水潜流	生物碎屑沉积；沉积物含镁方解石及文石
（2）泥晶化及粒内海底胶结作用	海水潜流	泥晶化作用
（3）粒间海水胶结作用	活跃海水潜流	粒间纤状文石及镁方解石胶结，等厚环边
（4）亮晶方解石胶结	从海水潜流至淡水潜流	粒状方解石充填，孔隙中心晶粒变粗，见片状方解石
（5）文石及镁方解石溶蚀成方解石	对文石不饱和的淡水潜流	文石及镁方解石溶蚀，镁方解石颗粒变形成正常方解石
（6）颗粒及泥晶重结晶成方解石	淡水潜流	铸模孔为方解石充填，泥晶重结为微亮晶
（7）溶孔生成及泥晶重结晶	淡水潜流	溶孔切过颗粒及胶结物，化石选择性溶解
（8）溶孔为亮晶方解石充填	淡水潜流	溶孔为粒状方解石充填

7.1.3 孔洞矿物充填世代

孔洞中矿物充填有两种：第一种是因重力作用不同期次充填物由底向上充填形成示底构造（图 6.2）；第二种是充填矿物沿孔洞内壁向中心生长（图 7.8—图 7.12）。孔洞可以一种矿物一次性充满，可以是一种矿物多世代充填（图 7.8—图 7.10），也可以是多种矿物多世代充填（图 7.11、图 7.12）。烃包裹体可以赋存在多世代充填的早世代充填物中（图 7.9），也可以赋存在多世代充填物的晚世代充填物中（图 7.8），孔内充填物先后世代关系也就是所含原生烃包裹体的先后关系。

7.1.4 脉体矿物充填世代

受区域应力作用影响，地层岩石常发生破碎或断裂作用，形成裂缝、微裂缝。这些裂缝在后期成岩作用下会被成岩矿物充填形成各种脉体，如方解石脉、白云石脉、石英脉等。由于裂缝宽细和地下地质流体不同，一个裂缝中的脉体可能是一期充填而成，也可以是多期充填形成不同世代脉体。对于多世代充填碳酸盐矿物的脉体，脉体的生长次序常由裂缝壁向开放的张裂空间生长：第一世代充填物沿裂缝断裂边缘呈小颗粒（图 7.13）、马牙状（图 7.14、图 7.15）、梳状（图 7.16、图 7.17）生长；第二世代充填物在第一世代基础上向裂缝中心生长，该世代充填物颗粒较大，呈粗晶状（图 7.14—图 7.18）或连晶块状（图 7.19—图 7.23）。脉体有一种矿物不同世代充填（图 7.13—图 7.20）、有不同矿物不同世代充填（图 7.21—图 7.26）。烃包裹体可以赋存在脉体早世代充填物中（图 7.13，图 7.16—图 7.18，图 7.24—图 7.28），可以赋存在脉体晚世代充填物中（图 7.19—图 7.23），还可以在两世代充填物中含不同期次烃包裹体（图 7.14、图 7.15）。赋存于不同世代充填物中的原生烃包裹体期次不同，代表着不同的油气充注期次，脉体早世代充填物内原生烃包裹体形成时间要早于脉体晚世代充填物内的原生烃包裹体。

7.2 构造缝期次

塔里木盆地寒武系—奥陶系碳酸盐岩经历了多期构造运动，并发育多期多种类型的裂缝：愈合缝、缝合线、充填—半充填构造裂缝（脉体，表 7.2）。构造裂缝是油气运移、充注的重要通道和储集体，也是烃包裹体赋存的重要位置。不同期次的构造裂缝内原生烃包裹体期次也不同。

7.2.1 愈合缝

受构造应力影响，矿物颗粒在成岩作用过程中可能会出现裂纹或岩石出现微裂缝，后因胶结作用使这些颗内裂纹和岩石微裂缝又愈合，形成愈合缝。愈合缝在碳酸盐岩岩石中极为丰富，也是烃包裹体非常常见的赋存地。

（1）矿物粒内愈合缝中的烃包裹体，是矿物形成后又因构造作用产生粒内裂纹，后粒内裂纹愈合，油气被包裹形成的烃包裹体，烃包裹体晚于赋存矿物的形成，属次生包裹体（图 7.29、图 7.30）。

（2）粒内愈合缝如果穿过矿物加大边，说明愈合缝及其内部的烃包裹体晚于矿物加大边形成；粒内愈合缝如果不穿过矿物加大边（图 7.31、图 7.32），说明愈合缝及其内部的烃包裹体早于矿物加大边形成。

（3）愈合缝穿过多个矿物颗粒或结构单元，为较晚期缝隙的愈合，内部烃包裹体是晚期形成，晚于矿物内部原生烃包裹体（图 7.33—图 7.35）。

表 7.2 塔里木盆地各地区奥陶系储集层中构造裂缝期次及其中烃包裹体期次与特征表

裂缝成因		塔北哈拉哈塘-轮台地区		塔中地区		和田河气田及周缘地区		塔东地区			
								古城4-6井、塔东1-塔东2井		塔东罗西1-英东2井	
		裂缝充填特征	烃包裹体特征	裂缝充填特征	烃包裹体特征	裂缝充填特征	烃包裹体特征	裂缝充填特征	烃包裹体特征	裂缝充填特征	烃包裹体特征
成岩作用缝		水平灰色泥质夹海绿石铁质缝合线		泥砂质缝合线		灰色缝合线		灰色泥质缝合线		灰色泥质缝合线	
		垂直干岩石的细小收缩网状缝		平行溶蚀缝、方解石充填		黑色缝合线		黑色泥质缝合线		黑色泥质缝合线	
		顺层方解石充填层间隙		黑色泥质缝合线							
		共轭方解石全充填细脉、水平或斜交		共轭方解石脉、细小平直	第Ⅰ期发褐色荧光或无荧光的褐色烃包裹体	短细张性方解石脉	第Ⅰ期发褐色荧光的包裹体	多期次短细方解石脉	第Ⅰ期褐色沥青包裹体	多角度浅绿色泥质缝合线	第Ⅰ期褐色沥青包裹体
构造作用缝	晚加里东—早海西期	短细张性脉	第Ⅰ期发褐色荧光或无荧光的褐色烃包裹体	高角度方解石脉		构造缝合线		构造缝合线		构造缝合线	
		含黑褐色干沥青的愈合缝		错开裂缝充填的方解石脉	第Ⅱ期发黄色荧光的浅褐色烃包裹体	缝合线边短小愈合缝	第Ⅱ期发黄色荧光的包裹体	短小愈合缝		短小愈合缝	
	晚期海西	构造缝合线，紫外荧光下发暗黄荧光	第Ⅱ期发黄色荧光的浅褐色烃包裹体	平行方解石脉、平直细长		愈合缝		低角度张剪方解石脉		构造缝合线	
		含褐色沥青的愈合脉		在紫外荧光下发灰白色荧光的缝合线		构造缝合线		低角度剪切方解石脉		高角度张剪切方解石脉	
		高角度常含褐色沥青直长剪切方解石脉		不规则方解石脉，全充填		黑色或高角度剪切方解石脉		不规则两世代方解石脉		高角度剪切方解石脉	
	印支期	不规则张性相方解石全充填脉				多角度短小张性方解石脉					
		含发蓝色荧光烃包裹体的愈合缝	第Ⅲ期发蓝色荧光的浅灰色烃包裹体	低角度粗大方解石脉	第Ⅲ₁期发棕红色荧光烃包裹体（仅塔中162、15、4-7-38井见）	黑边白色张性白云石脉	第Ⅲ₁期黑色气烃包裹体	高角度剪切硅化方解石脉	第Ⅱ期黑色沥青气烃包裹体	多角度剪切方解石脉	第Ⅲ₁期发黄色荧光的浅绿色烃包裹体
	燕山—喜马拉雅期	斜交白云石方解石脉		高角度方解石脉	第Ⅲ₂期发蓝色荧光烃包裹体	早期高角度多期次张性方解石脉	第Ⅲ₂期发蓝色荧光烃包裹体	高角度剪切方解石脉		愈合缝	第Ⅲ₂期发蓝色荧光的烃包裹体
		或白色云石全充填直长剪切脉		半充填方解石脉、高角度张裂缝	第Ⅲ₃期发灰色气烃包裹体（仅塔中24、塔中26、塔中62井见）	晚期高角度多期次张剪方解石脉	第Ⅲ₃期发灰色气烃包裹体	高角度张切白云石粗脉	第Ⅲ期灰色气烃包裹体	高角度张性方解石脉	
		高角度红色多世代方解石或白色云石方解石半充填脉		张裂缝，在紫外光下发蓝白荧光或浅绿色荧光，其内有油质即存在							
		未充填的裂缝	可动油	未充填张裂缝		张裂缝		未充填的张裂缝		未充填的张裂缝	

7.2.2 缝合线

缝合线是塔里木盆地碳酸盐岩储集层岩心中很常见的一种裂缝，薄片中也常见到。缝合线是在上覆沉积物负荷作用下，由于压力和孔隙流体作用，在应力点上岩石矿物颗粒产生选择性溶解，溶解的物质或沉淀于应力较小的颗粒表面或迁移到系统之外而形成的港湾状或齿状镶嵌穿插的构造[2]。在塔里木盆地奥陶系碳酸盐岩中按成因及充填物，可分为三种：（1）灰色泥质缝合线，缝面宽仅0.1~0.2mm，产状近水平，起伏小，内含少量泥质（图7.36）。（2）灰绿色夹铁质、海绿石的泥质缝合线，缝面较宽，可达2mm以上；总体产状近水平，含大量泥质，有时见有海绿石、黄铁矿充填。这种缝合线在个别井段发育，有时截穿灰色泥质缝合线（图7.37）。另外在塔北地区白云岩中产出的这种缝合线多呈产状平稳的低角度分布，黄铁矿颗粒充填严重，受氧化作用变为黑色。（3）构造作用改造缝合线（图7.38），属于成岩压溶和构造挤错共同作用的结果。构造缝合线延伸方向多变，多有错开，其边部在溶孔内有方解石充填，在其内多见成岩沥青，两侧多有烃包裹体分布，是重要的油气运移通道。

在塔里木盆地寒武系—奥陶系碳酸盐岩中构造缝合线特别发育并多次被开启成油气运移的重要通道，以哈拉哈塘—英买力地区为例，据27口井统计所得，缝合线占构造缝的55.52%，约有63.83%的岩心中的缝合线含烃包裹体。显微镜下发现有发褐色荧光的烃包裹体（图7.39—图7.44）、黄色荧光的烃包裹体（图7.45—图7.50）和发蓝白色荧光的烃包裹体（图7.51—图7.56），各期烃包裹体都会沿缝合线分布。由此可见在奥陶系碳酸盐岩低孔隙储集层中，缝合线对油气运移起着不可忽视的作用。缝合线经后期多次构造运动开启成为地质流体的运移通道，使得多期油气沿之运移并在其两侧形成多期烃包裹体。

7.2.3 脉体穿插关系

塔里木盆地寒武系—奥陶系自沉积以来经历了多期大的构造运动，发育了多期构造裂缝和脉体（表7.2）。这些裂缝脉体往往相互交错、穿插，形成一个不同期次的脉体网。裂缝脉体是包裹体常见的赋存位置，因此弄清塔里木盆地多期次脉体先后关系尤为重要。依据脉体穿插关系、构造裂缝性质、烃包裹体特征等，可以推断构造裂缝的形成先后和大体的形成构造时期。如图7.57中早期剪切连晶方解石脉被张性细粒方解石脉错断，在荧光下显示早期脉中含发黄色荧光的烃包裹体，晚期脉中含更高成熟的发蓝色荧光的烃包裹体（图7.58），结合塔里木盆地晚海西期和喜马拉雅构造期构造作用和烃源岩成熟度，可以推断早期脉为海西期构造脉体而晚期脉为喜马拉雅期构造脉体。图7.59、图7.60中两期脉体都为张性，早期含有发蓝色荧光的烃包裹体，被后期张性脉切穿，可见喜马拉雅期含发蓝色荧光的烃包裹体形成后又有构造活动，但没有油气运移。含气相烃包裹体（图7.61）的张剪性脉穿过不含烃包裹体的张性脉，气烃包裹体是过成熟气运移的痕迹，说明喜马拉雅期应有两次油气充注——凝析油和天然气。

7.2.4 各期构造裂缝内烃包裹体特征

塔里木盆地寒武系—奥陶系碳酸盐岩地层受多期构造运动影响，导致该地区构造因素残留痕迹明显，大致可归为晚加里东—早海西期、晚海西期、印支期和燕山—喜马拉雅期等4大时期。塔里木盆地各地区各构造时期裂缝、脉体、缝合线等的形状、产状、大小、连续性都有很大差异，赋存于这些构造缝合线、脉体中的烃包裹体也各不相同（表7.2）。

第Ⅰ期晚加里东—早海西期构造裂缝，主要为多期次短细方解石脉（图7.62）、构造缝合线和短小愈合缝，伴生有黑色沥青（图7.62）。常被后期裂缝截切，如图7.63可以明显地看出愈合缝被方解石脉体截切，即愈合缝早于方解石脉体形成。晚加里东—早海西期构造缝中的烃包裹体主要为褐色沥青质烃包裹体，（塔北地区（图7.64）、和田河地区、塔东东部罗西1—塔东1井区）和黑色沥青烃包裹体（塔中地区、塔东西部古城4-6井区），其次为褐色液烃包裹体（塔北哈拉哈塘—新垦地区）。

第Ⅱ期为晚海西期构造缝，主要为高角度剪切方解石脉（图7.64—图7.66），表现出的剪切性质更为明显；还有构造缝合线、含褐色沥青的愈合缝、直长剪切方解石脉。常见这期构造裂缝截断第Ⅰ期构造裂缝（图7.64），亦常见喜马拉雅期形成的脉体或裂缝切断这一期构造裂缝（图7.65）。在本期构造裂缝中多为一世代方解石充填，大部分地区该期脉中含有大量的发黄色荧光烃包裹体，如塔北地区（图7.66）、塔中地区（图7.67、图7.68）、和田河地区（图7.69—图7.71），但塔东地区该期脉中未见烃包裹体（图7.65）。该期脉体形成后由于后期（喜马拉雅期）构造运动使其又张开，其内多世代充填，但发黄色荧光的烃包裹体常赋存在早世代充填物中。

印支期构造作用对奥陶系碳酸盐岩储集层是有影响的，多表现出形成一系列多角度短小张性方解石脉（图7.65，图7.72），呈不规则状。这一期脉体最大特点是未见烃包裹体，故从油气运移方面会忽略该期脉体的研究。该期脉体常被喜马拉雅期形成的含烃包裹体张剪性脉切穿（图7.73）。

第Ⅵ期为燕山—喜马拉雅期形成的构造缝，早期剪性、晚期拉张应力为主要特征，裂缝都较宽大，多世代矿物充填或半充填（图7.74、图7.24—图7.26），说明这一大的构造时期构造活动强烈、波动频繁。这一期构造脉体特征较一致，但里面含的烃包裹体却因地区而异，体现出构造活动普遍强烈和油气来源并不相同的特点。大部分地区奥陶系储集层中的燕山—喜马拉雅期构造缝内烃包裹体为发蓝白色荧光的液气烃包裹体，如塔北英买2井区—哈拉哈塘地区—轮古地区（图7.75）、塔中地区Ⅰ号带（图7.76、图7.77）、10号带等大部分地区、和田河地区（图7.78、图7.79）；但在有些地区，如塔北英买7井区（图7.80、图7.81）和塔中24井—塔中26井—塔中62井、塔东的古城4-6井区（图7.82）、塔东1-2井区，燕山—喜马拉雅期构造缝内见黑色气烃包裹体。还有三个特殊地区，一是塔北的牙哈地区，在燕山—喜马拉雅期构造缝中见到发浅褐色荧光的气液烃包裹体—发黄色荧光的气液烃包裹体—发蓝色荧光的液气烃包裹体；二是塔东地区罗西1—英东2井区，在燕山—喜马拉雅期构造缝中见到发黄色荧光的气液烃包裹体—发蓝色荧光的液气烃包裹体（图7.83）；三是塔中地区10号带东端的塔中16井—塔中4-7-38井—塔中162井，在燕山—喜马拉雅期构造缝中见到发棕红色强荧光的气液烃包裹体（图7.84、图7.85）和发蓝色荧光的液气烃包裹体。

参 考 文 献

[1] 曾允孚，夏文杰. 沉积岩石学[M]. 北京：地质出版社，1989.

[2] 艾合买提江·阿不都热和曼，钟建华，李阳，等. 碳酸盐岩裂缝与岩溶作用研究[J]. 地质论评，2008，54(4)：485-493.

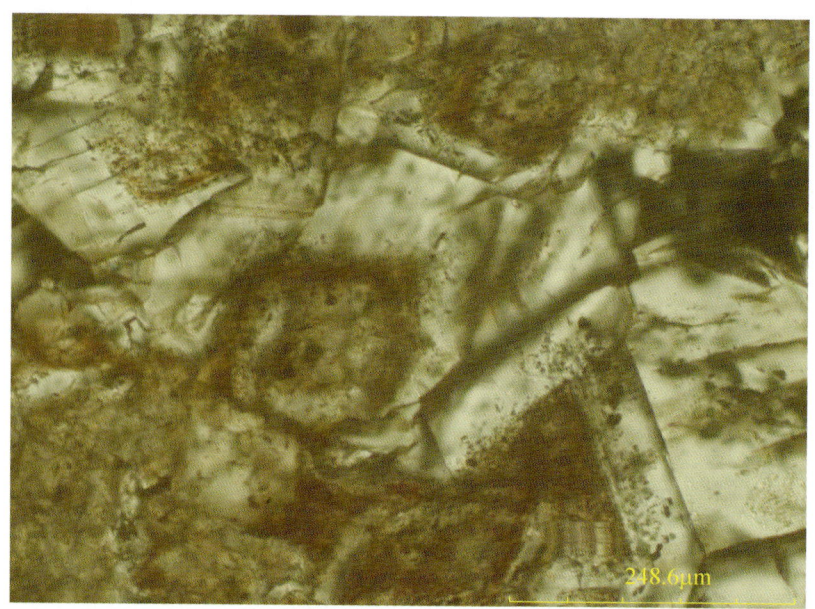

◆ 图7.1 白云石内部杂质较多，多为固体杂质包裹体，还见灰色液烃包裹体。而其加大边透亮，内只含灰色液烃包裹体，群体分布。牙哈5井，5806.39m，单偏光

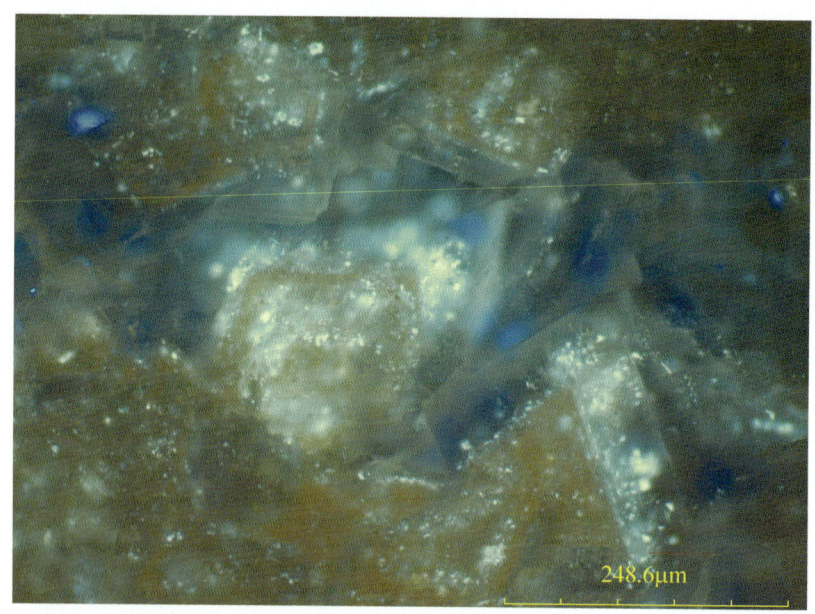

◆ 图7.2 白云石内部杂质较多，多为固体杂质包裹体，还见灰色液烃包裹体发黄白色荧光。而其加大边透亮，内只含灰色液烃包裹体发黄白色荧光，群体分布。牙哈5井，5806.39m，紫外荧光

◆ 图7.3 方解石内部干净明亮，外围几圈加大边中富含褐色沥青包裹体和褐灰色铁质，尤其在二次加大边内缘，沥青包裹体和褐灰色铁质呈同心环状分布。英买9井，5187.28m，单偏光

◆ 图7.4 三世代方解石胶结物：一世代为泥质充填物（红箭头），二世代为马牙状方解石，三世代为粗粒状方解石。褐色气液烃包裹体在二世代为马牙状方解石（黄箭头）和三世代粗粒方解石（蓝箭头）都有，零星分布，矩形为主。塔中26井，4276.9m，单偏光

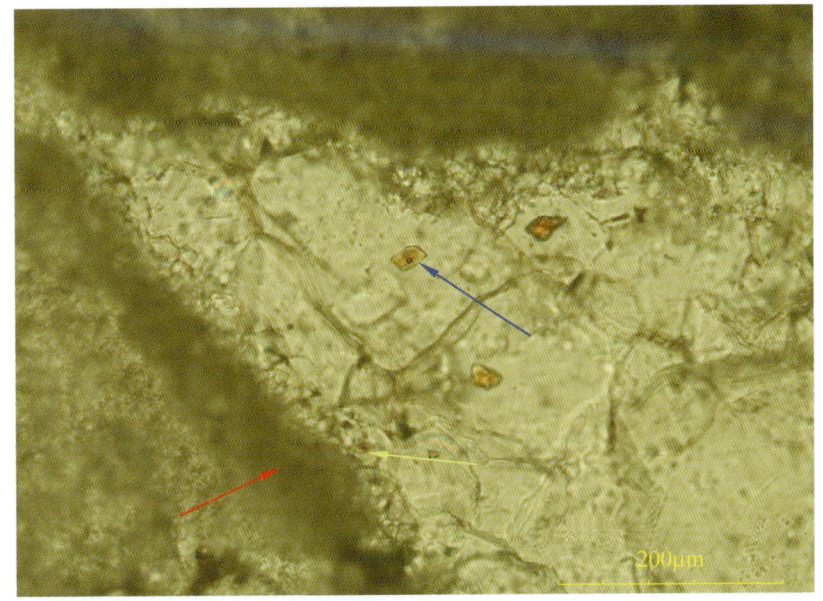

◆ 图7.5 同图7.4，三世代方解石胶结物：一世代为泥质充填物（红箭头），二世代为马牙状方解石，三世代为粗粒状方解石。褐色气液烃包裹体在二世代为马牙状方解石（黄箭头）和三世代粗粒方解石（蓝箭头）都有，零星分布，矩形为主。在荧光下烃包裹体发中等强度的黄色荧光。塔中26井，4276.9m，紫外荧光

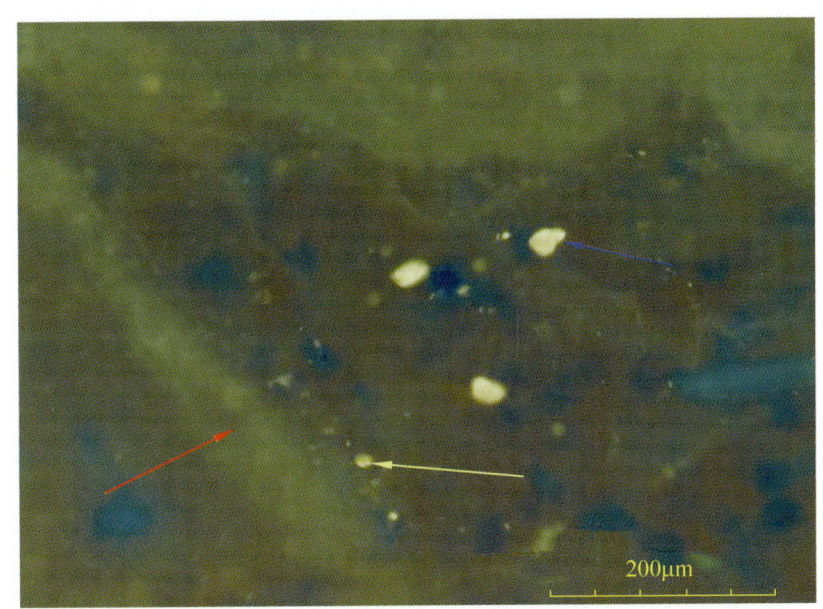

◆ 图7.6 三世代方解石充填物：一世代马牙状方解石（红箭头）、二世代细粒状方解石（黄箭头）、三世代粗粒方解石（蓝箭头）。在二世代细粒方解石中见原生浅黄色气液烃包裹体（黄箭头），烃包裹体孤立分布，不规则状，液相为浅黄色，气相为灰色。轮古7井，5148.88m，单偏光

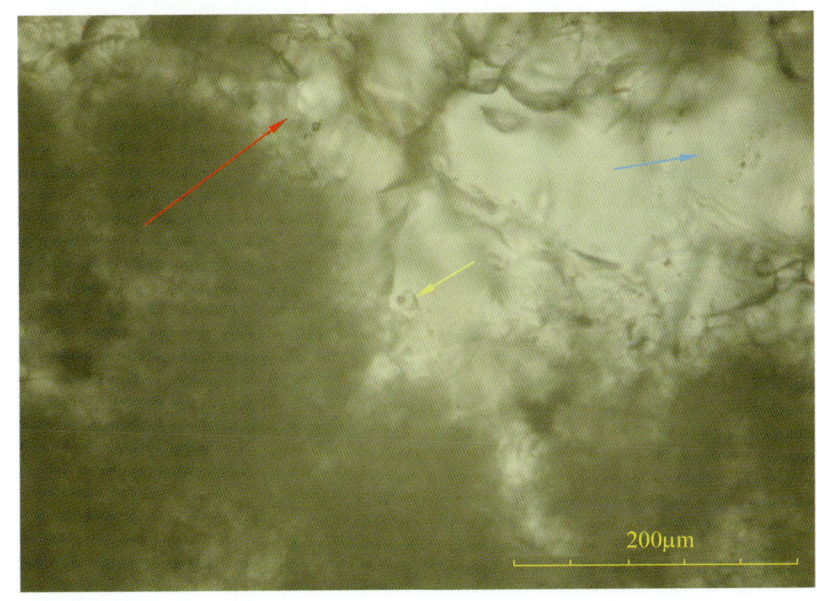

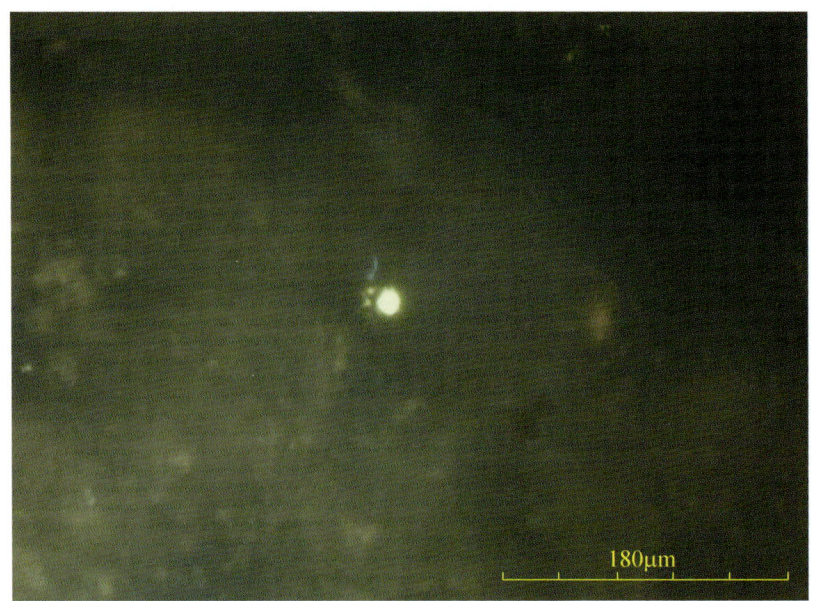

◆ 图7.7 图7.6中在二世代细粒方解石中见原生气液烃包裹体,在荧光下发强白色荧光,烃包裹体孤立分布,不规则状。轮古7井,5148.88m,紫外荧光

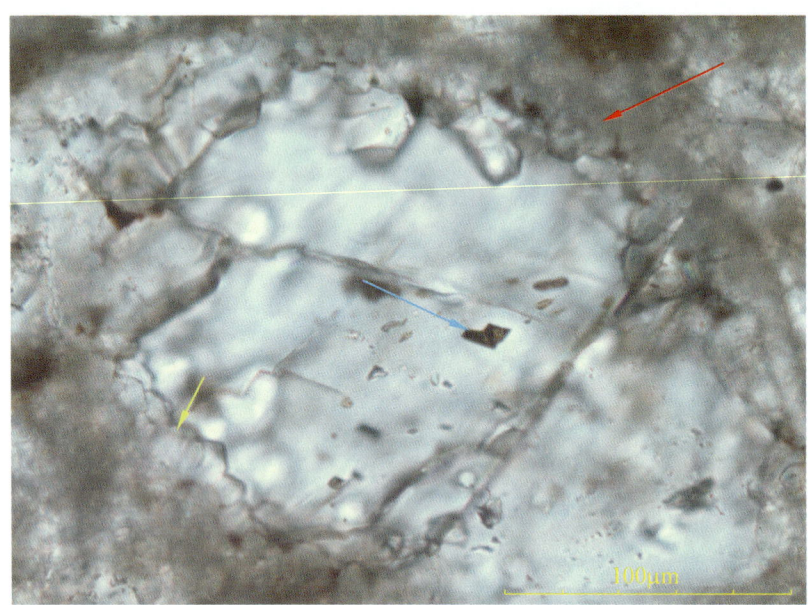

◆ 图7.8 孔洞中有三世代方解石充填物:一世代纤维状方解石(红箭头)、二世代细粒方解石(黄箭头)、三世代粗粒方解石(蓝箭头)。在三世代粗晶方解石胶结物中见到原生褐黑色烃包裹体,烃包裹体多为矩形,零星分布,液相为褐色,气相为黑色。哈902井,6643.45m,单偏光

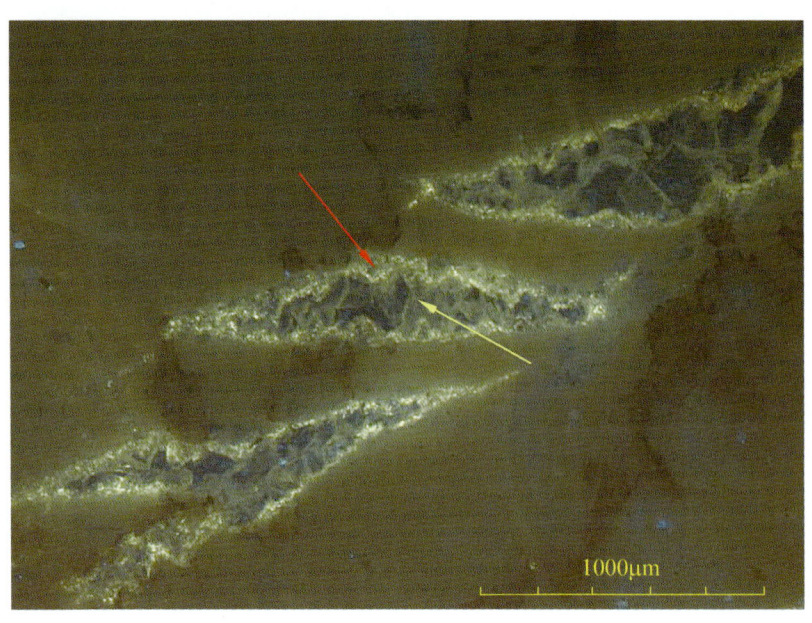

◆ 图7.9 孔洞中充填两世代方解石,在早世代方解石中见大量发黄色荧光的烃包裹体(红箭头),二世代方解石中未见发荧光的烃包裹体(黄箭头)。轮南39井,5552.16m,紫外荧光

◆ 图7.10 三世代方解石充填，一世代为梳状方解石（红箭头），二世代为细粒方解石（黄箭头），三世代为连晶方解石（蓝箭头）。巴东2井，4310.37m，单偏光

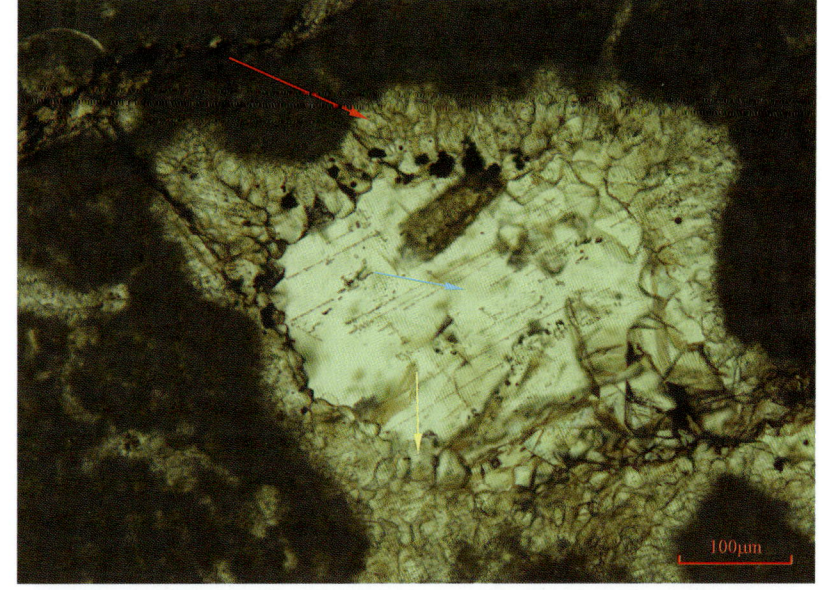

◆ 图7.11 孔洞中多世代多矿物充填，一世代为自形白云石充填（红箭头），二世代为细粒石英充填（黄箭头，因包裹体薄片较厚，故石英在正交光下为紫、红、黄、绿、蓝色）。山1井，4165.31m，正交光

◆ 图7.12 三世代多矿物充填孔洞，其中第一世代为细粒自形白云石（红箭头），第二世代为中粒自形白云石（黄箭头），第三世代为连晶方解石（蓝箭头），古董1井，1546.50m，正交光

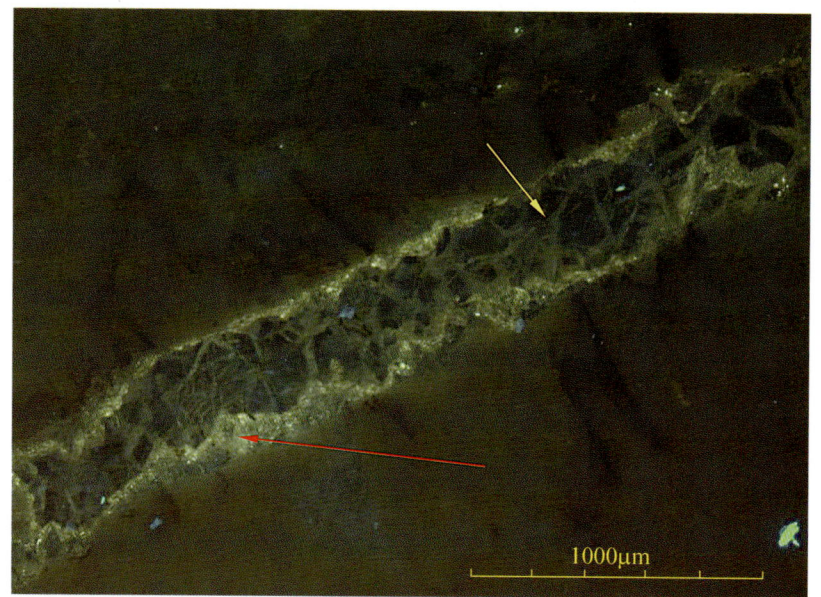

◆ 图7.13 裂缝中有两世代方解石全充填。第一世代为细粒方解石，内含大量发黄色荧光的液烃包裹体（红箭头）；第二世代为粗晶方解石（黄箭头），内未见发荧光的烃包裹体。轮南39井，5552.16m，紫外荧光

◆ 图7.14 裂缝中有两世代方解石全充填。第一世代为细粒方解石，内含少量原生灰色液烃包裹体（红箭头），烃包裹体零星分布；第二世代为粗晶方解石（黄箭头），内含大量原生灰色气液烃包裹体，烃包裹体群体不定向分布。罗西1井，3725.89m，单偏光

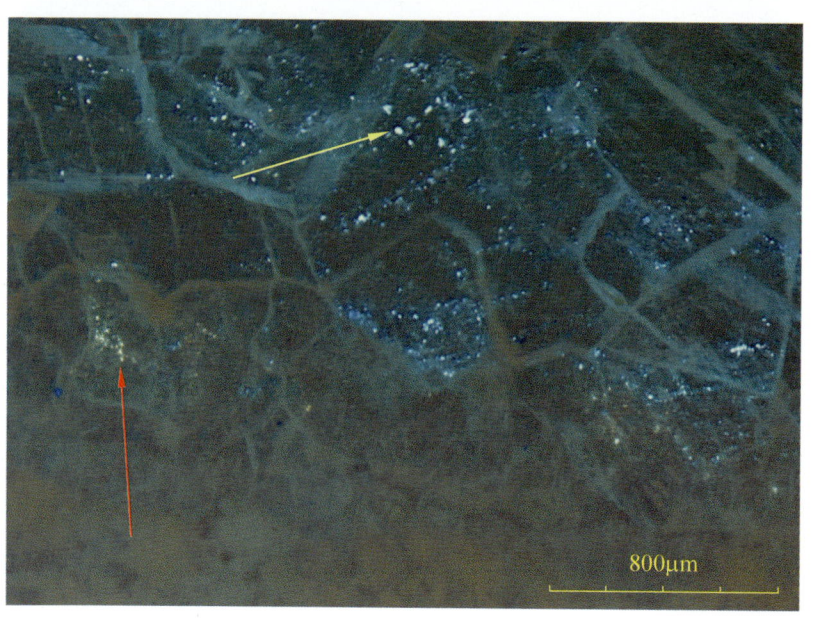

◆ 图7.15 裂缝中有两世代方解石全充填。第一世代为细粒方解石，内含少量原生灰色液烃包裹体（红箭头），烃包裹体零星分布，发黄色荧光；第二世代为粗晶方解石（黄箭头），内含大量原生灰色气液烃包裹体，烃包裹体群体不定向分布，发蓝色荧光。罗西1井，3725.89m，单偏光

◆ 图7.16 裂缝中两世代方解石全充填。第一世代为梳状方解石（红箭头），内见褐色液态烃包裹体，烃包裹体群体定向分布；第二世代为粗晶方解石（黄箭头），内未见烃包裹体。东河24井，5780.33m，单偏光

◆ 图7.17 图7.16局部放大。裂缝中两世代方解石全充填。第一世代为梳状方解石（红箭头），内见褐色液烃包裹体，烃包裹体群体定向分布；第二世代为粗晶方解石（黄箭头），内未见烃包裹体。东河24井，5780.33m，正交光

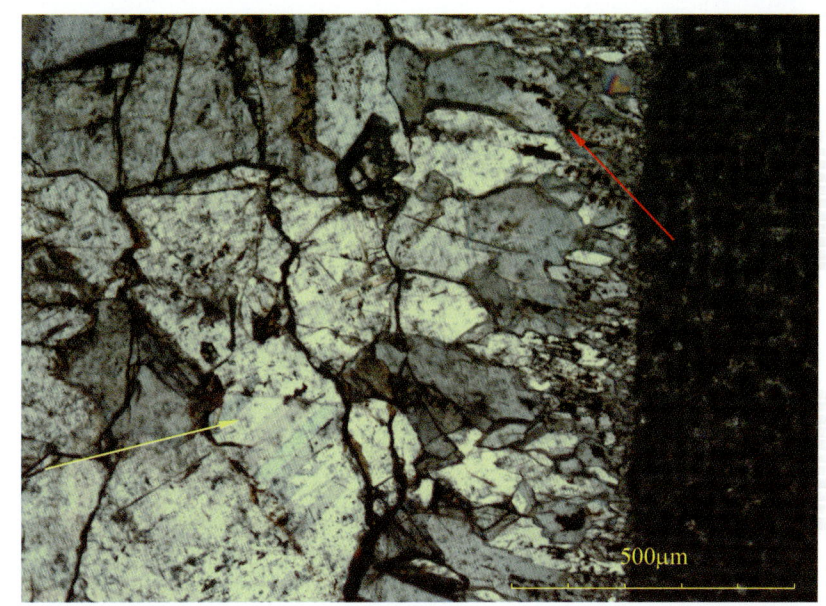

◆ 图7.18 图7.16局部放大。裂缝中两世代方解石全充填。第一世代为梳状方解石（红箭头），内见褐色液烃包裹体，烃包裹体群体定向分布；第二世代为粗晶方解石（黄箭头），内未见烃包裹体。东河24井，5780.33m，单偏光

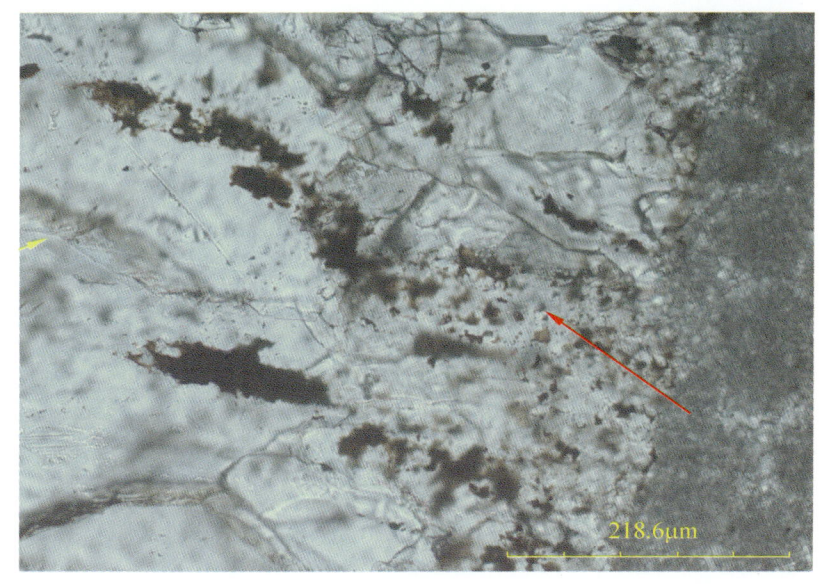

◆ 图7.19 裂缝中半充填两世代白云石。一世代白云石为细粒状（红箭头），内未见烃包裹体；二世代白云石为半自形粗晶，沿中心细缝处见有大量灰色液烃包裹体（黄箭头），烃包裹体群体定向分布。牙哈701井，5773.56m，单偏光

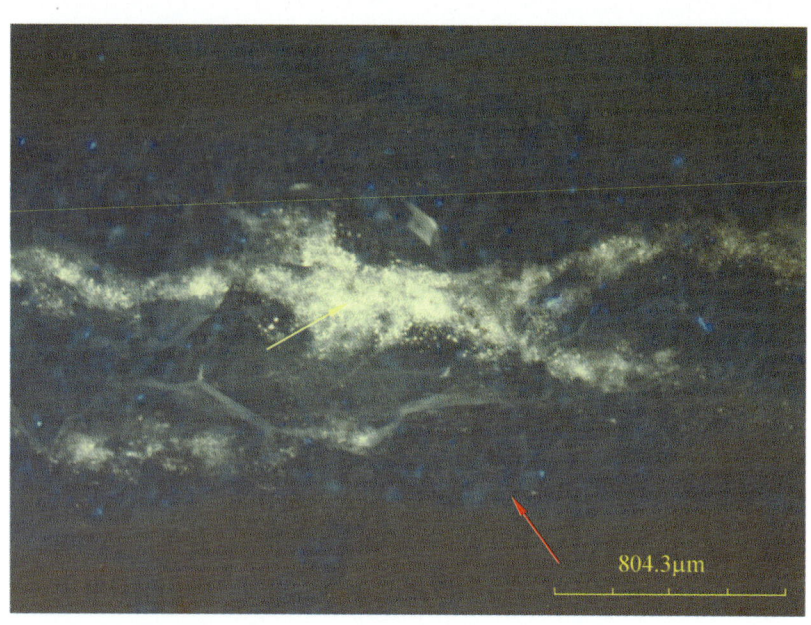

◆ 图7.20 同图7.19。裂缝中半充填两世代白云石。一世代白云石为细粒状（红箭头），内未见烃包裹体；二世代白云石为半自形粗晶，沿中心细缝处见有大量灰色液烃包裹体（黄箭头），烃包裹体群体定向分布，发黄色荧光。牙哈701井，5773.56m，紫外荧光

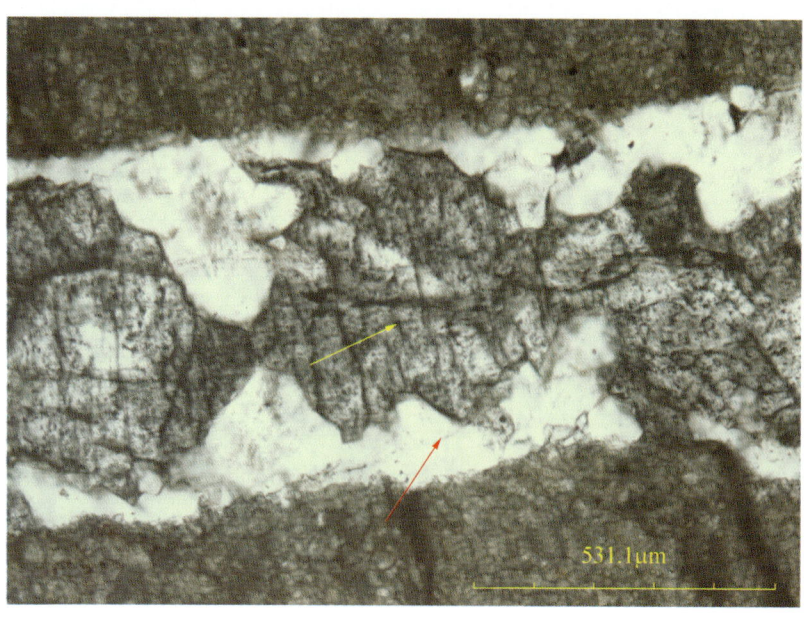

◆ 图7.21 裂缝中多世代多矿物全充填：两世代石英—白云石脉。一世代为粒状石英（红箭头，因包裹体薄片较厚，使石英在正交光下为紫黄灰色），内未见烃包裹体；二世代为他形白云石（黄箭头），内见大量的灰色液烃包裹体。牙哈5井，5808.99m，单偏光

◆ 图7.22 同图7.21。裂缝中多世代多矿物全充填：两世代石英—白云石脉。一世代为粒状石英（红箭头，因包裹体薄片较厚，使石英在正交光下为紫黄灰色），内未见烃包裹体；二世代为他形白云石（黄箭头），内见大量的灰色液烃包裹体。牙哈5井，5808.99m，正交光

◆ 图7.23 同图7.21。裂缝中多世代多矿物全充填：两世代石英—白云石脉。一世代为粒状石英（红箭头，因包裹体薄片较厚，使石英在正交光下为紫黄灰色），内未见烃包裹体；二世代为他形白云石（黄箭头），内见大量的灰色液烃包裹体，烃包裹体群体不定向分布，在荧光下发蓝色荧光。牙哈5井，5808.99m，紫外荧光

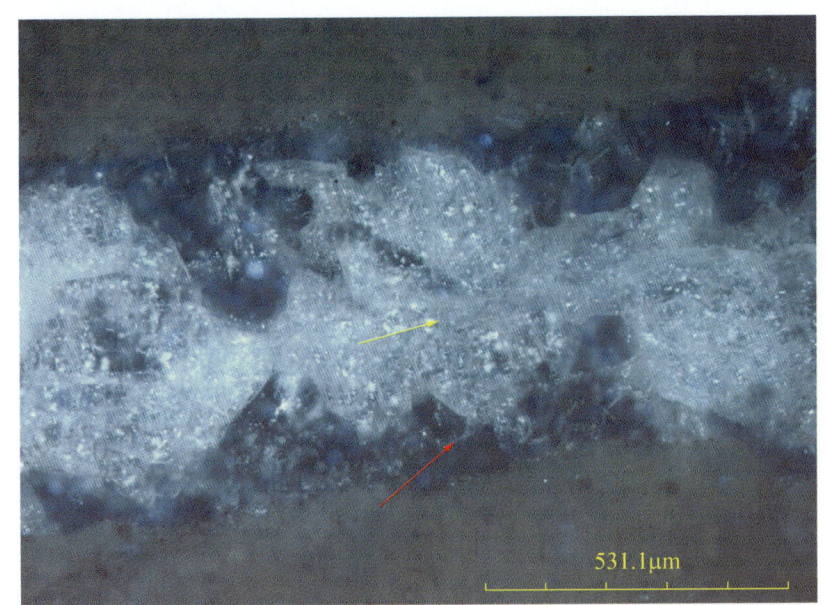

◆ 图7.24 裂缝中多世代多矿物半充填：两世代白云石—石英脉。一世代为自形白云石充填（红箭头），见灰色液烃包裹体，烃包裹体零星分布；二世代为石英细粒（黄箭头），内未见烃包裹体。古董1井，2101.98m，单偏光

— 125 —

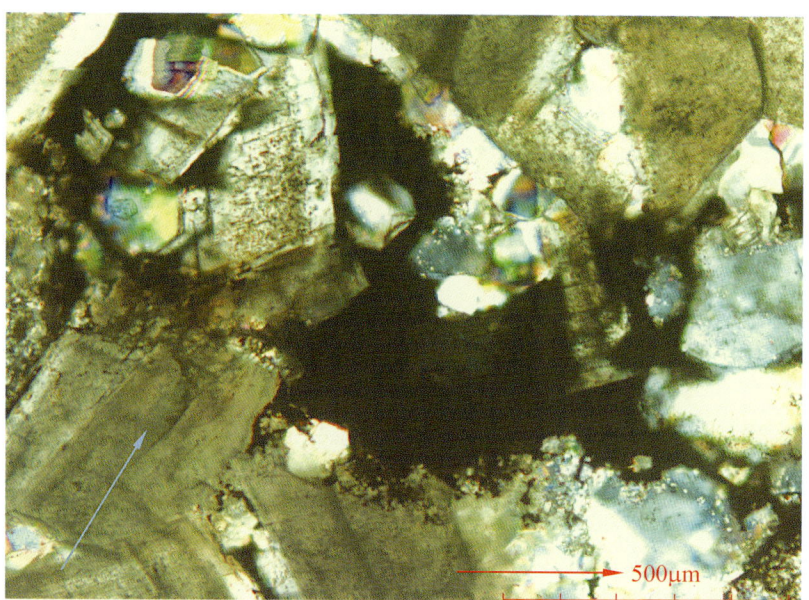

◆ 图7.25 同图7.24。裂缝中多世代多矿物半充填：两世代白云石—石英脉。一世代为自形白云石充填（红箭头），见灰色液烃包裹体，烃包裹体零星分布；二世代为石英细粒（黄箭头），内未见烃包裹体。古董1井，2101.98m，正交光

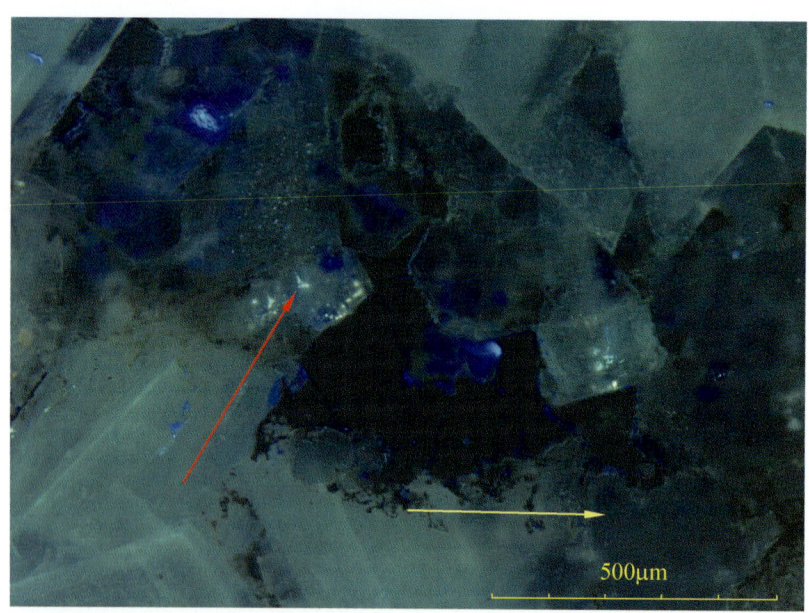

◆ 图7.26 同图7.24。裂缝中多世代多矿物半充填：两世代白云石—石英脉。一世代为自形白云石充填（红箭头），见灰色液烃包裹体，烃包裹体零星分布，在荧光下发蓝绿色荧光；二世代为石英细粒（黄箭头），内未见烃包裹体。古董1井，2101.98m，紫外荧光

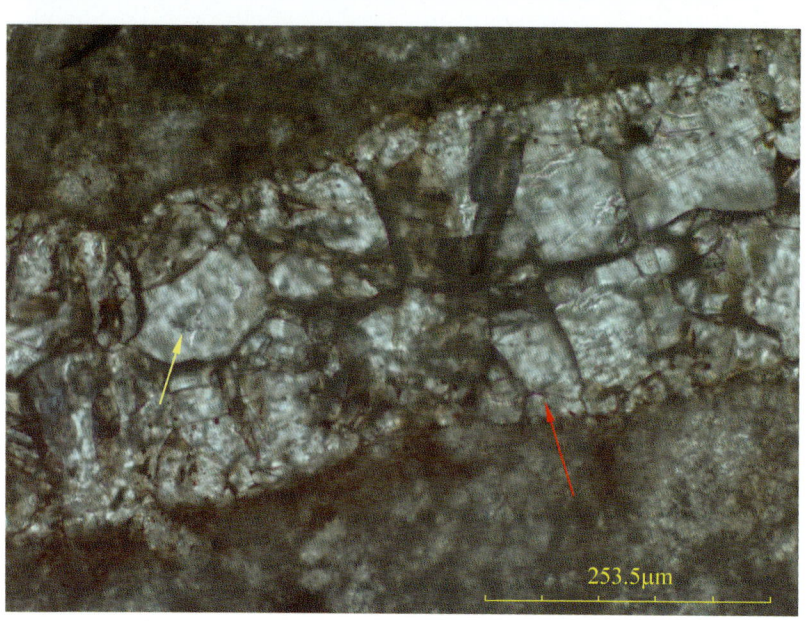

◆ 图7.27 裂缝中多世代一种矿物全充填：两世代方解石脉。近脉体壁为第一世代细粒状方解石，内见黑褐色原生液烃包裹体（红箭头），烃包裹体群体分布；中心二世代为粗粒方解石，内未见烃包裹体（黄箭头）。哈601-1井，6633.70m，单偏光

◆ 图7.28 同图7.27，裂缝中多世代一种矿物全充填：两世代方解石脉。近脉体壁为第一世代细粒方解石，内见黑褐色原生液烃包裹体（红箭头），烃包裹体群体分布，在荧光下发黄色荧光；中心为二世代粗粒方解石，内未见烃包裹体（黄箭头）。哈601-1井，6633.70m，紫外荧光

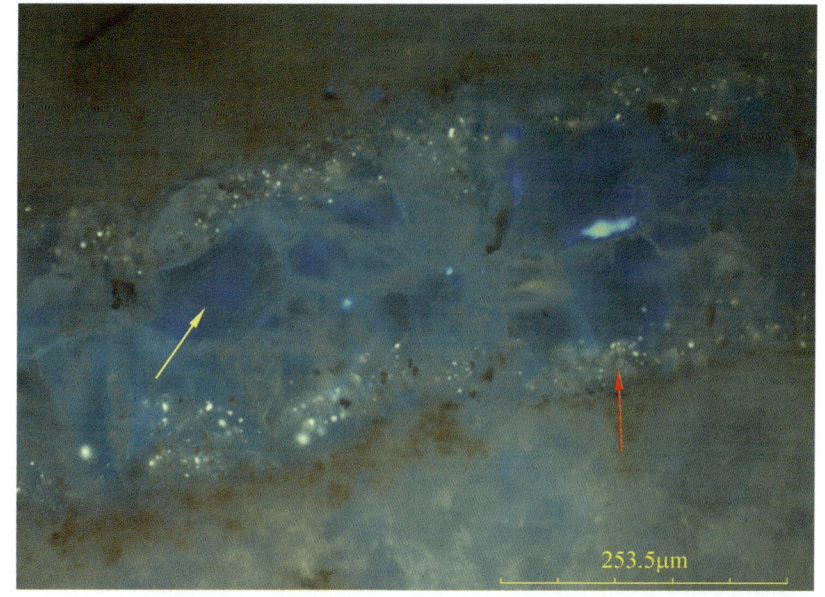

◆ 图7.29 方解石晶体内愈合缝中的灰色气液烃包裹体，烃包裹体为次生，呈串珠状分布。解放127井，5471.77m，单偏光

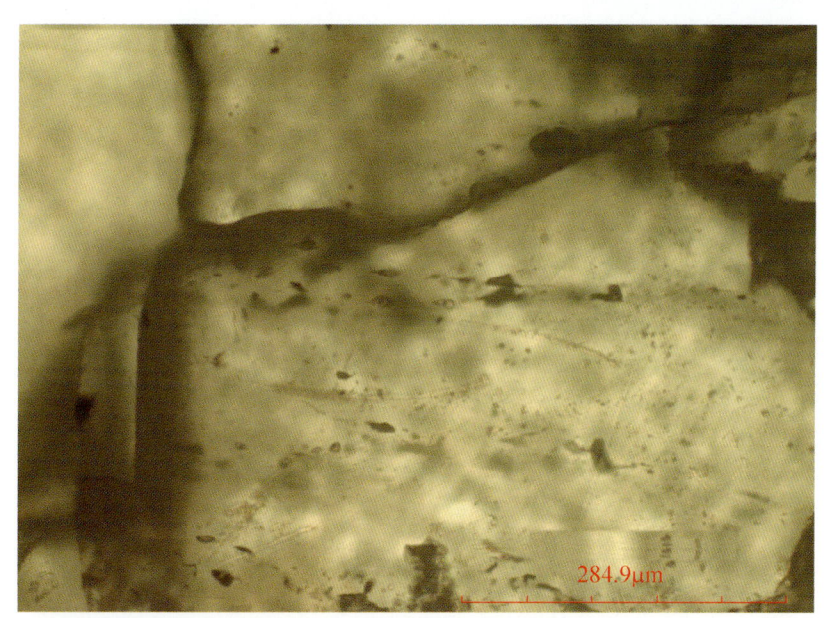

◆ 图7.30 同图7.29，方解石晶体内愈合缝中的灰色气液烃包裹体，烃包裹体为次生，呈串珠状分布，在荧光下发蓝色荧光。解放127井，5471.77m，紫外荧光

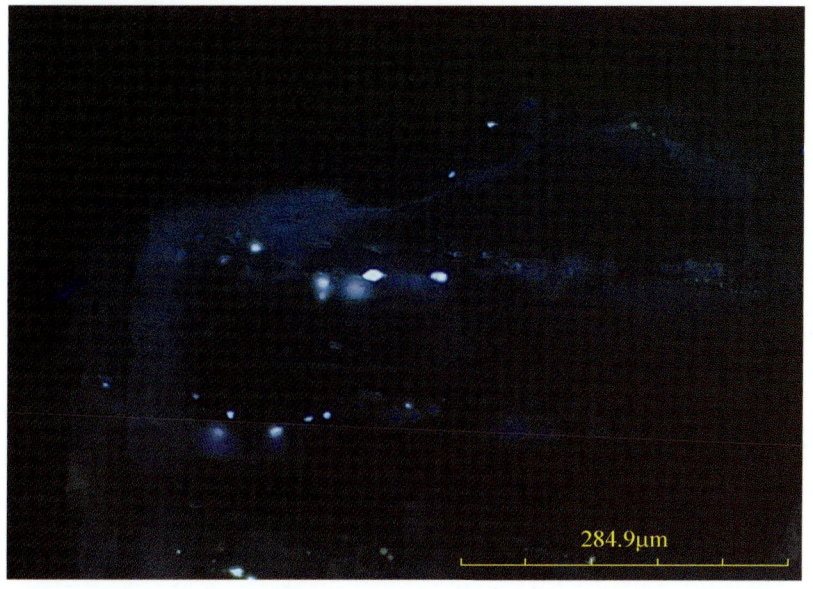

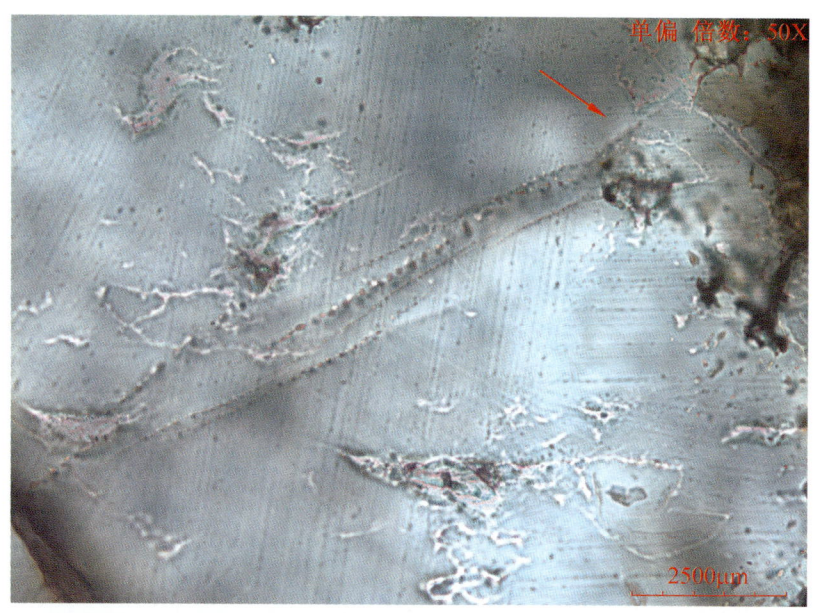

◆ 图 7.31　含浅黄色烃包裹体的愈合缝未穿过方解石加大边，烃包裹体呈串珠状分布，大小均匀，为矩形。英买 2 井，5339.25m，单偏光

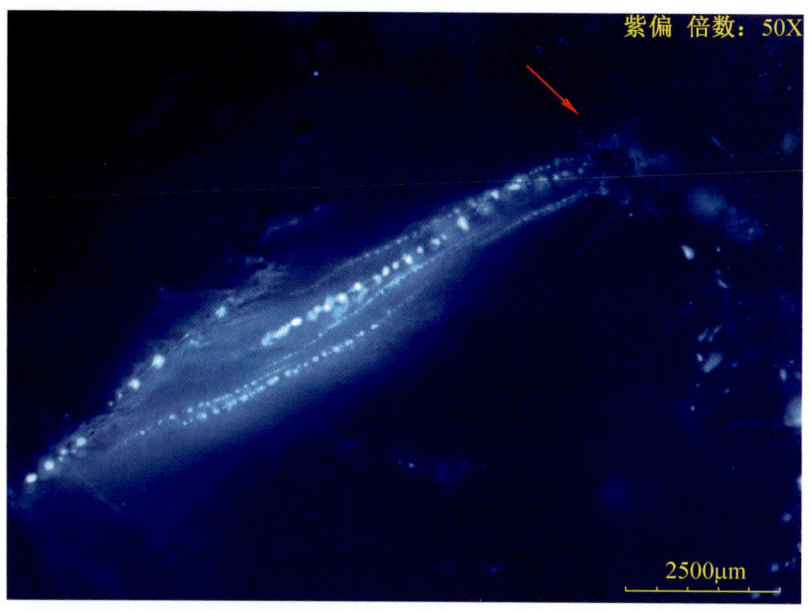

◆ 图 7.32　同图 7.31，含发蓝色荧光烃包裹体的愈合缝，未穿过方解石加大边，烃包裹体串珠状分布，大小均匀，为矩形。英买 2 井，5339.25m，紫外荧光

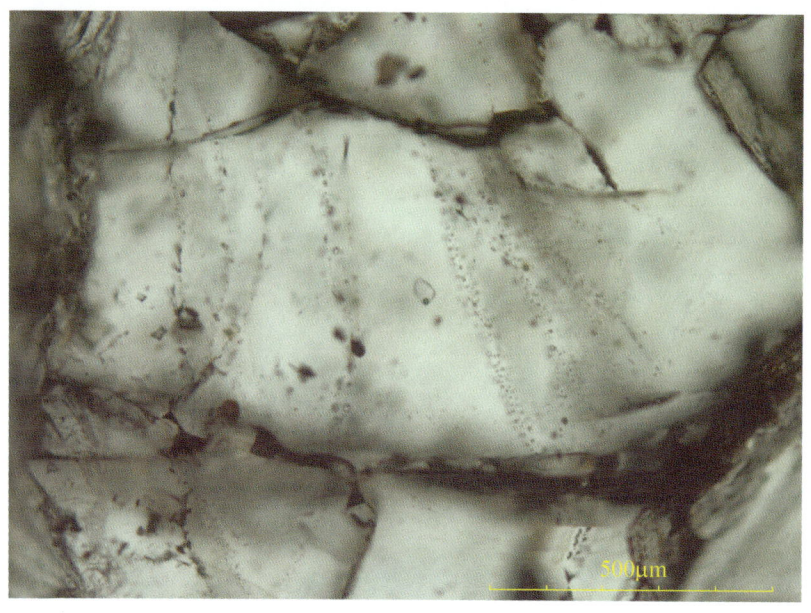

◆ 图 7.33　穿过多个方解石晶体的愈合缝。愈合缝中含有灰色气液烃包裹体，烃包裹体串珠状分布。塔中 45 井，6105m，单偏光

◆ 图7.34 同图7.33。穿过多个方解石晶体的愈合缝。愈合缝中含有灰色气液烃包裹体，烃包裹体呈串珠状分布，发蓝白色荧光。塔中45井，6105m，紫外荧光

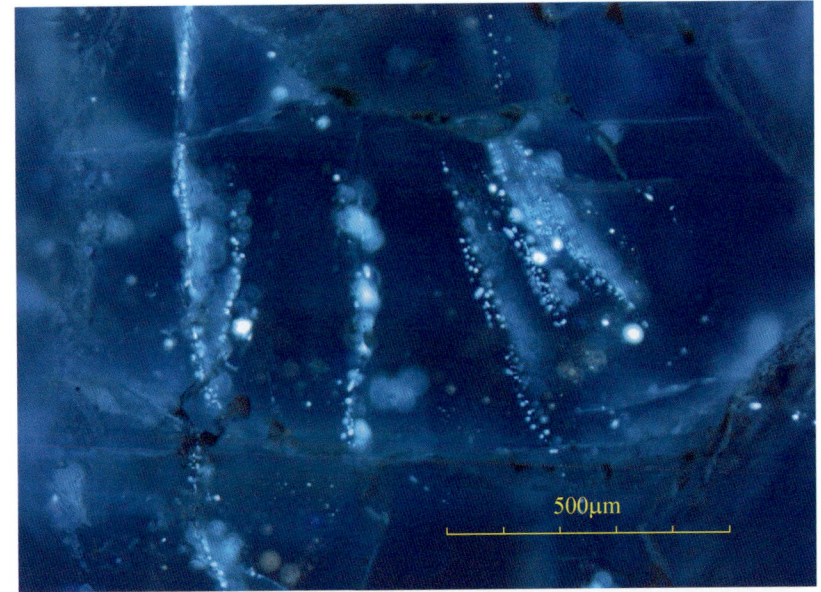

◆ 图7.35 穿过多个方解石晶体的愈合缝。两期愈合缝含有不同的烃包裹体，早期愈合缝含发褐色荧光烃包裹体，被后期愈合缝含发黄色荧光烃包裹体穿过。见含发黄色荧光的烃包裹体愈合缝穿过含发褐色荧光的烃包裹体的愈合缝（红箭头）。解放127井，5439.71m，紫外荧光

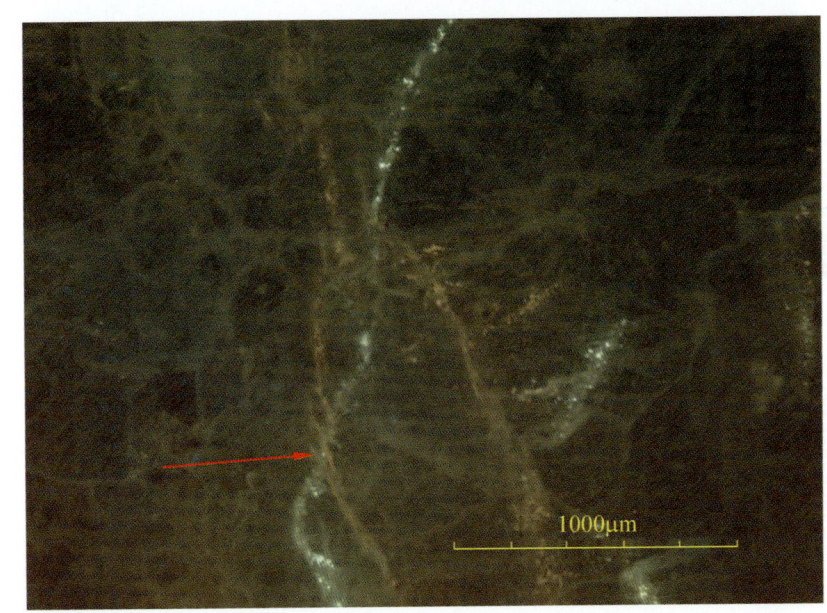

◆ 图7.36 灰色泥质缝合线（红箭头）。新垦7井，6923.31m，岩心照片

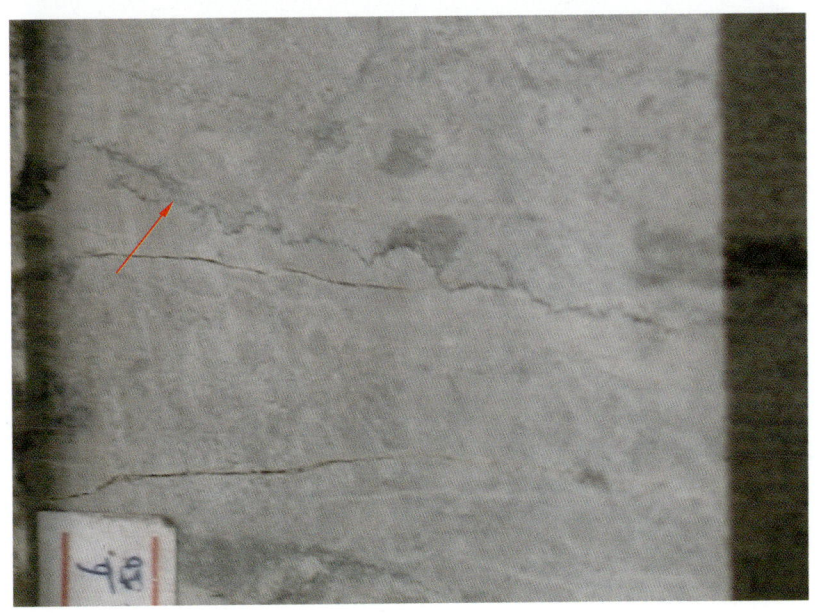

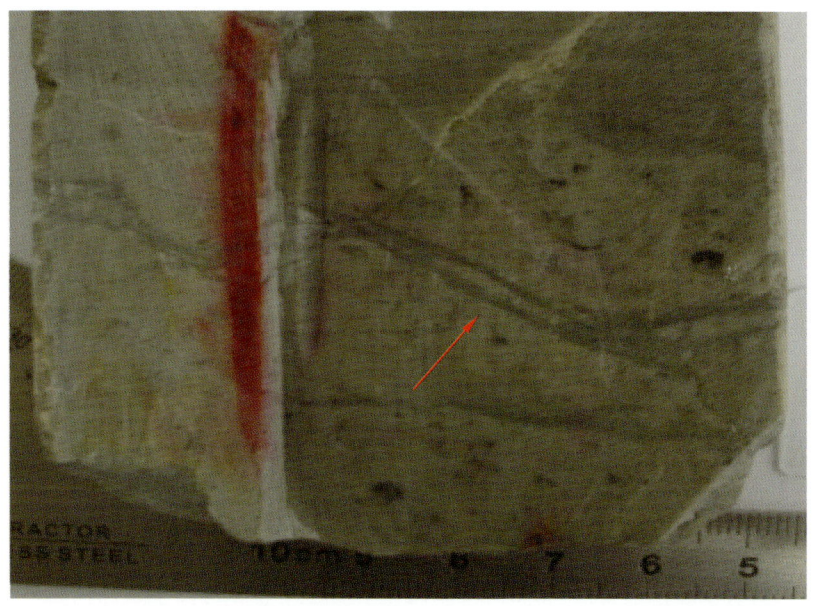

◆ 图7.37 灰绿色泥质缝合线（红箭头）。解放127井，5463.31m。岩心照片

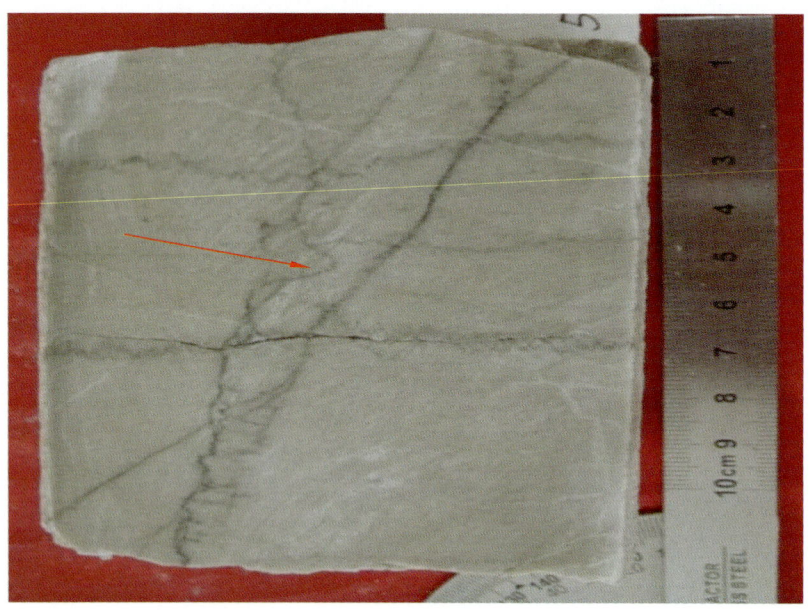

◆ 图7.38 构造缝合线（红箭头），缝合缝角度变化大，可以为高角度，含有烃包裹体。轮古36井，5945.38m，岩心照片

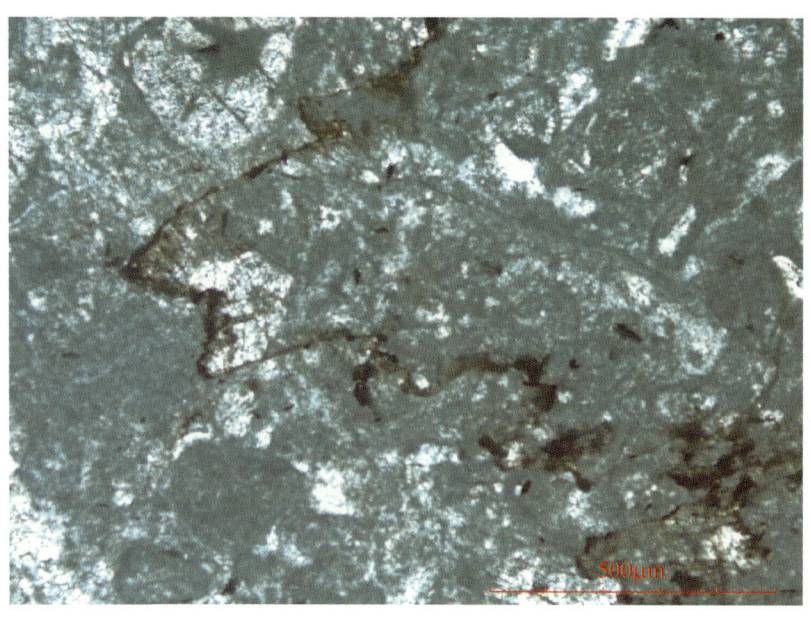

◆ 图7.39 黑色沥青缝合线，在缝合线两侧见有烃包裹体分布，烃包裹体褐黑色，串珠状分布。哈601-1井，6633.70m，单偏光

◆ 图7.40 同图7.39。黑色沥青缝合线，在缝合线两侧见有烃包裹体分布，烃包裹体褐黑色，串珠状分布，在荧光下烃包裹体发褐色、黄色荧光。哈601-1井，6633.70m，紫外荧光

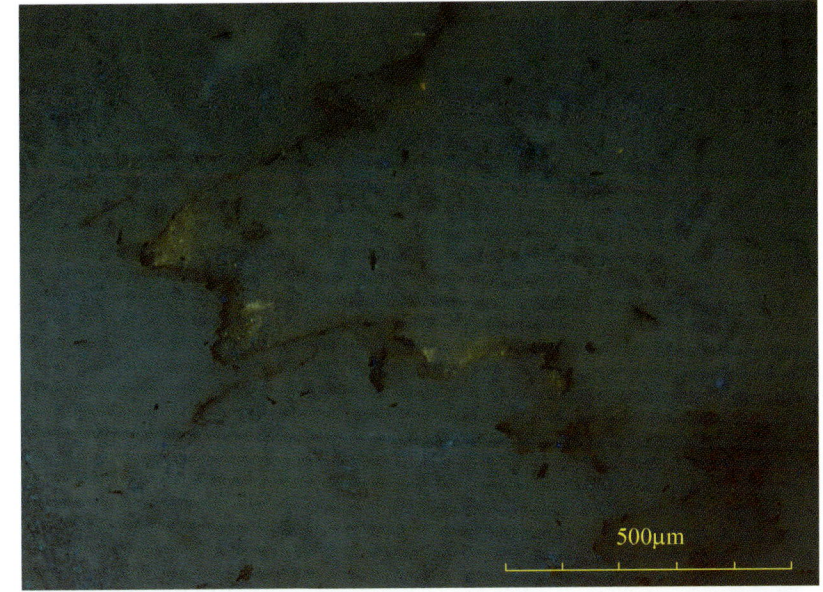

◆ 图7.41 缝合线边上或其内的方解石夹块，内常见有大量烃包裹体，烃包裹体褐色、浅褐色，群体分布。英买202井，5935.45m，单偏光

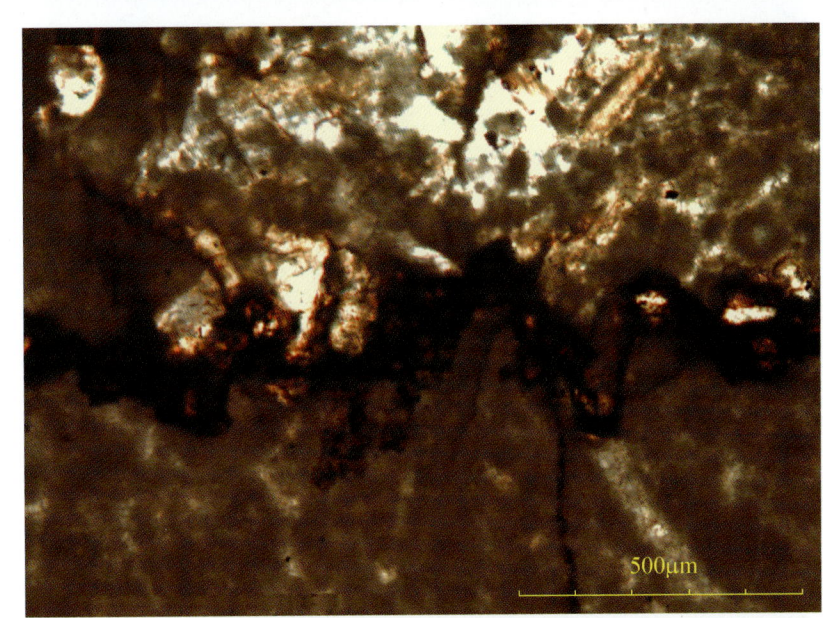

◆ 图7.42 同图7.41。缝合线边上或其内的方解石夹块，内常见有大量烃包裹体，烃包裹体褐色、浅褐色，群体分布，在荧光下多数烃包裹体发褐色荧光，个别烃包裹体发黄色荧光。英买202井，5935.45m，紫外荧光

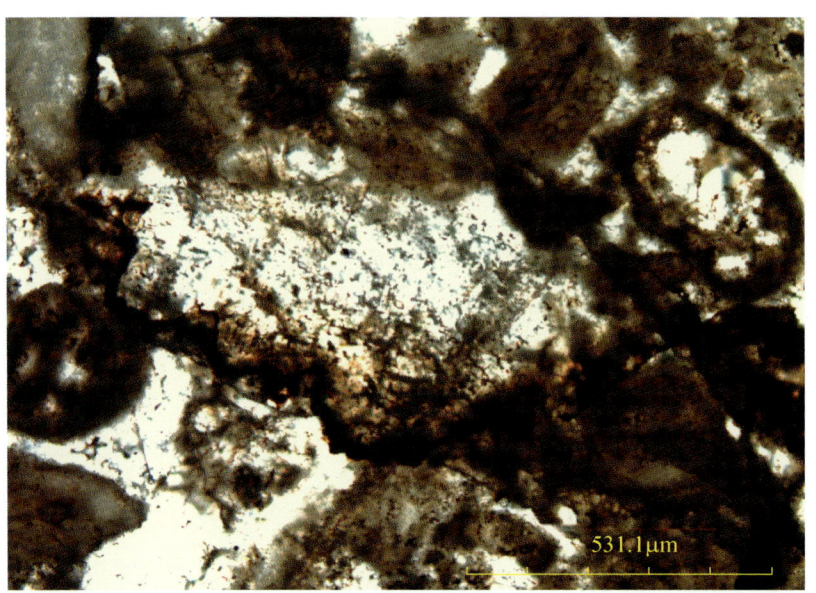

◆ 图7.43 缝合线边上或其内的方解石夹块,内常见有大量烃包裹体,烃包裹体褐色、灰色,群体分布。哈902井,6647.32m,单偏光

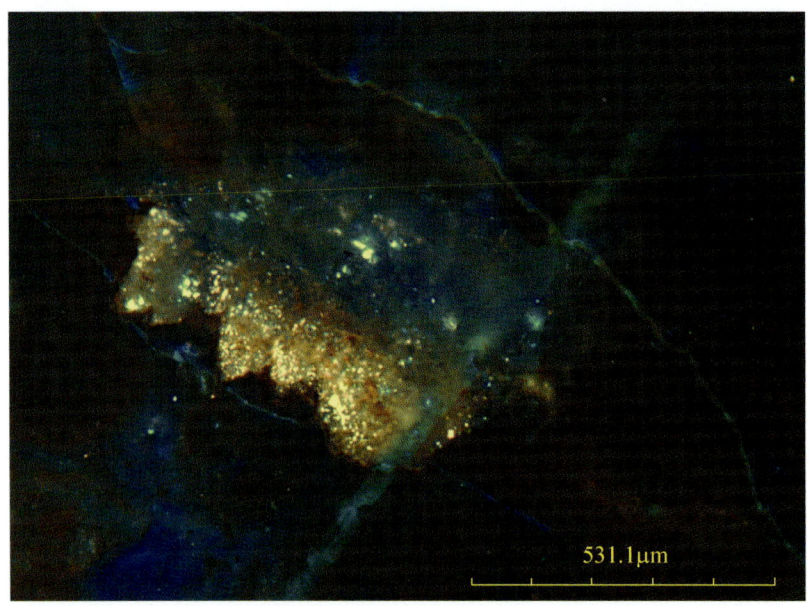

◆ 图7.44 同图7-43。缝合线边上或其内的方解石夹块,内常见有大量烃包裹体,烃包裹体褐色、灰色,群体分布,在荧光下烃包裹体发褐黄色荧光。哈902井,6647.32m,紫外荧光

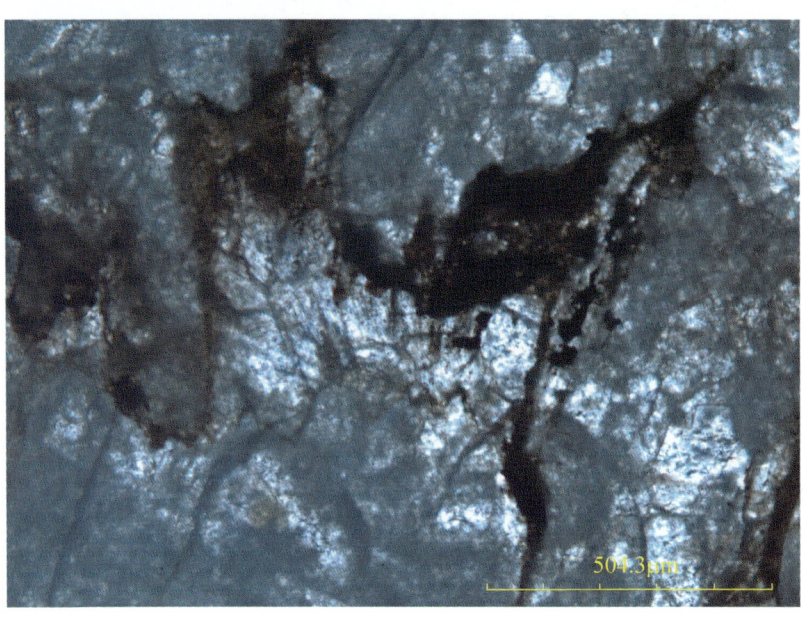

◆ 图7.45 缝合线边上或其内的方解石夹块,内愈合缝中有大量烃包裹体,烃包裹体灰色为主,串珠状分布。哈601-1井,6640.80m,单偏光

◆ 图 7.46　同图 7.45。缝合线边上或其内的方解石夹块，内愈合缝中有大量烃包裹体，烃包裹体灰色为主，串珠状分布，在荧光下烃包裹体发黄色荧光。哈 601-1 井，6640.80m，紫外荧光

◆ 图 7.47　缝合线为黑色，沿缝合线有很多愈合缝，内含灰色烃包裹体。轮古 36 井，5950.63m，单偏光

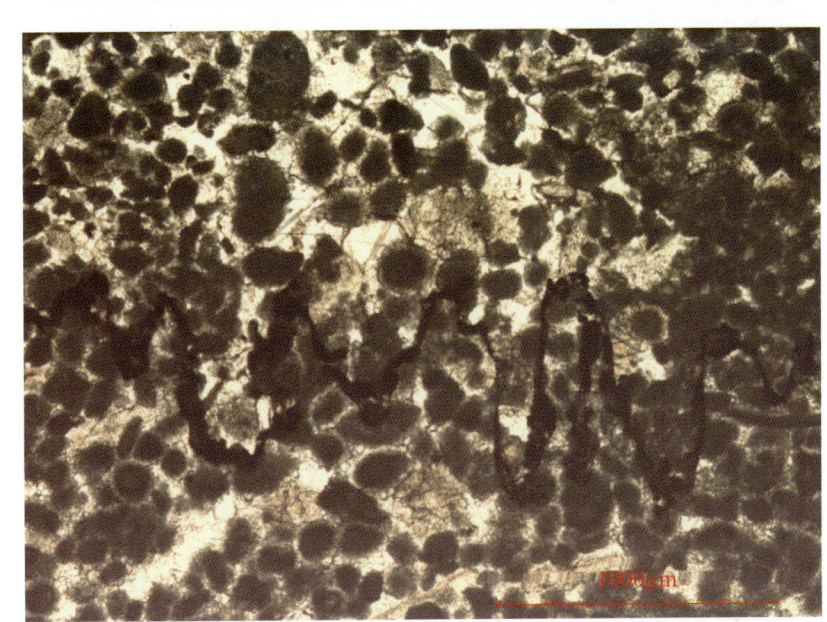

◆ 图 7.48　同图 7.47。缝合线不发荧光，沿缝合线有很多愈合缝，内含灰色烃包裹体，烃包裹体在荧光下发黄色、黄绿色荧光。荧光下愈合缝更明显，沿缝合线分布。轮古 36 井，5950.63m，紫外荧光

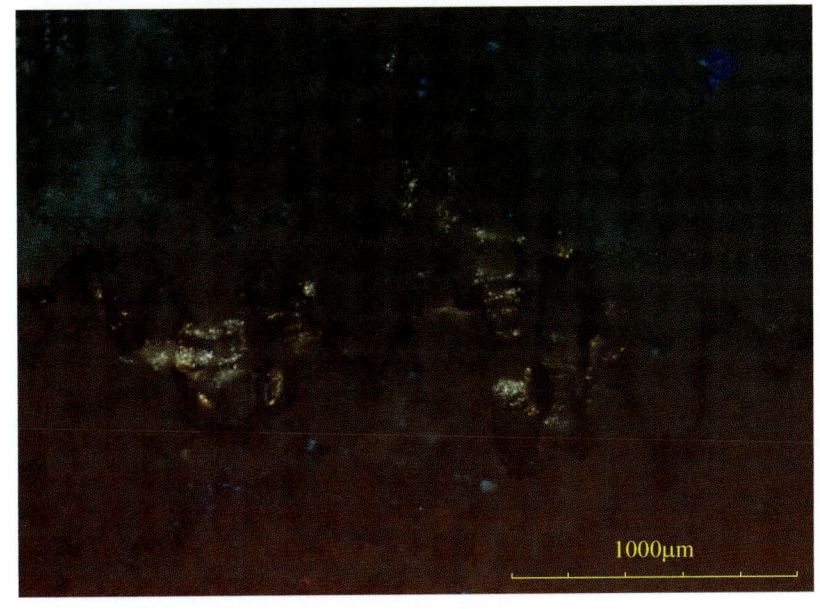

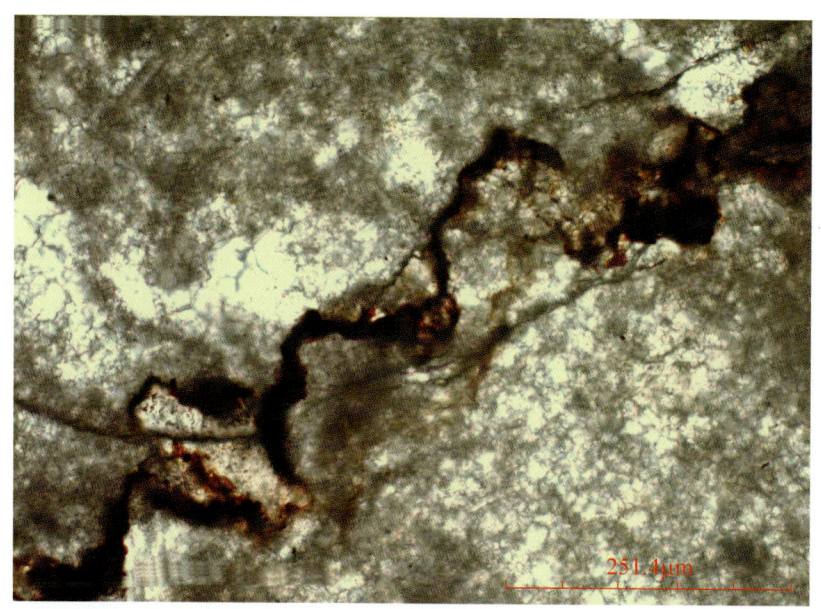

◆ 图7.49 褐黑色缝合线。沿缝合线有褐色、浅褐色烃包裹体分布。英买202井，5880.80m，单偏光

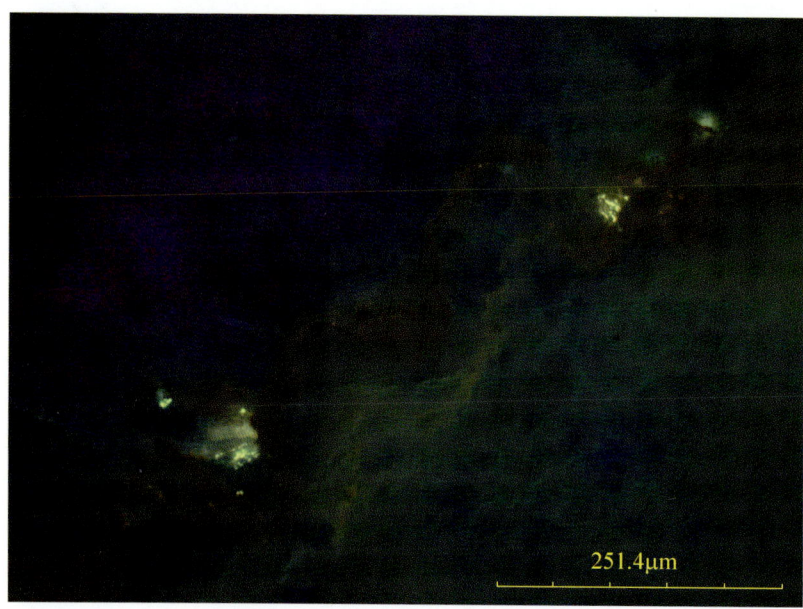

◆ 图7.50 同图7.49。褐黑色缝合线，不发荧光。沿缝合线有褐色、浅褐色烃包裹体分布，烃包裹体发褐色荧光和黄色荧光。英买202井，5880.80m，紫外荧光

◆ 图7.51 褐黑色缝合线。缝合线两边多条愈合缝，内见灰色、褐色烃包裹体。英买201井，5903.50m，单偏光

7 塔里木盆地寒武系—奥陶系碳酸盐岩储集层赋存矿物生长关系

◆ 图7.52　同图7.51。褐黑色缝合线，不发荧光。缝合线两边多条愈合缝，内见灰色、褐色烃包裹体。烃包裹体发蓝色荧光，烃包裹体串珠状分布在愈合缝中，荧光下更易发现愈合缝垂直缝合线向外放射状分布。英买201井，5903.50m，紫外荧光

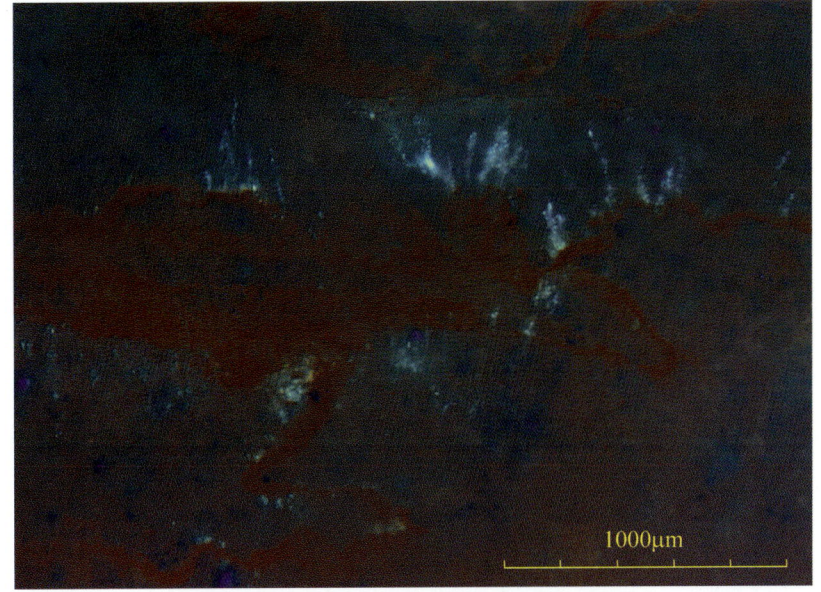

◆ 图7.53　褐黑色缝合线。缝合线边常有方解石夹块（红箭头），内见灰色烃包裹体，烃包裹体群体不定向分布。沿缝合线还见愈合缝，内有褐色烃包裹体呈串珠状分布（黄箭头）。英买201井，5908.45m，单偏光

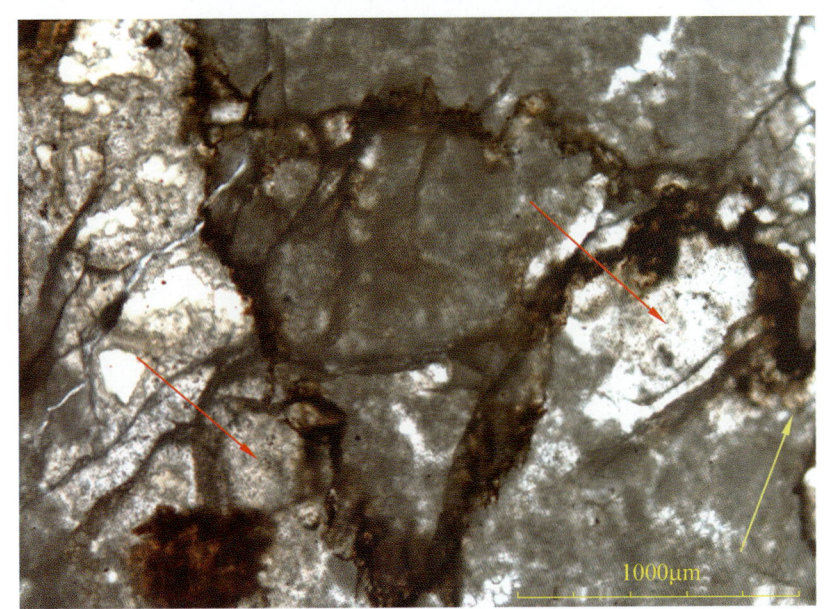

◆ 图7.54　同图7.53。褐黑色缝合线，缝合线不发荧光。缝合线边常有方解石夹块（红箭头），内见灰色烃包裹体，烃包裹体群体不定向分布，发蓝色荧光。沿缝合线还见愈合缝，内有褐色烃包裹体呈串珠状分布（黄箭头），发黄色荧光。英买201井，5908.45m，紫外荧光

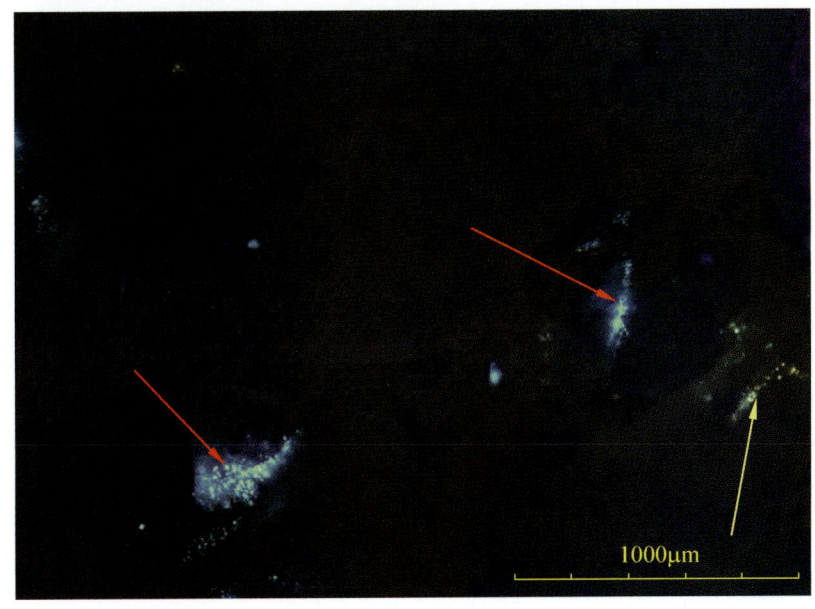

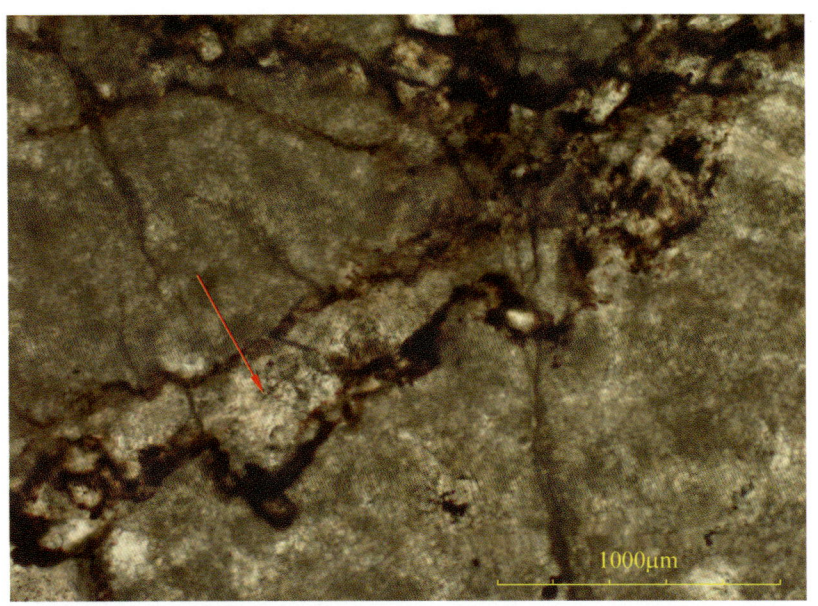

◆ 图7.55 褐黑色缝合线。缝合线边常有方解石夹块（红箭头），内见灰色烃包裹体，烃包裹体群体不定向分布。英买201井，5927.60m，单偏光

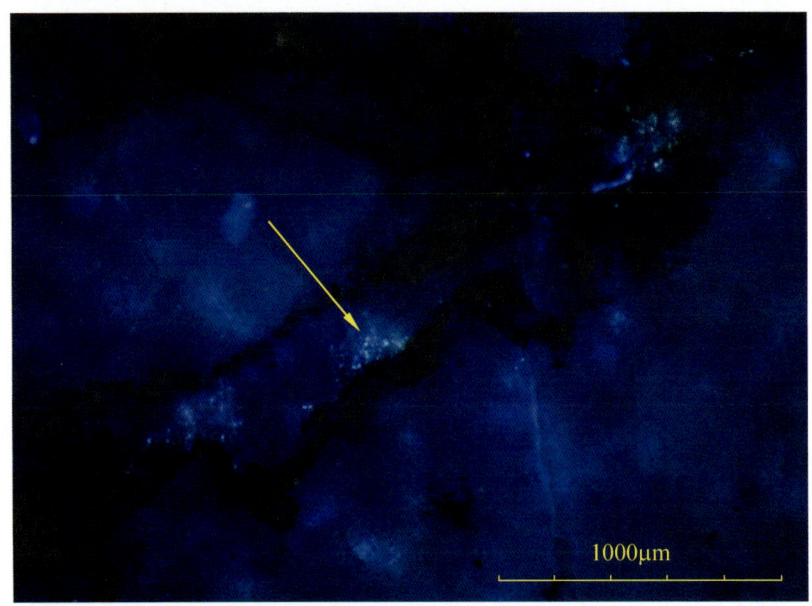

◆ 图7.56 同图7.55。褐黑色缝合线，缝合线不发荧光。缝合线边常有方解石夹块（红箭头），内见灰色烃包裹体，烃包裹体群体不定向分布，发蓝色荧光。英买201井，5927.60m，紫外荧光

◆ 图7.57 两期方解石脉相互穿插。早期为剪切性方解石细脉（红箭头），内含灰色液烃包裹体；晚期为张性方解石脉，内见有灰色气液烃包裹体（黄箭头）。见晚期方解石脉将早期方解石脉错开（蓝箭头处）。解放127井，5446.84m，单偏光

◆ 图 7.58 同图 7.57。两期方解石脉相互穿插。早期为剪切性方解石细脉（红箭头），内含灰色液烃包裹体，烃包裹体发黄色荧光，呈串珠状分布；晚期为张性方解石脉，内见有灰色气液烃包裹体（黄箭头），烃包裹体发蓝色荧光，呈群体不定向分布。见晚期方解石脉将早期方解石脉错开（蓝箭头处）。解放127井，5446.84m，紫外荧光

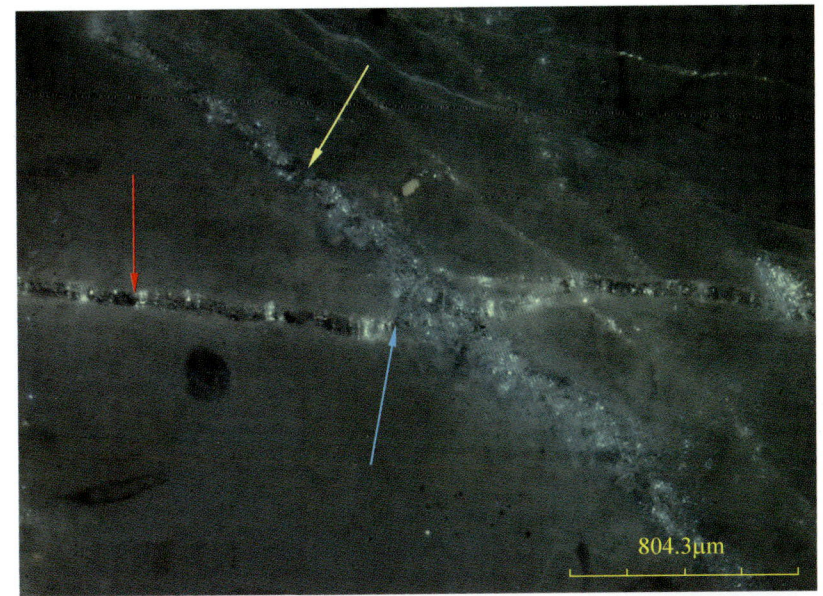

◆ 图 7.59 两期方解石脉相互穿插。早期为张性方解石细脉（红箭头），方解石粗晶，方解石内含灰色液烃包裹体，烃包裹体群体定向分布；晚期为张性方解石脉，方解石细晶，内未见烃包裹体（黄箭头）。见晚期方解石脉将早期方解石脉错开。轮古36井，6035.63m，单偏光

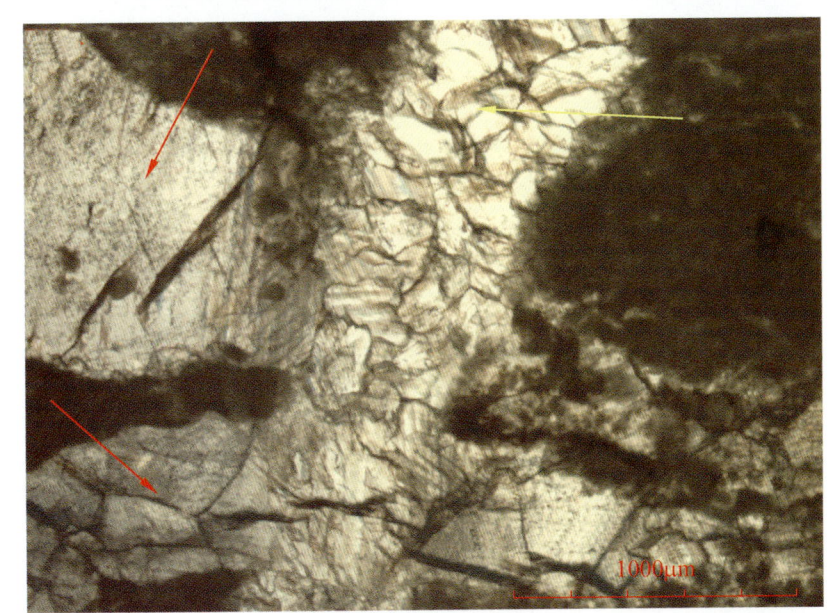

◆ 图 7.60 同图 7.59。两期方解石脉相互穿插。早期为张性方解石细脉（红箭头），方解石粗晶，方解石内含灰色液烃包裹体，烃包裹体群体定向分布，发蓝色荧光；晚期为张性方解石脉，方解石细晶，内未见烃包裹体（黄箭头）。见晚期方解石脉将早期方解石脉错开。轮古36井，6035.63m，紫外荧光

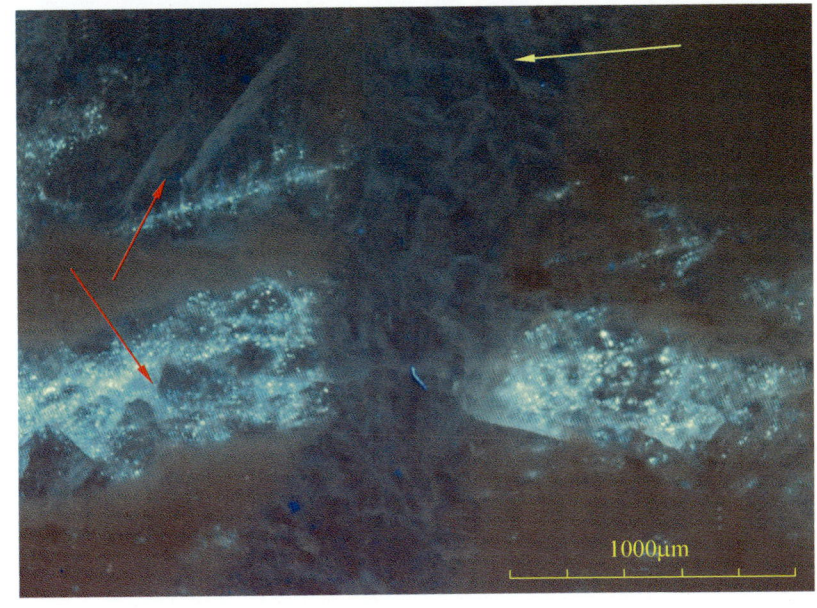

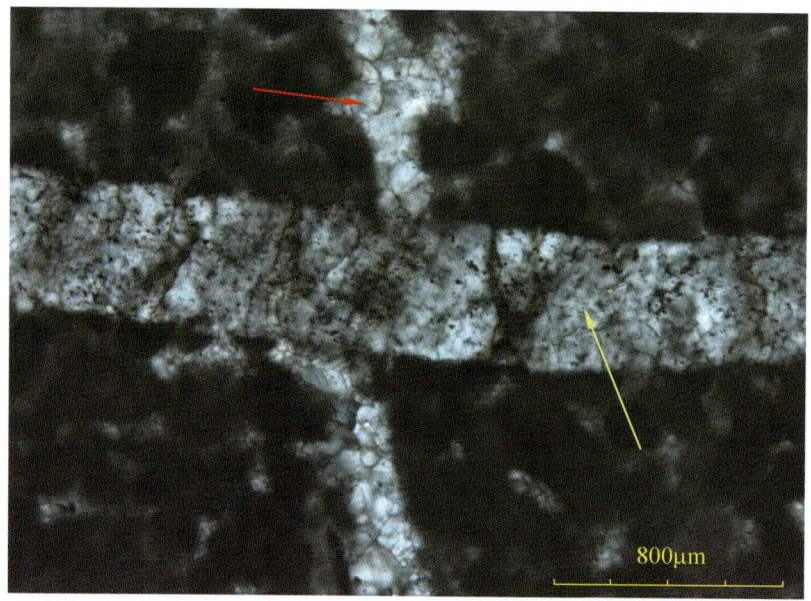

◆ 图 7.61 两期方解石脉，早期为张性方解石脉，方解石细晶（红箭头），内未见烃包裹体；晚期剪性方解石脉（黄箭头），含黑色气烃包裹体。见晚期方解石脉错开早期方解石细脉。玛 8 井，1689.63m，单偏光

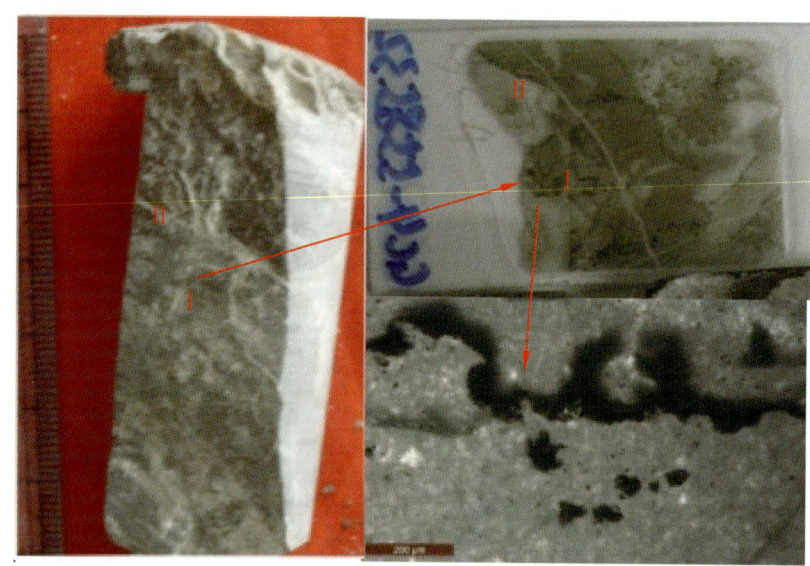

◆ 图 7.62 原石中见有两期构造裂缝：第 I 期为短细愈合缝，含有黑色干沥青；第 II 期为剪切细方解石脉，内未见烃包裹体。古城 4 井，O_1，5585.32m，岩心照片＋薄片照片＋单偏光

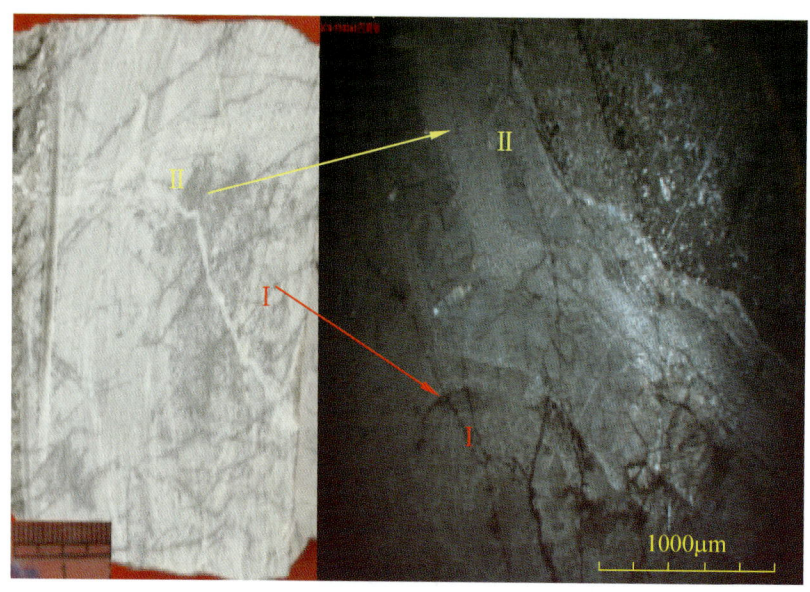

◆ 图 7.63 原石中见有两期构造裂缝：第 I 期为短细愈合缝（红箭头），含有黑色干沥青；第 II 期为剪切细方解石脉（黄箭头），内未见烃包裹体。古城 4 井，O_1，5502.61m，岩心照片＋单偏光

◆ 图7.64 原石中见有两期构造裂缝：第Ⅰ期为缝合线边上的褐色愈合缝（黄箭头），含有褐色气液烃包裹体；第Ⅱ期为剪切细方解石脉。英买202井，5874.70m，岩心照片+薄片照片+单偏光

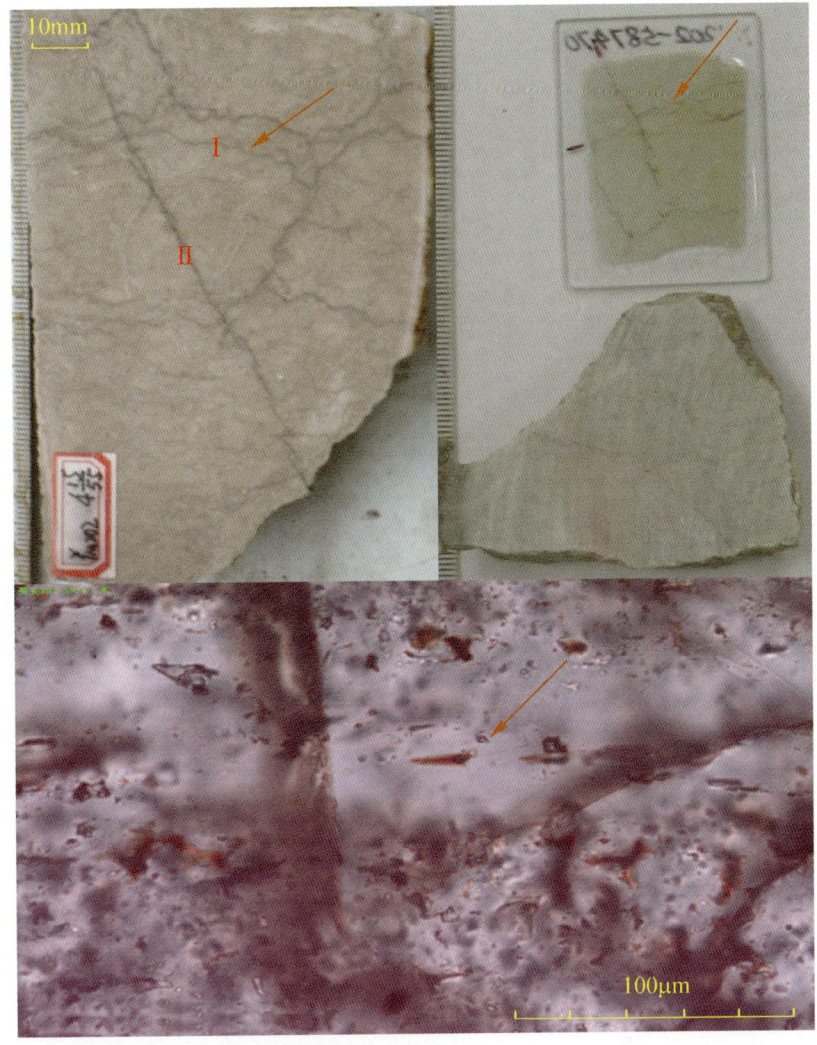

◆ 图7.65 岩心中见二期方解石脉体：早期（第Ⅱ期）为细的剪切方解石脉，有a、b两条；晚期（第Ⅲ期）为张性方解石脉，见晚期低角度张性方解石脉穿过早期剪切脉。古城4井，O_1，5504.32m，岩心照片

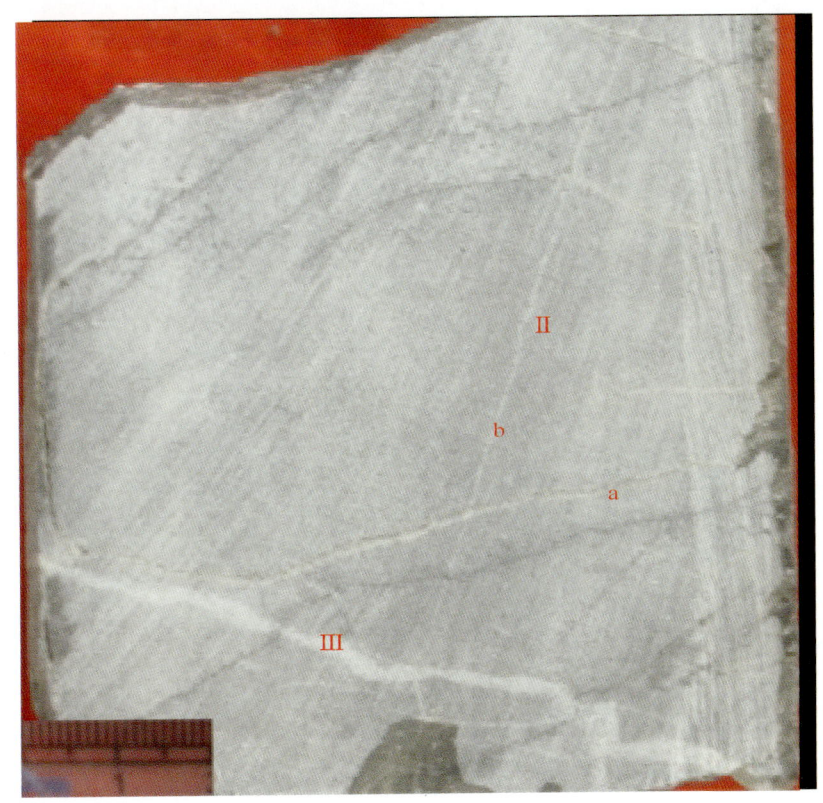

◆ 图 7.66 黄色箭头所指为一剪切方解石脉，应是第 II 期晚海西期构造缝，内含大量浅褐色气液烃包裹体，烃包裹体在荧光下发黄色荧光，烃包裹体群体分布，大小均匀，不规则形。英买 2 井，5339.25m，岩心照片＋薄片照片＋紫外荧光

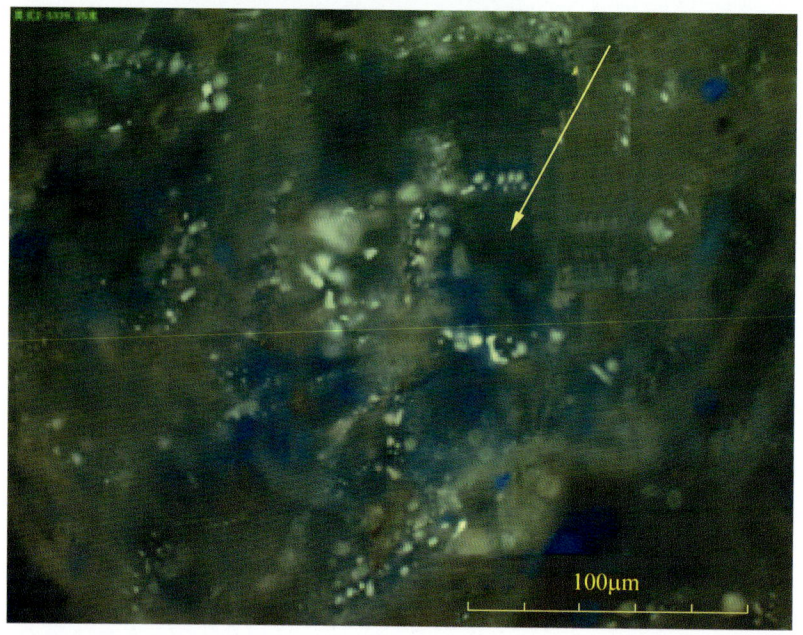

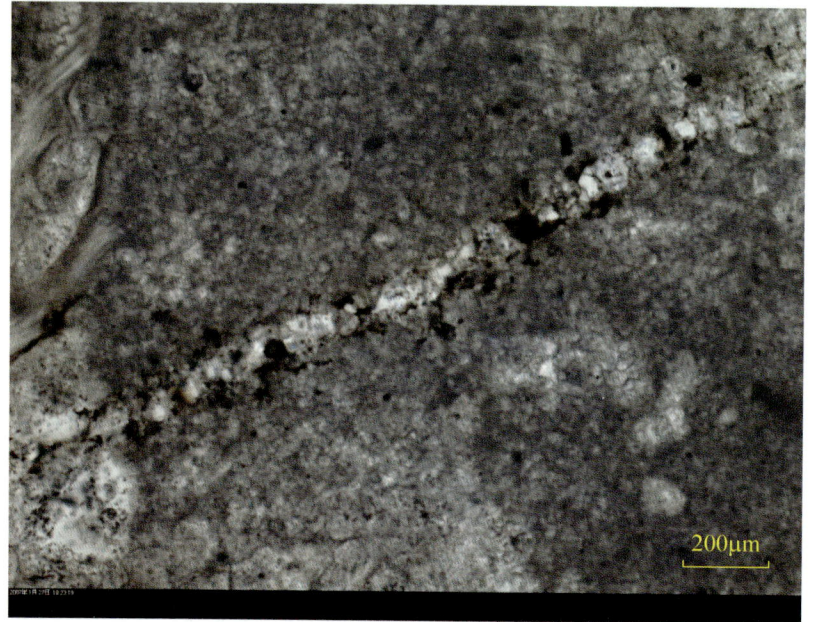

◆ 图 7.67 半充填方解石的裂缝，孔隙中充填褐色沥青。方解石内见褐灰色气液烃包裹体，烃包裹体大小不一，群体分布。塔中 62 井，O_3l，4728.1m，单偏光

◆ 图7.68 同图7.67，半充填方解石的裂缝，孔隙中充填褐色沥青。方解石内见褐灰色气液烃包裹体，烃包裹体大小不一，群体分布，在荧光下发黄色荧光。塔中62井，O_3l，4728.1m，紫外荧光

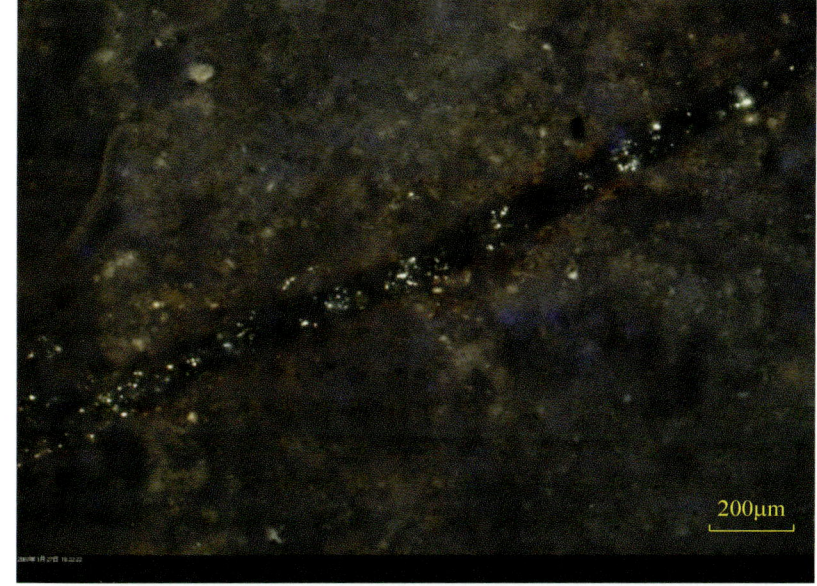

◆ 图7.69 岩心中见两期方解石脉体：早期（第Ⅱ期）为细的剪切方解石脉，有两条；晚期（第Ⅲ期）为张性方解石脉。晚期低角度张性方解石脉穿过早期剪切脉。玛401井，O，2345.20m，岩心

◆ 图7.70 裂缝中全充填方解石。方解石两世代，一世代为马牙状方解石沿裂缝壁分布，内未见烃包裹体；二世代为中晶方解石，内见褐色气液烃包裹体，烃包裹体群体分布。玛401井，O，2356.81m，单偏光

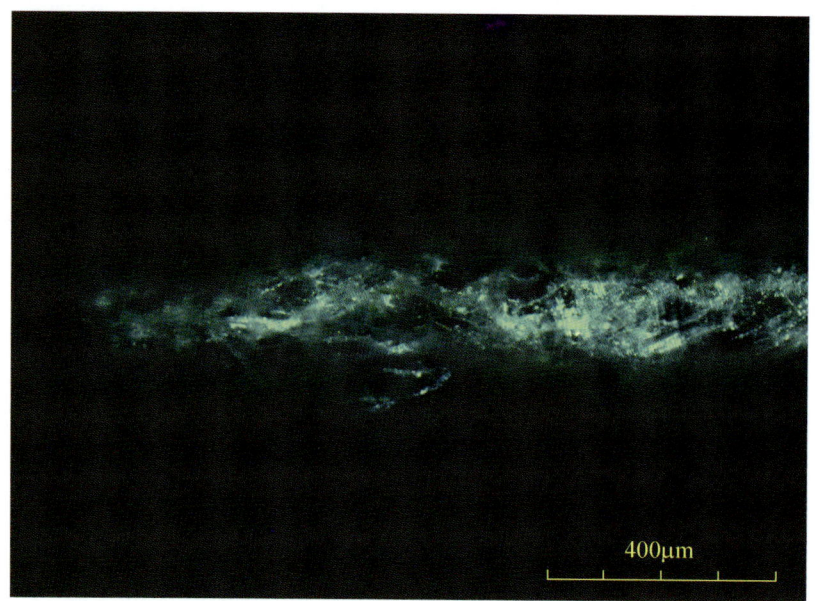

◆ 图7.71 同图7.70。裂缝中全充填方解石。方解石两世代，一世代为马牙状方解石沿裂缝壁分布，内未见烃包裹体；二世代为中晶方解石，内气液烃包裹体发绿色荧光，烃包裹体群体分布。玛401井，O，2356.81m，紫外荧光

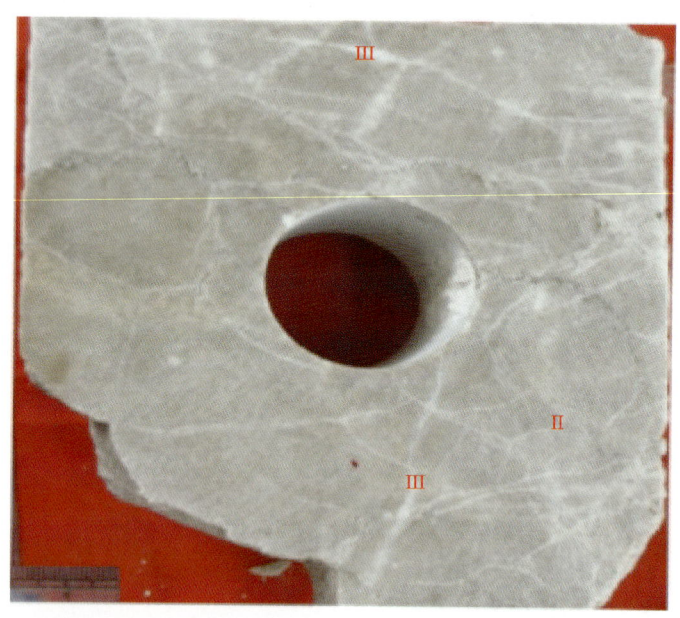

◆ 图7.72 岩心中见到两期方解石脉。早期（第Ⅱ期）为剪切性方解石细脉，晚期（第Ⅲ期）为张性方解石脉。见第Ⅲ期多角度短小方解石脉，穿过第Ⅱ期短细张性方解石脉。玛401井，O，2288.37m，岩心照片

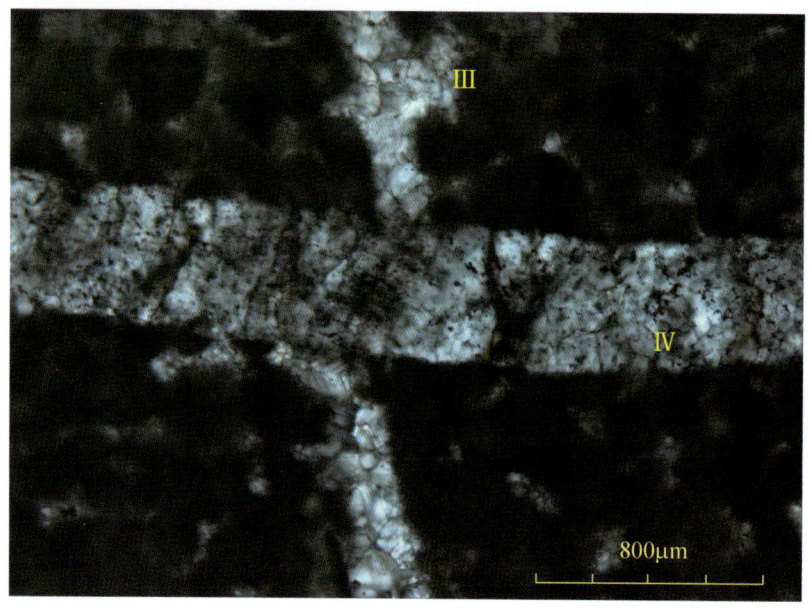

◆ 图7.73 第Ⅲ期构造缝被含黑色液态烃包裹体的第Ⅳ期脉体穿过，玛8井，O，1689.63m，单偏光

7 塔里木盆地寒武系—奥陶系碳酸盐岩储集层赋存矿物生长关系

◆ 图7.74 黑色高角度张性裂缝，内自形白云石+细晶石英半充填。在显微镜单偏光下、正光交下、紫外荧光下（图7.24、图7.26），显示白云石较自形，内有发荧光的烃包裹体，石英细晶，内未见烃包裹体。古董1井，O，2101.98m，岩心

◆ 图7.75 晚期张性方解石脉，属于第Ⅳ期燕山—喜马拉雅期构造缝。内见灰色气液烃包裹体，发蓝色荧光，呈串珠状分布。英买2井，6053.02m，岩心照片+薄片照片+紫外荧光

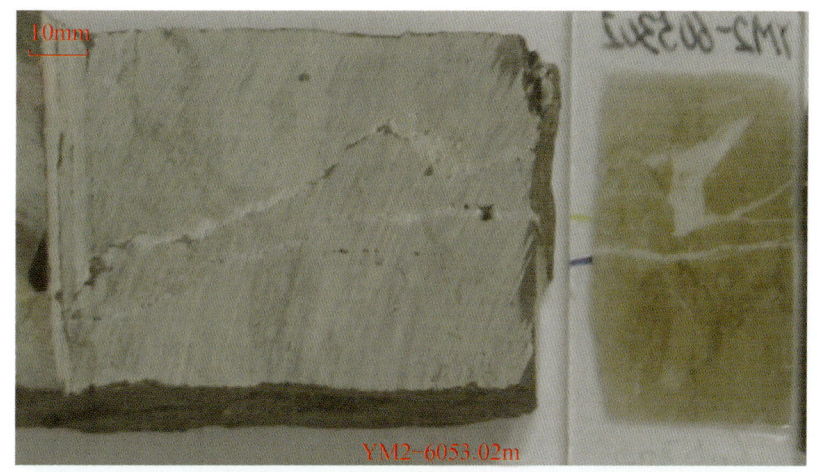

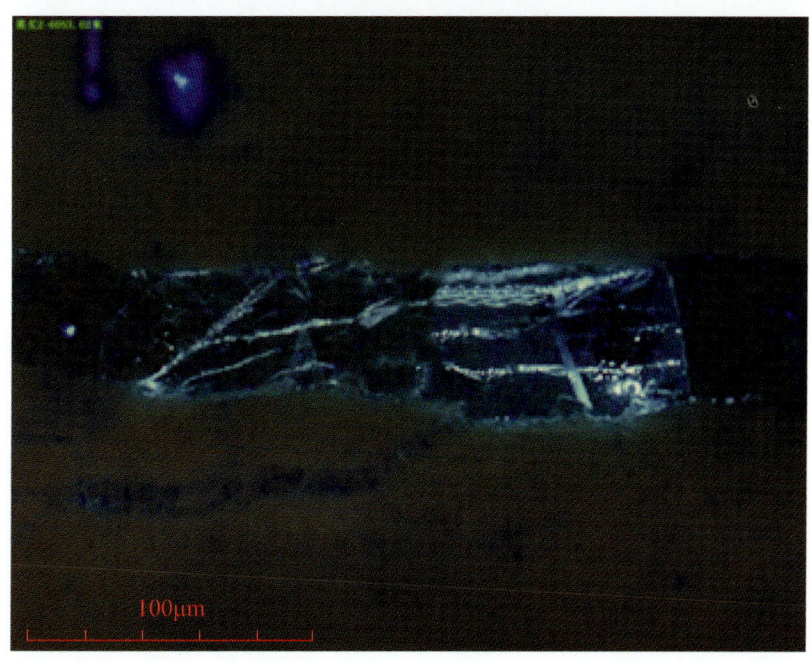

— 143 —

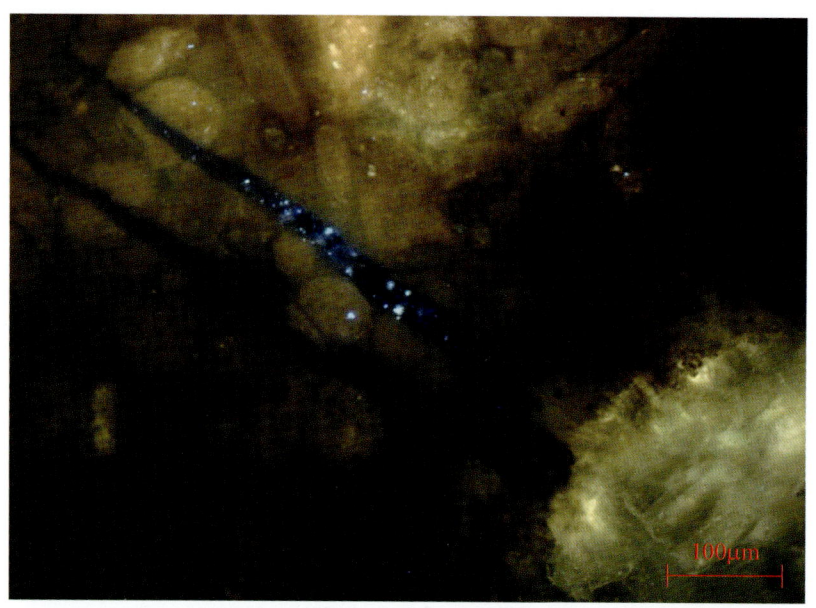

◆ 图7.76 张性裂缝内方解石全充填,方解石内有发蓝色荧光烃包裹体,烃包裹体群体分布,不规则形。塔中30井,O_3l,5491m,紫外荧光

◆ 图7.77 多条愈合缝近平行分布,内有发蓝色荧光烃包裹体,烃包裹体呈串珠状分布。塔中62井,O_3l,4711.03m,紫外荧光

◆ 图7.78 多世代充填方解石脉,只在中心处晚世代充填的方解石中见有灰色气液烃包裹体。玛401井,O,2356.47m,单偏光

◆ 图 7.79　同图 7.75。多世代充填方解石脉，只在中心处晚世代充填的方解石中见有灰色气液烃包裹体，荧光下烃包裹体发蓝色荧光，群体定向分布。玛 401 井，O，2356.47m，紫外荧光

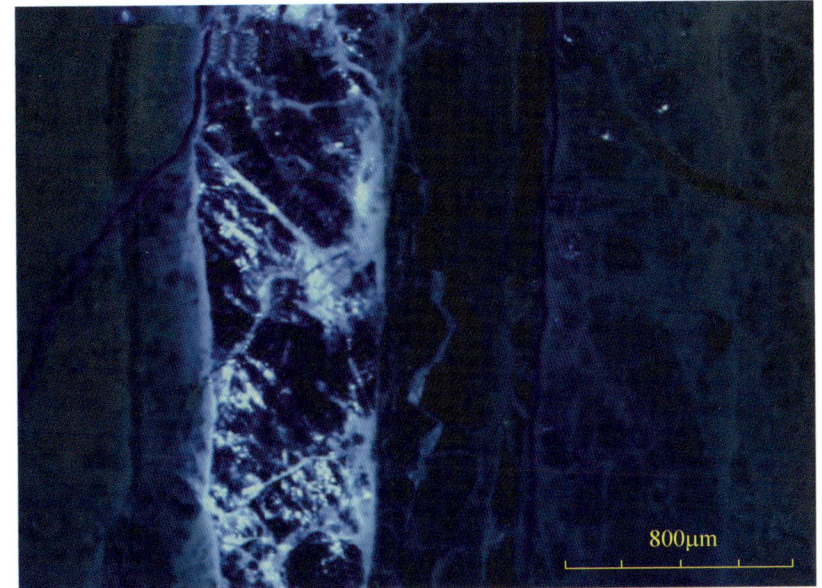

◆ 图 7.80　多世代多矿物充填的张性脉体。一世代为半自形白云石（红箭头），内未发现烃包裹体；二世代为粉晶石英（黄箭头），内未见烃包裹体；三世代为连晶方解石充填（蓝箭头），内见有黑色气烃包裹体，包裹体零星分布、大小不一，多为不规则形。英买 7 井，5242.93m，正交光

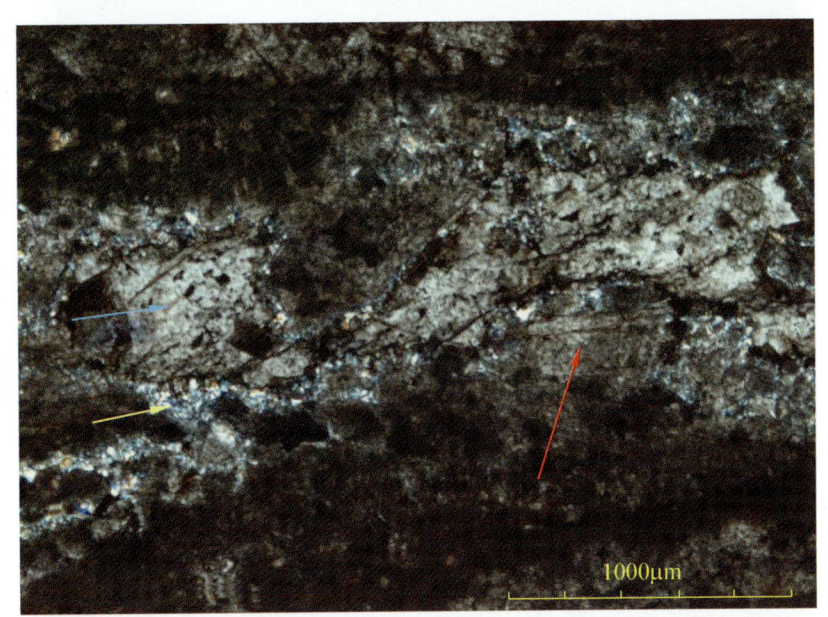

◆ 图 7.81　图 7.78 放大。多世代多矿物充填的张性脉体。一世代为半自形白云石（红箭头），内未发现烃包裹体；二世代为粉晶石英（黄箭头），内未见烃包裹体；三世代为连晶方解石充填（蓝箭头），内见有黑色气烃包裹体，包裹体零星分布、大小不一，多为不规则形。英买 7 井，5242.93m，单偏光

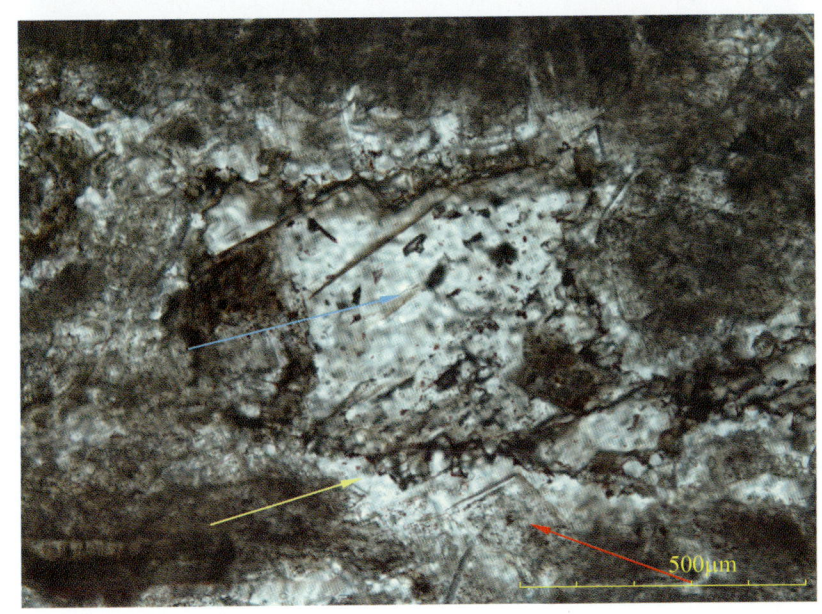

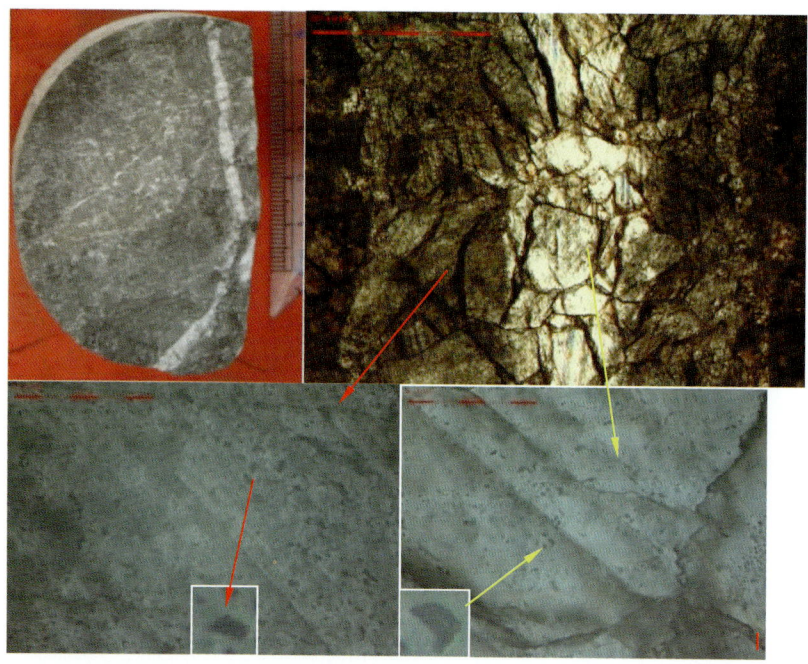

◆ 图7.82 塔东地区晚期（喜马拉雅期）张性裂缝在显微镜下显示两世代充填物充填。一世代方解石沿裂缝两壁分布，内见黑色气烃包裹体（红箭头）；二世代方解石充填裂缝中心，内见灰色气烃包裹体（黄箭头）。古城4井，O_1，6342.99m，岩心照片+单偏光

◆ 图7.83 晚期张性方解石脉。镜下为图7.14、图7.15特征。裂缝中有两世代方解石全充填。第一世代为细粒方解充填，内含少量原生灰色液烃包裹体；第二世代为粗晶方解石全充填，内含大量原生灰色气液烃包裹体。在显微镜单偏光和紫外荧光下发现有先后两次烃包裹体充注（图7.14、图7.15）。罗西1井，O，3725.89m，岩心照片+薄片

◆ 图7.84 粗的方解石脉,张性,内含大量灰色气液烃包裹体,烃包裹体较大,20~80μm,椭圆形为主,呈群体分布。塔中4-7-38井,O_1p,3959.9m,单偏光

◆ 图7.85 同图7.84。粗的方解石脉,张性,内含大量灰色气液烃包裹体,发强的棕色荧光。烃包裹体较大,20~80μm,椭圆形为主,呈群体分布。塔中4-7-38,O_1p,3959.9m,紫外荧光

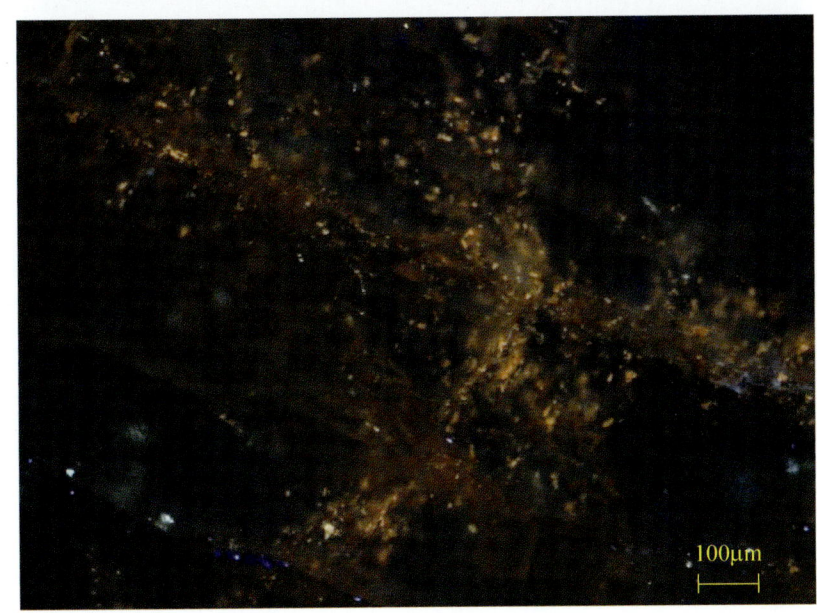

8 塔里木盆地寒武系—奥陶系碳酸盐岩储集层烃包裹体期次

塔里木盆地寒武系—奥陶系碳酸盐岩地层分布范围较广,受沉积环境、构造运动等影响各地区油气来源、油气运移期次及保存并不相同,因此不同地区烃包裹体期次和特征存在一定差异。总体来看,塔里木盆地寒武系—奥陶系碳酸盐岩内烃包裹体主要可以分为三大成藏期:晚加里东—早海西期、晚海西期、燕山—喜马拉雅期。晚加里东—早海西期烃包裹体普遍为褐色、褐黑色沥青包裹体,少部分地区见黑色沥青包裹体。晚海西期是一期发黄色荧光的烃包裹体。燕山—喜马拉雅期油气充注情况比较复杂,烃包裹体呈现多种特征,有褐色烃包裹体,有发强棕色荧光、黄色荧光和蓝色荧光的气液烃包裹体、液气烃包裹体,还存在黑色液气烃包裹体和灰色气烃包裹体。塔里木盆地寒武系—奥陶系已发现碳酸盐岩油气藏主要分布在塔北地区、塔中地区、塔东地区和和田河及周缘,三大成藏期在这四个地区表现不一(表8.1)。

8.1 塔北地区烃包裹体期次

塔北地区经历了多期构造演化,在晚加里东—早海西期和晚海西期都是海相油气成藏。但在燕山—喜马拉雅期早期的构造运动过程中,东河塘断裂和轮台断裂将塔北隆起一分为二[1](图8.1),分成了牙哈地区—英买7井区与英买2—哈拉哈塘—轮古地区,两者具有完全不同的油气来源:牙哈地区—英买7井区与库车坳陷陆相成藏系统相同,而英买2—哈拉哈塘—轮古地区为海相成藏系统。

8.1.1 牙哈地区和英买7井区

主要见有两大构造时期的烃包裹体:晚加里东—早海西期第Ⅰ期烃包裹体[表8.1中(1)]和喜马拉雅期第Ⅲ期烃包裹体[表8.1中(9)和(13)—(15)],但以喜马拉雅期的第Ⅲ期烃包裹体为主。前期烃包裹体含量不高,但在英买7井区普遍见到(图8.2a)。另外,仅在英买332井区见少量晚海西期第Ⅱ期烃包裹体[表8.1中(7),图8.2b],牙哈地区未发现。

该区第Ⅰ期烃包裹体为褐色沥青包裹体、液烃包裹体,对应于表8.1中(1)。该期烃包裹体存在于第Ⅰ期晚加里东—早海西期构造裂缝中(图8.3),主要赋存在方解石脉(图8.4—图8.6)和愈合缝中。该期烃包裹体个体不大,在2~5μm,多为不规则形。常见沥青包裹体,形成时间较早。此期烃包裹体在牙哈地区和英买7井区分布情况如图8.2a,含量不高,有些井未见。

第Ⅱ期发黄色荧光的浅褐色气液烃包裹体[表8.1中(7)],在第Ⅱ期晚海西期构造方解石脉、愈合缝中发现(图8.8、图8.9)。个体在2~10μm,多为矩形,少数呈现三角形,气液比为5%~20%。单偏光、荧光颜色判断为中等成熟中质油。牙哈地区第Ⅱ期晚海西期构造缝发育(图8.3、图8.7),但内未见该期包裹体,说明牙哈地区没有这一期油气充注;英买7井区少量存在,英买322井该期含量竟达8%,说明英买7地区个别井有这期油气充注。

第Ⅲ期烃包裹体存在于燕山—喜马拉雅期脉体充填物(图8.10)、愈合缝中。由于牙哈地区、英买7井区在这一构造时期油气都来源于库车陆相烃源岩,且油气运移期次不同(表8.1)、成藏特征不同,故将牙哈地区、英买7井区分述。

可将牙哈地区第Ⅲ期烃包裹体分为三种烃包裹体:第一种($Ⅲ_1$)单偏光下为浅褐色,荧光下发浅褐色—黄褐色—黄色荧光的褐色气液烃包裹体[表8.1中(9)],个体较小,一般在2～8μm,多为矩形或三角形,气液比在15%～45%之间(图8.11、图8.12);第二种($Ⅲ_2$)单偏光下为无色—浅褐色,紫外光下发浅黄色—黄色荧光的气液烃包裹体[表8.1中(13)](图8.13—图8.16),该类烃包裹体数量较多且大小不一,最小2μm,最大可达70μm;第三种($Ⅲ_3$)发蓝白色荧光的无色气液烃包裹体(图8.17—图8.25)和灰黑色气烃包裹体[表8.1中(14),图8.26],个体大小不一,在2～60μm,形态为不规则或矩形,气液比在15%～45%,第三种烃包裹体($Ⅲ_3$)常在最后一期半充填方解石脉中发现(图8.25),可见形成很晚。牙哈地区三种烃包裹体荧光颜色由(黄)褐色—黄色—蓝色变化,反映内部油气由重向轻变化,由低成熟向高成熟演化。

英买7井区燕山—喜马拉雅期脉体中第Ⅲ期烃包裹体主要为黑色、灰色气态烃包裹体[表8.1中(15),图8.26—图8.28],主要赋存于晚期方解石脉、裂缝半充填方解石中,个体在2～6μm,椭圆形或矩形,气液比大于80%。

从第Ⅲ期烃包裹体含量分布图(图8.2c)看,牙哈地区、英买7井区第Ⅲ期烃包裹体含量均比较高,除牙哈7X-1井中发褐—黄色荧光烃包裹体含量特别突出(高达95%)外,牙哈地区三种烃包裹体含量在25%左右,反映出牙哈地区该期油气充注充足。英买7井区第Ⅲ期烃包裹体平均含量在10%左右,属较晚时期天然气充注,充注量完全没牙哈地区那么多,可能与离烃源岩灶更远有关。

牙哈地区、英买7井区的三期烃包裹体来源并不相同:形成于晚加里东—早海西期的第Ⅰ期沥青包裹体和形成于晚海西期构造缝中的第Ⅱ期浅褐色液烃包裹体,烃源岩为台盆区的海相烃源岩,而燕山—喜马拉雅期构造脉中的第Ⅲ期液气烃包裹体、气烃包裹体,油气来源于库车地区的陆相烃源岩。

8.1.2 英买2—哈拉哈塘—轮古地区

英买2—哈拉哈塘—轮古地区构造裂缝特征和内部所含烃包裹体有很好的对比性,共有三大期烃包裹体:第Ⅰ期多为褐色沥青包裹体和液烃包裹体[表8.1中(1)],赋存在晚加里东—早海西期的短细愈合缝(图8.29、图8.30)、方解石脉中,重质油充注。从图8.2a中发现第Ⅰ期烃包裹体在塔北地区虽然分布比较广泛,但烃包裹体含量差别较大,充注情况非常不均。在哈拉哈塘地区、桑南东地区、轮古39井、英买2地区含量较高,而其他地区含量并不高,在东河地区甚至未见这一期烃包裹体。

第Ⅱ期气液烃包裹体以发黄色荧光为特征[表8.1中(7),图8.31—图8.34],该期烃包裹体主要赋存于晚海西期形成的亮晶方解石、缝合线及沿缝合线分布的白云石(图8.35、图8.36)、方解石脉(图8.31—图8.34)和孔洞方解石充填物中。多数在2～15μm,少数达40μm,形态为不规则、矩形或三角形,气液比为0～20%,多在2%～12%之间,单偏光下为无色、极浅红色、浅褐色、浅黄色,紫外光下发亮黄色荧光。从图8.6b中可以看出第Ⅱ期烃包裹体是英买2—哈拉哈塘—轮古地区最常见且含量较高的一期烃包裹体,平均含量在20%左右。多数地区均能见到该期烃包裹体,只有轮古西地区可能是因为断裂作用影响,三口井中未见到该期烃包裹体。总之,塔北地区大范围发育有第Ⅱ期烃包裹体,晚海西期是该地区一期重要的油气充注期。

第Ⅲ期发蓝白色荧光的无色、浅灰色气液烃包裹体、液气烃包裹体和黑色气烃包裹体[表8.1中(16),图8.37、图8.38],多分布在喜马拉雅期形成的最晚期亮晶方解石(图8.39、图8.40)、孔洞充填方解石(图8.41、图8.42)、方解石脉(图8.43—图8.45)和晚期愈合缝(图8.46—图8.48)中。这期烃包裹体个体大小较均一,一般在 4~15μm,多为矩形、三角形或不规则形,气液比较大,约为 3%~45%。从单偏光和荧光颜色判断,应为一期高成熟的轻质油充注。从图 8.2c 图中可见这期发蓝白色荧光的烃包裹体分布不均,在英买 2 地区、新垦地区、热普地区、桑南地区和轮古东地区含量高,而在其他井区含量少或未见该期烃包裹体。黑色气烃包裹体只在其 1 井、齐古 1 井和热普地区见到。

8.2 塔中地区烃包裹体期次

根据赋存矿物和脉体的穿插关系、烃包裹体特征等,塔中地区寒武系—奥陶系烃包裹体大体上也可分为三大时期烃包裹体:晚加里东—早海西期的第 I 期烃包裹体、晚海西期的第 II 期烃包裹体和喜马拉雅期的第 III 期烃包裹体。

第 I 期烃包裹体在塔中 I 号构造带和塔中 10 号构造带上的特征不同。塔中 I 号构造带第 I 期烃包裹体为黑色沥青、液烃包裹体[表 8.1 中(2)](图 8.49、图 8.50),塔中 10 号构造带第 I 期烃包裹体为褐黑色沥青包裹体[表 8.1 中(3)](图 8.51)。这期烃包裹体赋存于第 I 期晚加里东—早海西期构造裂缝(图 8.49)早世代方解石胶结物中。烃包裹体特点是黑色液相、不规则状、不发荧光或发极弱的褐色荧光,可见是一次成熟度较低的油的记录。从图 8.52a 中发现,这一期烃包裹体含量并不高且分布不均,仅塔中 45 井、塔中 822 井、塔中 30、中古 203 井、塔中 6 井、塔中 4-7-38 井中含量相对较高,其他井含量一般(<4%),另外很多井中未见该期烃包裹体。

第 II 期发浅黄色或黄白色荧光的极浅褐色或无色液态烃包裹体[表 8.1 中(7)],分布在第 II 期晚海西期形成的裂缝充填物和脉体(图 8.53—图 8.55)、脉萤石生长纹(图 6.33—图 6.36)、孔洞方解石生长纹(图 8.56—图 8.58)、缝合线(图 8.59)、愈合缝中。气液比很小,多小于 10%,说明形成时是油被包裹,并没有气的伴生。发中等黄色和白色荧光,说明是成熟油。从图 8.52b 上看,该期烃包裹体在塔中地区普遍存在,含量较高,说明晚海西期是塔中地区一期很重要的成藏期,而且塔中地区第 II 期烃包裹体特征与塔北地区第 II 期烃包裹体特征有很好的可比性。

燕山—喜马拉雅期形成第 III 期的烃包裹体在塔中地区较为复杂(表 8.1),先后共发现有三小期烃包裹体:第 III$_1$ 期、第 III$_2$ 期、第 III$_3$ 期,而这三小期烃包裹体分布很不均匀(图 8.52c)。

第 III$_1$ 期气液烃包裹体,发棕红色荧光[表 8.1 中(10)](图 8.60—图 8.63),个体较大,多在 30~150μm,具晚期形成的特点;在紫外荧光下发强的棕红色荧光,为高成熟油。气液比较高,多在 10%~70%,在发现处含量高(多在 80% 以上),油气注入成油藏。第 III$_1$ 期气液烃包裹体主要赋存在一组燕山期形成的粗大的方解石脉中。第 III$_1$ 期气液烃包裹体仅在塔中东端的塔中 16 井、塔中 4-7-38 井、塔中 162 井中发现(图 8.52c),在发现处含量很高,可见燕山期—早喜马拉雅期先在这几口井中有一期高成熟度油的充注。

第 III$_2$ 期液气烃包裹体,褐灰色,发强蓝色、蓝白色荧光[表 8.1 中(16),图 8.64、图 8.65],主要分布在喜马拉雅期形成的高角度构造萤石脉(图 8.64、图 8.65)、方解石脉(图 8.66—图 8.68)和共轭愈合缝中(图 8.69—图 8.72)。气液比 5%~75%,常见有气态烃包裹体伴生(图 8.73、图 8.74),因此,该期应是一次大规模的高成熟度凝析油气的形成期。

第 III$_3$ 期黑色气态烃包裹体,不发荧光,呈不规则形、大小不均、多数个体较大(图 8.75、图 8.76),并常见在开放的岩石孔隙中有褐色沥青质沥青相伴生。常在最后一期形成的半充填开放式裂缝内充填物中赋存,属于晚期形成的烃包裹体,故属于表 8.1 中(17)类。本期包裹体只在塔中东部浅部位如塔中 26、塔中 24、塔中 62 井这几口井中见到。第Ⅲ₃期气烃包裹体，常表现出气态烃包裹体与重质沥青包裹体并存的现象，重质沥青包裹体的形成是因为气侵作用使原来油藏中的重质组分发生分离所致。

8.3　塔东地区烃包裹体期次

塔东地区东部的罗西1井—英东2井与西部的古城4井—古城6井烃包裹体特征并不相同（图8.52）。在塔东地区共见有两期六种不同特征的烃包裹体，两期是指晚加里东—早海西期和燕山—喜马拉雅期两个大的成藏期；第Ⅰ期晚加里东—早海西期有两种烃包裹体［表8.1中（4）和（5）］，燕山—喜马拉雅期有四种烃包裹体［表8.1中（11）、（12）、（16）和（19）］。

在罗西1—英东2井区，晚加里东—早海西期构造裂缝中的短小愈合缝和缝合线中发育有第Ⅰ期褐色沥青包裹体［表8.1中（4）类］（图8.77）。罗西1井偶见褐色液态烃包裹体，形态多为不规则状，大小不均一，通常在4～12μm之间，常呈零星状分布，主要赋存于沥青愈合缝两侧的方解石中。

在塔东古城4—古城6井区和塔东1—塔东2井区，第Ⅰ期烃包裹体为发黑色荧光的黑色或黑褐色碳质沥青烃包裹体［表8.1中（5）类］，多在晚加里东—早海西期构造裂缝伴生的短小愈合缝（图8.78）、缝合线（图8.79）、缝合线夹方解石中发育，并常见黑色干沥青；另在亮晶方解石胶结物中也见该类包裹体。该类多为不规则开放体系的沥青质，并多已固化。

在罗西1—英东2井区，燕山—喜马拉雅期见有两小期烃包裹体：第Ⅲ₁期为发黄色荧光的无色或浅褐色气液烃包裹体［表8.1中（11）类］，在燕山—喜马拉雅期构造裂缝中发现，赋存在缝合线及两侧、早世代方解石胶结物（图8.80、图8.81）、较早期方解石脉（图8.82—图8.84）中。该期多为液相或气液两相，个体较小，一般为2～6μm，呈不规则状或矩形出现，属成熟的中质油充注。第Ⅲ₂期发蓝白色荧光的无色或褐色气液烃包裹体［表8.1中（16）类，图8.85、图8.86］，赋存于燕山—喜马拉雅期构造裂缝多世代脉体最晚世代方解石中（图8.80—图8.84）、孔中晚世代方解石胶结物（图8.87、图8.88）及愈合缝中。个体大小不均一，2～16μm均有，主要集中在2～10μm，气液比多小于15%，多为气液两相或液相，但常伴有灰黑色、灰色、浅灰色气态烃包裹体，呈零星状或串珠状分布。

在古城4—古城6井区和塔东1—塔东2井区，燕山—喜马拉雅期见有两期气烃包裹体：第Ⅱ₂期不发荧光的黑色气态烃包裹体［表8.1中（12）类］，主要赋存于燕山—喜马拉雅期构造裂缝中高角度剪切方解石脉（图8.89、图8.90）、白云石脉、愈合缝（图8.91）、高角度多世代脉体的早世代方解石中（图8.92）。多呈不规则状或矩形产出，烃包裹体一般为3～16μm，因烃包裹体以黑色不透明为主，气液相不太清楚，总体以气相为主。第Ⅲ₃期灰色气态烃包裹体［表8.1中（19）类］，赋存于古城4—古城6井区和塔东1—塔东2井区燕山—喜马拉雅期构造裂缝最晚期白云石、方解石充填物（图8.92）、晚期方解石胶结物中；单偏光下常为黑灰色、灰色、浅灰，颜色上没有第三种黑色气烃包裹体［表8.1中（12）］深，在紫外光下不发荧光或个别液相部分发弱的灰白光；几乎都为气烃包裹体，气液比多大于70%；多为不规则状，5～20μm为主。

8.4　和田河及周缘烃包裹体期次

和田河及周缘地区共发现有三期五种烃包裹体：第Ⅰ期褐色沥青包裹体［表8.1中（6）类］（图8.93、图8.94），赋存于晚加里东—早海西期形成的短小愈合缝内和缝合线边（图8.95）或边上的洞方解石中。单偏光下为褐色,紫外荧光下发褐色光,烃包裹体个体较小,通常在 2~5μm,一般不超过 10μm,呈椭圆或不规则状,一般呈串珠状或群体定向分布。

第Ⅱ期发黄色荧光的浅褐色液态烃包裹体[表8.1中(8)类](图8.96、图8.97),主要赋存在晚海西期构造裂缝中,常呈零星或串珠状分布于愈合缝(图8.96、图8.97)、高角度剪切方解石脉(图8.98、图8.99)、含褐色沥青的缝合线夹块方解石(图8.100、图8.101)或含沥青的白云石—石英脉中。单偏光下一般为极浅红色、浅褐色,紫外荧光下发亮黄色、黄色荧光,多为气液两相或液相,气液比多小于25%,个体大小在 2~12m 不等,多呈矩形或不规则形状。

燕山—喜马拉雅期构造缝中见有三种烃包裹体。第Ⅲ$_1$期黑色气烃包裹体[表8.1中(12)]伴生有少量黑色液态烃包裹体(图8.102),主要赋存于燕山—喜马拉雅期早期方解石脉(图8.103)、白云石脉中。在单偏光显微镜下多为黑色、不透明,以气相为主,多为液气相、固液气相、固气相共存。在紫外光下黑色气态烃包裹体不发荧光。多呈不规则状产出,烃包裹体个体较大,一般为 4~16μm,多数大于 8μm。

第Ⅲ$_2$期发蓝色或蓝白色荧光的无色—极浅黄色气液烃包裹体[表8.1中(18),图8.104、图8.105],分布在燕山—喜马拉雅期构造缝三世代方解石脉晚世代方解石(图8.106)、晚期方解石脉、充填洞的方解石、剪切方解石脉中。多为气液两相或液相,个体偏大,主要分布在 4~16μm 之间,最大可达30μm,气液比0~35%,常见有气液比大于50%的灰色液气包裹体伴生,多呈矩形或不规则形状,呈片状、零星或串珠状分布。据烃包裹体偏光颜色和荧光颜色判定为高成熟轻质油。

第Ⅲ$_3$期黑灰色气态烃包裹体[表8.1中(19),图8.107],主要赋存在晚张性方解石脉晚世代方解石、白云石—方解石孔洞晚世代方解石(图8.103)、三世代洞方解石的晚世代方解石胶结物中(图8.108)。单偏光显微镜下多为灰色、浅灰色、黑灰色,多透明,不含或含少量(小于10%)的液相,紫外光下不发荧光。个体偏大,多数大于8μm,形态多为不规则,呈零星状分布。

总之,塔里木盆地寒武系—奥陶系自沉积以来经历了晚加里东期、海西期、印支期、燕山期和喜马拉雅期构造运动。伴随着这些构造运动,整个盆地发生了三期大规模的油气充注(表8.1):第Ⅰ期晚加里东—早海西期,形成了一期褐色或黑色沥青包裹体,该期烃包裹体油色较深,说明是一期重质油充注。另外整个塔里木盆地西部、中部、东部和北部地区以褐色沥青烃包裹体为主,盆地中南部地区为黑色沥青包裹体,表明塔里木盆地晚加里东—早海西期或许存在两个不同的生烃灶。第Ⅱ期晚海西期,形成了一期发黄色荧光的烃包裹体,油性为中质油。该期烃包裹体在整个塔里木盆地均有分布,表明在晚海西期有次大范围的中质油气的充注。第Ⅲ期燕山—喜马拉雅期,该期油气充注情况较为复杂,各井区的期次和油性各不相同,可能是生烃灶不同,也可能是形成时间不同,也可能是原油藏经调整导致结果不同。这一时期形成的气液烃包裹体单偏光下以浅褐色、黄色和无色等浅色调为主,荧光下多发蓝色荧光,其次为黄色、褐色及棕色荧光,说明第Ⅲ期充注的油气以高成熟轻质油、凝析油气为主,局部井区为天然气直接充注。因此,纵观塔里木盆地油气充注,总体上是一个油性由重到轻的充注过程。

参 考 文 献

[1] 梁狄刚,顾桥元,皮学军. 塔里木盆地塔北隆起凝析气藏的分布规律[J]. 天然气工业,1998,18(3):5-9.

表 8.1 塔里木盆地寒武系—奥陶系碳酸盐岩烃包裹体期次对比表

构造时期	构造脉体特征	塔北地区				塔中地区				塔东地区			和田河及周缘		
		牙哈地区	英买7井区	英买322井	英买2—哈拉哈塘—轮古	塔中1号构造带	I号带东端塔中24、塔中26、塔中62井	塔中10号构造带	10号带东端塔中16、塔中4-7-38、塔中162井	罗西1井—英东2	塔东1—塔东2	古城4—古城6	塘古坳陷	和田河地区	麦盖提斜坡
晚加里东期 早海西期	张性短粗 剪性短粗		(1)褐色沥青包裹体			(2)黑色沥青包裹体		(3)褐黑色沥青包裹体		(4)褐色沥青包裹体	(5)黑色沥青包裹体			(6)褐色沥青包裹体	
晚海西期	剪切长细		(7)发黄色荧光的气液烃包裹体											(8)发黄色荧光的气液烃包裹体	
印支期	张性脉														
燕山期	先剪后张多世代早世代	(9)褐色气液烃包裹体						(10)发强棕色荧光褐色液烃包裹体	(11)发黄色荧光的气液烃包裹体				(12)黑色气烃包裹体		
喜马拉雅期	先剪后张多世代晚世代、半或未充填张裂缝	(13)发黄色荧光的气液烃包裹体 (14)发蓝色荧光的液气烃包裹体		(15)黑色、灰色气烃包裹体		(16)发蓝色荧光的气液烃包裹体								(18)发蓝色荧光的气液烃包裹体	
						(17)灰色气烃包裹体				(19)灰色气烃包裹体					

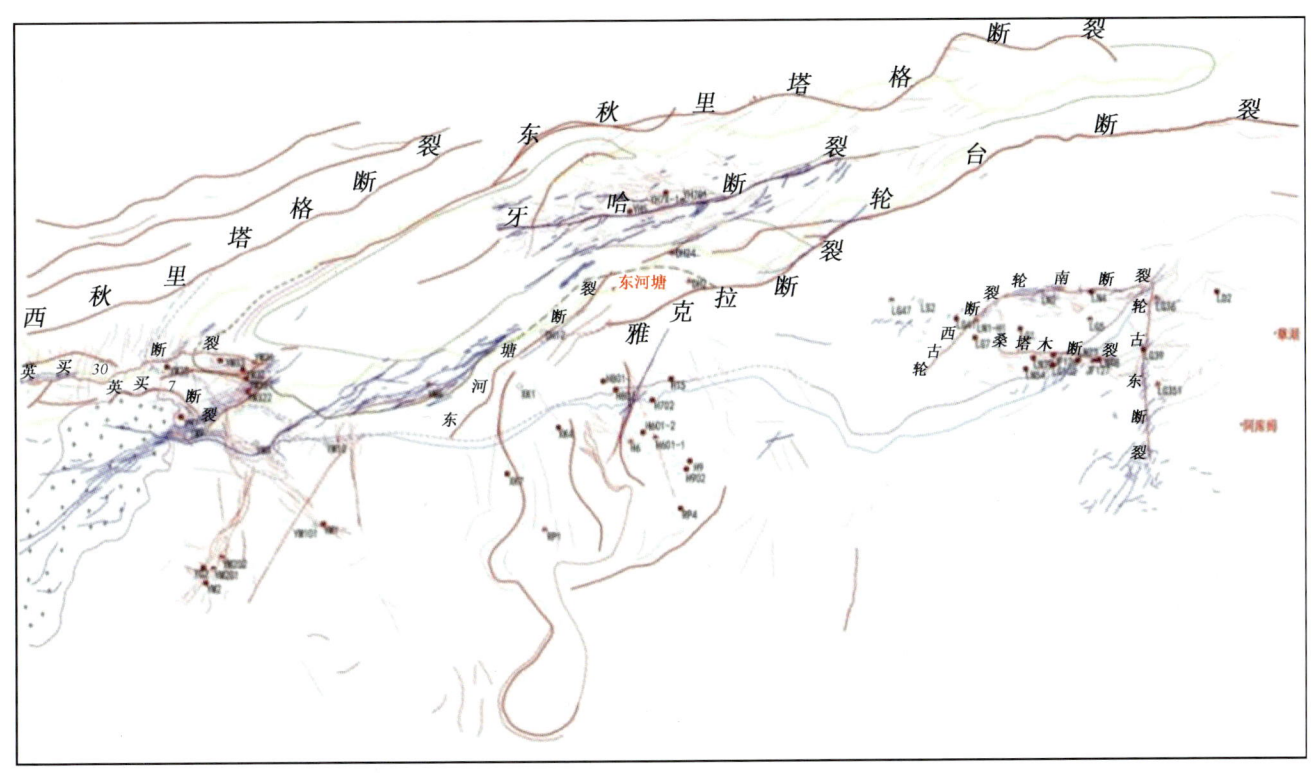

◆ 图 8.1 塔北隆起断裂系统图

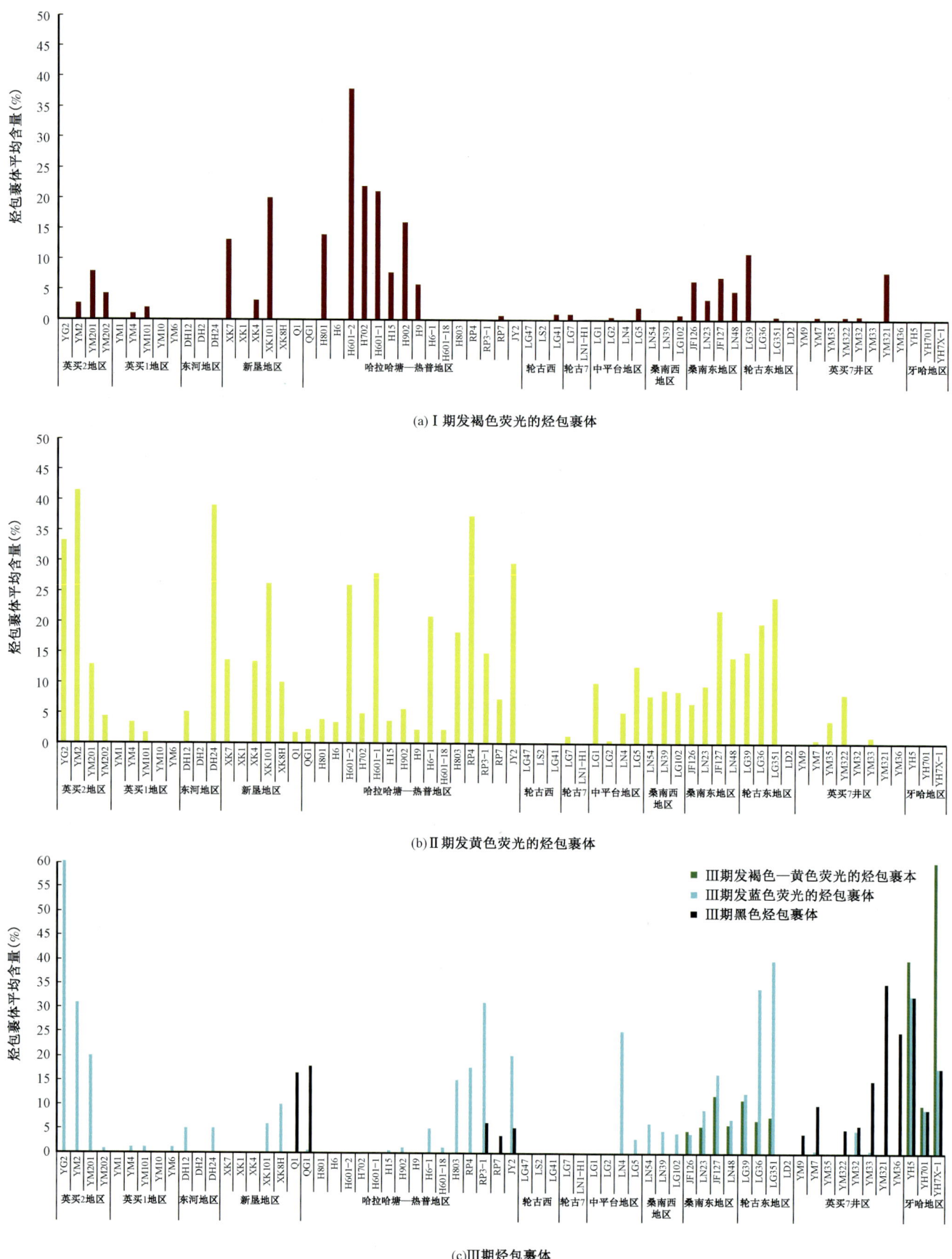

(a) I期发褐色荧光的烃包裹体

(b) II期发黄色荧光的烃包裹体

(c) III期烃包裹体

◆ 图8.2 塔北地区三期烃包裹体含量分布图

◆ 图8.3 第Ⅰ期晚加里东—早海西期的白色剪切方解石脉被第Ⅱ期晚海西期黑灰色构造剪切缝切穿。牙哈5井,5800.82m,岩心照片

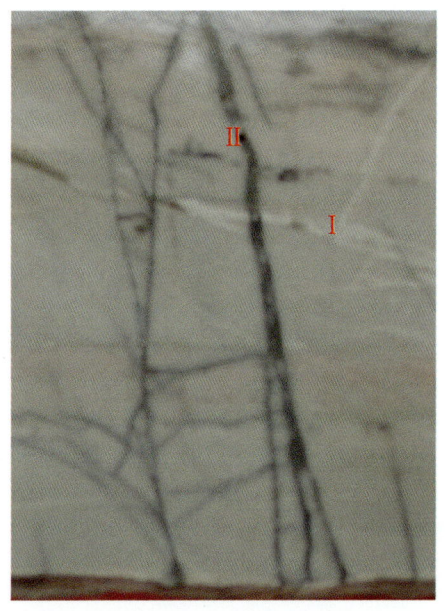

◆ 图8.4 早期方解石细脉中心部分为褐色沥青包裹体。方解石脉有三世代充填物:一世代为马牙状方解石,内未见烃包裹体;二世代为粗晶方解石,内也未见烃包裹体;三世代为连晶方解石,应是裂缝最后一世代方解石充填,使裂缝全充填,内发现烃包裹体,呈串珠状分布,包裹体较小,并多为沥青包裹体,少量为含沥青液烃包裹体,应形成较早,对应于表8.1中的(1)期。英买9井,5226.73m,单偏光

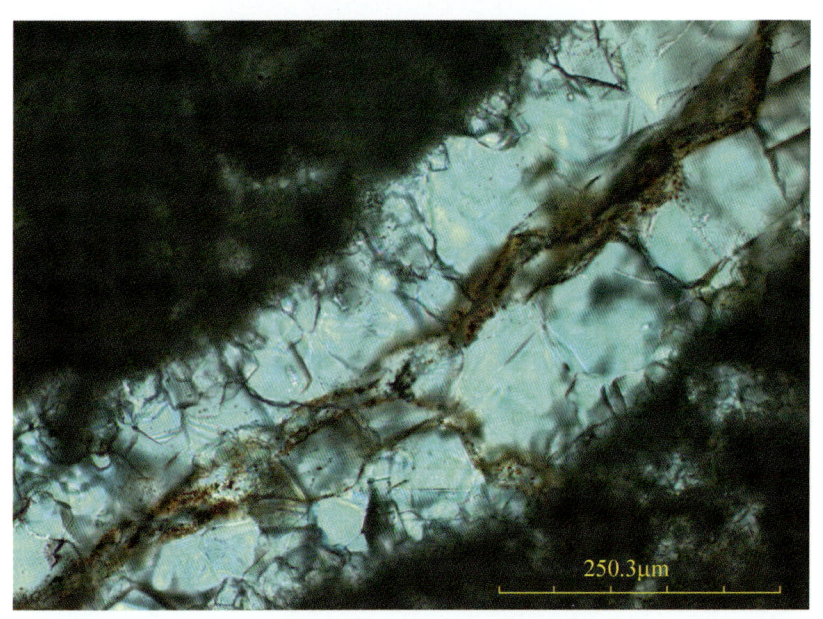

◆ 图8.5 在愈合缝中见一组褐色沥青烃包裹体、褐色液烃包裹体。愈合缝被后期裂缝断开,形成较早,烃包裹体细小、不规则形,呈串珠状分布。包裹体较小,见有沥青包裹体,应形成较早,对应于表8.1中的(1)期。英买322井,5571.30m,单偏光

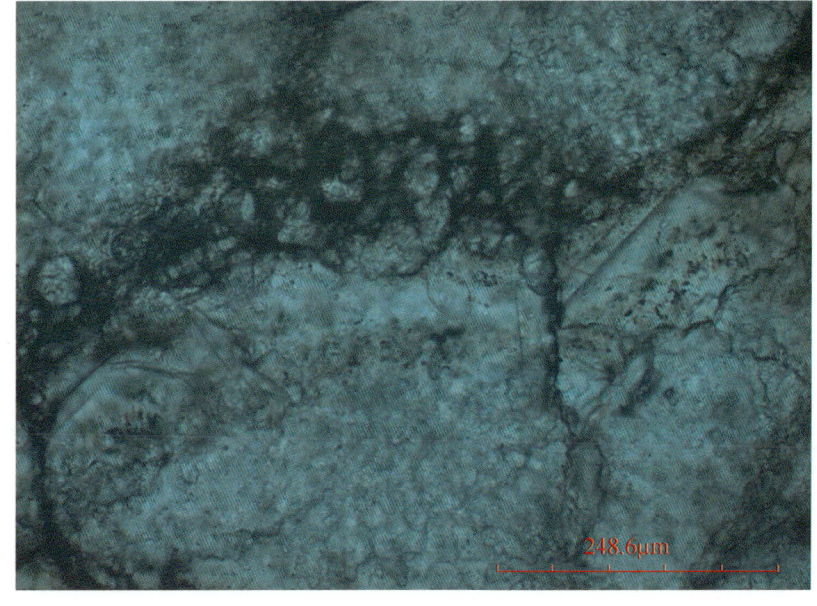

◆ 图 8.6　图 8.5 愈合缝中褐色沥青烃包裹体发黑色荧光、褐色液烃包裹体发褐黄色荧光。包裹体细小、不规则形,呈串珠状分布。烃包裹体较小,见有沥青包裹体,应形成较早,对应于表 8.1 中的(1)期。英买 322 井,5571.30m,紫外荧光

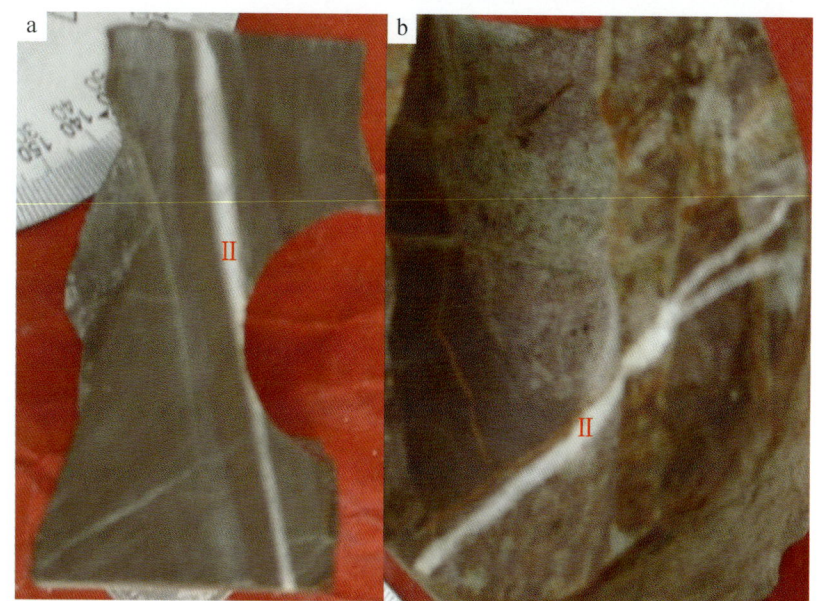

◆ 图 8.7　第 Ⅱ 期晚海西期构造方解石脉,方解石脉为白色,脉壁平直,为剪切裂缝充填方解石而成。a. 牙哈 701 井,5807.47m,岩心照片。b. 牙哈 5 井,5916.84m,岩心照片。脉均未见烃包裹体

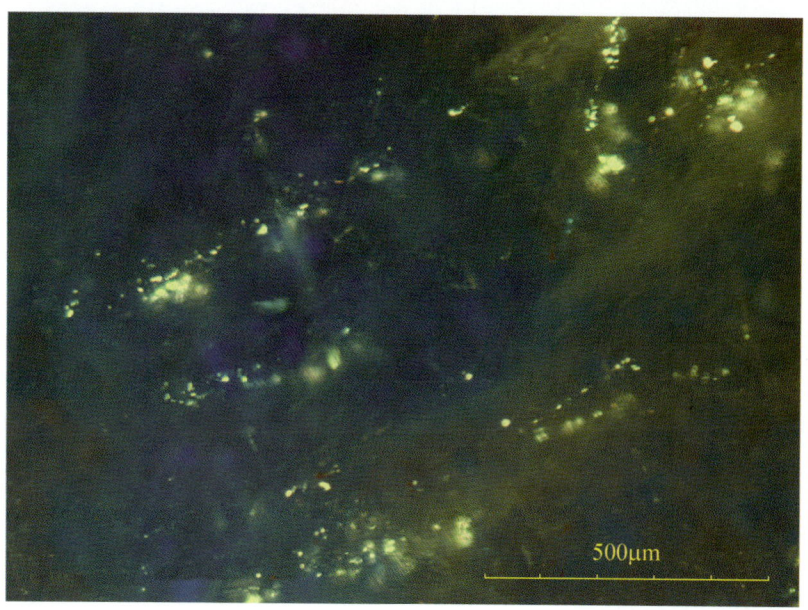

◆ 图 8.8　愈合缝中发黄色荧光的气液烃包裹体。烃包裹体形状椭圆或不规则状,群体定向分布或串珠状分布,穿过粒屑或胶结物,形成较晚,应属表 8.1 中(7)类。英买 322 井,5371.30m,紫外荧光

◆ 图 8.9 愈合缝中发黄色荧光的烃包裹体。大小相近、椭圆状，应属表 8.1 中（7）类。英买 322 井，5371.30m，紫外荧光

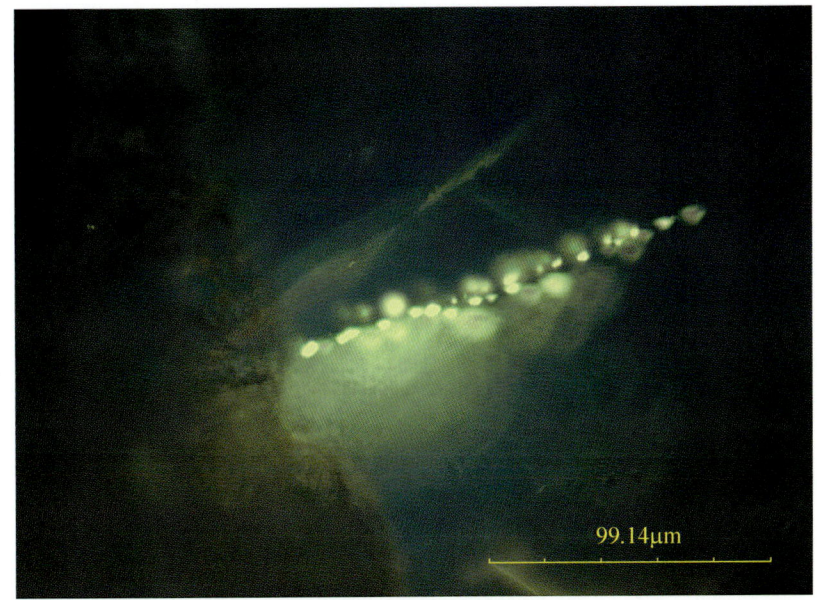

◆ 图 8.10 第Ⅲ期燕山—喜马拉雅期脉体。脉体两壁变曲，是张性裂缝，脉体由壁向中心颜色为白—黄—红色，可见是多期次矿物充填而成。英买 7 井，5243.93m，岩心照片

◆ 图 8.11 中期方解石脉体中见有褐色气液烃包裹体。大小不一、矩形或椭圆形、群体分布。对应于表 8.1 中的（9）。牙哈 5 井，5805.44m，单偏光

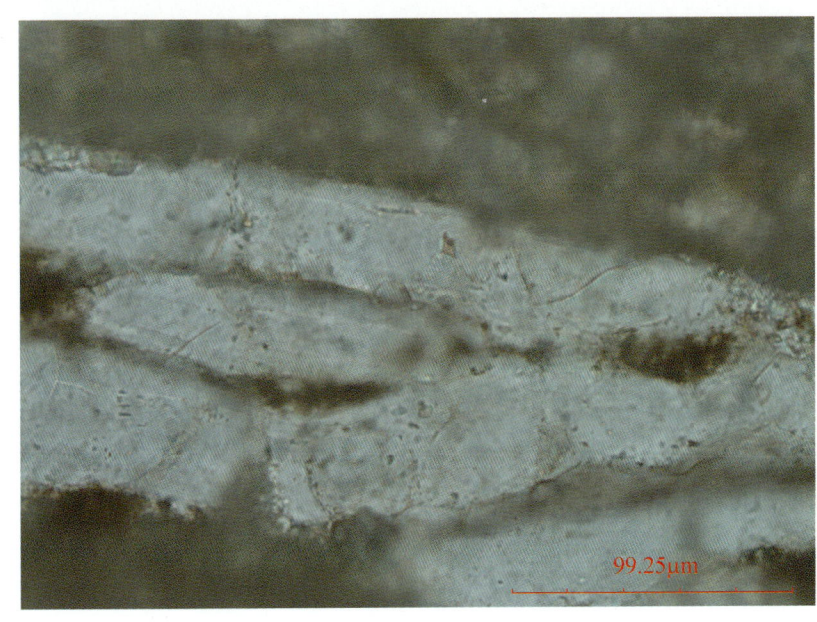

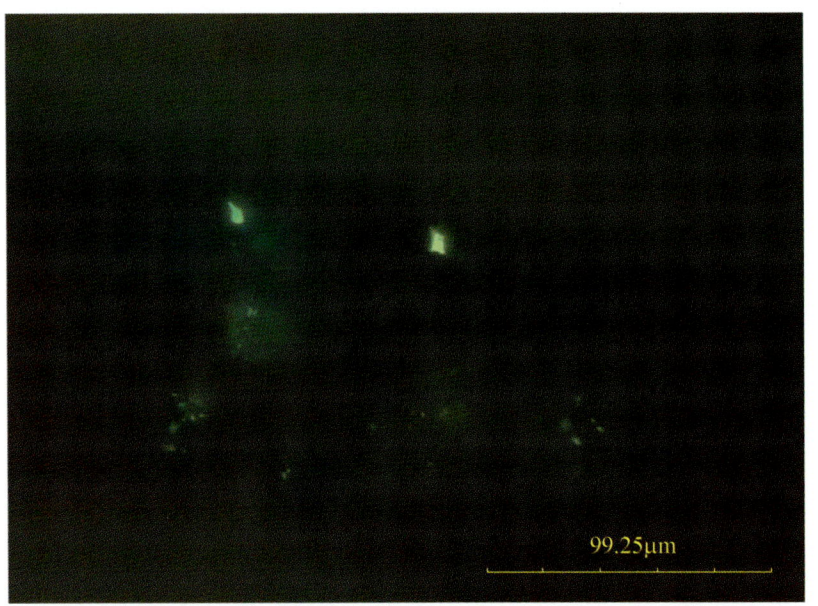

◆ 图 8.12　图 8.11 中期方解石脉体中气液烃包裹体发黄色荧光。大小不一、矩形或椭圆形、群体分布。对应于表 8.1 中的(9)。牙哈 5 井，5805.44m，紫外荧光

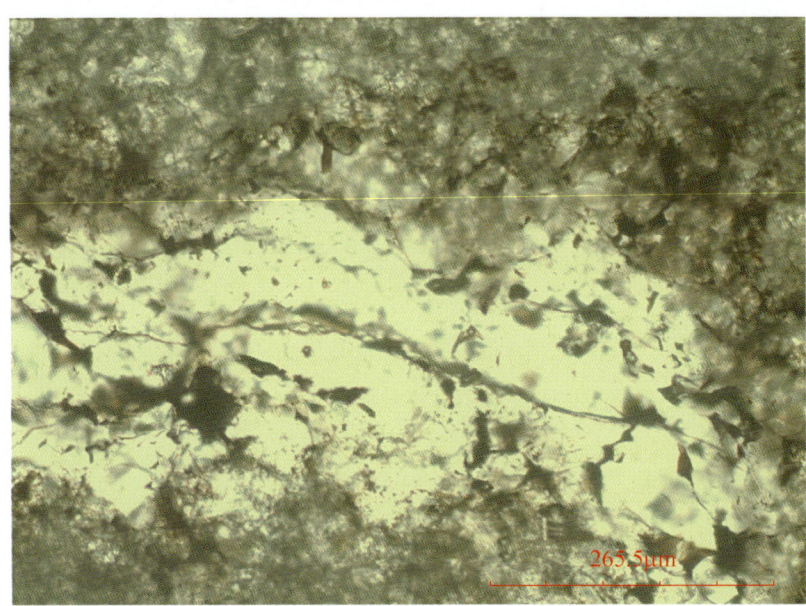

◆ 图 8.13　在晚期孔洞方解石充填物中见原生极浅褐黄色气液烃包裹体。烃包裹体不规则形、大小不一、零星分布。孔洞内有两世代方解石充填：一世代为细粒状，二世代为中心的粗晶方解石，烃包裹体就赋存在二世代方解石中，对应于表 8.1 中的(13)。牙哈 5 井，5844.30m，单偏光

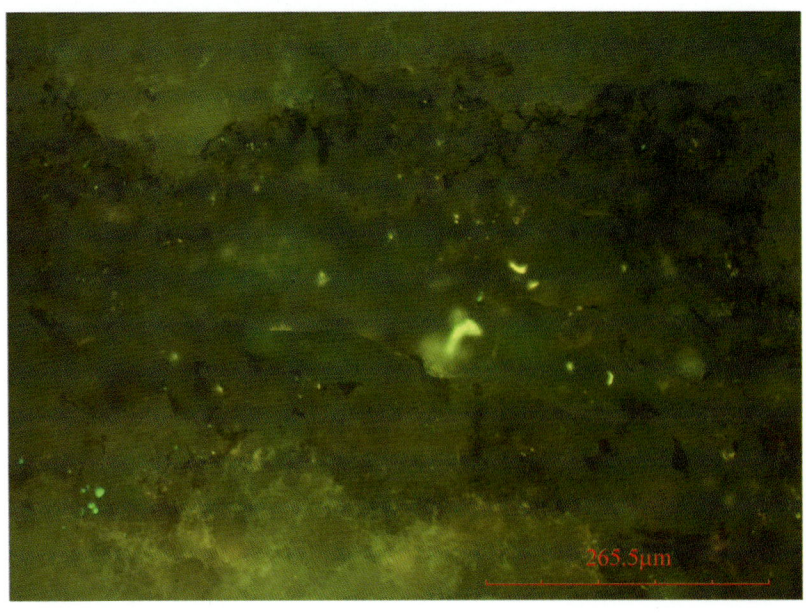

◆ 图 8.14　图 8.13 晚期孔洞二世代方解石充填物中的原生气液烃包裹体，发黄色荧光。烃包裹体不规则形、大小不一、零星分布。孔洞内有两世代方解石充填：一世代为细粒状，二世代为中心的粗晶方解石，烃包裹体就赋存在二世代方解石中，对应于表 8.1 中的(13)。牙哈 5 井，5844.30m，荧光

◆ 图 8.15 晚期充填物中的愈合缝中浅灰色气液烃包裹体。烃包裹体串珠状分布,矩形、长轴定向排列。愈合缝因穿过晚期充填物,故形成较晚,属于表 8.1 中(13)类。牙哈 7X-1 井,5892.03m,单偏光

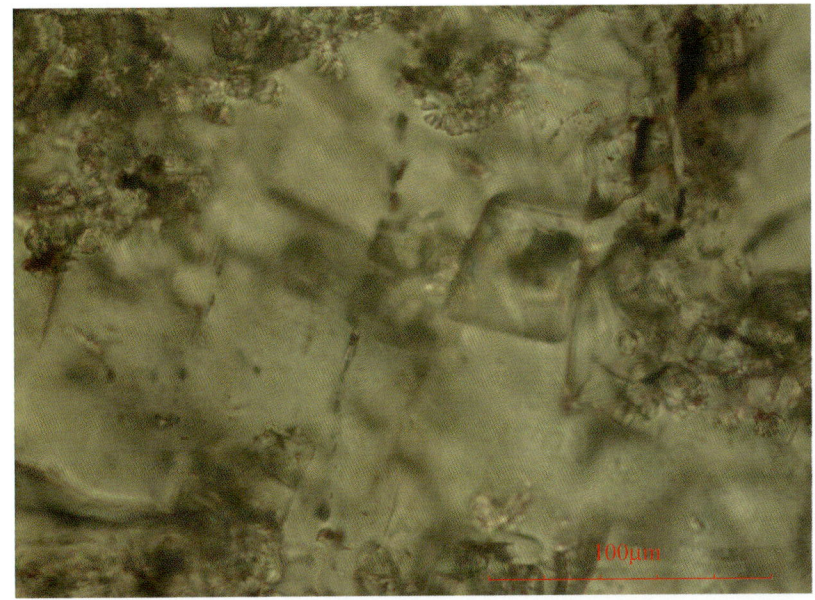

◆ 图 8.16 图 8.15 晚期充填物中的愈合缝中浅灰色气液烃包裹体,发黄色荧光。烃包裹体串珠状分布,矩形、长轴定向排列。愈合缝因穿过晚期充填物,故形成较晚,属于表 8.1 中(13)类。牙哈 7X-1 井,5892.03m,紫外荧光

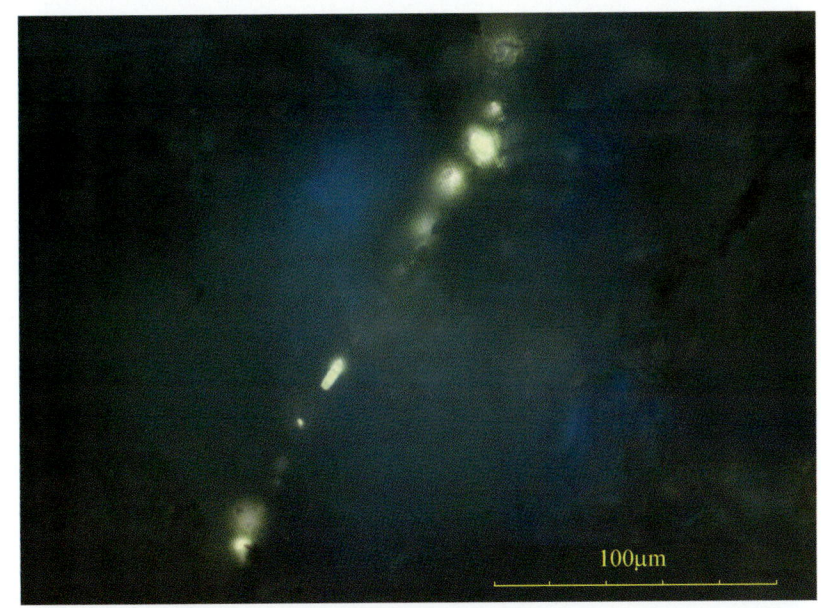

◆ 图 8.17 方解石脉中无色液气烃包裹体。不规则状,烃包裹体较大,气液比较高,是晚期烃包裹体的典型特征,应属于表 8.1 中(14)类。牙哈 7X-1 井,5817.87m,单偏光

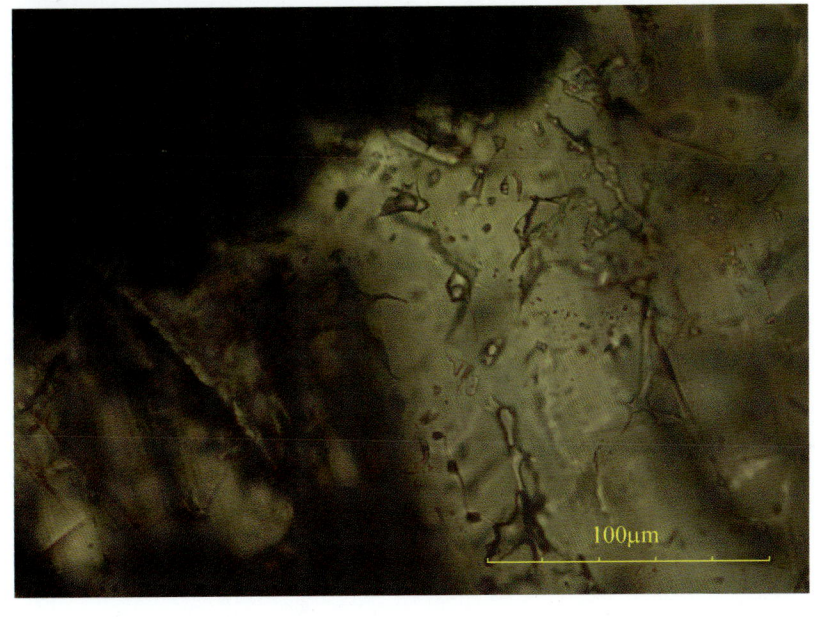

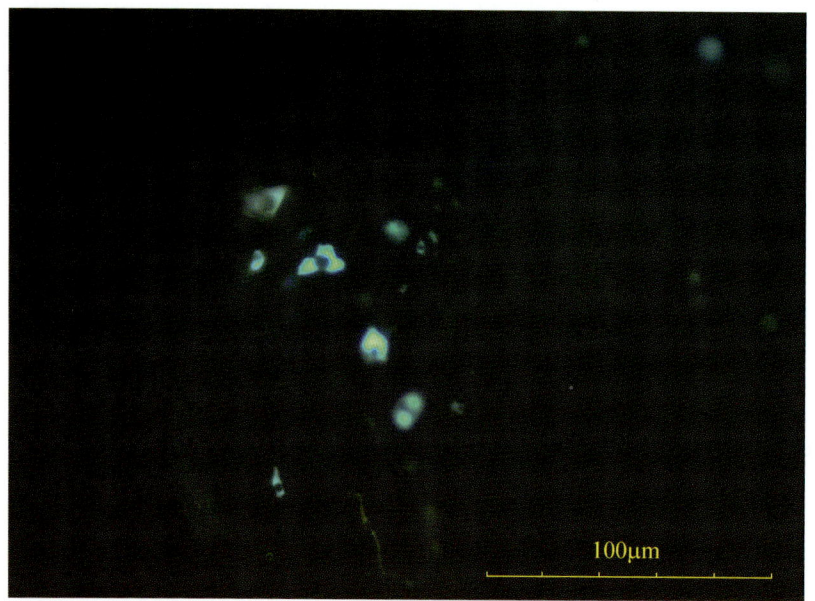

◆ 图8.18　图8.17方解石脉中无色液气烃包裹体,液相部分发蓝色荧光,气相部分不发光。不规则状,烃包裹体较大,气液比较高,是晚期烃包裹体的典型特征,应属于表8.1中(14)类。牙哈7X-1井,5817.87m,紫外荧光

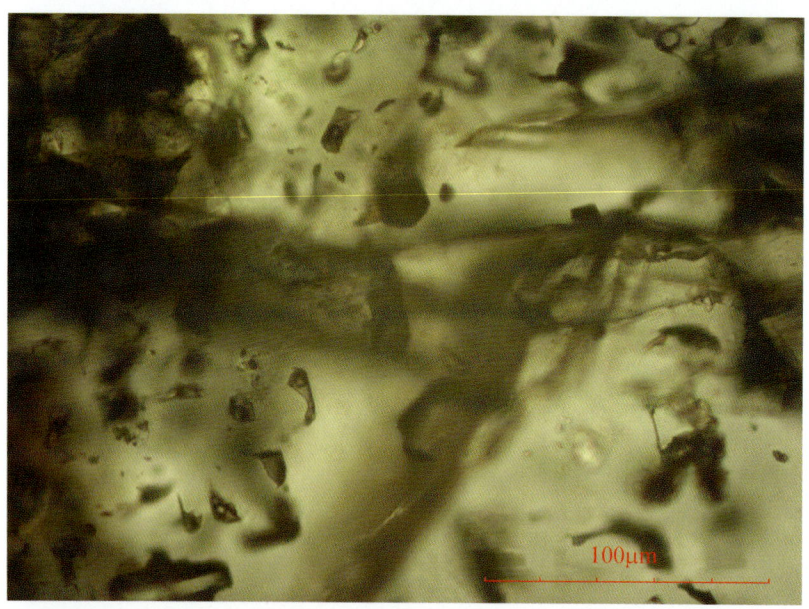

◆ 图8.19　方解石中无色液气烃包裹体。群体定向分布。不规则状,烃包裹体较大,气液比较高,是晚期烃包裹体的典型特征,应属于表8.1中(14)类。牙哈5井,5819.68m,单偏光

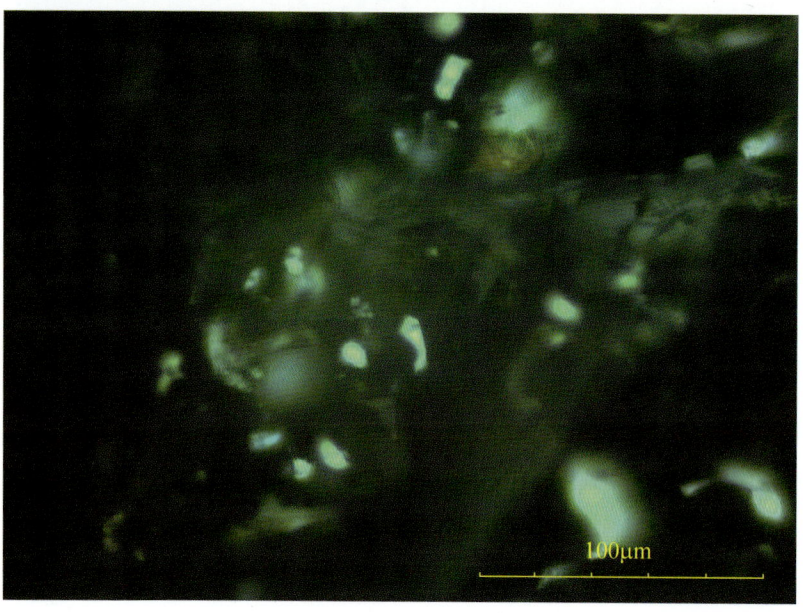

◆ 图8.20　图8.19方解石中的无色液气烃包裹体,液相发蓝色荧光,气相不发光。群体定向分布。不规则状,烃包裹体较大,气液比较高,是晚期烃包裹体的典型特征,应属于表8.1中(14)类。牙哈5井,5819.68m,紫外荧光

◆ 图 8.21 晚期半充填裂缝内方解石,含大量原生灰色液烃包裹体,故属于表 8.1 中(14)类烃包裹体。牙哈 5 井,5799.03m,单偏光

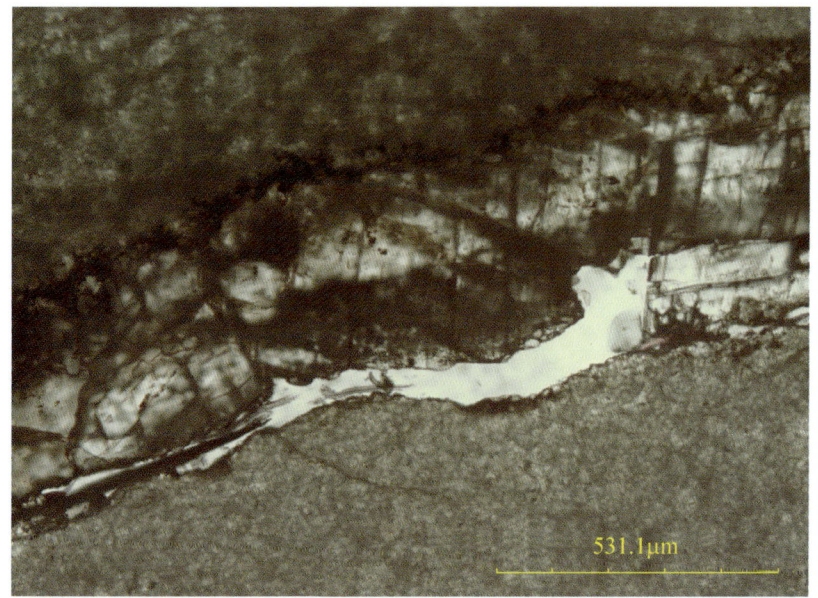

◆ 图 8.22 图 8.21 晚期半充填裂缝内方解石中的原生灰色液烃,发蓝色荧光,属于表 8.1 中(14)类烃包裹体。牙哈 5 井,5799.03m,紫外荧光

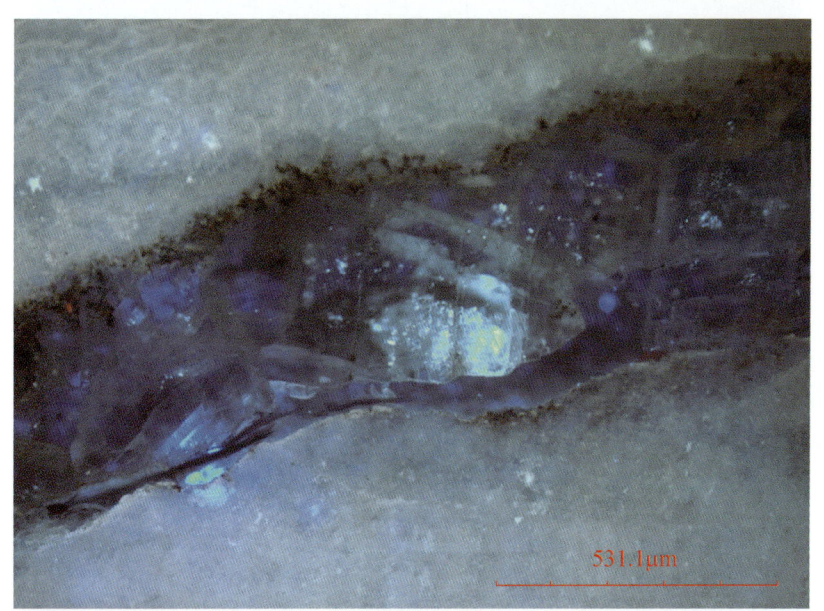

◆ 图 8.23 孔洞晚期充填的连晶方解石,内含大量灰色气液烃包裹体,属于表 8.1 中(14)类烃包裹体。牙哈 5 井,5818.34m,单偏光

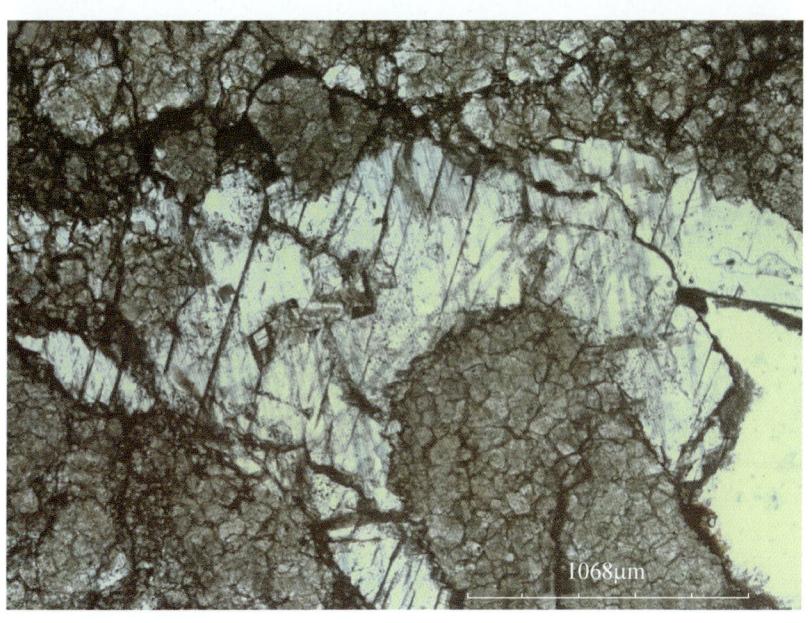

◆ 图8.24　图8.23孔洞晚期充填的连晶方解石,内含大量灰色气液烃包裹体,发蓝色荧光。属于表8.1中(14)类烃包裹体。牙哈5井,5818.34m,紫外荧光

◆ 图8.25　岩心见有三期裂缝:第一期为多世代脉体(标为1的脉体),内未见烃包裹体;第二期剪张性脉体(标为2的脉体)切穿第一期脉体;第三期为黑色张性裂缝(标为3的脉体),内充填方解石并见大量发蓝色荧光的烃包裹体。第三期黑色脉体穿过第一期和第二期脉体(红箭头),还穿开第二期脉体(蓝箭头)。牙哈701井,5791.63m,岩心照片+单偏光+紫外荧光

◆ 图8.26 燕山—喜马拉雅期白色方解石脉体。脉体一世代充填粗晶方解石,内见黑色、灰色气态烃包裹体,烃包裹体群体分布,不规则形、椭圆形,大小不一。英买36井,6096.60m,岩心照片+单偏光+单偏光

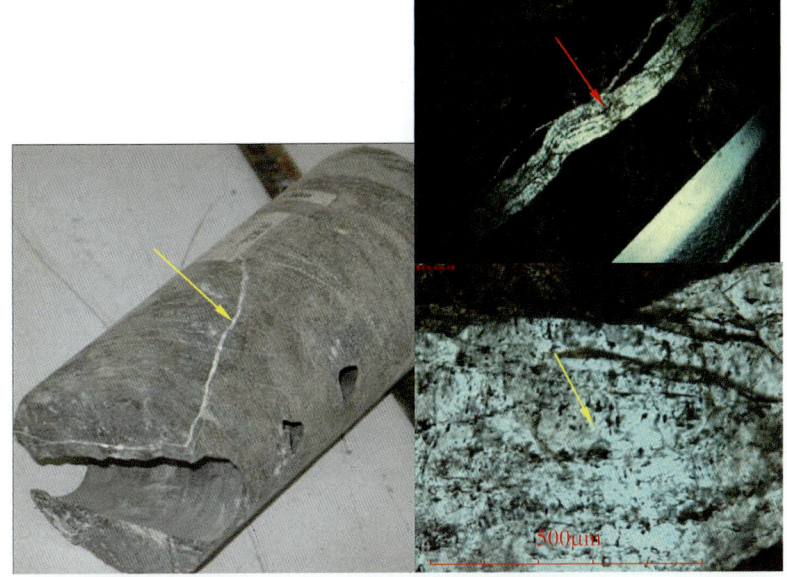

◆ 图8.27 将图8.26中的单偏光下烃包裹体照片放大。燕山—喜马拉雅期白色方解石脉体。脉体一世代充填粗晶方解石,内见黑色、灰色气态烃包裹体,烃包裹体群体分布,不规则形、椭圆形,大小不一。英买36井,6096.60m,单偏光

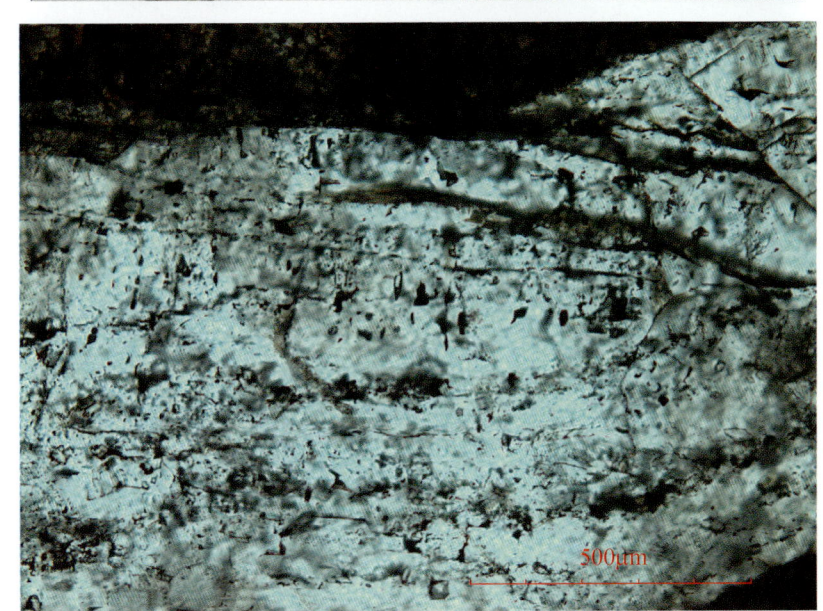

◆ 图8.28 喜马拉雅期张性裂缝,先是自形白云石充填,后阴晶质石英充填,最后是粗晶带解理缝的方解石全充填,形成多世代充填张性脉体。仅在脉方解石中见大量黑色气烃包裹体,可见形成较晚,烃包裹体椭圆形为主,大小不一,群体不定向分布。英买7井,5242.93m,单偏光

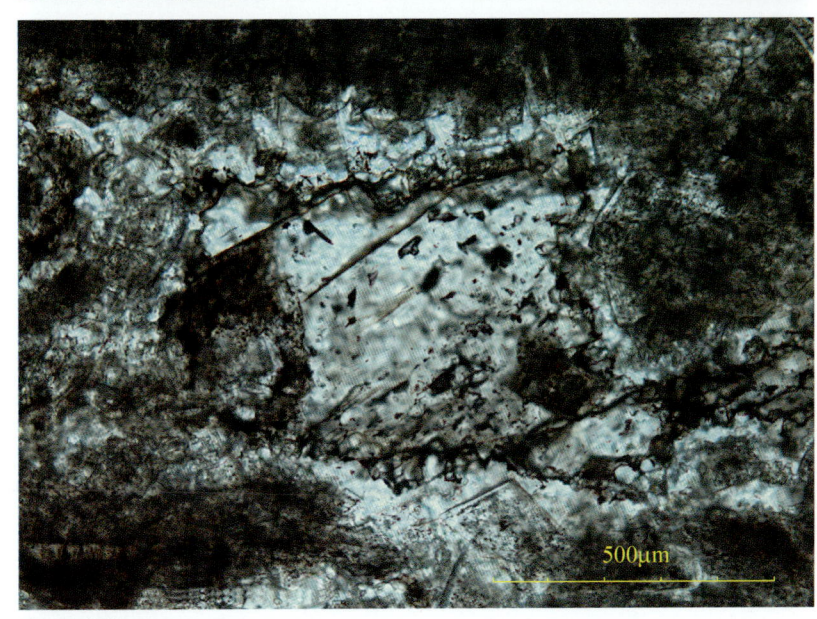

塔北南部地区

◆ 图8.29 晚加里东—早海西期的愈合缝（红箭头）被后期剪切脉体（蓝箭头）切穿。在早期愈合缝中见褐色液烃包裹体和气液烃包裹体，伴生少量沥青包裹体，烃包裹体大小不一，不规则长条形，群体定向分布。英买202井，5874.70m，岩心照片＋薄片＋单偏光

◆ 图8.30 同图8.29中的单偏光照。愈合缝中见褐色液烃包裹体和气液烃包裹体，发褐色、浅褐黄色荧光，个别发黄色、蓝色荧光。伴生少量沥青包裹体，发黑色荧光。英买202井，5874.70m，紫外荧光

◆ 图8.31 见早晚两期构造脉体。早期为晚海西期形成的构造缝(黄色箭头),内部含发黄色荧光的烃包裹体,烃包裹体群体分布。晚期为燕山—喜马拉雅期脉体,脉体内的愈合缝中存在发蓝色荧光的烃包裹体(蓝色箭头),烃包裹体串珠状分布。英买2井,6053.02m,岩心照片+薄片照片+紫外荧光

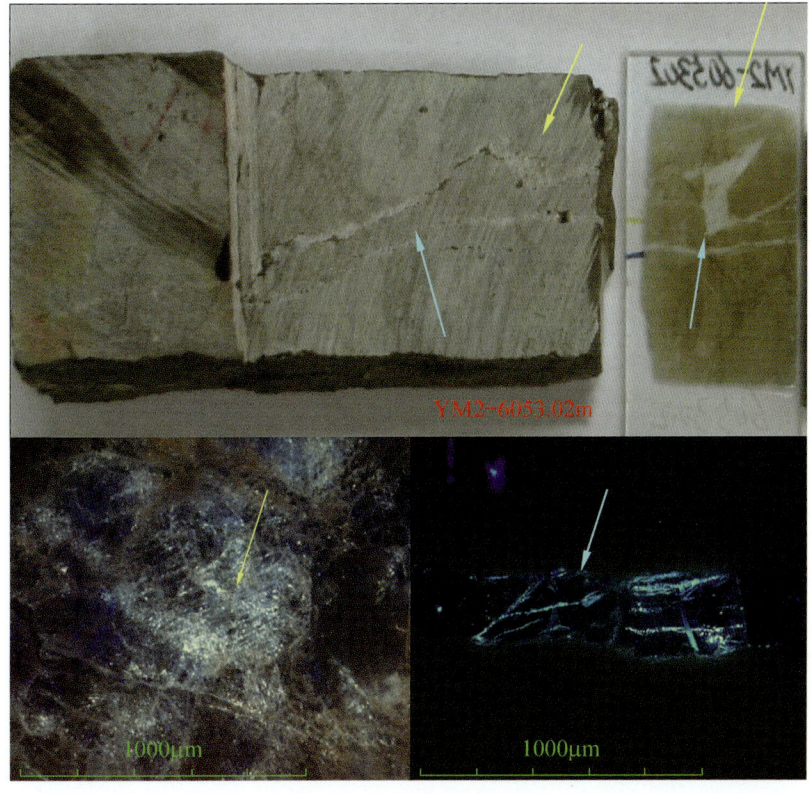

◆ 图8.32 存在早晚两期构造脉体相互穿插现象。早期为晚海西期形成的构造缝(红色箭头),内部含发黄色荧光的烃包裹体,烃包裹体群体分布。晚期为燕山—喜马拉雅期脉体,内见有发蓝色荧光的烃包裹体(蓝色箭头),烃包裹体群体不定向分布,大小不一,个体较大。英买2井,6053.02m,紫外荧光

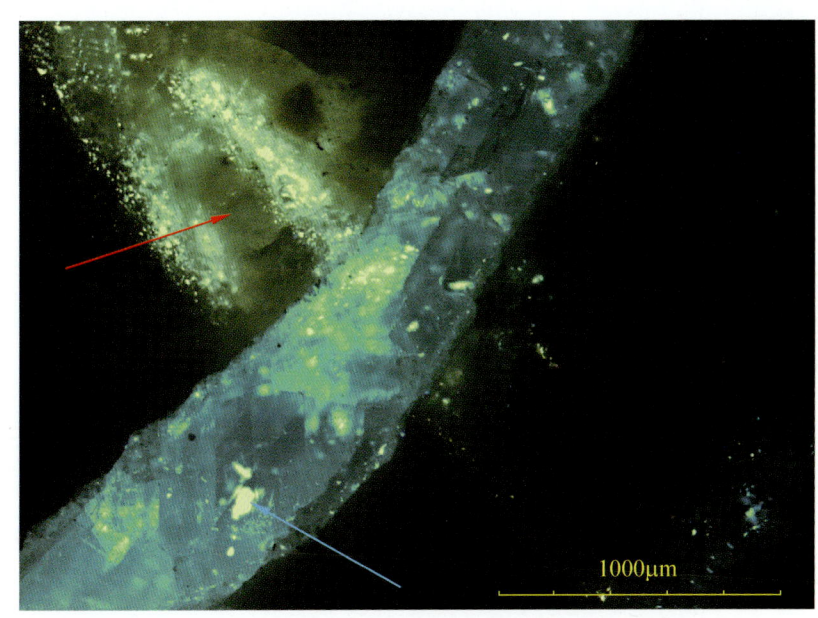

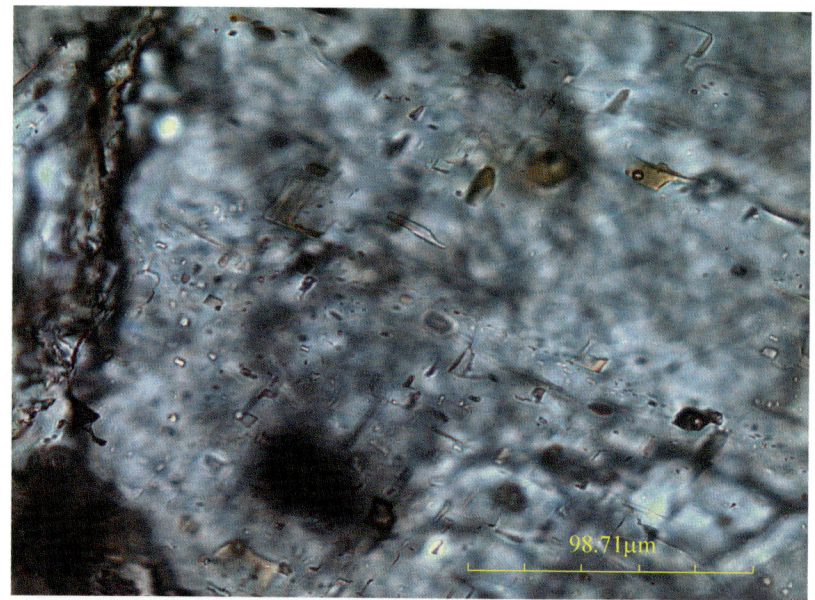

◆ 图8.33 图8.32中早期方解石脉里面发黄色荧光烃包裹体的放大照片。气液烃包裹体液相为褐色,气相为灰色,以不规则矩形为主,群体不定向分布,大小不一,伴生有无色盐水包裹体。英买2井,6053.02m,单偏光

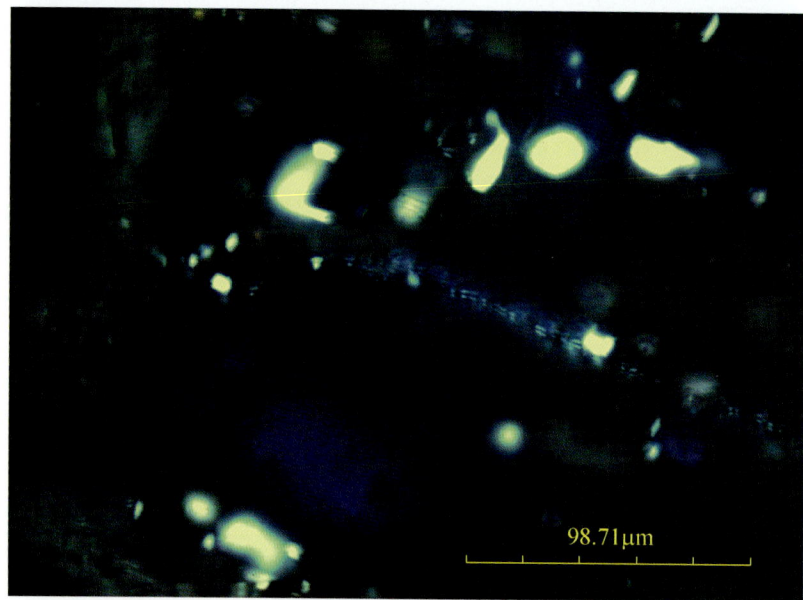

◆ 图8.34 同图8.33。气液烃包裹体液相发强的黄色荧光,多为不规则矩形,群体不定向分布,大小不一,伴生的无色盐水包裹体不发荧光。英买2井,6053.02m,紫外荧光

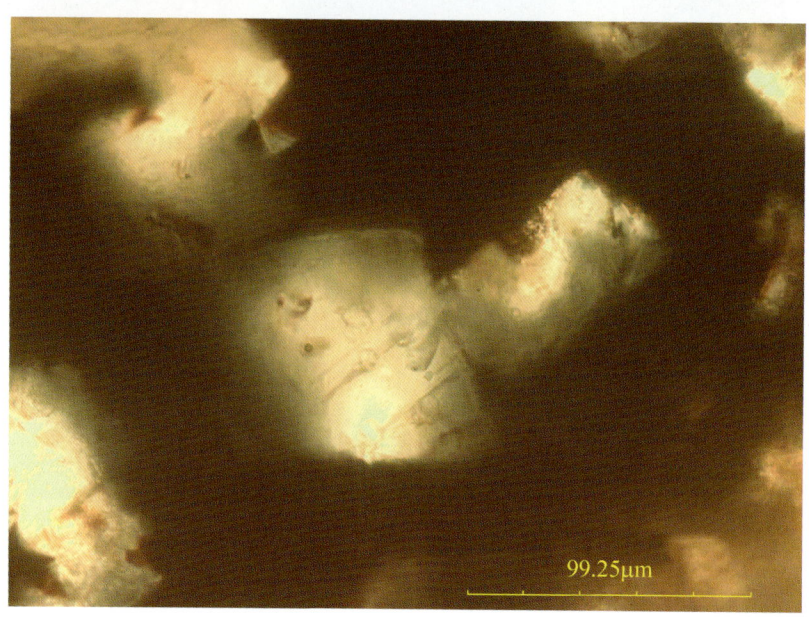

◆ 图8.35 缝合线边部的白云石,白云石自形,其核心部位见有无色、浅黄色气液烃包裹体。烃包裹体矩形,大小不一,群体分布。解放127井,5445.32m,单偏光

◆ 图 8.36 同图 8.35。缝合线边部的白云石,白云石自形,其核心部位无色、浅黄色气液烃包裹体发黄白色荧光。烃包裹体矩形,大小不一,群体分布。解放 127 井,5445.32m,紫外荧光

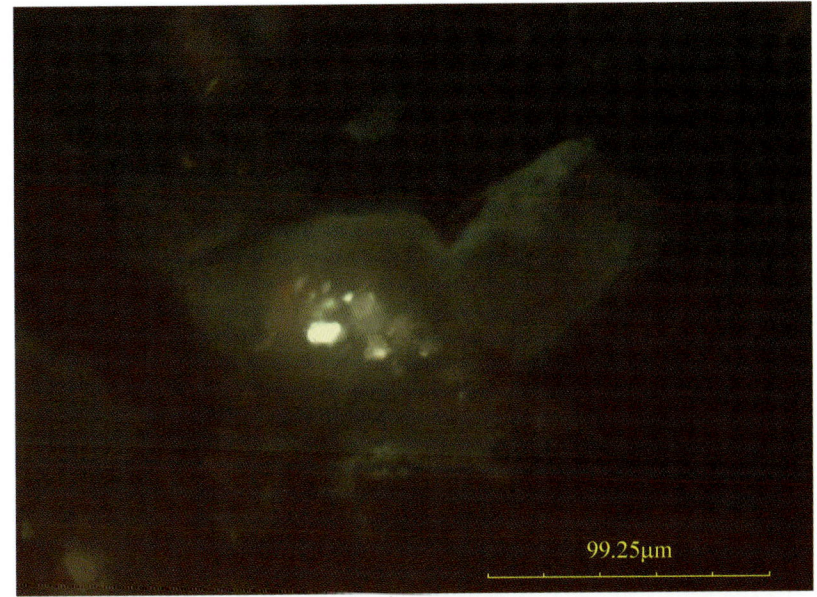

◆ 图 8.37 大片连晶方解石脉中见到形状较规则的原生流体包裹体,有灰色液气烃包裹体、气液烃包裹体、黑色气烃包裹体、无色伴生盐水包裹体。包裹体定向群体分布,多为矩形、三角形,包裹体较大但大小不一。新垦 8H 井,6809.50m,单偏光

◆ 图 8.38 同图 8.37。大片连晶方解石脉中见到形状较规则的原生流体包裹体,有发蓝色荧光的液气烃包裹体、气液烃包裹体和不发光的气烃包裹体和盐水包裹体。包裹体不定向群体分布,多为矩形、三角形,包裹体较大但大小不一,属于表 8.1 中的(16)类烃包裹体。新垦 8H 井,6809.50m,紫外荧光

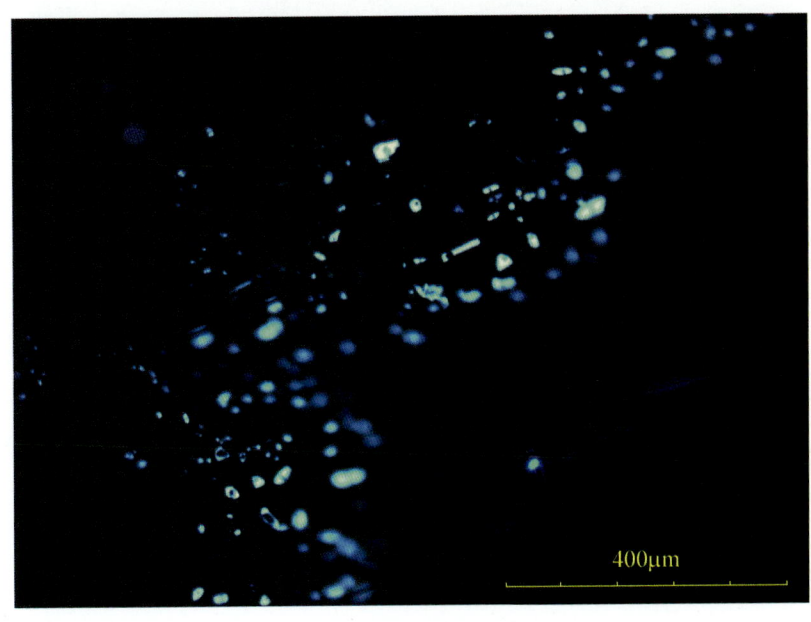

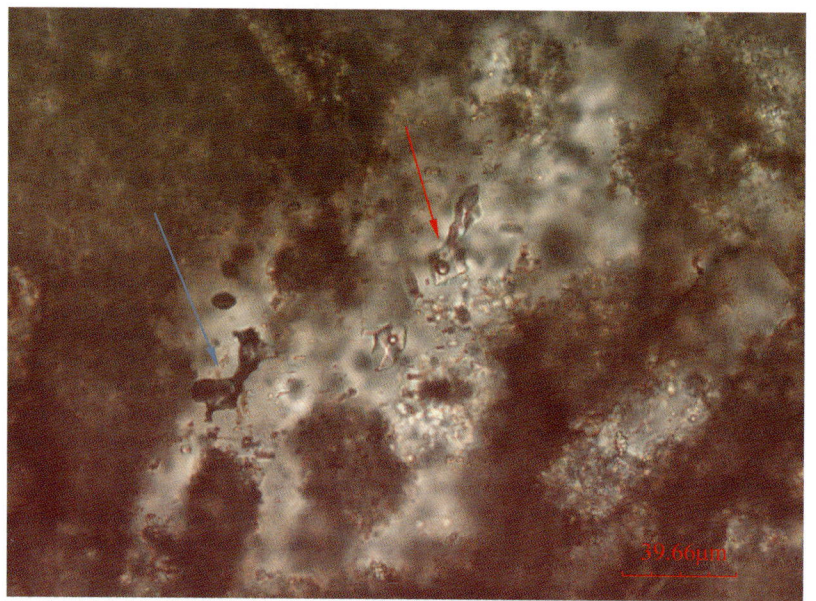

◆ 图8.39 方解石胶结物中的气液烃包裹体(红箭头),烃包裹体液相无色,气相灰色,烃包裹体不规则状,零星分布。伴生有气相烃包裹体(蓝箭头),黑色,不规则状或椭圆形。英买201井,5960.32m,单偏光

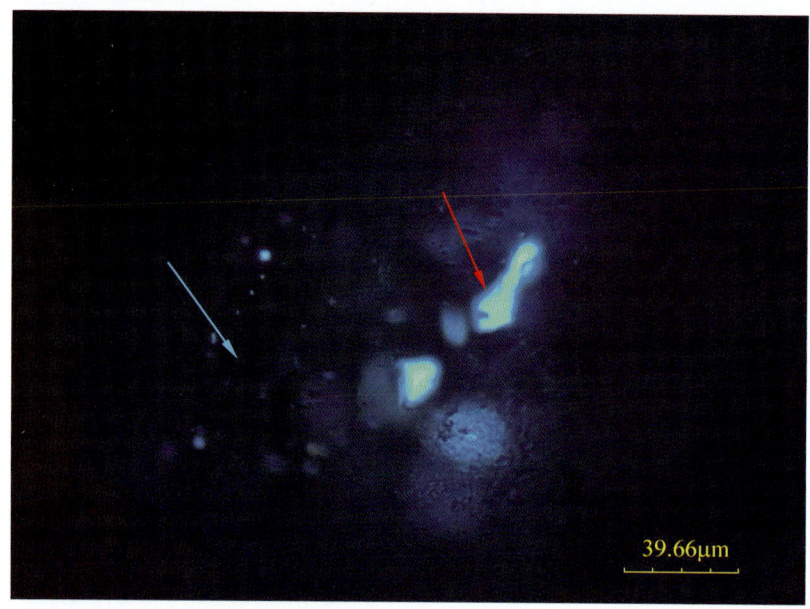

◆ 图8.40 同图8.39。方解石胶结物中的气液烃包裹体(红箭头),烃包裹体无色液相发蓝色荧光,灰色气相不发荧光,烃包裹体不规则状,零星分布。伴生有气相烃包裹体(蓝箭头),不发荧光,不规则状或椭圆形。英买201井,5960.32m,紫外荧光

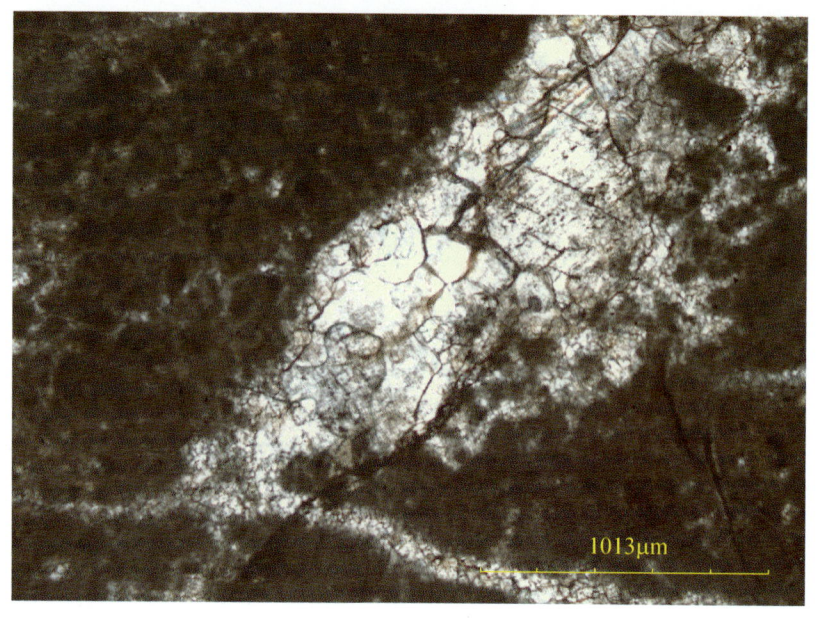

◆ 图8.41 在孔洞有两世代方解石充填物:早世代细粒状方解石和晚世代粗晶方解石。在粗晶方解石中发现大量原生灰色气液烃包裹体,包裹体呈群体分布。粗晶方解石是晚期洞内充填物,故属表8.1中(16)类烃包裹体。英买2井,5921.15m,单偏光

◆ 图 8.42　图 8.41 晚世代粗晶方解石中的原生气液烃包裹体,发蓝色荧光。粗晶方解石是晚期洞内充填物,故属表 8.1 中(16)类烃包裹体。英买 2 井,5921.15m,紫外荧光

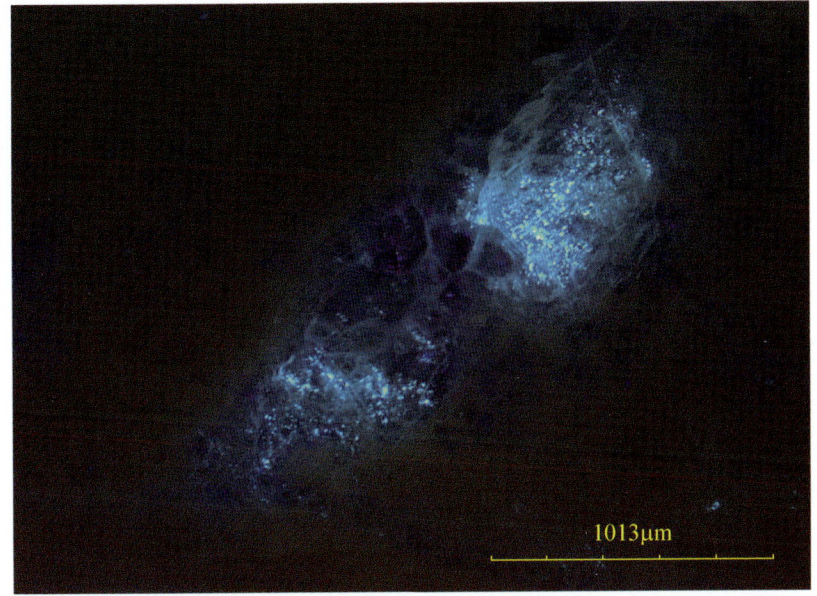

◆ 图 8.43　燕山—喜马拉雅期形成的张性粗脉体,脉体两壁弯曲,粗细不一。脉体充填为方解石,内见大量发蓝色荧光烃包裹体,烃包裹体群体定向分布,大小较均匀。轮古 36 井,5933.89m,岩心照片+薄片照片+紫外荧光

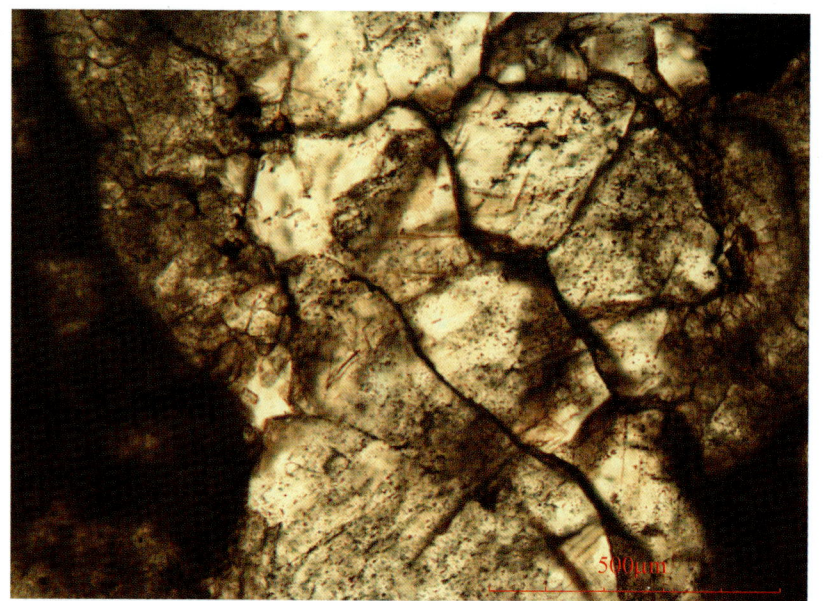

◆ 图8.44 燕山—喜马拉雅期形成的张性脉体,脉体为粗晶方解石。内见大量灰色气液烃包裹体,群体分布,大小较均匀。英古2井,6054.45m,单偏光

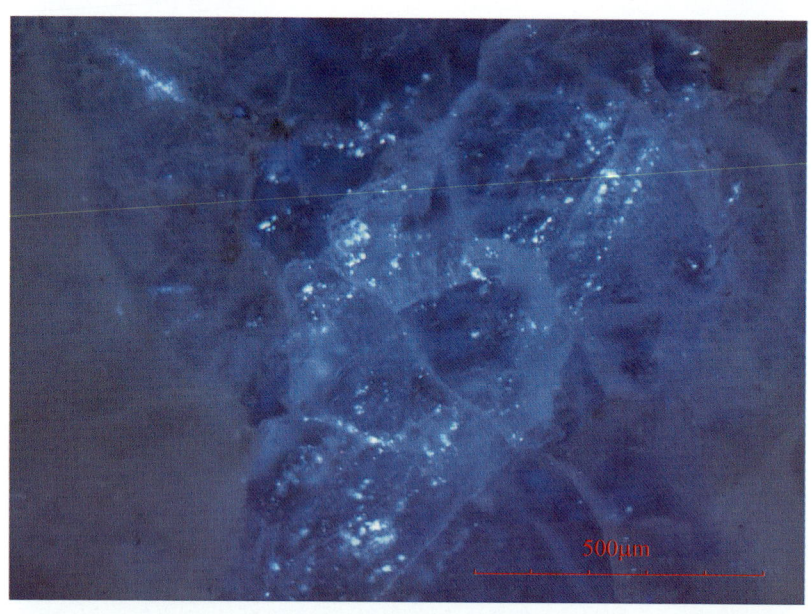

◆ 图8.45 同图8.44。燕山—喜马拉雅期形成的张性脉体,脉体为粗晶方解石。内部的灰色气液烃包裹体发蓝白色荧光,群体分布,大小较均匀。英古2井,6054.45m,紫外荧光

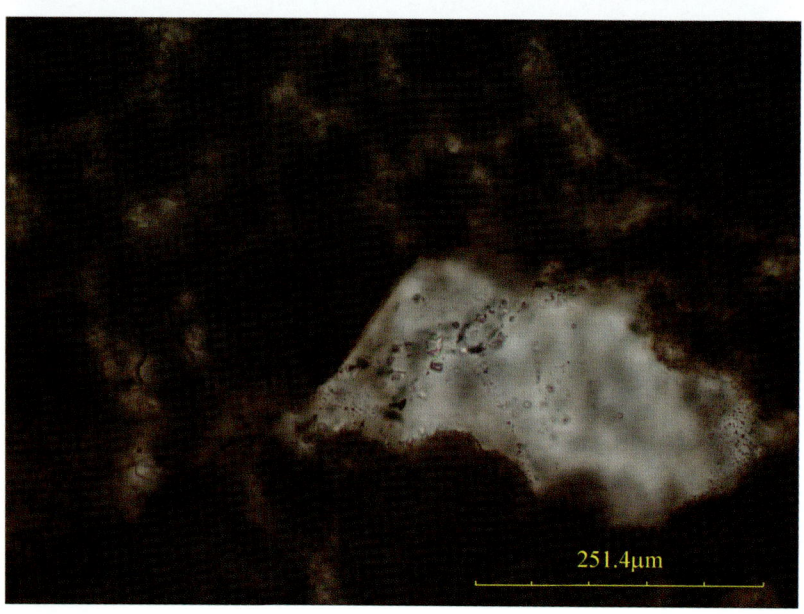

◆ 图8.46 穿过亮晶方解石胶结物的愈合缝中含灰色气液烃包裹体和无色盐水包裹体。气液烃包裹体无色、浅黄褐色,群体定向分布,大小不一,多呈矩形、不规则矩形。英买201井,6112.54m,单偏光

◆ 图8.47 图8.46中穿过亮晶方解石胶结物的愈合缝中烃包裹体发蓝色荧光、盐水包裹体不发光。气液烃包裹体无色、浅黄褐色，群体定向分布，大小不一，多呈矩形、不规则矩形。在荧光下更易发现愈合缝是穿过亮晶方解石向粒屑延伸，可见是形成较晚的愈合缝，属于表8.1中的(16)类发蓝色荧光烃包裹体。英买201井，6112.54m，紫外荧光

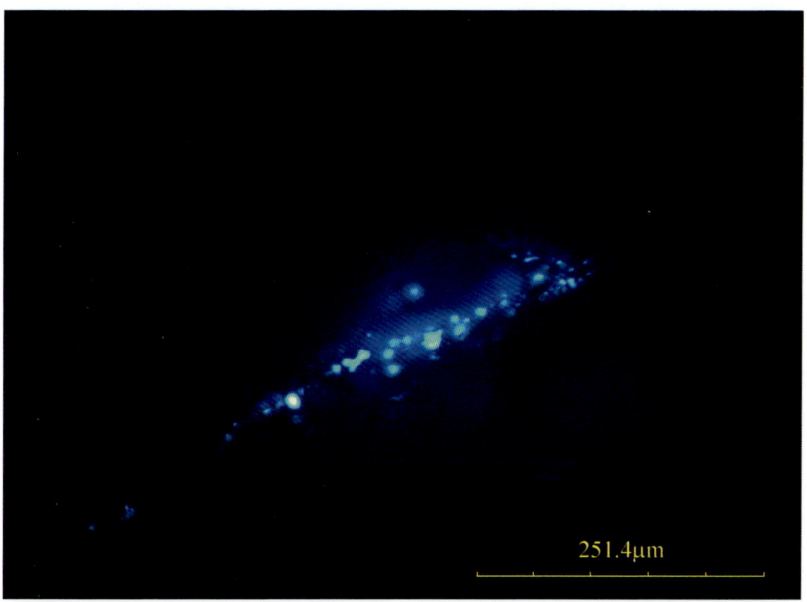

◆ 图8.48 愈合缝中烃包裹体发蓝色荧光，愈合缝较长，穿过多个晶体矿物，说明形成于较晚时期。英古2井，6054.45m，单偏光+紫外荧光

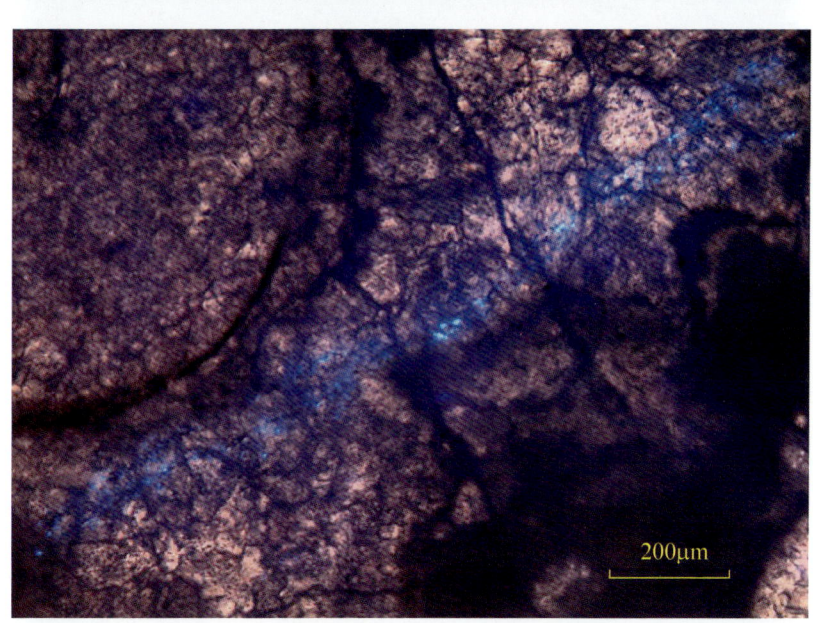

◆ 图8.49 愈合缝及边部的黑色沥青包裹体。沥青包裹体大小不一，不规则形，群体定向分布。属塔中地区第Ⅰ期表8.1中(2)类黑色沥青包裹体，塔中24井，4521.90m，单偏光

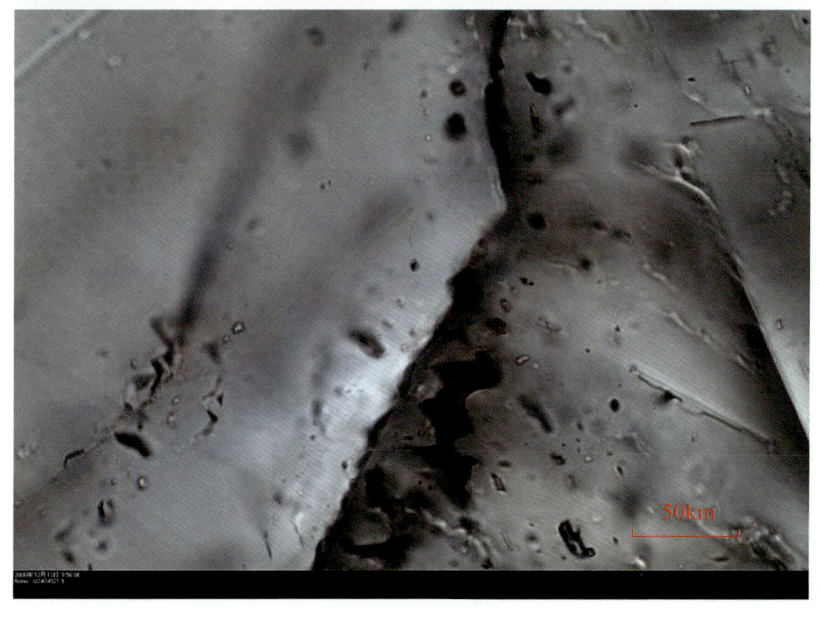

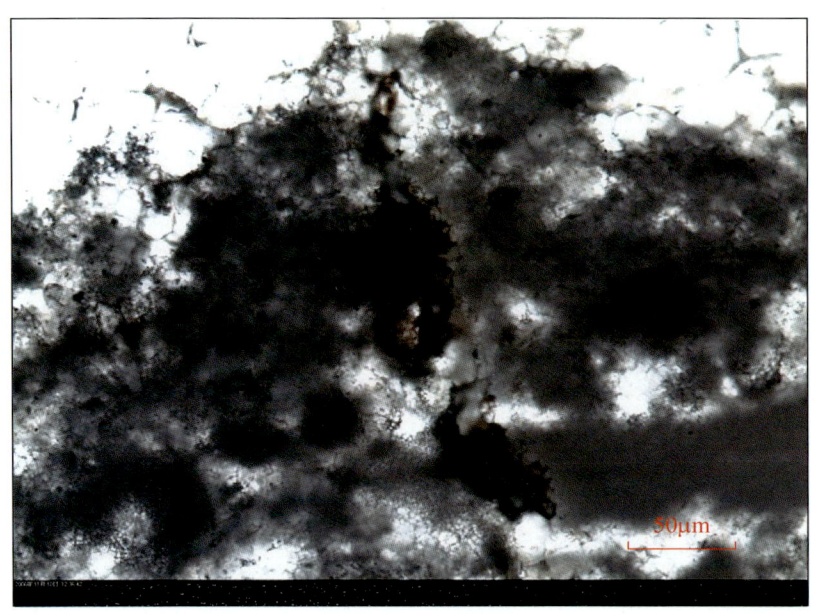

◆ 图8.50 愈合缝中的沥青质,个别为沥青包裹体。沥青质褐黑色,为固相。沥青包裹体不规则形,褐黑色。属塔中地区第Ⅰ期表8.1中(2)类黑色沥青包裹体,塔中24井,4686.46m,单偏光

◆ 图8.51 在塔中117井志留系见到晚加里东—早海西期形成的沥青包裹体(红箭头)、气液烃包裹体(黄箭头)。包裹体群体分布,不规则形,大小不一。属塔中地区第Ⅰ期表8.1中(3)类褐黑色沥青包裹体,塔中117井,S,4409.20m,单偏光

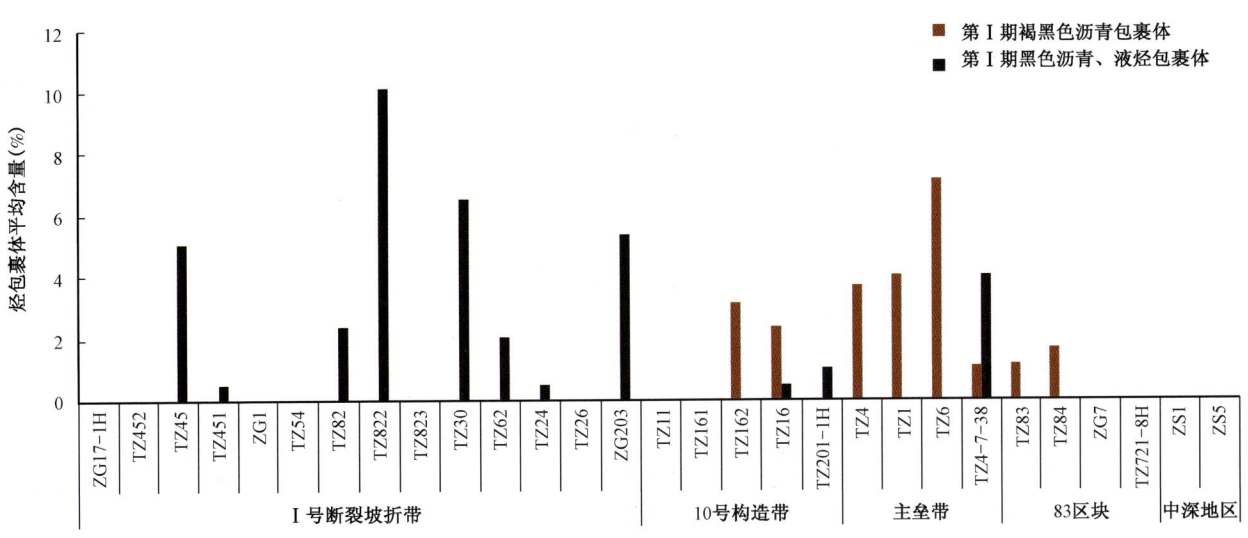

(a) 第Ⅰ期烃包裹体

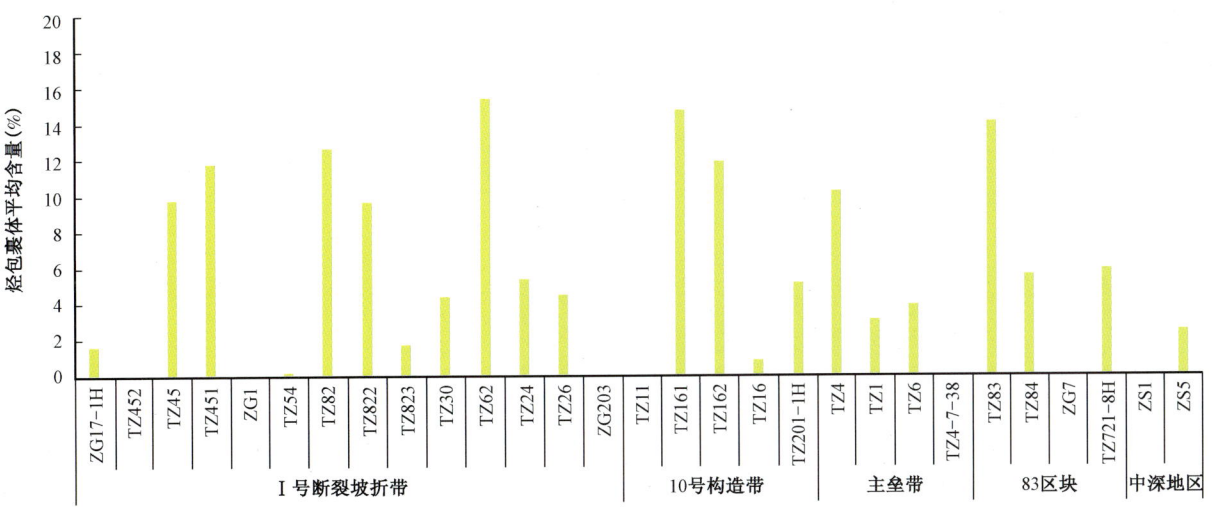

(b) 第Ⅱ期发浅黄色或黄白色荧光的烃包裹体

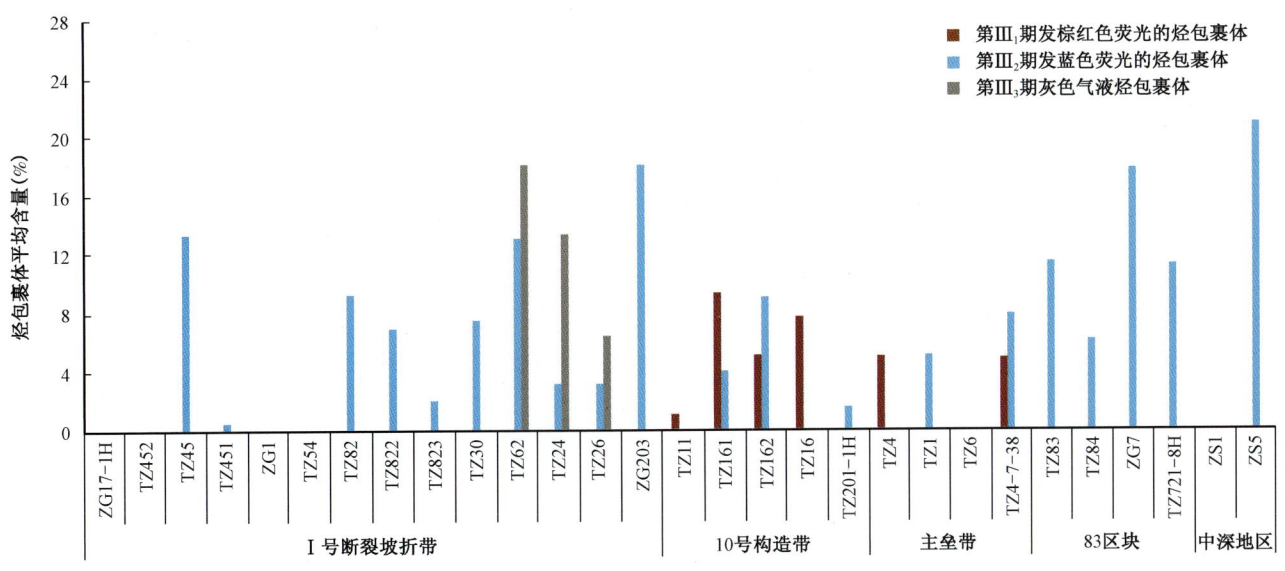

(c) 第Ⅲ期烃包裹体

◆ 图 8.52 塔中地区三期烃包裹体含量分布图

◆图8.53 晚海西期形成的剪切缝,缝高角度、长而直,内充填含大量褐色气液烃包裹体的方解石,在岩心上呈褐色调。气液烃包裹体群体分布,大小均匀,在荧光下发黄色荧光。属塔中地区第Ⅲ期表8.1中(17)类发黄色荧光烃包裹体,赋存在中期方解石脉体中。塔中62井,4714.9m,紫外荧光

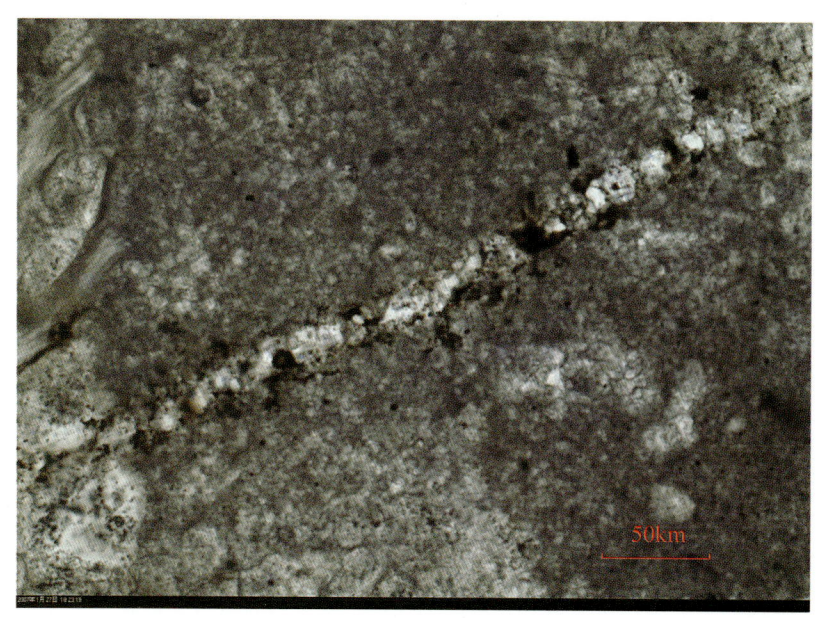

◆图8.54 剪切方解石脉体。方解石半充填在剪切缝中,孔隙内见褐色沥青质,方解石中见褐色气液烃包裹体,烃包裹体零星分布,椭圆形为主,大小较均匀。属塔中地区第Ⅲ期表8.1中(17)类黑色气烃包裹体。塔中45井,4455m,单偏光

◆ 图 8.55 剪切方解石脉体。方解石半充填在剪切缝中,孔隙内见褐色沥青质,方解石中褐色气液烃包裹体发黄色荧光,烃包裹体零星分布,椭圆形为主,大小较均匀。属塔中地区第Ⅲ期表 8.1 中(17)类发黄色荧光烃包裹体。塔中 45 井,4455m,紫外荧光

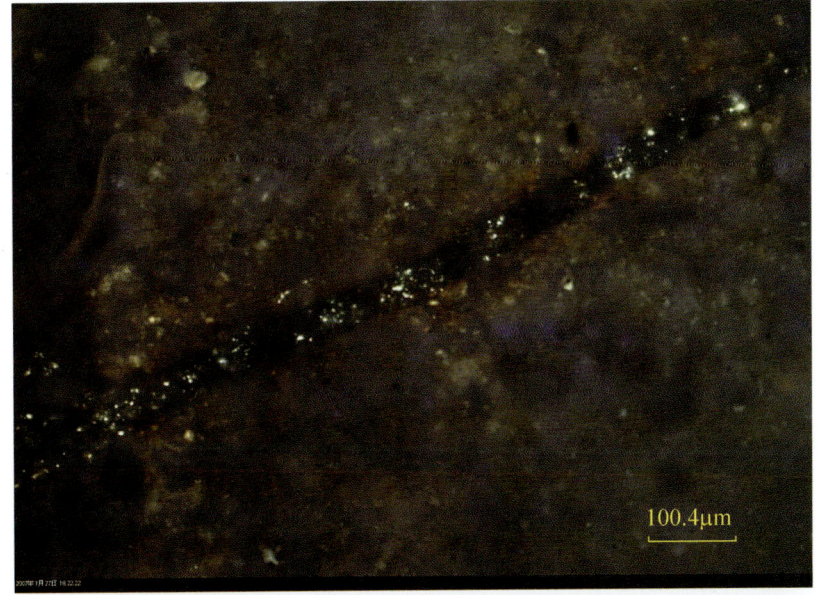

◆ 图 8.56 孔洞内充填粗晶方解石,方解石中心见群体分布的灰色气液烃包裹体(红箭头),外围见环带状分布的浅褐色气液烃包裹体(黄箭头)。属塔中地区第Ⅱ期表 8.1 中(7),包含了类群体分布和假次生分布两种烃包裹体。塔中 24 井,4459.8m,单偏光

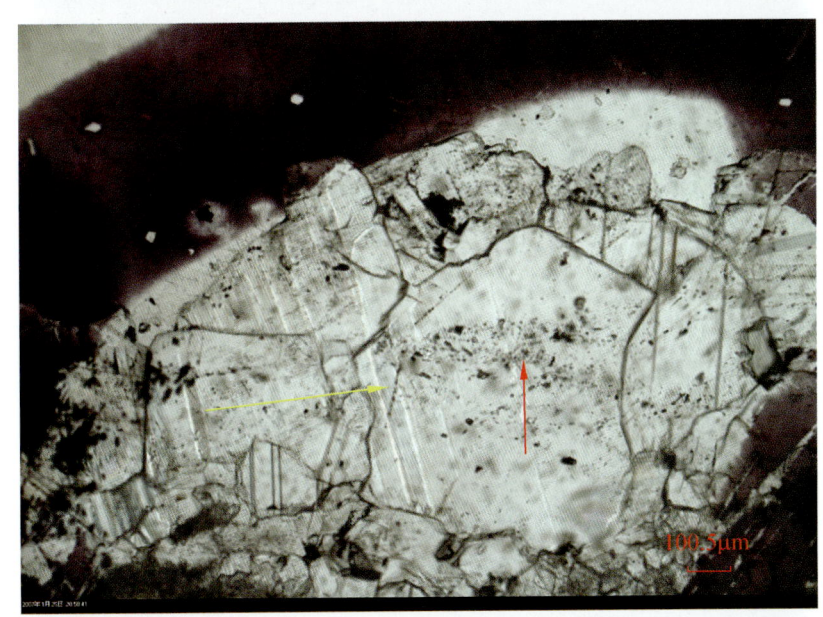

◆ 图 8.57 同图 8.56。孔洞内充填粗晶方解石,方解石中心见群体分布的灰色气液烃包裹体,发蓝白色荧光(红箭头),外围见环带状分布的浅褐色气液烃包裹体,发黄色荧光(黄箭头)。属塔中地区第Ⅱ期表 8.1 中(7)类发黄色或黄白色荧光烃包裹体。塔中 24 井,4459.8m,紫外荧光

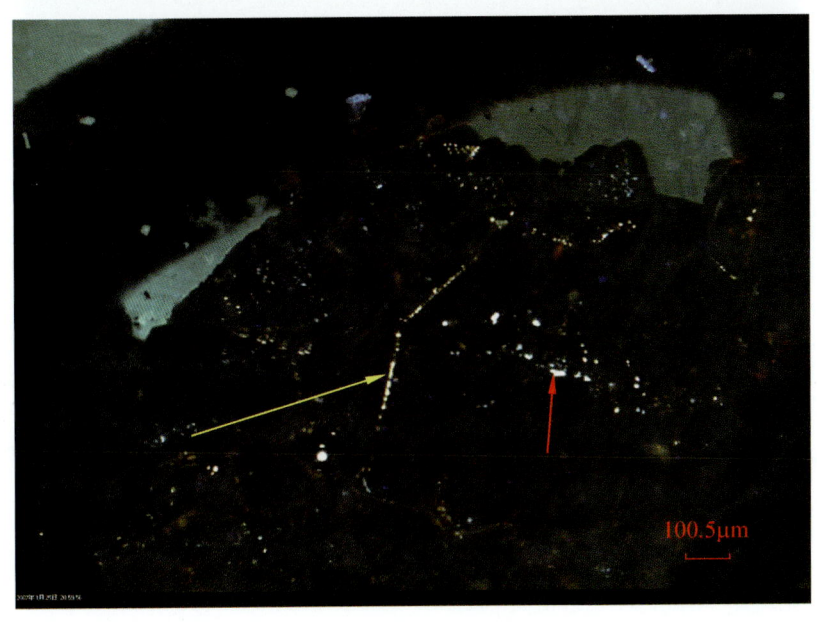

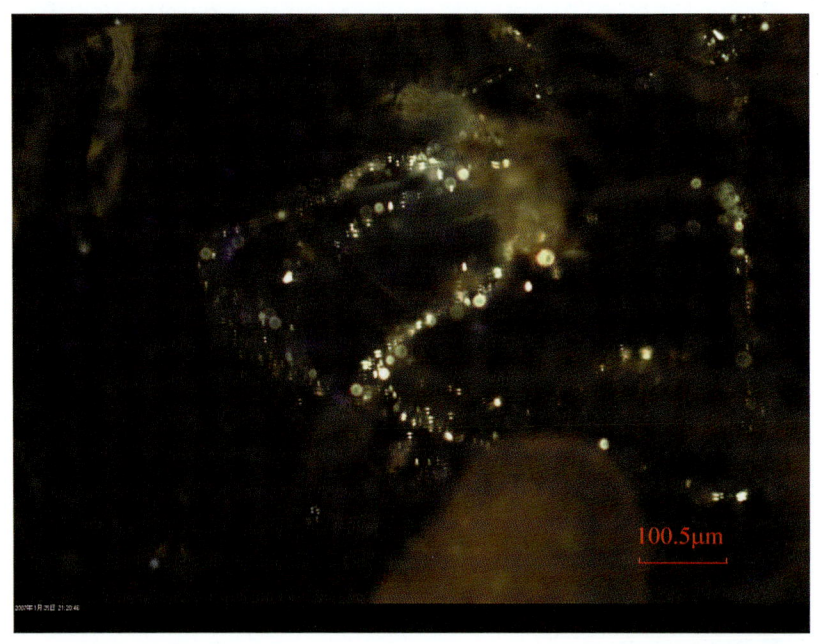

◆ 图8.58 孔洞内充填粗晶方解石,方解石内见环带状分布的浅褐色气液烃包裹体,发黄色荧光,见多个环带存在,说明烃包裹体伴随着方解石的生长不断形成,即一直有油气充注。属塔中地区第Ⅱ期表8.1中(7)类发黄色荧光烃包裹体。塔中26井,4284.20mm,紫外荧光

◆ 图8.59 晚海西期形成的缝合线,其边部见方解石晶体块体,方解石中含大量褐色气液烃包裹体,在荧光下发黄色荧光。烃包裹体大小较均匀,群体分布,多椭圆形。塔中84井,5087.1m,岩心照片+单偏光+紫外荧光

◆ 图8.60 晚期的粗大方解石脉体中,含有大量褐黑色气液烃包裹体,群体不定向分布,大小多在10～30μm,不规则状或不规则矩形。应属于塔中地区第Ⅲ期表8.1中(10)类烃包裹体。塔中4-7-38C井,3959.9m,单偏光

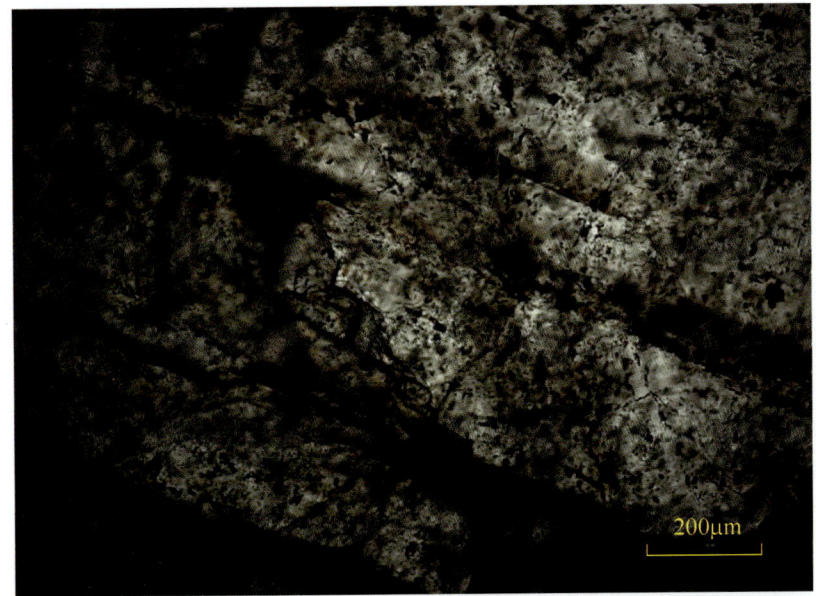

◆ 图8.61 同图8.60。晚期的粗大方解石脉体中,含有大量发棕色、褐色强荧光的气液烃包裹体,群体不定向分布,大小多在10～30μm,不规则状或不规则矩形。属塔中地区第Ⅲ期表8.1中(10)类发棕红色荧光烃包裹体。塔中4-7-38C井,3959.9m,紫外荧光

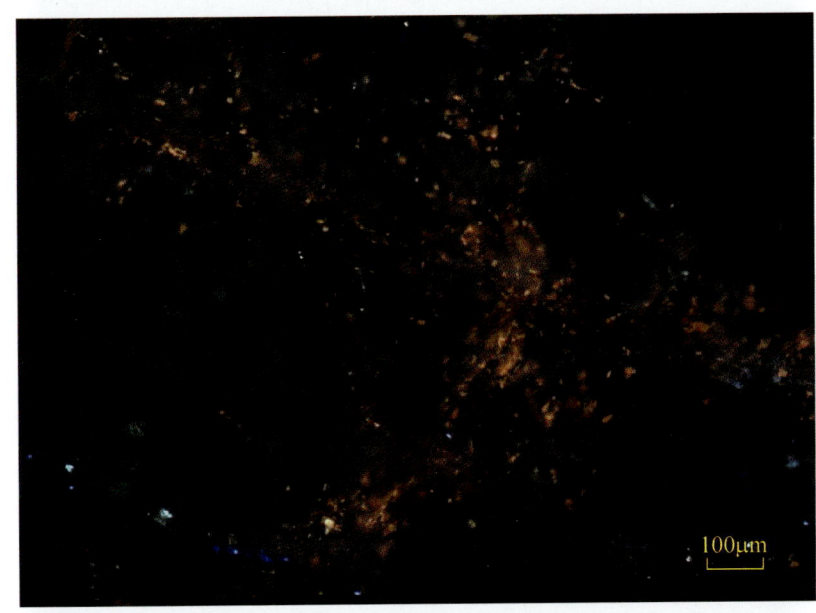

◆ 图8.62 晚期的粗大方解石脉体中,含有大量褐黑色气液烃包裹体,群体不定向分布,大小多在10～30μm,不规则状或不规则矩形。应属于塔中地区第Ⅲ期表8.1中(10)类烃包裹体。塔中4-7-38C井,3959.9m,单偏光

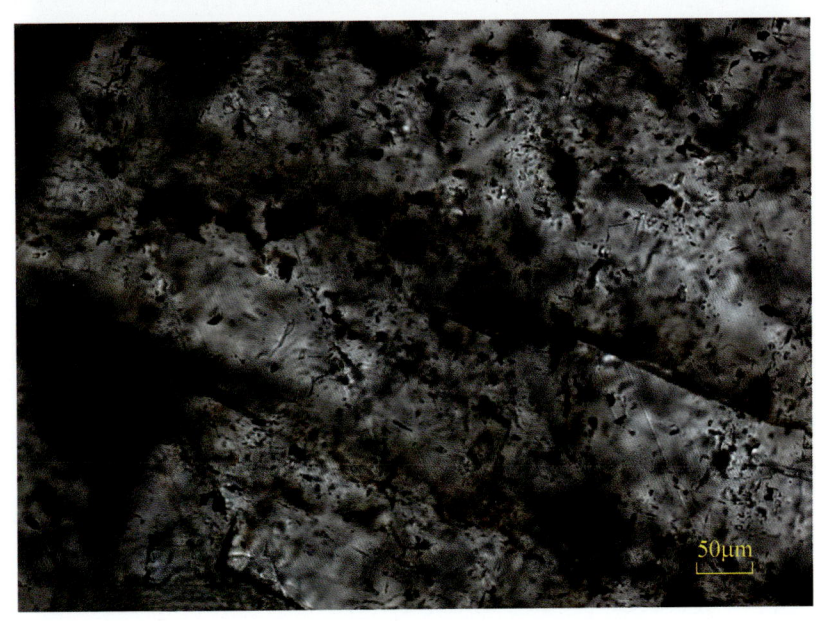

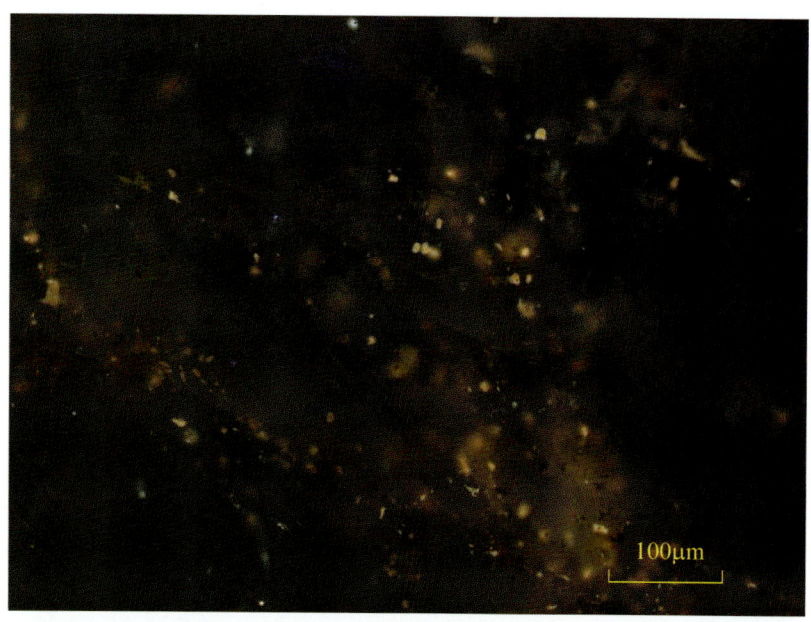

◆ 图8.63 同图8.62。晚期的粗大方解石脉体中，含有大量发棕色、褐色强荧光的气液烃包裹体，群体不定向分布，大小多在10～30μm，不规则状或不规则矩形。塔中4-7-38C井，3959.9m，紫外荧光

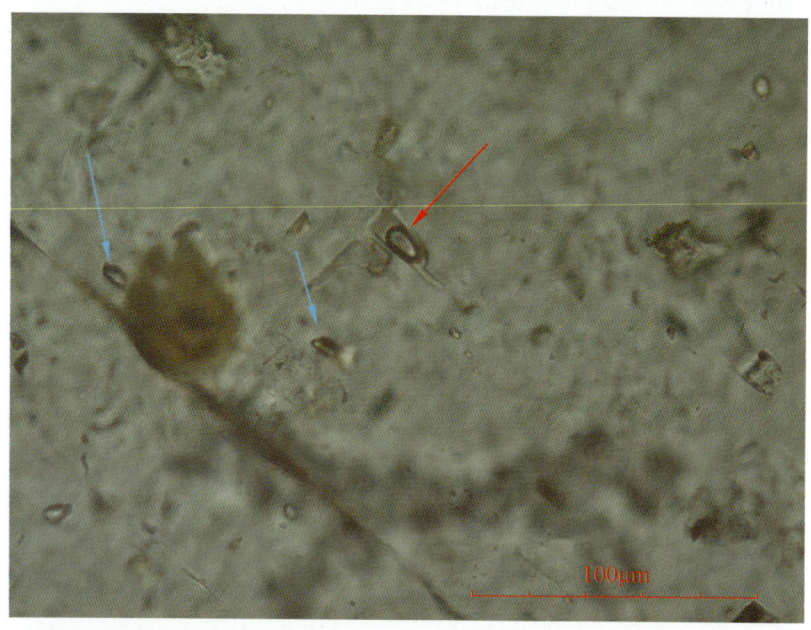

◆ 图8.64 萤石中的浅褐灰色液气烃包裹体（红箭头），气液比50%，不规则矩形。在液气烃包裹体左下方见两个椭圆状灰色气烃包裹体。另见灰色气烃包裹体伴生（蓝箭头），椭圆形。属塔中地区第Ⅲ期表8.1中（16）类浅黄色烃包裹体。塔中45井，6064m，单偏光

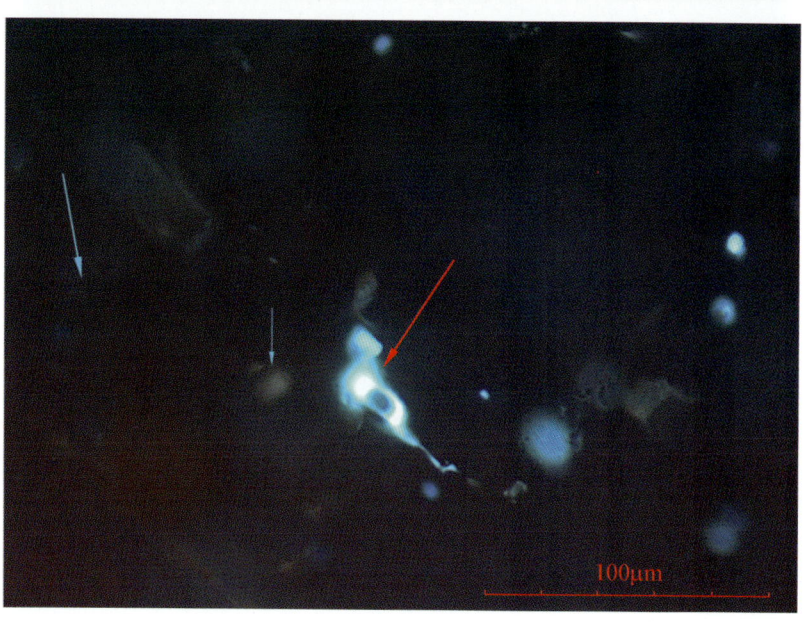

◆ 图8.65 图8.64萤石中的液气烃包裹体发强蓝白色荧光（红箭头），气液比50%，不规则矩形。在液气烃包裹体左下方见两个椭圆状灰色气烃包裹体，发弱的黄白色荧光。另见灰色气烃包裹体伴生（蓝箭头），不发荧光。属塔中地区第Ⅲ期表8.1中（16）类浅黄色烃包裹体。塔中45井，6064m，紫外荧光

◆ 图 8.66 晚期形成的粗方解石脉,脉体白色,弯曲,属张性。塔中 822 井,O_3l 5739.8m,岩心照片 + 薄片照片

◆ 图 8.67 图 8.66 晚期形成的粗方解石脉中含有大量烃包裹体,烃包裹体椭圆形为主,大小较均匀,群体分布,在荧光下发黄白色荧光。属塔中地区第Ⅱ期[表 8.1 中(7)]发黄色或黄白色荧光烃包裹体。塔中 822 井,5739.8m,紫外荧光

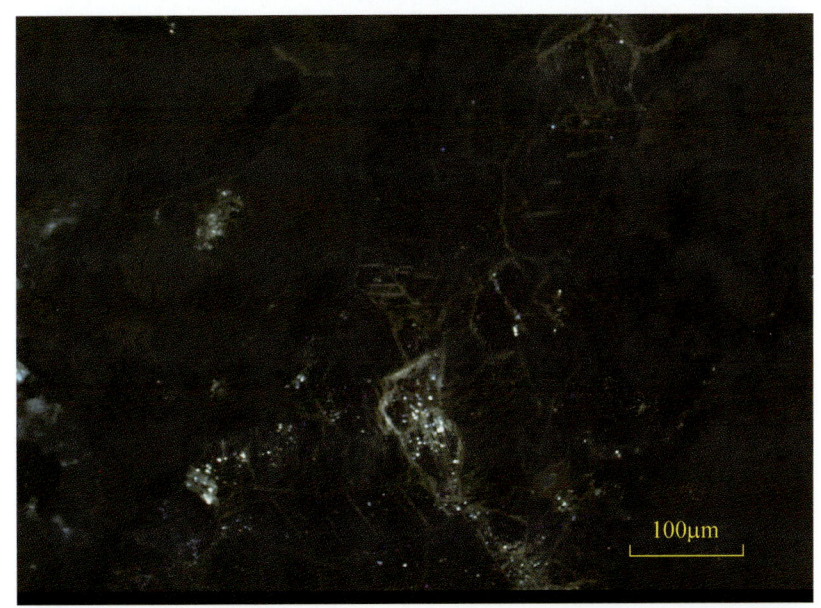

◆ 图 8.68 方解石脉中发蓝色荧光的烃包裹体,烃包裹体群体分布,大小不均一,多为不规则形。塔中 30 井,5491m,紫外荧光

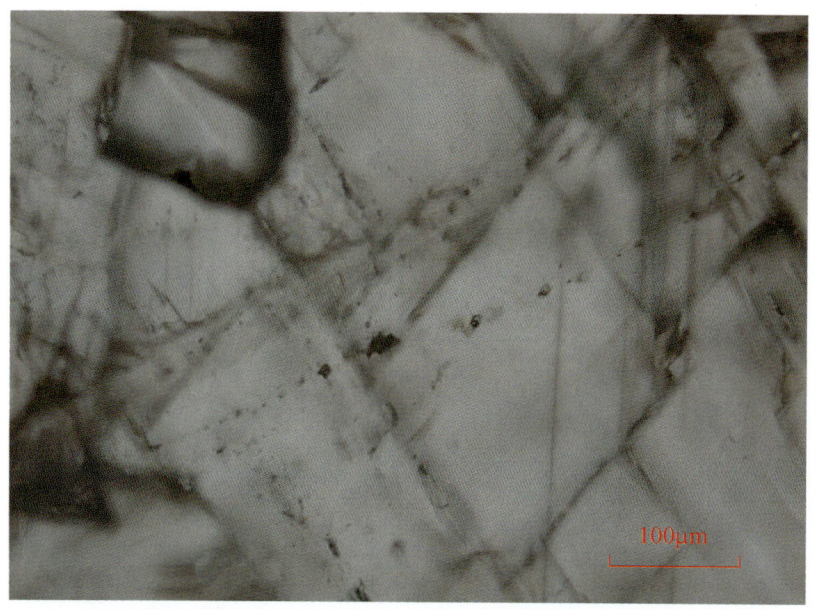

◆ 图 8.69 方解石愈合缝中含有灰色、灰黑色气液烃包裹体。烃包裹体串珠状分布,大小不一,多为矩形。塔中 822 井,O_3l 5609.70m,单偏光

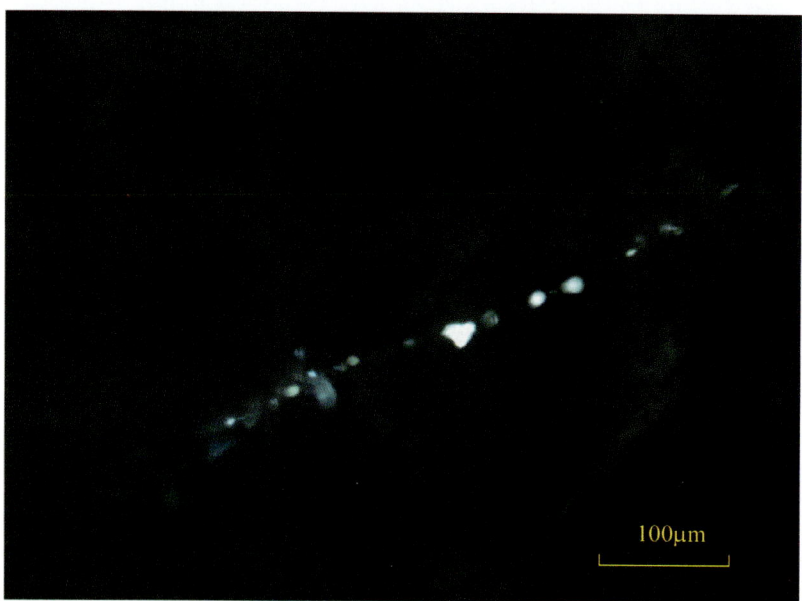

◆ 图 8.70 同图 8.69。方解石愈合缝中含有灰色、灰黑色气液烃包裹体,发白色荧光。烃包裹体串珠状分布,大小不一,多为矩形。塔中 822 井,O_3l 5609.70m,紫外荧光

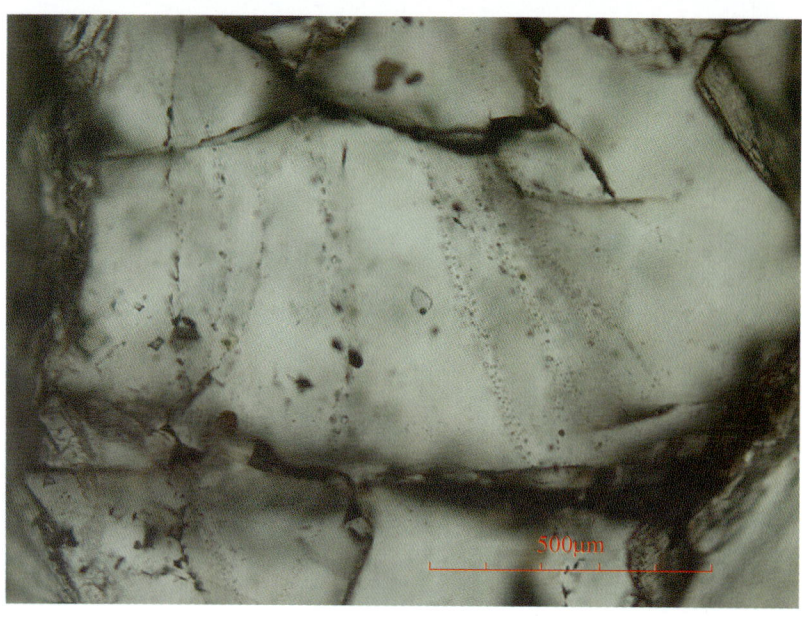

◆ 图 8.71 跨多个矿物晶粒的愈合缝中见大量的浅灰色气液烃包裹体,呈串珠状分布。形成较晚,属塔中地区第Ⅲ期表 8.1 中(16)类烃包裹体。塔中 45 井,6105m,单偏光

◆ 图8.72 同图8.71。跨多个矿物晶粒的愈合缝中见大量的发强蓝白色荧光的烃包裹体，呈串珠状分布。形成较晚，属塔中地区第Ⅲ期表8.1中（16）类发蓝色荧光的烃包裹体，塔中45井，6105m，紫外荧光

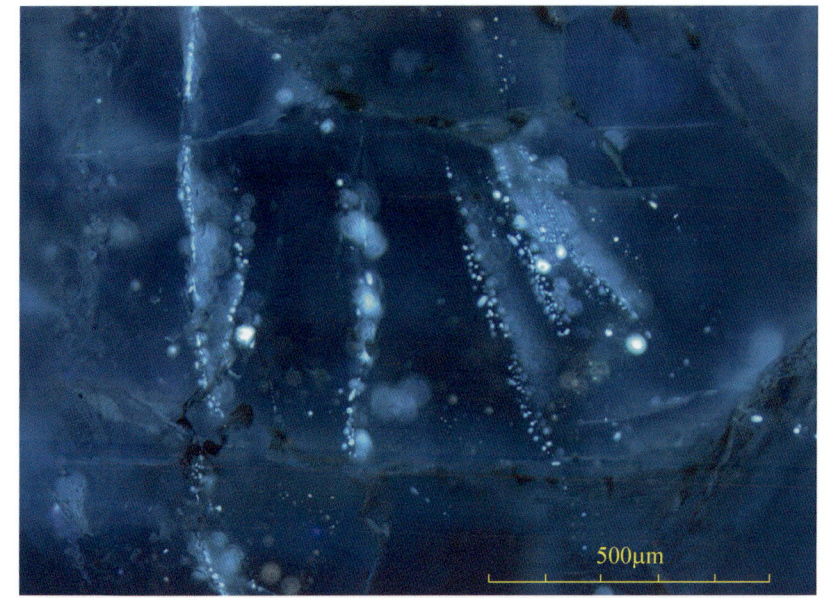

◆ 图8.73 愈合缝中的浅灰色气液烃包裹体及伴生的灰色气烃包裹体，串珠状分布，多为矩形，大小不一。塔中62井，4706.10m，单偏光

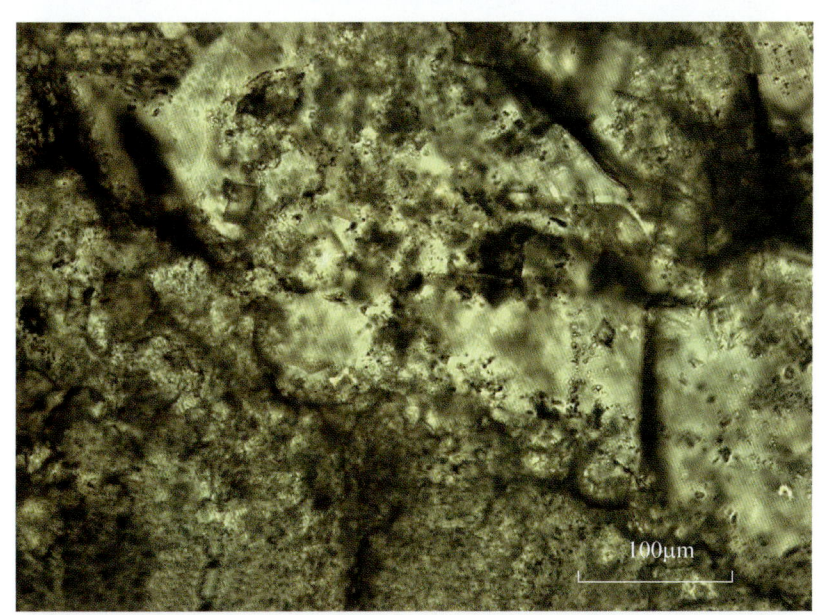

◆ 图8.74 同图8.73。愈合缝中的浅灰色气液烃包裹体，发蓝色荧光，串珠状分布，多为矩形，大小不一。伴生的灰色气烃包裹体不发光。塔中62井，4706.10m，紫外荧光

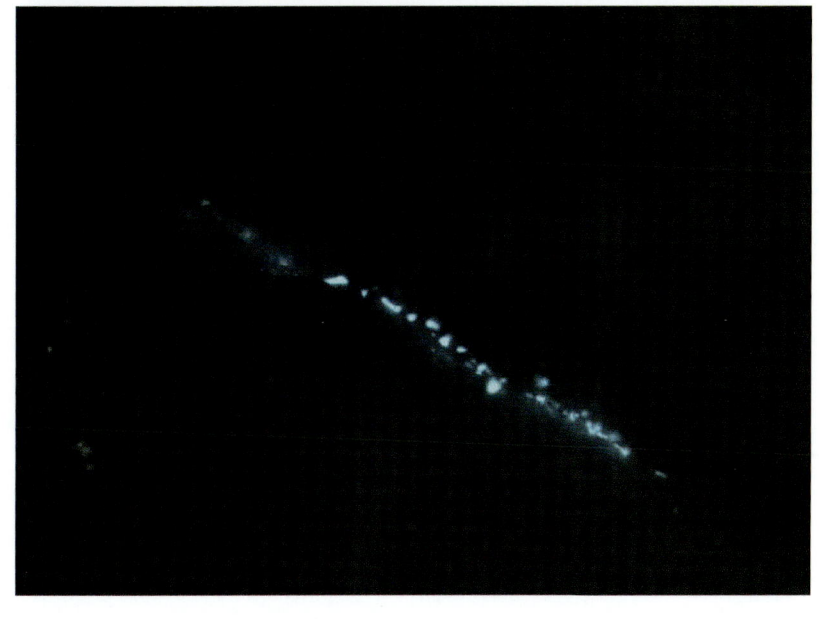

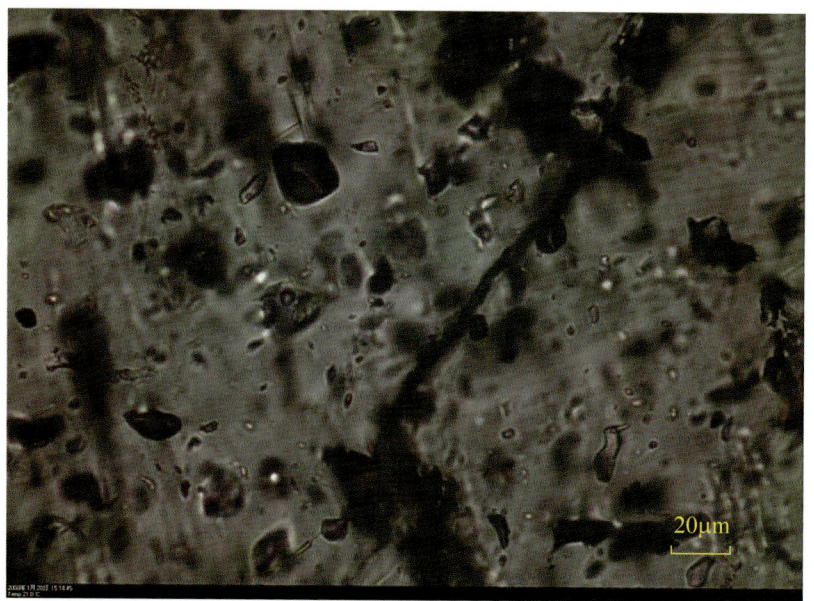

◆ 图8.75　方解石中的黑色气态烃包裹体，不发荧光，不规则圆形、不规则椭圆形为主，群体分布，多数个体较大。塔中822井，5539.8m，单偏光

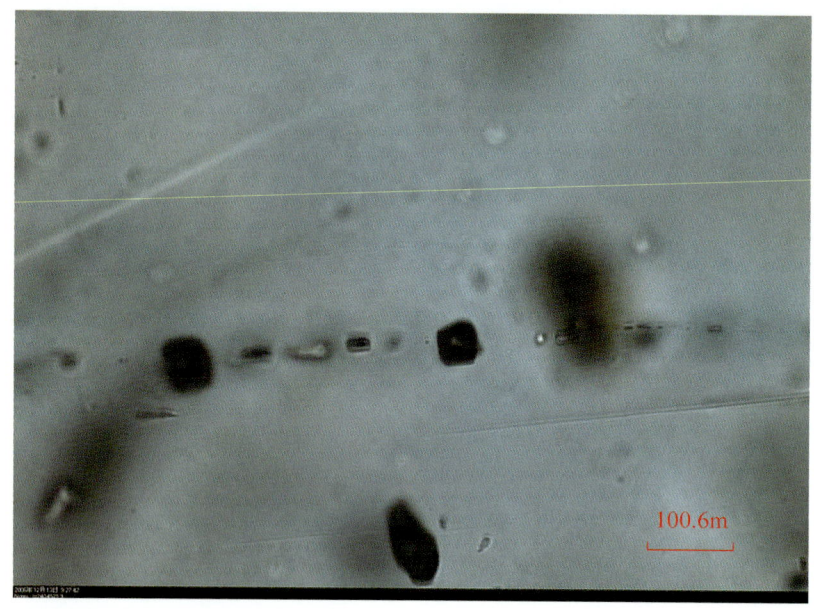

◆ 图8.76　愈合缝中黑灰色气态烃包裹体，不规则矩形为主，呈串珠状分布，烃包裹体大小不均，伴生有无色盐水包裹体。塔中24井，4521.90m，单偏光

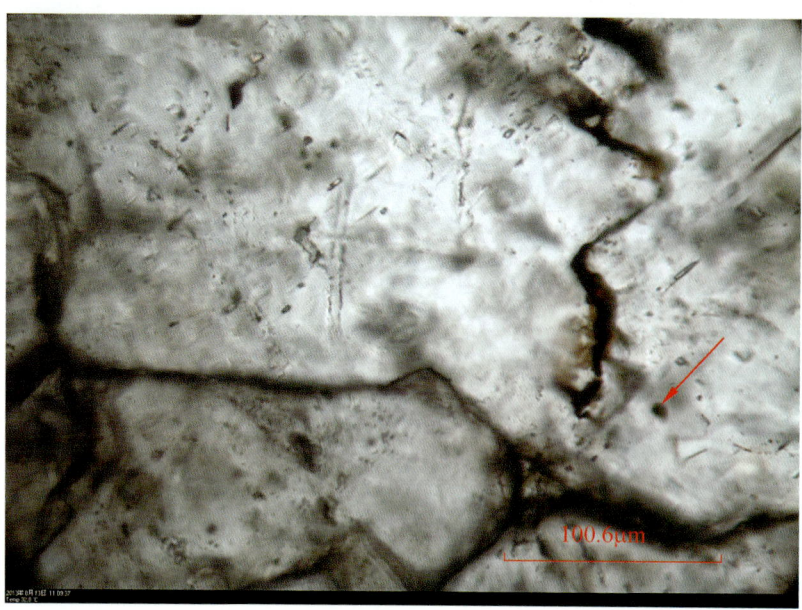

◆ 图8.77　分布在缝合线边部的愈合缝，内见褐色沥青质，两侧见褐色沥青包裹体。沥青包裹体规则状，固相。属塔东地区第Ⅰ期［表8.1中(4)］褐色沥青包裹体。罗西1井，3810.23m，单偏光

◆ 图8.78 分布在缝合线边部的短小愈合缝,缝中见黑色沥青,两侧见黑色沥青包裹体,烃包裹体固相,形状为不规则椭圆形。属塔东地区第Ⅰ期[表8.1中(5)]黑色碳质沥青缝合线及黑色沥青包裹体。古城4井,O_1,5585.32m,单偏光

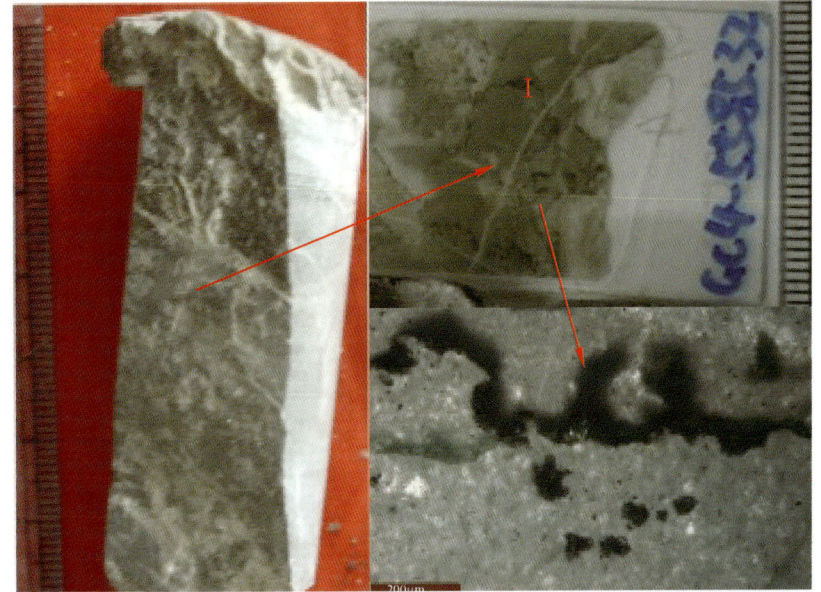

◆ 图8.79 缝合线为黑色,其两边伴生的愈合缝短小,愈合缝中见黑色沥青质,两侧见黑色沥青包裹体,沥青包裹体群体分布,大小不一。属塔东地区第Ⅰ期[表8.1中(5)]黑色碳质沥青缝合线及黑色沥青包裹体,古城4井,O_1,5585.32m,单偏光

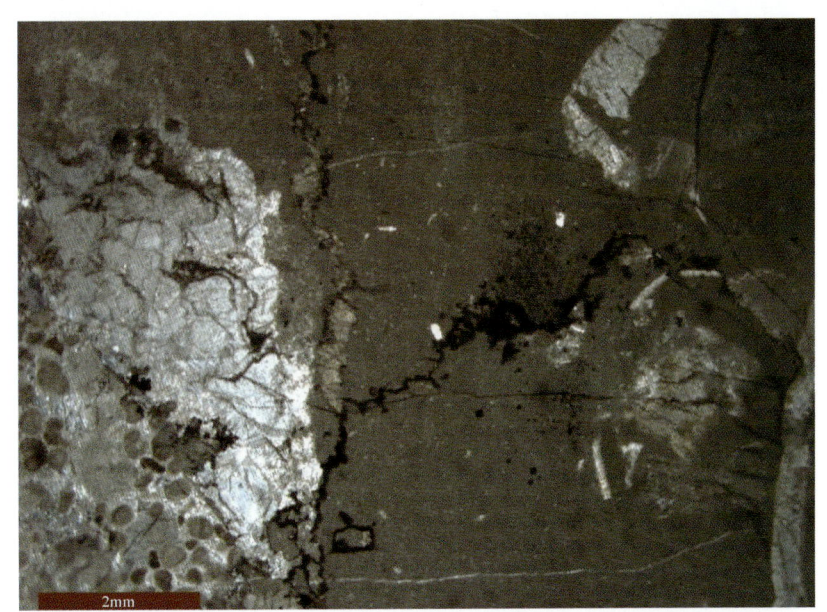

◆ 图8.80 中—晚期方解石粗脉中有两个世代的方解石充填物:早世代为大马牙状方解石,内含大量灰色液烃包裹体;晚世代为粗晶状方解石,内含盐水包裹体和灰白色气液烃包裹体。两期烃包裹体分别属于塔东地区第Ⅲ期烃包裹体[表8.1中(11)和(16)]。罗西1井,3725.89m,单偏光

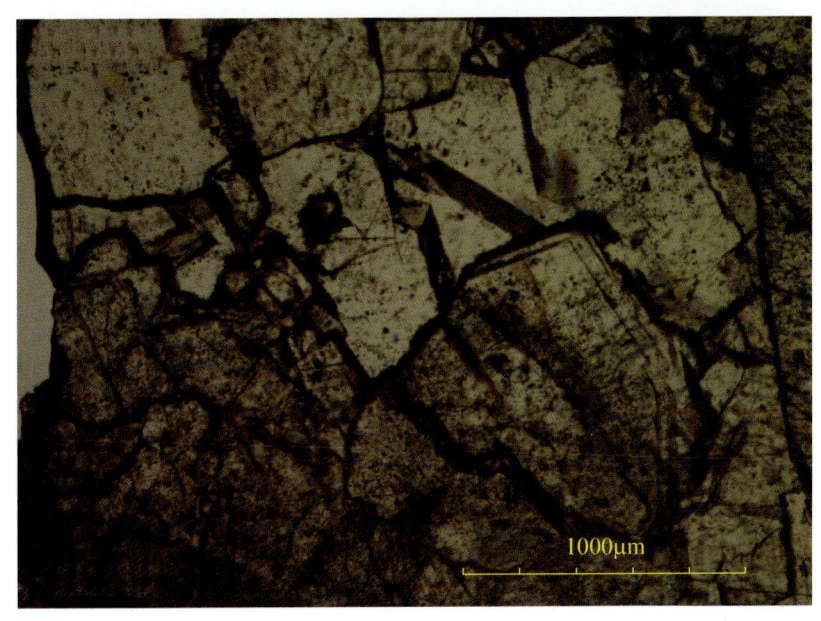

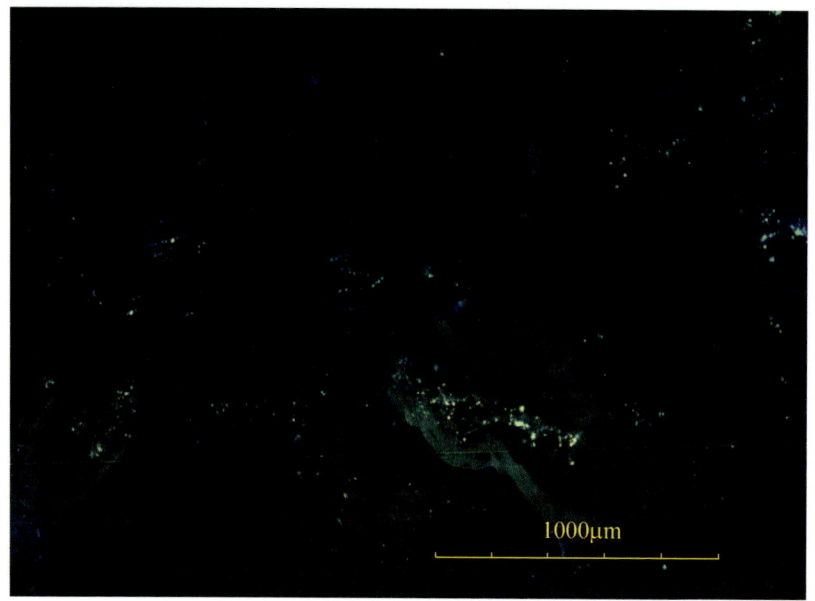

◆ 图 8.81　同图 8.80。中—晚期方解石粗脉中有两个世代的方解石充填物:早世代为大马牙状方解石,内含大量灰色发黄色荧光的液烃包裹体;晚世代为粗晶状方解石,内含盐水包裹体和发蓝色荧光的气液烃包裹体。两期烃包裹体分别属于塔东地区第Ⅲ期烃包裹体[表8.1中(11)和(16)]。罗西1井,3725.89m,紫外荧光

◆ 图 8.82　塔东地区第Ⅰ期构造缝和第Ⅲ期构造缝交会,早期构造缝为黑色沥青缝,晚期为灰黑色方解石脉体。罗西1井,3935.16m,岩心照片+薄片照片

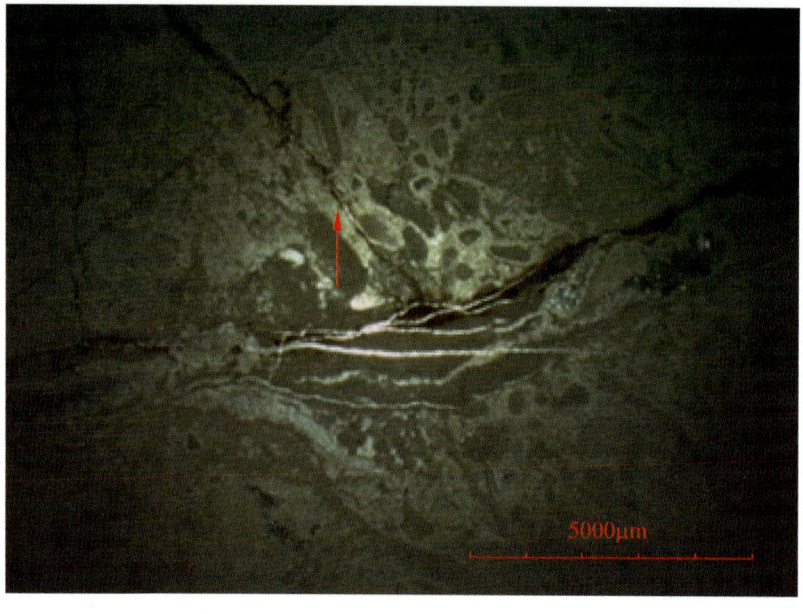

◆ 图 8.83　图 8.82 中塔东地区第Ⅰ期构造缝中见褐色沥青。罗西1井,3935.16m,单偏光

◆ 图8.84 图8.82中第Ⅲ期构造脉体,较早期脉体中见第Ⅲ$_1$期发黄色荧光的烃包裹体(红箭头),烃包裹体零星分布,大小不一。较晚期细脉中见第Ⅲ$_2$期发蓝色荧光的烃包裹体(黄箭头),烃包裹体群体分布,大小较均匀。罗西1井,3935.16m,紫外荧光

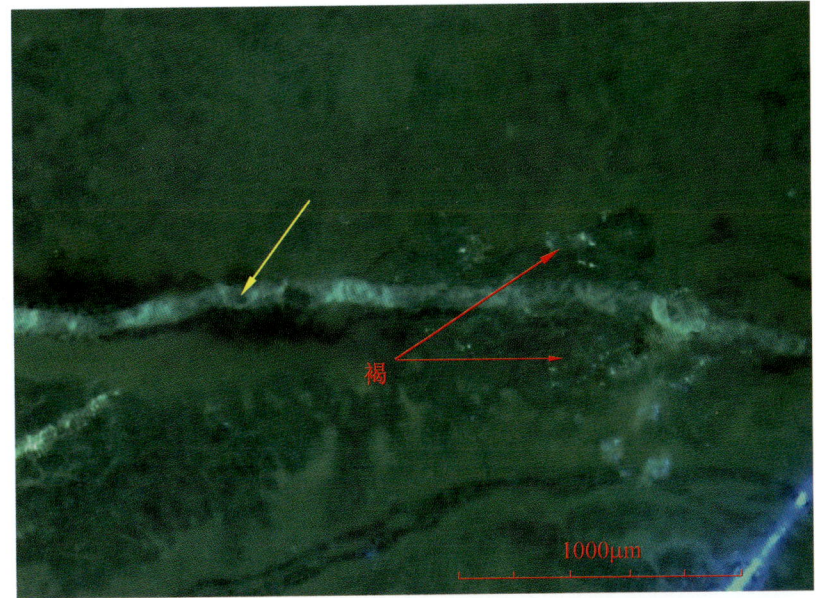

◆ 图8.85 方解石脉中的无色、极浅褐色气液烃包裹体、液气烃包裹体和气烃包裹体,群体不定向分布,矩形为主。属塔东地区第Ⅲ$_2$期[表8.1中(16)]浅褐色气液烃包裹体,罗西1井,4210.73m,单偏光

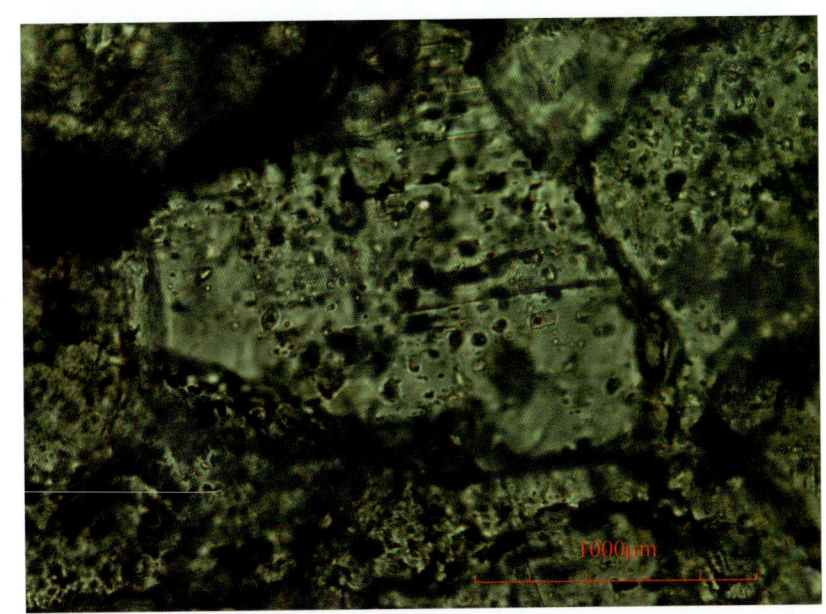

◆ 图8.86 方解石脉中的无色、极浅褐色气液烃包裹体、液气烃包裹体和气烃包裹体,烃包裹体发亮蓝色荧光,群体不定向分布,矩形为主。属塔东地区第Ⅲ$_2$期[表8.1中(16)]发蓝色荧光的烃包裹体。罗西1井,4210.73m,紫外荧光

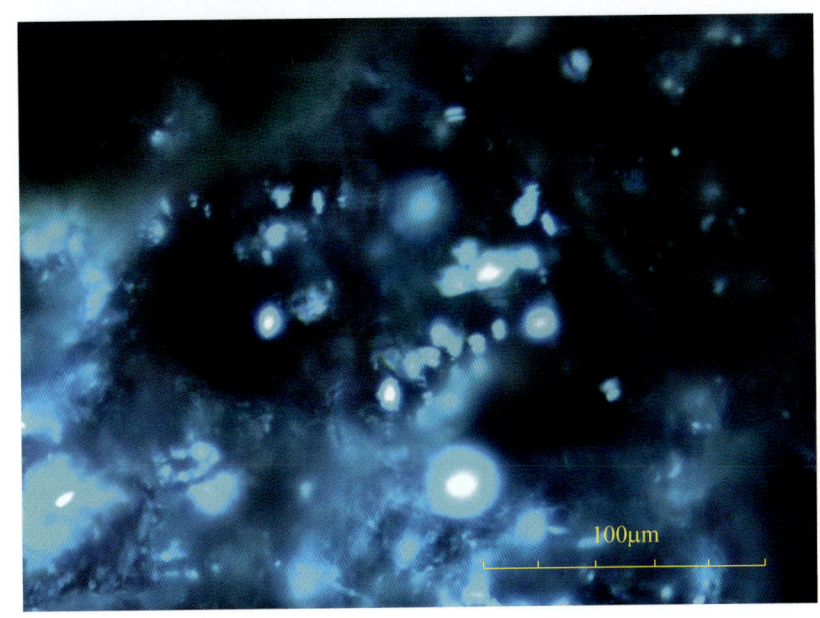

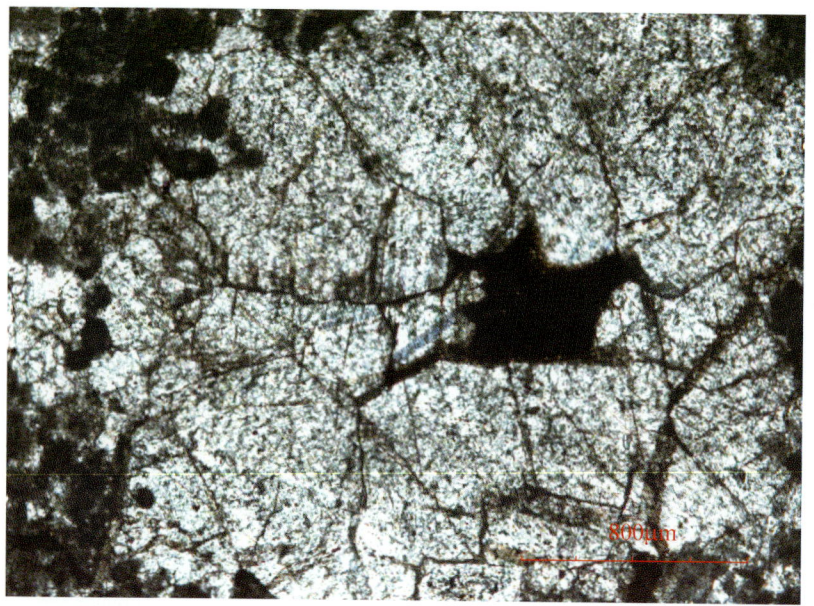

◆ 图8.87 半充填孔中方解石内含大量无色浅灰色气液烃包裹体,群体分布。属塔东地区第Ⅲ$_2$期[表8.1中(16)]无色或褐色烃包裹体。罗西1井,3726.12m,单偏光

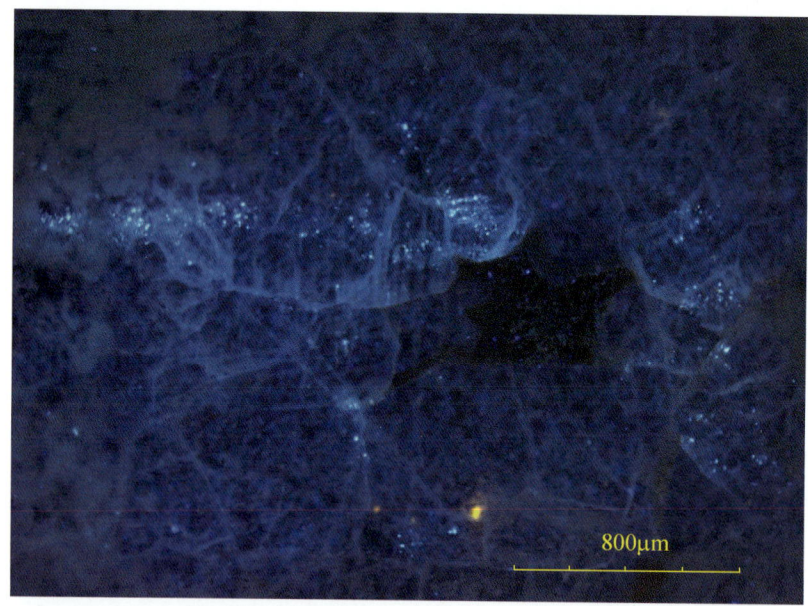

◆ 图8.88 同图8.87。半充填孔中方解石内含大量无色、浅灰色气液烃包裹体,发蓝色荧光,群体分布。属塔东地区第Ⅲ$_2$期[表8.1中(16)]发蓝色荧光的烃包裹体。罗西1井,3726.12m,紫外荧光

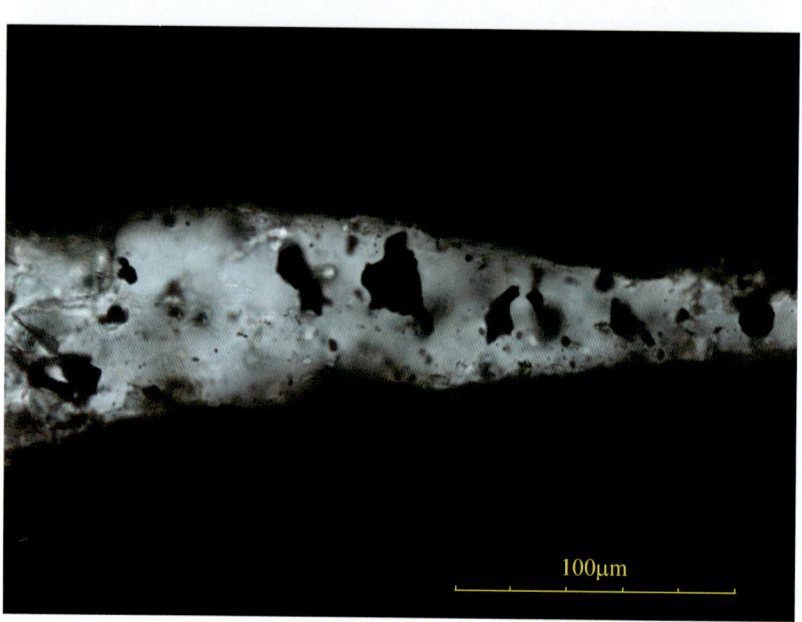

◆ 图8.89 张性裂缝中充填方解石,脉方解石中见大量黑色气烃包裹体,烃包裹体大小不一,但多数较大,不规则状,群体不定向分布。属塔东地区第Ⅲ$_2$期[表8.1中(12)]黑色不发荧光的气态烃包裹体,塔东2井,4552.27m,单偏光

◆ 图8.90 张性裂缝中充填方解石,脉方解石中见大量黑色气烃包裹体,烃包裹体大小不一,但多数较大,不规则状,零星分布。塔东2井,4552.38m,单偏光

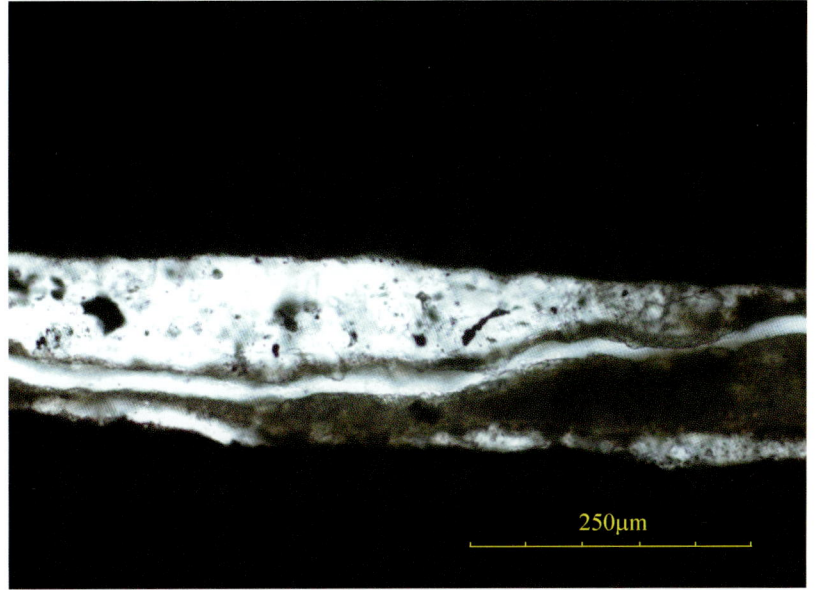

◆ 图8.91 愈合缝中的黑色气烃包裹体,烃包裹体呈串珠状分布,大小较均匀,多为椭圆形。属塔东地区第Ⅲ$_2$期[表8.1中(12)]黑色不发荧光的气态烃包裹体。古城4井,5586.07m,单偏光

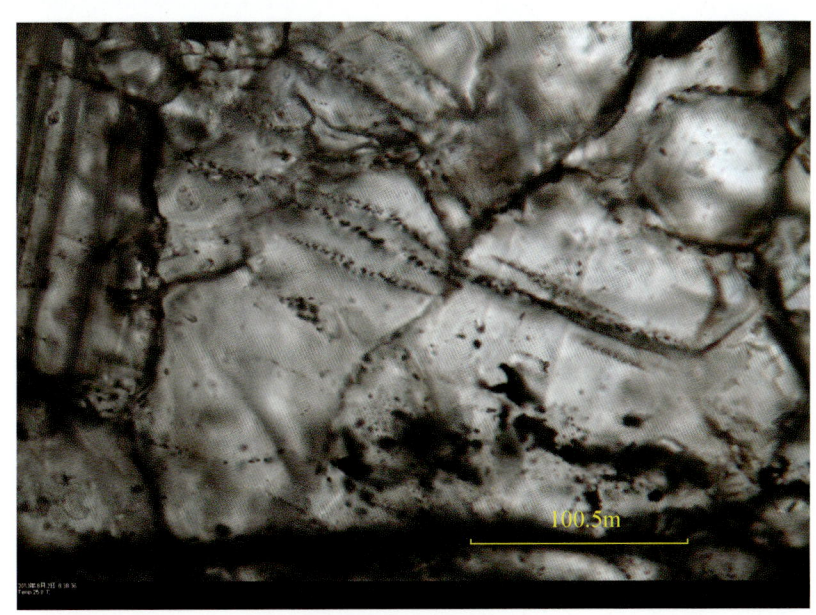

◆ 图8.92 塔东地区晚期张性裂缝充填方解石,显微镜下为两世代充填,在一世代脉体中见黑色气烃包裹体(a图),烃包裹体群体分布,含量高,色多较深。二世代脉体中见灰色气烃包裹体(b图),烃包裹体群体分布,但含量没一世代方解石中的高。古城4井,O$_1$,6342.99m,岩心照片+单偏光

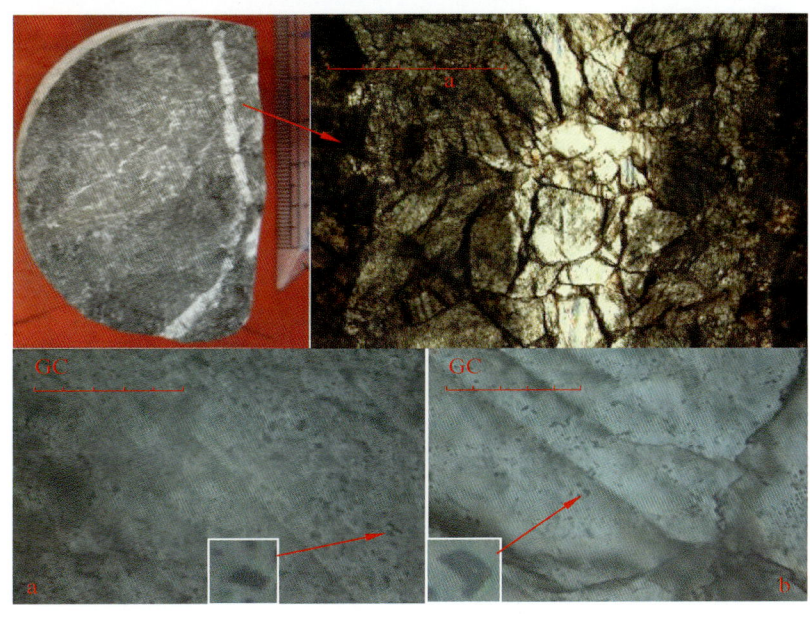

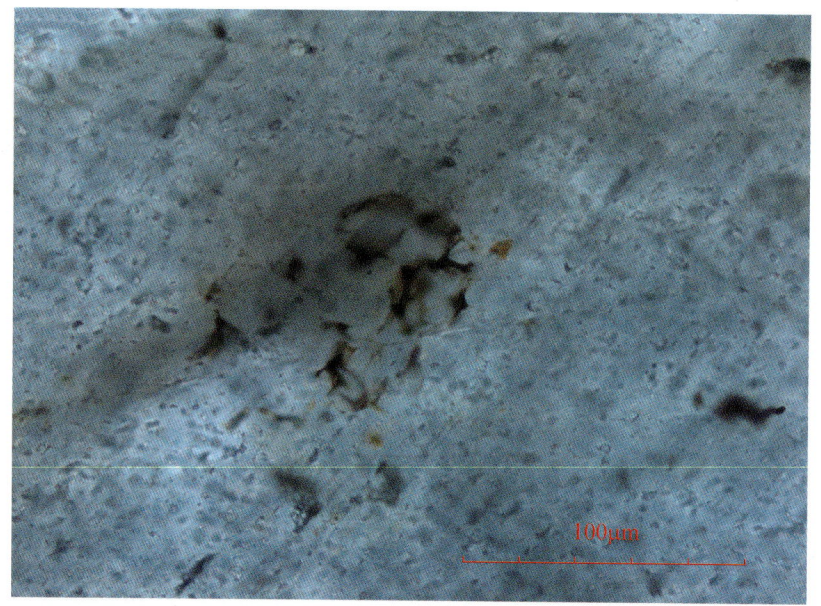

◆ 图8.93 方解石中的沥青质、沥青包裹体、气液烃包裹体。沥青包裹体不规则状,褐黑色。气液烃包裹体褐色,菱形。属和田河及周缘含第Ⅰ期[表8.1中(6)]褐色沥青包裹体。玛401井,2266.98m,单偏光

◆ 图8.94 方解石中沥青(红箭头)和沥青包裹体(黄箭头),沥青包裹体为不规则状,黑褐色;沥青多在缝隙中,黑色。属和田河及周缘方解石中第Ⅰ期[表8.1中(6)]褐色沥青烃包裹体。古董1井,1631.89m,单偏光

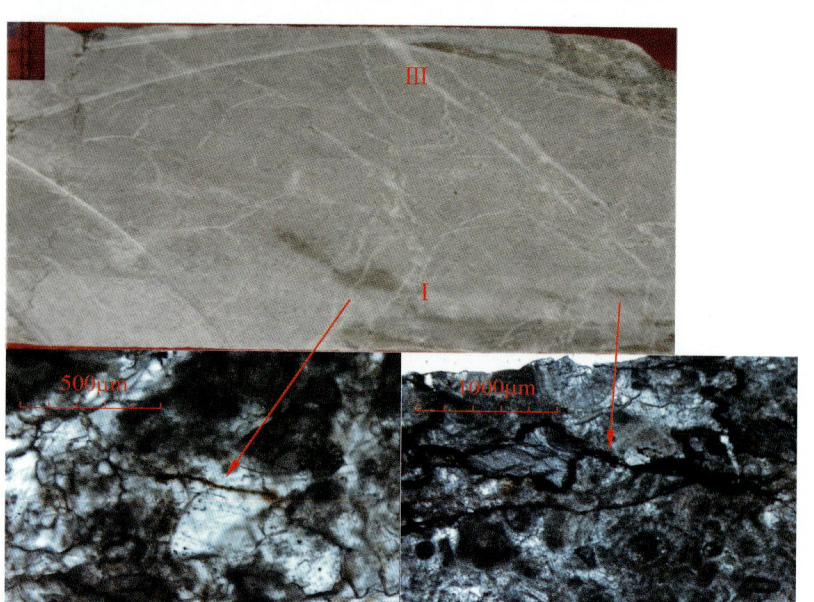

◆ 图8.95 早期形成的细小脉体被晚期形成的张性方解石脉截穿,即第Ⅰ期多方向短细方解石脉被第Ⅲ期脉体穿过。在第Ⅰ期脉体附近的愈合缝中或缝合线中见褐色沥青充填,沥青为褐色固体。玛401井,O,2267.88m,岩心照片+单偏光

◆ 图 8.96 方解石内浅褐色气液烃包裹体,烃包裹体群体定向分布,大小不一,多为不规则矩形。属和田河及周缘第Ⅱ期[表 8.1 中(8)]浅褐色烃包裹体。和 3 井,4605.43m,单偏光

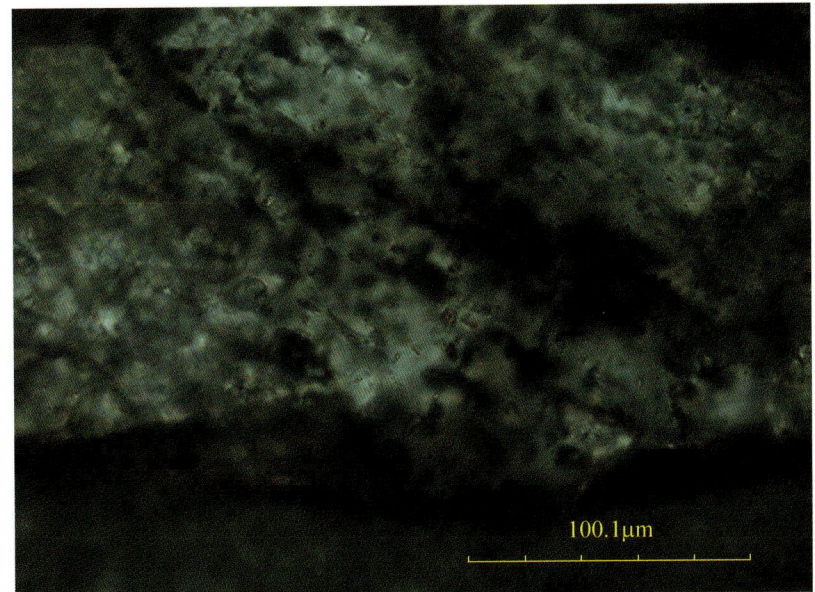

◆ 图 8.97 同图 8.96。方解石内浅褐色气液烃包裹体,发强的黄色荧光,烃包裹体群体定向分布,大小不一,多为不规则矩形。属和田河及周缘第Ⅱ期[表 8.1 中(8)]发黄色荧光的烃包裹体。和 3 井,4605.43m,紫外荧光

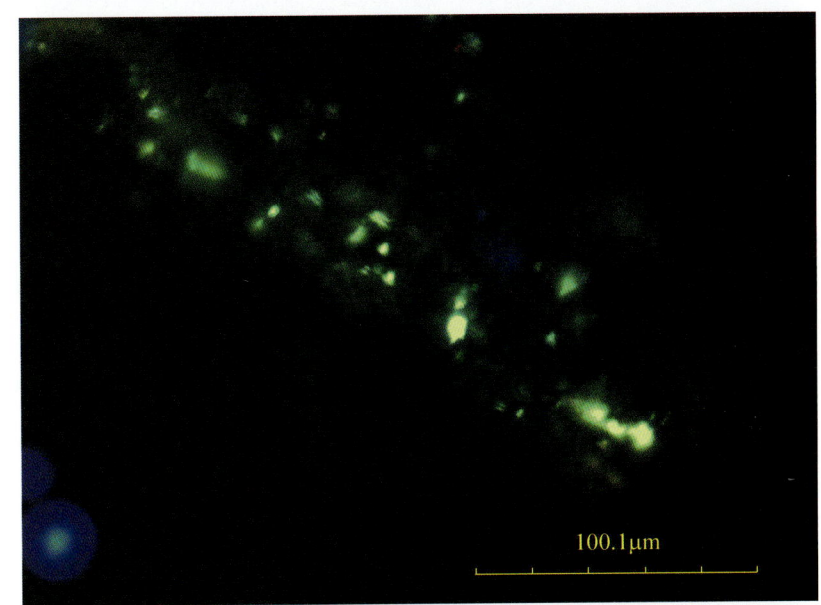

◆ 图 8.98 剪切性方解石脉体。方解石脉有一世代细粒方解石沿壁分布,内未见烃包裹体;二世代粗晶方解石全充填,内有大量灰褐色气液烃包裹体,烃包裹体群体分布,大小较均匀,多为椭圆形。为和田河及周缘含第Ⅱ期[表 8.1 中(8)]烃包裹体的方解石脉。玛 401 井,2356.81m,单偏光

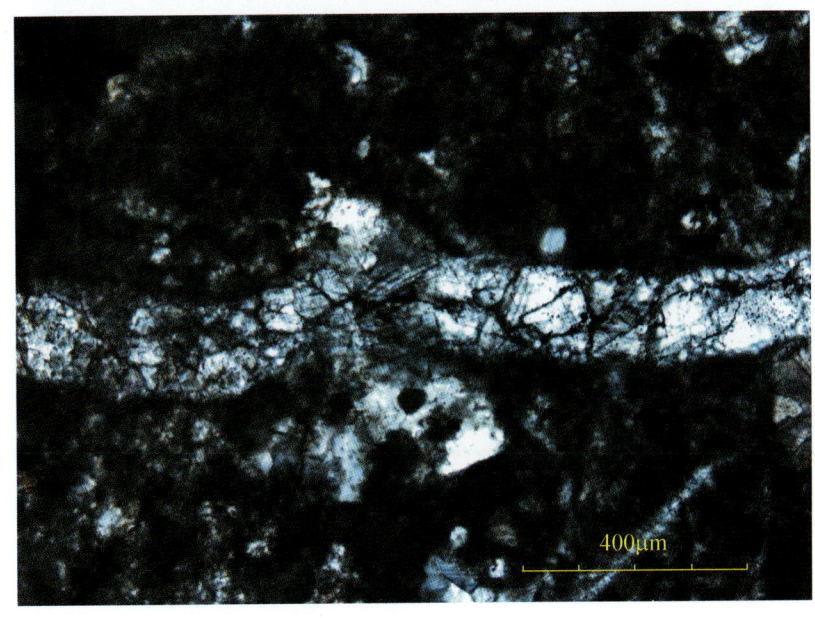

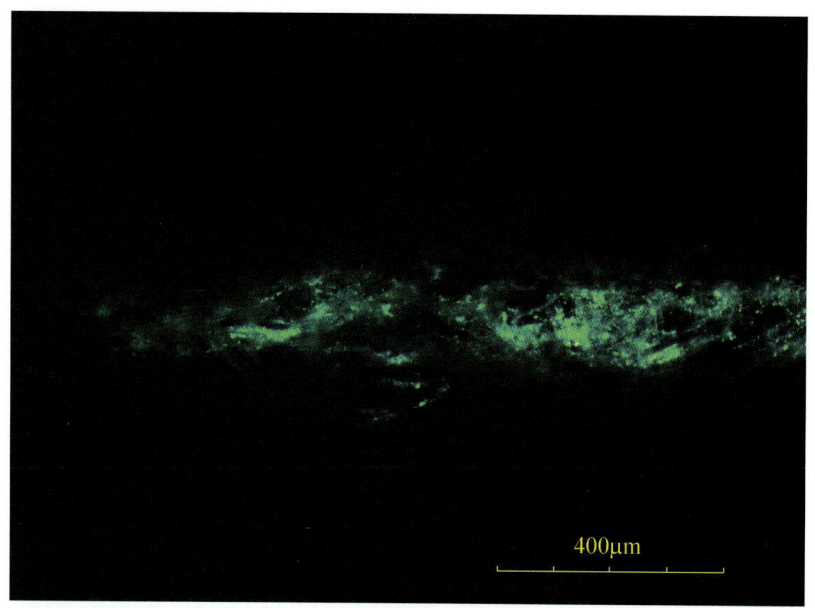

◆ 图8.99 同图8.98。剪切性方解石脉体。方解石脉有一世代细粒方解石沿壁分布,内未见烃包裹体;二世代粗晶方解石全充填,内有大量灰褐色气液烃包裹体,发黄绿色荧光,烃包裹体群体分布,大小较均匀,多为椭圆形。属和田河及周缘第Ⅱ期[表8.1中(8)]发黄褐色荧光的烃包裹体。玛401井,2356.81m,紫外荧光

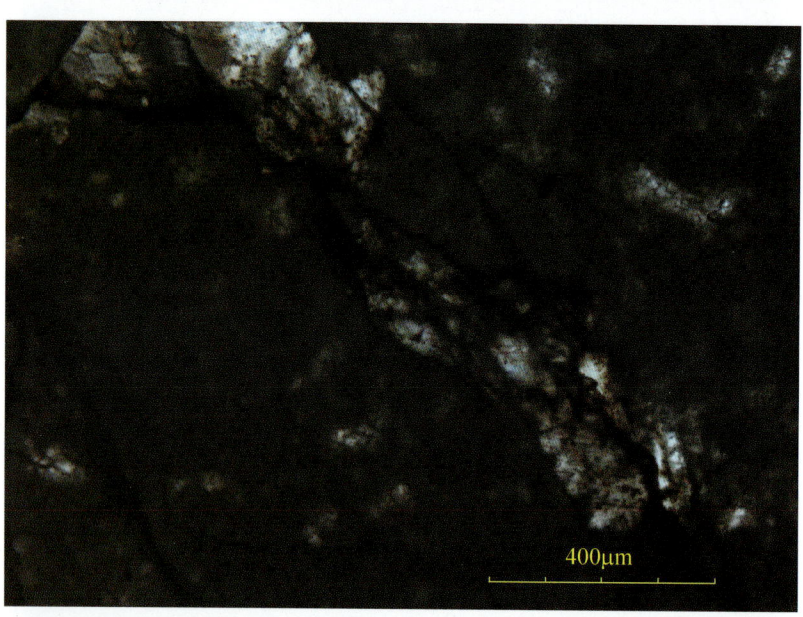

◆ 图8.100 方解石脉体内有裂隙,裂隙中见褐色沥青质。脉方解石中含褐色气液烃包裹体、液烃包裹体,烃包裹体大小不均匀,群体分布,多为椭圆形。为和田河及周缘含第Ⅱ期[表8.1中(8)]烃包裹体的缝合线。玛401井,2345.17m,单偏光

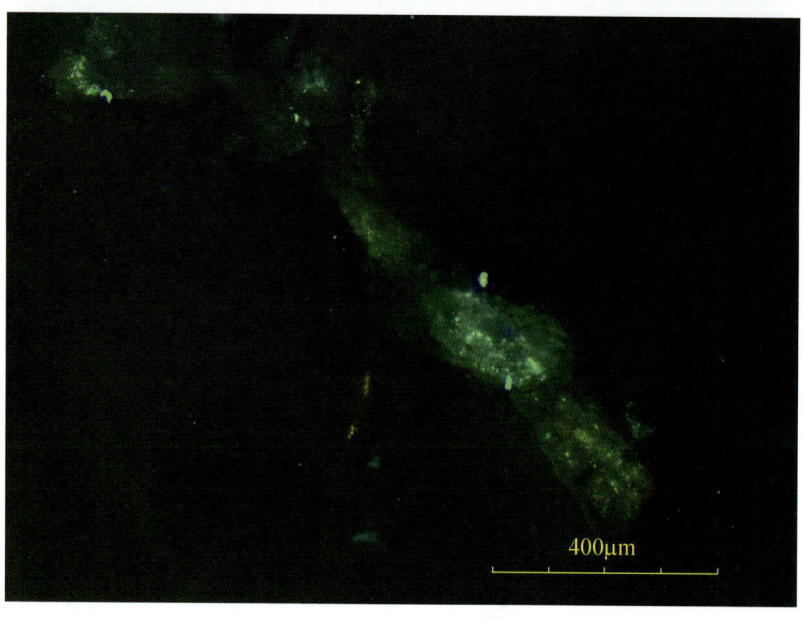

◆ 图8.101 同图8.100。方解石脉体内有裂隙,裂隙中见褐色沥青质。脉方解石中含褐色气液烃包裹体、液烃包裹体,烃包裹体发绿色荧光,烃包裹体大小不均匀,群体分布,多为椭圆形。为和田河及周缘第Ⅱ期[表8.1中(8)]发黄色荧光的烃包裹体的缝合线。玛401井,2345.17m,紫外荧光

◆ 图 8.102 方解石中的愈合缝中有含沥青液烃包裹体,烃包裹体为灰色,不规则状、矩形,串珠状分布,大小不均一。属和田河地区及周缘第Ⅲ期[表 8.1 中(12)]黑色含沥青气态烃包裹体。巴东 2 井,O,4769.89m,单偏光

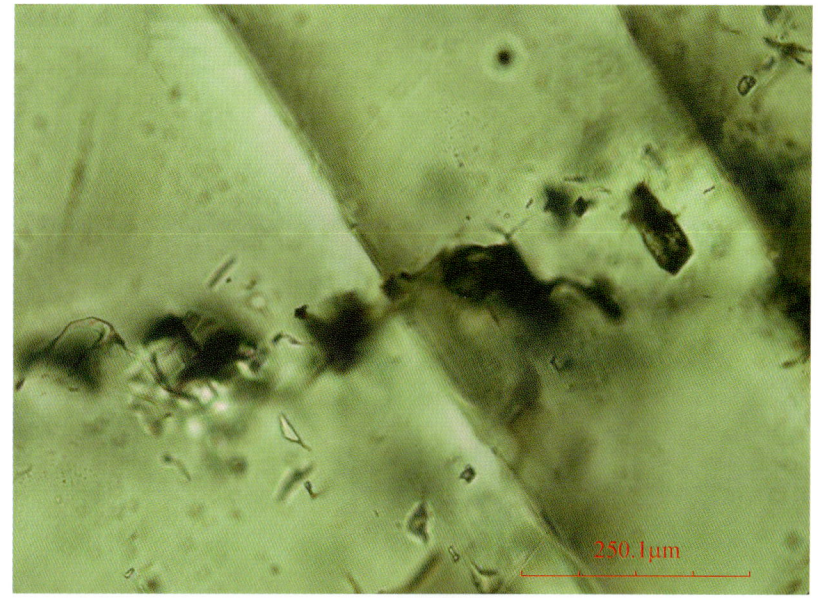

◆ 图 8.103 第Ⅲ期早晚两期构造缝相互穿插。早期白色方解石脉体(Ⅲ₁)中见第Ⅲ期[表 8.1 中(12)]黑色液态烃包裹体,烃包裹体黑色(红箭头),不规则状,群体分布。晚期黑色方解石脉体中见第Ⅲ期[表 8.1 中(12)]灰色气态烃包裹体(黄箭头),气烃包裹体灰色,零星分布,长条状。玛 8 井,O,1690.76m,岩心照片+薄片照片+单偏光+单偏光

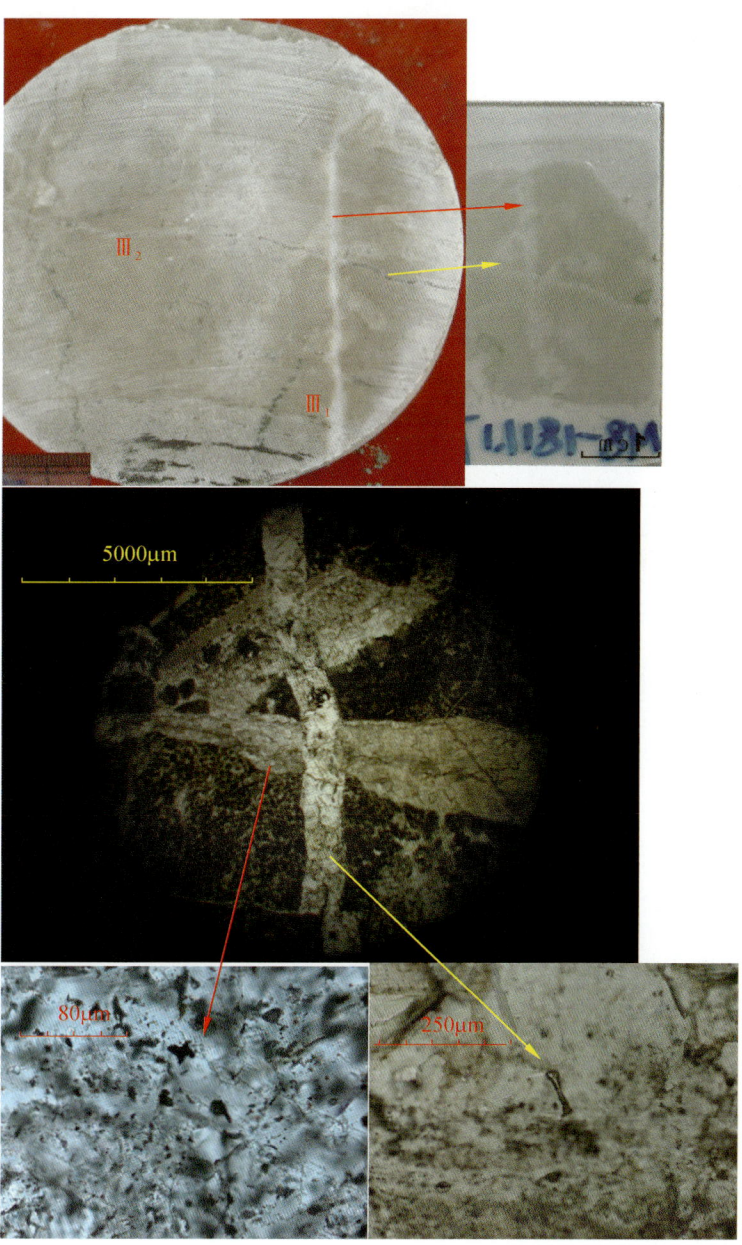

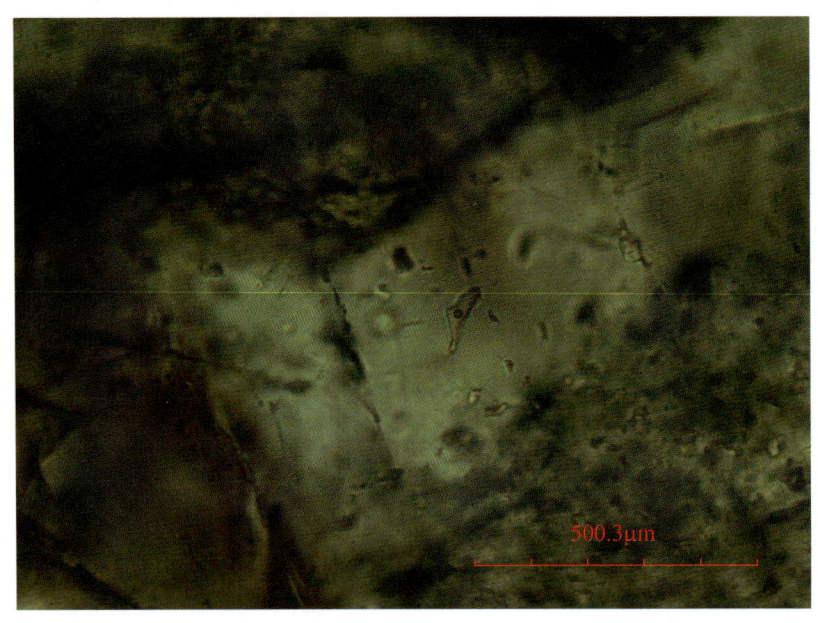

◆ 图8.104 方解石胶结物中浅黄色气液烃包裹体，烃包裹体液相为浅黄色，气相为灰色，呈三角形、矩形、不规则形，大小不一，群体分布。属和田河及周缘第Ⅲ期[表8.1中(18)]浅黄色气液烃包裹体。巴东2井，4296.35m，单偏光

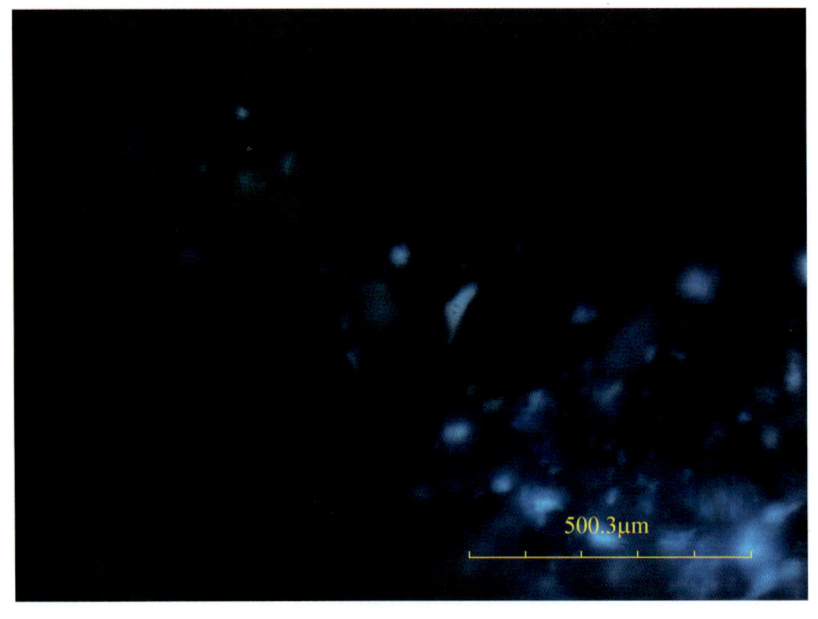

◆ 图8.105 同图8.104。方解石胶结物中气液烃包裹体，烃包裹体浅黄色，液相发蓝色荧光，灰色气相不发荧光，呈三角形、矩形、不规则形，大小不一，群体分布。属和田河地区及周缘第Ⅲ期[表8.1中(18)]发蓝色荧光的烃包裹体。巴东2井，4296.35m，紫外荧光

◆ 图 8.106 喜马拉雅期粗方解石脉，脉体粗细不一，弯曲，两壁为白色，中心为灰色，为张性裂缝被多期方解石充填。在显微镜下见有三世代方解石充填，只有中心第三世代方解石中见有烃包裹体。烃包裹体灰色，不规则形，大小较均匀，群体分布。烃包裹体在紫外荧光下发蓝色荧光。玛401井，2356.47m，岩心照片+薄片照片+单偏光+紫外荧光

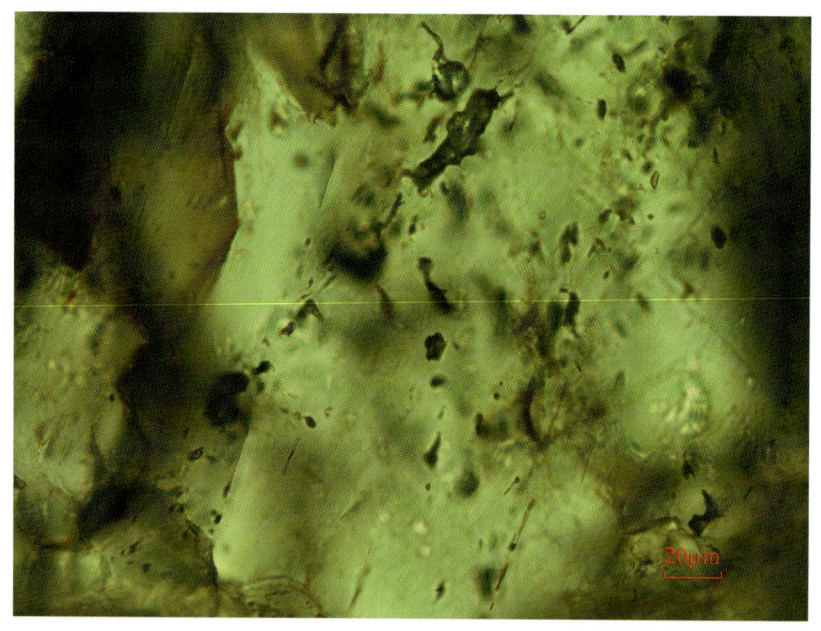

◆ 图 8.107 方解石内的气烃包裹体。气烃包裹体黑色，不规则形，大小不一，群体定向分布。属和田河及周缘第Ⅲ期［表 8.1 中（19）］黑灰色气态烃包裹体。玛参 1 井，4323.63m，单偏光

◆ 图 8.108 方解石内的气烃包裹体。气烃包裹体黑色，长条形，大小不一，零星分布。属和田河及周缘第Ⅲ期［表 8.1 中（19）］黑灰色气态烃包裹体。玛 8 井，1690.12m，单偏光

9 塔里木盆地寒武系—奥陶系碳酸盐岩储集层烃包裹体油性特征

9.1 烃包裹体荧光光谱分析

9.1.1 烃包裹体发荧光的原因

石油的主要组成是碳氢化合物、N—S—O 化合物和无机气体,碳氢化合物根据分子结构又可以细分为正构烷烃、烯烃、环烷烃和芳香烃。芳香族化合物和 N—S—O 化合物是石油的主要发光成分[1]。Kavanagh(2009)[2]通过对不同环芳香烃做荧光分析,发现不同环芳香烃组分在激光下会产生不同特征的荧光光谱。低环芳香烃类比高环芳香烃类荧光谱图的最大光谱强度对应的波长小,随着环数增加,波长增加,荧光"红移"[3-6]。

9.1.2 荧光光谱图的主要参数

通过对烃包裹体荧光光谱属性参数(主峰波长、最大荧光强度、油性指数、红/绿商等)分析和定量化描述,可以区分油质的轻重,得到原油油性特征等信息[7-9]。典型原油荧光发射谱图及主要参数见图9.1[10]。

9.1.3 荧光光谱参数的应用

烃包裹体的荧光强度与烃包裹体中油的密度有很大关系,烃包裹体荧光向蓝色移,油质偏轻;反之,主峰值增大,荧光"红移",烃包裹体中油质偏重。不同时期充注的和来自于不同油源的油,其荧光强度都有可能存在较大差别。利用原油的荧光光谱的主峰及荧光强度进行油源对比已获得了良好的效果[11-12],对于同源同期充注的烃类,其成分及成熟度一致,因此其荧光光谱主峰波长应表现出一致性;相反,对不同源的烃类,其主峰波长会表现出不一致性。

塔里木盆地寒武系—奥陶系碳酸盐岩储集层中烃包裹体的荧光光谱特征如下。塔北地区见有三期发荧光的烃包裹体:晚加里东—早海西期形成的发褐色—褐黄色荧光的液烃包裹体,晚海西期发黄色—黄白色荧光的气液烃包裹体和喜马拉雅期发蓝色荧光的气液烃包裹体。由于塔北地区各个井区油性略有差异,造成包裹体的 λ_{max} 分布较广,但是最终所得到的测量结果仍旧符合烃包裹体的 λ_{max} 发褐色荧光的 > 发黄色的 > 发蓝色的(图9.2—图9.5)。塔中地区、塔东地区以及和田河地区烃包裹体种类可与塔北地区对比,由图9.6—图9.8 可以看出,三个地区的三种发荧光包裹体的荧光光谱最高峰波数 λ_{max},也是褐色 > 黄色 > 蓝色。较高的 λ_{max} 说明烃包裹体内的成分含有一定量的高环类芳香族化合物,而低环芳香烃、饱和烃等轻质组分含量相对较少;并且在单偏光下该期烃包裹体呈现出较深的颜色,说明含有一定量的大分子物质(如沥青组分等),油质偏重。较低的 λ_{max} 说明原油中芳香族含量下降,而低环芳香烃、饱和烃等轻质组分含量变高,相应的原油°API 值增加,较单偏光下烃包裹体颜色浅甚至为无色。故以上三期烃包裹体油性为:晚加里东期—早海西期形成的发褐色—褐黄色荧光的液烃包裹体,代表一期重质油的充注;晚海西期形成的发黄色—黄白色荧光的气液烃包裹体代表一期中质油的充注;喜马拉雅期形成的发蓝白色荧光的气液烃包裹体代表了一期高成熟轻质油的充注。

9.2 塔北地区储集层沥青拉曼光谱分析

1928年,印度物理学家拉曼(Raman)首先发现并系统研究了拉曼散射。显微激光拉曼光谱仪(Laser Raman microspectrometer,LRM)提供了物质分子结构的信息,所以,LRM在研究矿物岩石和流体包裹体中也已得到了广泛的应用[13-16]。

9.2.1 基本原理

显微激光拉曼光谱是一种非破坏性测定物质分子成分的微观分析技术,是基于激光光子与物质分子发生非弹性碰撞后,改变原有入射频率的一种分子联合散射光谱[17-18]。拉曼位移(Δv_0)不受入射光v_0的影响,而仅仅取决于物质分子的振动能级,因此,利用物质分子基团的差异,可以获得不同的拉曼光谱,从而达到鉴定和研究物质分子基团的目的。物质结构分析的依据是拉曼光谱的"退偏振比"(确定分子振动类型)和拉曼位移(确定化合物官能团的类型与位置);物质定性测定的依据是拉曼位移;物质定量测定的依据则是通过对分子轨道的计算而产生的拉曼光散射强度,物质的拉曼散射强度与该物质分子的摩尔分数成正比[18]。

9.2.2 塔北地区储集层沥青拉曼光谱的应用

9.2.2.1 塔北地区奥陶系碳酸盐岩储集层沥青的期次

塔北地区储集层沥青通过显微观察,发现有三期储集层沥青:第Ⅰ期多赋存在早期愈合缝中,在单偏光下为黑色(图9.9、图9.10),在紫外荧光下不发光(图9.11),有碳化现象,为碳质储集层沥青。第Ⅱ期赋存在愈合缝(图9.11)、溶孔(图9.12)、裂缝(图9.13)中,在单偏光下为黑褐色、褐色(图9.10、图9.13),在紫外荧光下发黄褐色光(图9.11)或褐色光(图9.12),伴生有发黄色荧光的烃包裹体(图9.12),为沥青质储集层沥青。第Ⅲ期多赋存在半充填的晚期裂缝中,在单偏光下为灰色、褐色,在紫外荧光下发蓝色光(图9.14—图9.16);褐色沥青质储集层沥青常与油质储集层沥青共生(图9.16),伴生有发蓝色荧光的烃包裹体(图9.15)。储集层沥青和烃包裹体都发蓝色荧光,可见这期储集层沥青形成较晚,未发生成岩变质作用。由于岩石选择性吸附原油中的极性有机质,使这一期储集层沥青发生了组分分异,形成了以非极性轻质烷烃类为主的油质储集层沥青与以极性沥青质为主的沥青质储集层沥青共存的现象。

9.2.2.2 塔北地区奥陶系碳酸盐岩储集层沥青拉曼特征及热成熟度

塔北地区的三期储集层沥青不仅在显微荧光特征上有不同之处,在拉曼谱图形态上也不一致。图9.17是第Ⅰ期储集层沥青拉曼谱图,都表现出G峰发育而尖锐,显示出以高碳组分为主,D峰较突起,有碳化趋势,可见这一期储集层沥青碳化热变较强;另外3000cm^{-1}处宽大凸起不高,是烃类组分甲基、亚甲基等在此的荧光表现。图9.18是第Ⅱ期储集层沥青拉曼谱图,G峰相对没第Ⅰ期储集层沥青的尖锐,个别的还表现较低,D峰微突出,在3000cm^{-1}处也有宽大凸起,说明第Ⅱ期储集层沥青也有一定的成岩热变作用。图9.19是第Ⅲ期储集层沥青拉曼谱图,G峰也有一定突出,说明靠近围岩的深色极性组分以高碳数沥青质为主,3000cm^{-1}处宽大凸起较高,说明第Ⅲ期储集层沥青保存有大量的甲基、亚甲基轻质烃类,D峰基本没有,可见无成岩热变碳化趋势。

将塔北奥陶系三期储集层沥青的拉曼特征峰$G-D$差值与D_h/G_h比值做相关图(图9.20),$G-D$与D_h/G_h关系图由左下方向右上方显示热成熟度变高,第Ⅰ期储集层沥青分布的区域(图9.20中褐色框部分)高于第Ⅱ期储集层沥青分布的区域(图9.20中黄色框部分),主要是因为第Ⅰ期储集层沥青形成后经历序列化成熟作用和变质作用,已形成了热稳定性更高的残余物——碳化高分子有机物,也就是说第Ⅰ期储集层沥青的高成熟度主要是后期成熟作用和变质作用造成的。而第Ⅱ期储集层沥青多发黄褐色光,其组分中有一定的沥青质,说明热成熟度及变质作用远没有第Ⅰ期储集层沥青强,还没到碳化阶段;G–D多分布在大于230cm^{-1}范围,也表明显示的是成熟原油的特征。第Ⅲ期储集层沥青分布在最上面并明显向右偏,G–D多分布在大于240～270cm^{-1}过成熟区范围内,是一期成熟度高但未发生热蚀变的储集层沥青。

总之塔北奥陶系储集层中发育三期储集层沥青:第Ⅰ期高热成熟度碳质储集层沥青、第Ⅱ期成熟沥青质储集层沥青、第Ⅲ期过成熟油质储集层沥青和沥青质储集层沥青。第Ⅲ期储集层沥青主要分布在塔北南部地区,因此,这三期储集层沥青的分布及性质反映了塔北奥陶系成藏北部老、南部新;北部油质重、南部油质轻的特点。

9.3 烃包裹体红外光谱分析

9.3.1 基本原理

傅里叶变换显微红外光谱法(FT-IR)可以获得气体分子振—转光谱结构和凝聚态大分子物质的多原子、分子和基团的震动光谱。基团内原子的震动称为内模式,是决定分子吸收光谱的主要特征,基团与基团运动称为外模式,一定基团的吸收频率具有相当恒定的范围,并且该基团频率与所在的大分子物质无关,这是测试烃包裹体组分内的基团红外特征的理论基础。

9.3.2 烃包裹体红外光谱的应用

9.3.2.1 各期烃包裹体红外光谱特征

不同期次的烃包裹体因油源不同,或同源但成熟度不同及形成的地球物理化学条件不同,从而会含有不同的组分,具有不同的结构,故红外吸收峰谱图会不一样,CH_{2a}/CH_{3a}、X_{inc}、X_{std}参数也不相同。第Ⅰ期发褐色荧光的液烃包裹体、褐色沥青包裹体、黑色沥青包裹体,因该期烃包裹体形成较早,已成沥青包裹体,不管是塔北地区的、塔中地区的,还是塔东地区的,烃包裹体的红外谱图变化不大(图9.21、图9.22)。CH_{2a}亚甲基不对称伸缩振动(2930cm^{-1}±)和CH_{3a}甲基不对称伸缩振动(2960cm^{-1}±)两峰差异不大,说明该期组分中甲基基团含量高,油气成熟度高。第Ⅱ期主要为发黄色荧光的气液烃包裹体,塔北地区(图9.23)、塔中地区(图9.24)、塔东地区(图9.25)、和田河地区(图9.26)的第Ⅱ期烃包裹体的红外谱图是相同的,CH_{2a}亚甲基不对称伸缩振动(2930cm^{-1}±)高于CH_{3a}甲基不对称伸缩振动(2960cm^{-1}±),表明烃包裹体中的油成熟度不高;个别发黄色荧光的烃包裹体几乎呈单峰(图9.26),说明该期烃包裹体烷基链较长,油气成熟度中等。第Ⅲ期主要对发蓝色荧光的烃包裹体进行了红外光谱分析,对黑色气烃包裹体未做分析。塔北地区(图9.27)、塔中地区(图9.28)、塔东地区(图9.29)、和田河地区(图9.30)的第Ⅲ期烃包裹体的红外谱图是相近的,亚甲基不对称伸缩振动CH_{2a}(2925.84cm^{-1}±处)虽呈主峰优势,但甲基不对称伸缩振动CH_{3a}(2956.94cm^{-1}±处)的峰型还是明显,说明该期组分中甲基基团仍然占一定比例,成熟度较高。

9.3.2.2 红外光谱参数判断烃包裹体成熟度

红外吸收频率常用于识别功能基团(–CH_2–、–CH_3),并评估(–CH_2–、–CH_3)基团丰度及碳链长度。Pironon(1990)[19]提出的CH_2/CH_3、$X_{inc}=(\sum CH_2/\sum CH_3-0.8)/0.09$、$X_{std}=(\sum CH_2/\sum CH_3+0.1)/0.27$等3

个参数表征烃包裹体中有机质的成熟度(其中 CH_3 为甲基的吸收率, CH_2 为亚甲基的吸收率)。烃包裹体在 $2800\sim3000cm^{-1}$ 波数范围内的脂肪烃伸缩振动不受宿主矿物的影响[20]。根据此波数范围内亚甲基和甲基的相对比值 CH_{2a}/CH_{3a}、有机质烷基链碳原子数 X_{inc} [$X_{inc}=(\sum CH_2/\sum CH_3-0.8)/0.09$]、正构烷烃直链碳原子数 X_{std} [$X_{std}=(\sum CH_2/\sum CH_3+0.1)/0.27$]可分析其有机质结构[19]。潘雪峰和刘麟(2013)[21]总结出烃包裹体红外参数 CH_2/CH_3、X_{inc} 和 X_{std} 与油气成熟度的关系(表9.1), CH_2/CH_3、X_{inc} 和 X_{std} 值越低,表明烃包裹体中有机质成熟度越高。因此可运用 CH_{2a}/CH_{3a}、X_{inc}、X_{std} 参数划分油气成藏期次与油气充注类型。

表9.1 红外参数与油气成熟度关系表(引自潘雪峰,2013)

油气成熟度	CH_2/CH_3	X_{inc}	X_{std}
低成熟	≥8	≥80	≥30
成熟	5.3~8	50~80	20~30
高成熟	5.3~0.98	2~50	4~20
过成熟	≤0.98	≤2	≤4

根据塔里木盆地奥陶系储集层中三大期烃包裹体的红外光谱数值作出 X_{inc} 与 X_{std} 关系图(图9.31),可以发现晚加里东—早海西期形成的第Ⅰ期发褐色荧光的褐色液烃包裹体点值最小,喜马拉雅期形成的第Ⅲ期发蓝色荧光的无色气液烃包裹体次之,说明这两期烃包裹体均是高成熟度油气。晚海西期形成的第Ⅱ期发黄色荧光的浅褐色液烃包裹体点值较大,其成熟度较前两期低,属成熟—高成熟油。分析认为:晚加里东—早海西期形成的第Ⅰ期烃包裹体代表一期高成熟重质油气的充注,晚海西期形成的第Ⅱ期烃包裹体代表一期成熟—高成熟中质油气的充注,喜马拉雅期形成的第Ⅲ期烃包裹体则代表一期高成熟轻质油气的充注。

9.4 烃包裹体色谱质谱分析

将烃包裹体成分提取后进行色谱—质谱分析,其 Pr/Ph、Pr/nC_{17}、Ph/nC_{18}、生物标志化合物特征和参数在解决石油地质和地球化学问题中具有不可替代的作用,在油气地球化学中受到普遍重视并被广泛应用于指示生源输入、母质类型、沉积环境,并作为油气源对比、运移、生物降解等方面的评价和研究指标。

9.4.1 沉积环境指标及应用

Pr 和 Ph 代表的类异戊二烯烷烃是光合作用中叶绿素的植醇侧链的成岩产物,植醇在还原条件下脱水成植烯,加氢还原形成植烷,在氧化环境下则形成植烷酸,进而脱羧基形成姥鲛烷,故姥鲛烷和植烷的分布特征可以反映沉积环境。而 C_{27}—C_{29} 甾烷的相对含量可以反映出不同前生物贡献的比例,从而确定原油的母质类型[22]。

将塔里木盆地寒武系—奥陶系储集层中三期烃包裹体的 Pr 和 Ph 投到识别沉积环境的图9.32、图9.33中。两种相图结合综合分析,三期烃包裹体油气母质的形成环境为海相环境,只有塔北牙哈井区第Ⅲ期烃包裹体的数据点落在陆相环境中。另外巴东2井数据点位于浮游生物区,推测该井烃包裹体生源物质中藻类十分丰富。

9.4.2 原油、烃源岩成熟度指标及应用

成熟度具体可用与热有关的反应进行程度来衡量。用生物标志物来评价有机质成熟度的参数有很多,

包括正构烷烃碳优势指数 CPI、奇偶优势指数 OEP、甾烷异构化参数 20S/(20S+20R) 与 $\beta\beta/(\alpha\alpha+\beta\beta)$、升藿烷异构化参数 22S/(22S+22R)、17β(H),21α(H)-藿烷/17α(H),21β(H)-藿烷(即莫烷/藿烷)、三芳甾烷/(单芳甾烷+三芳甾烷)、(C_{21}+C_{22}甾烷)/甾烷、C_{26}三芳甾烷/(C_{26}+C_{27}+C_{28})三芳甾烷、重排甾烷/(重排甾烷+规则甾烷)、Ts/(Ts+Tm)、三环萜/(三环萜+五环萜)、甲基菲指数 MPI、二甲基菲指数 DPR 和二苯并噻吩指数等。藿烷类和甾烷类化合物是沉积物中分布很广泛的两类复杂的生物标志化合物，它们具有丰富的结构和构型变化，可提供丰富的信息，使得其在生物化学、油气地球化学等领域受到重视，并得到相当广泛的研究和应用。

将塔里木盆地寒武系—奥陶系碳酸盐岩储集层中的烃包裹体与原油的 C_{29} 甾烷异构化参数 20S/(20S+20R) 与 $\beta\beta/(\alpha\alpha+\beta\beta)$ 作图，发现塔里木不同地区同期烃包裹体的分布大致相似，发蓝色荧光的烃包裹体集中分布区域位于发黄色荧光的烃包裹体的右上方，且更靠近成熟度参数演化的终极平衡状态(图 9.34)，因此，发蓝色荧光的烃包裹体所代表的喜马拉雅期油气成熟度要高于发黄色荧光的烃包裹体所代表的晚海西期油气，而喜马拉雅期烃包裹体的参数与原油数值更为接近，表明其确为晚期形成。

9.4.3 油源对比指标及应用

塔里木盆地塔北地区源于陆相烃源岩的原油 Ph/nC_{18} 一般都小于 0.2 [23]。故以 Ph/nC_{18}=0.2 为界，将 Ph/nC_{18} 大于 0.2 作为判断海相烃源岩及原油的标准。将代表源于中—上奥陶统烃源岩的英买 2 井(O)、代表源于寒武系烃源岩的塔东 2 井($\in$)和塔中 62 井(S)端元油的 Pr/nC_{17} 和 Ph/nC_{18} 值投在图 9.35 中。三口井的 Pr/nC_{17} 比值有明显不同：英买 2 井(O)为 0.40~0.43、塔中 62 井(S)为 0.48、塔东 2 井($\in$)为 0.67~0.76。试将 Pr/nC_{17}=0.48 作为两者的界限，即高于 0.48 代表源于寒武系—下奥陶统烃源岩，小于 0.48 代表源于中—上奥陶统烃源岩。

将塔里木盆地的烃包裹体数据投图可知(图 9.35)，除牙哈地区烃包裹体油组分位于陆相区外，其余都位于海相区。而塔北地区的第Ⅱ期烃包裹体以及塔东地区、和田河地区的两期烃包裹体，大多位于黄色椭圆内，正好涵盖源于中—上奥陶统烃源岩的英买 2 井(O)的原油，所以推测这些烃包裹体的油组分应源于中—上奥陶统烃源岩。塔中地区的两期烃包裹体以及塔北地区喜马拉雅期烃包裹体集中在蓝色椭圆内，介于英买 2 井(O_1)与塔东 2 井($\in$)之间，推测是由中—上奥陶统烃源岩和寒武系—下奥陶统烃源岩混源而成。塔北地区晚加里东—早海西期形成的第Ⅰ期褐色烃包裹体组分的 Pr/nC_{17} 和 Ph/nC_{18} 值主要集中在褐色方框中，与塔东 2 井($\in$)原油的值处于同一区域范围，推测该期烃包裹体油组分源于寒武系—下奥陶统烃源岩。

参 考 文 献

[1] Burruss R C.Practical aspects of fluorescence microscopy of petroleum fluid inclusions [J].SEPM Short Course,1991,25(1):1-7.

[2] Kavanagh R J, Burnison B K, Frank R A, et al, .Detecting oil sands process-affected waters in the Alberta oil sands region using synchronous fluorescence spectroscopy [J].Chemosphere,2009,76(1):120-126.

[3] 王光辉.显微荧光光谱参数及其在东营凹陷胜坨地区油气成长藏研究中的应用[J].中国科学院研究生院硕士学位论文,2012:22.

[4] Hagemann H W and A Hollerbach.The fluorescence behaviour of crude oils with respect to their thermal maturation and degradation [J].Organic Geochemistry,1986,10(3):473-480.

[5] Lin R, A Davis, and D Bensley.The chemistry of vitrinite fluorescence [J].Organic Geochemistry,1987,11（5）:393-399.

[6] Stasiuk L D and L R Snowdon.Fluorescence micro-spectrometry of synthetic and natural hydrocarbon fluid inclusions:crude oil chemistry, density and application to petroleum migration [J].Applied Geochemistry,1997,12（3）:229-241.

[7] 慈兴华,向巧玲,陈方鸿.定量荧光分析技术在原油性质判别方面的应用探讨——以胜利油区为例[J].石油实验地质,2004,26（1）:100-102.

[8] 吕修祥,李建交.塔里木盆地塔北隆起碳酸盐岩油气成藏特点[J].地质学报,2007,81（8）:1057-1064.

[9] 丰勇,陈红汉,叶加仁.伊通盆地岔路河断陷油气成藏过程[J].地球科学——中国地质大学学报,2009,34（3）:502-509.

[10] Keyu Liu, Peter Eadington, Heather Middleton.Applying quantitative fluorescence techniques to investigate petroleum charge history of sedimentary basins in Australia and Papuan New Guinea, Journal of Petroleum [J].Science and Engineering,2007,57:139-151.

[11] 杨杰,陈丽华.利用荧光光谱进行原油测定及对比的方法[J].石油勘探与开发,2002,29（6）:69-71.

[12] 张鼐.塔北油气藏流体包裹体研究及成藏期厘定(内部报告).2012.

[13] 丁俊英,英倪,培饶冰.显微激光拉曼光谱测定单个包裹体盐度的实验研究[J].地质论评,2004,50（2）:203-209.

[14] 张鼐,田作基,冷莹莹.烃和烃类包裹体的拉曼特征[J].中国科学:D辑,2007,37（7）:900-907.

[15] 李荣西,王志海,李月琴.应用显微激光拉曼光谱分析单个流体包裹体同位素[J].地质前缘,2012,7.19（4）.

[16] 张泉,赵爱林,郝原芳.显微激光拉曼在流体包裹体研究中的应用[J].有色矿冶,2005（01）.

[17] 徐培苍,李如碧,王永强等.地学中的拉曼光谱[M].西安:陕西科学技术出版社.1996,39.

[18] 程光煦.拉曼和布里渊散射——原理及应用[M].北京:科学技术出版社.2001,1.

[19] J Pironon and O Barres.Semi-quantitative FT-IR microanalysis limits:Evidence from synthetic hydrocarbon fluid inclusions in sylvite [J].Geochimica et Cosmochimica Acta,1990,54（3）:509-518.

[20] 冯乔,马硕鹏,樊爱萍.鄂尔多斯盆地上古生界储集层流体包裹体特征及其地质意义[J].石油与天然气地质,2006,27（1）:28-32.

[21] 潘雪峰,刘麟.苏北盆地S-F油田烃类流体包裹体红外光谱特征研究[J].地质勘探,2013,36（3）:31-34.

[22] Pironon J.Synthesis of hydrocarbon fluid inclusions at low temperature [J].Am Miner,1990,75:226-229.

[23] 张斌,崔洁,顾乔元,等.塔北隆起西部复式油气区原油成因与成藏意义[J].石油学报,2010,31（1）:55-61.

9 塔里木盆地寒武系—奥陶系碳酸盐岩储集层烃包裹体油性特征

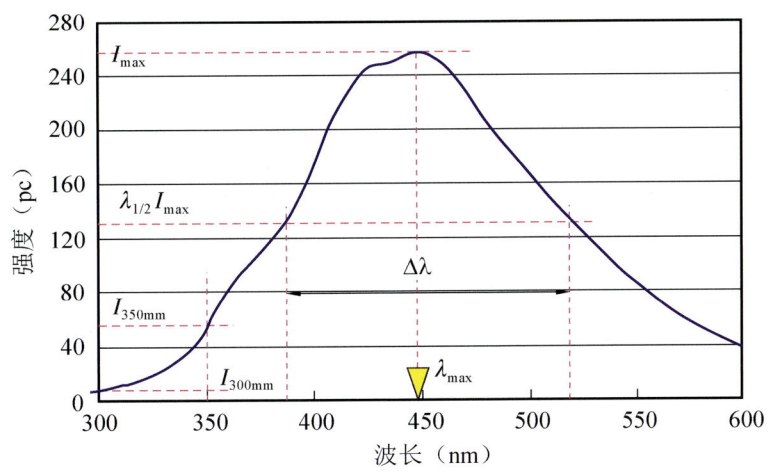

◆ 图 9.1 典型原油荧光发射谱图

I_{max}—最大光谱强度;I_{350nm}—相应波长为 350nm 的光谱强度;λ_{max}—相应 I_{max} 的波长;$\lambda_{1/2}I_{max}$—$1/2I_{max}$ 的波长;
$\Delta\lambda_{半峰宽}$—光谱主峰强度的一半所对应的两个峰长的差值 = $\lambda/2_{右}-\lambda/2_{左}$

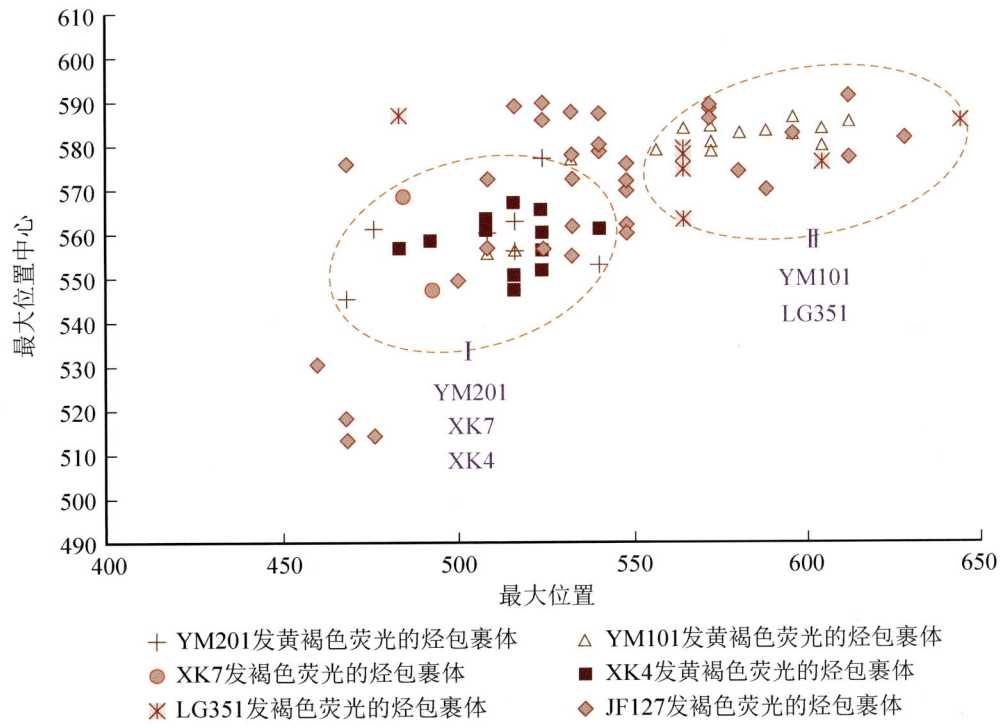

◆ 图 9.2 塔北地区第 I 期烃包裹体荧光光谱图

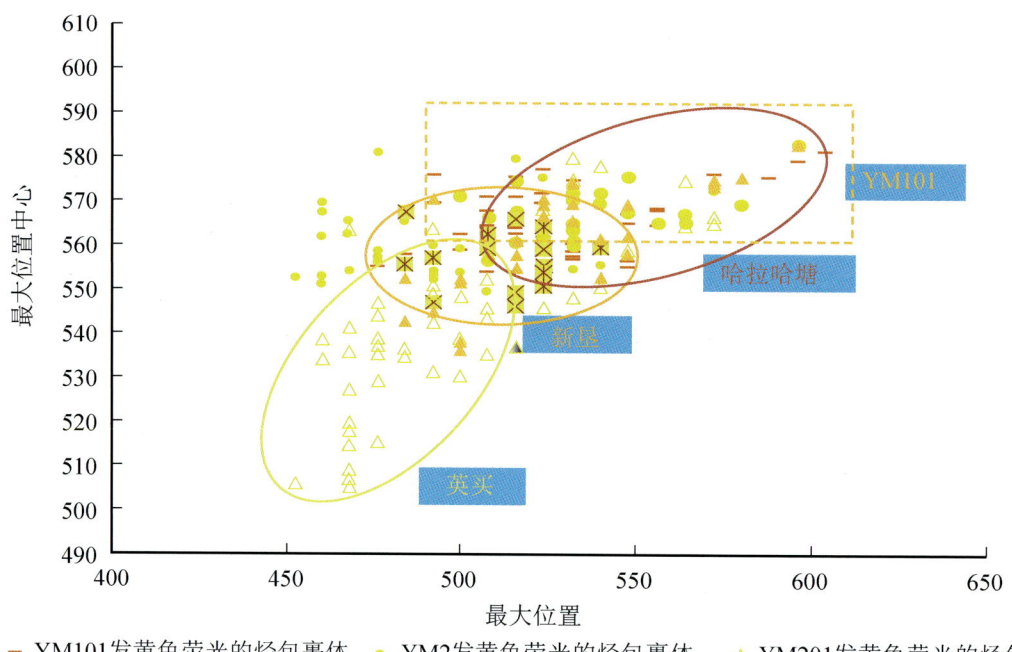

◆ 图9.3　塔北英买力—哈拉哈塘地区第Ⅱ期烃包裹体荧光光谱图

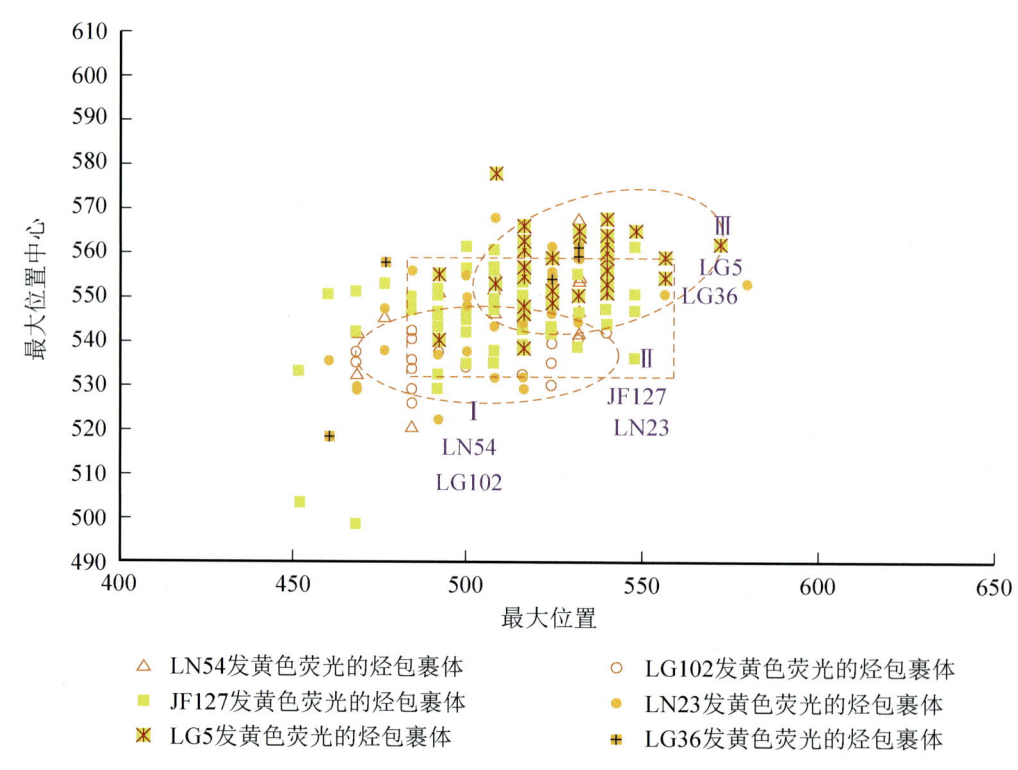

◆ 图9.4　塔北轮古地区第Ⅱ期烃包裹体荧光光谱图

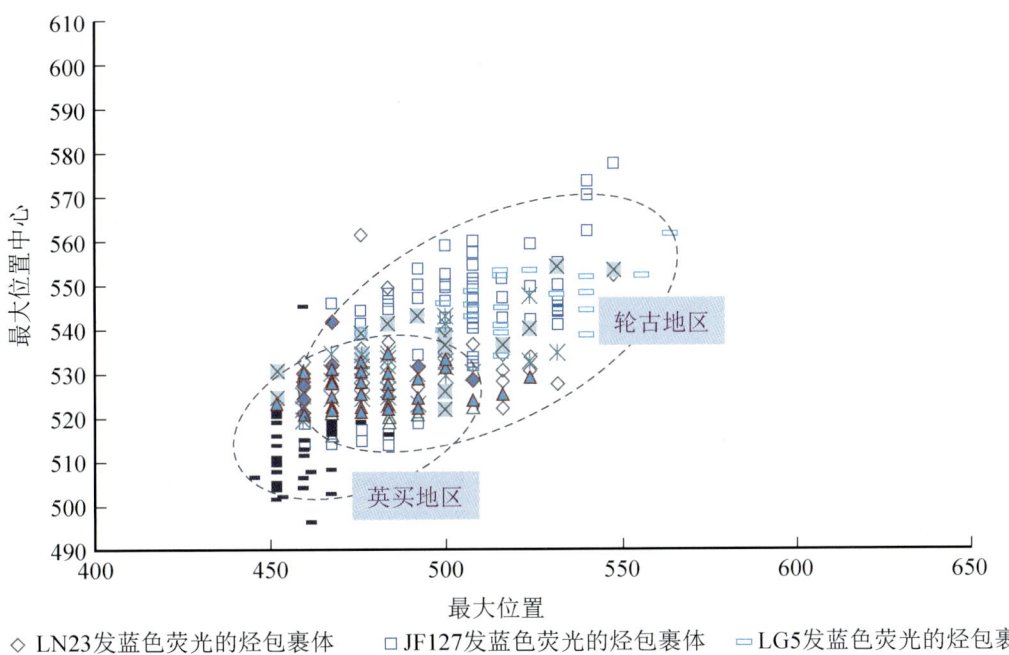

◆ 图 9.5 塔北地区第Ⅲ期烃包裹体荧光光谱图

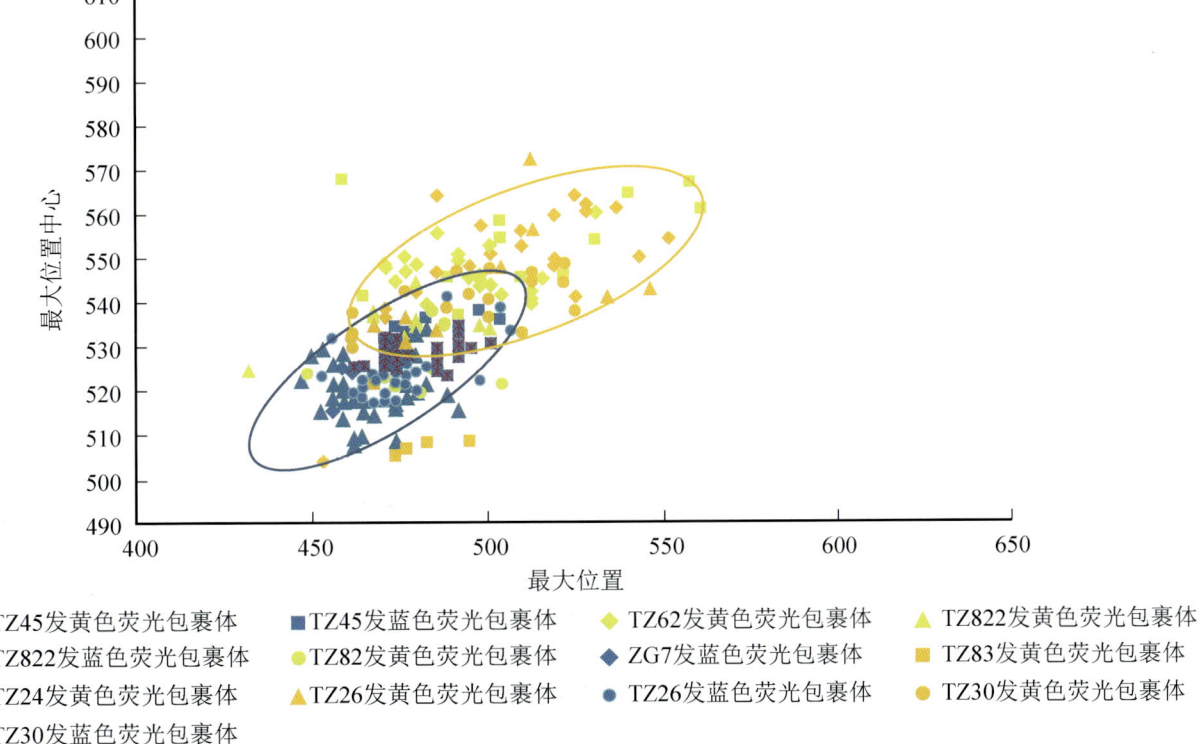

◆ 图 9.6 塔中地区烃包裹体荧光光谱图

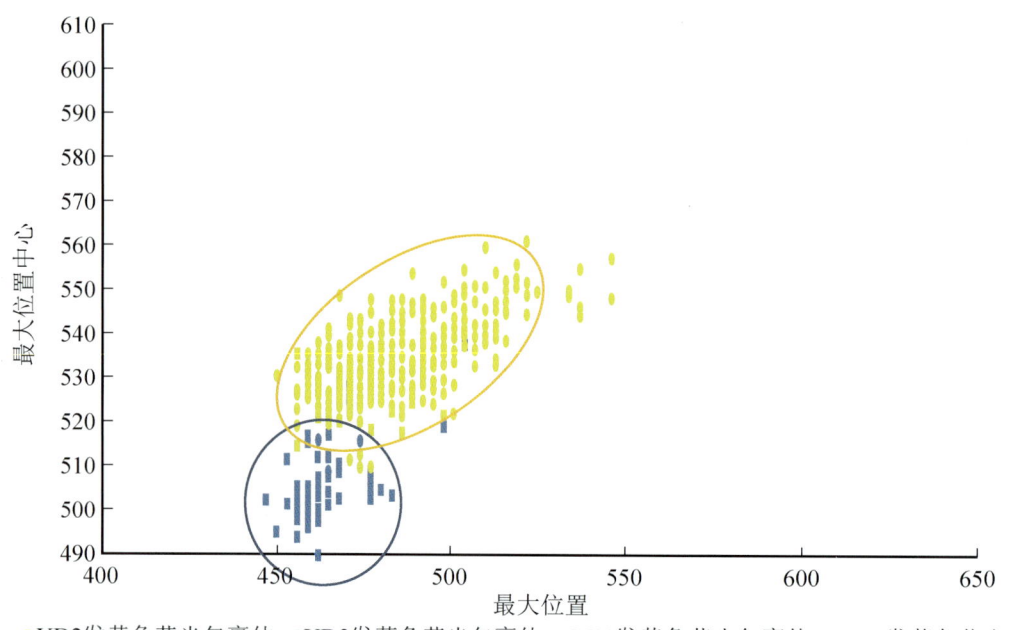

◆ 图 9.7 塔东地区烃包裹体荧光光谱图

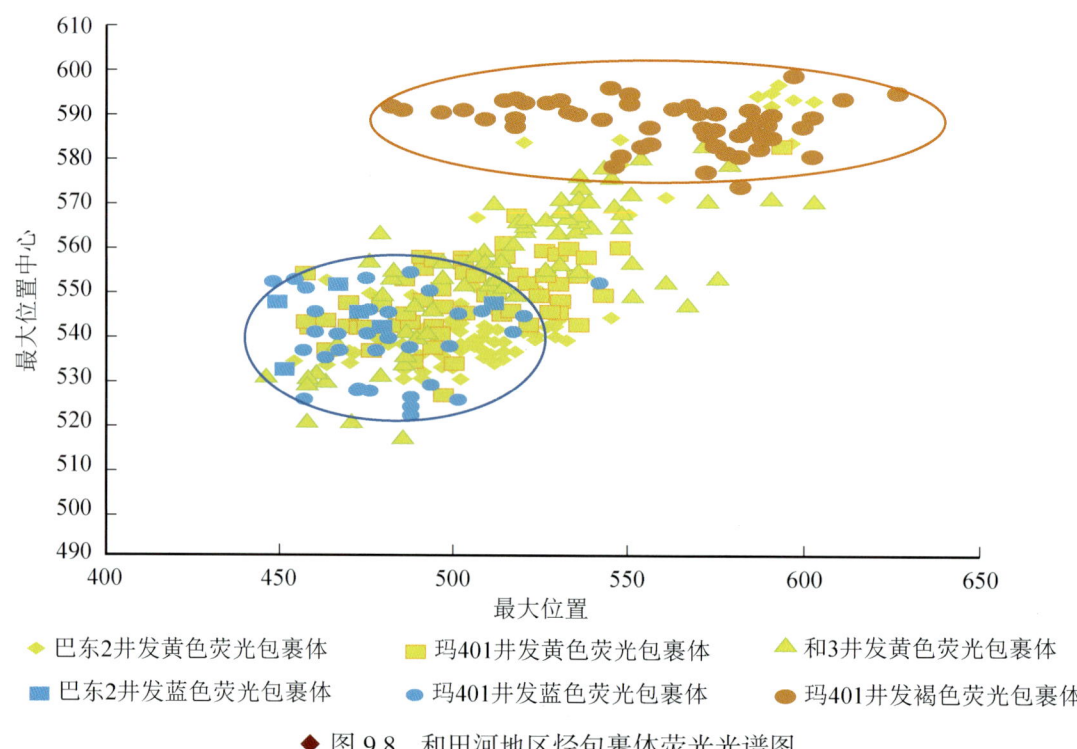

◆ 图 9.8 和田河地区烃包裹体荧光光谱图

◆ 图9.9 愈合缝中的碳质储集层沥青,黑色,固相,属于第Ⅰ期储集层沥青。英买201井,6015.08m,单偏光

◆ 图9.10 三期储集层沥青:黑色碳质储集层沥青(红箭头),在愈合缝中,固相;褐黑色沥青质储集层沥青(黄箭头),在裂缝中,半固化;无色油质储集层沥青(蓝箭头),在后期张开的裂缝中。三期含沥青的裂缝相互穿插。另在一愈合缝中见褐色烃包裹体,串珠状分布。解放127井,5649.88m,单偏光

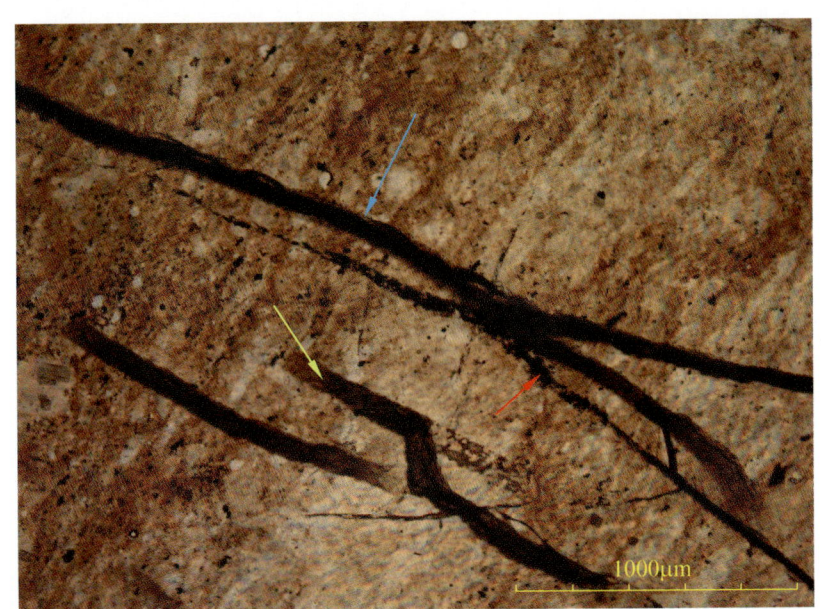

◆ 图9.11 同图9.10。三期储集层沥青:碳质储集层沥青发黑色荧光(红箭头),在愈合缝中,固相;沥青质储集层沥青发褐黄色荧光(黄箭头),在裂缝中,半固化;油质储集层沥青发蓝色荧光(蓝箭头),在后期张开的裂缝中。三期含沥青的裂缝相互穿插。愈合缝中烃包裹体发黄色荧光,串珠状分布。解放127井,5649.88m,紫外荧光

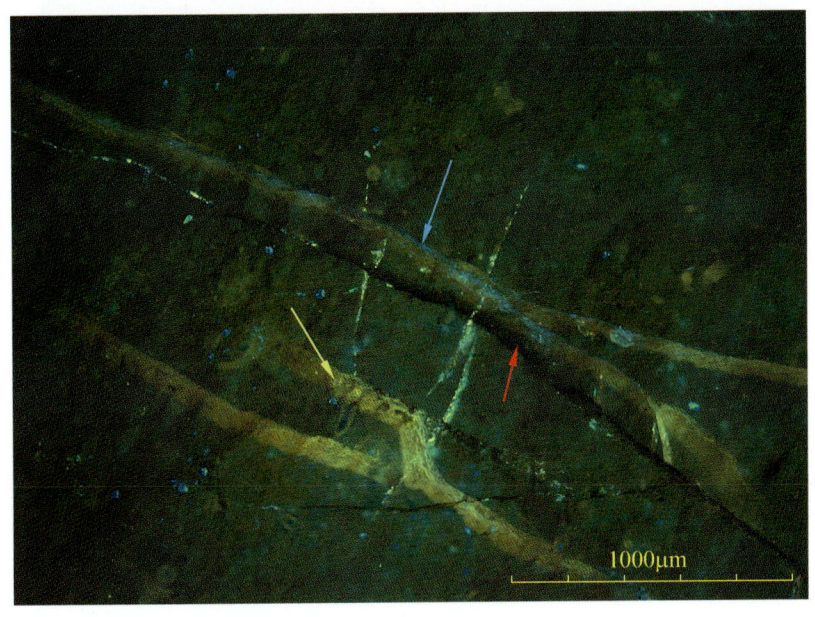

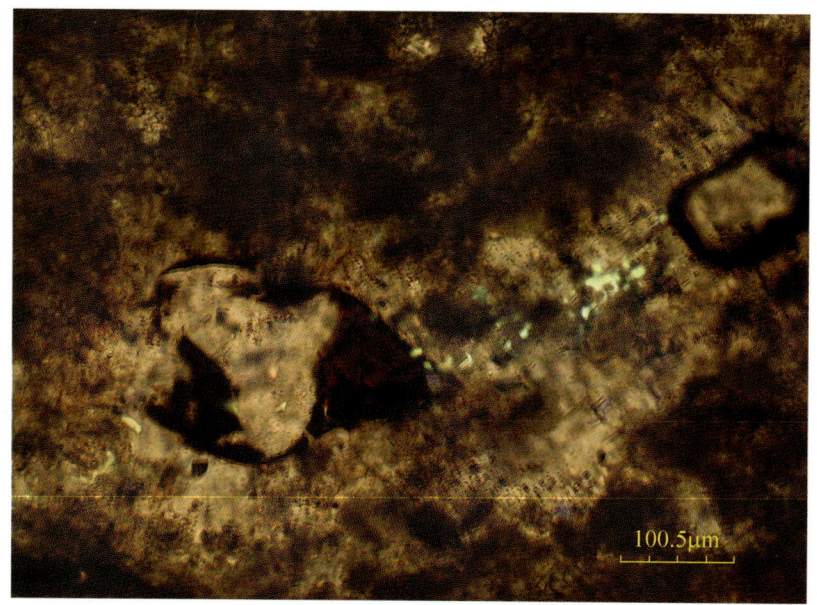

◆ 图9.12 孔隙中见褐色沥青质储集层沥青,发褐色荧光,固相,为第Ⅱ期储集层沥青。在边上的方解石中见发黄色荧光的液烃包裹体,群体分布,不规则状。英买201井,6015.8m,单偏光+紫外荧光

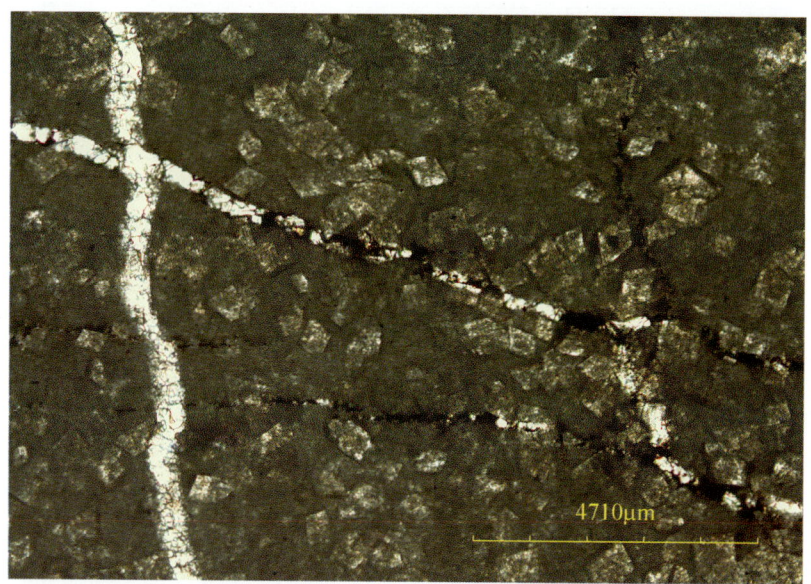

◆ 图9.13 半充填方解石的裂缝—孔隙中见褐黑色沥青质储集层沥青充填,沥青为半固化。第Ⅱ期储集层沥青,哈6井,7047m,单偏光

◆ 图9.14 在孔隙中见褐色沥青质储集层沥青,裂缝中充填的方解石内见大量次生发蓝色荧光的烃包裹体,推测该期储集层沥青为第Ⅲ期储集层沥青。轮古39井,5817.53m,单偏光+紫外荧光

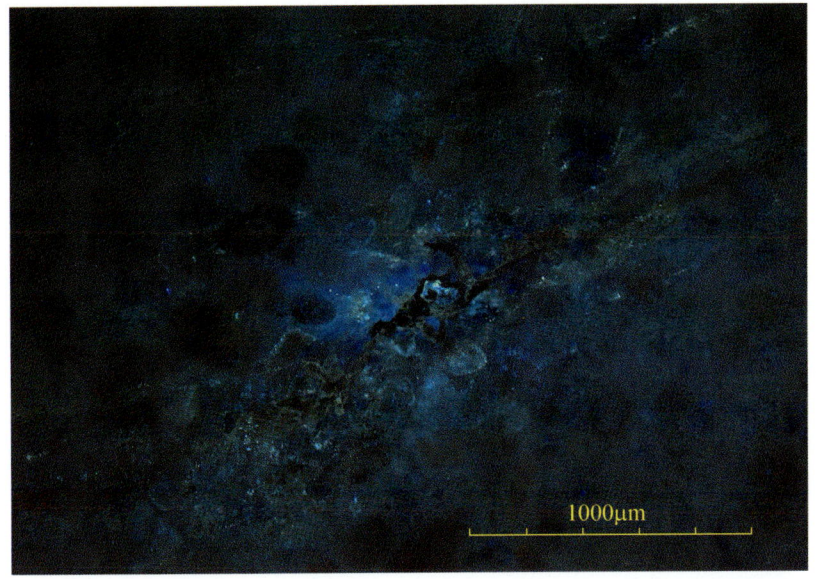

◆ 图9.15 在孔隙中见发褐色荧光的沥青质储集层沥青，裂缝中充填的方解石内见少量发蓝色荧光的烃包裹体，推测这期储集层沥青为第Ⅲ期储集层沥青。热普1井，6845.48m，紫外荧光

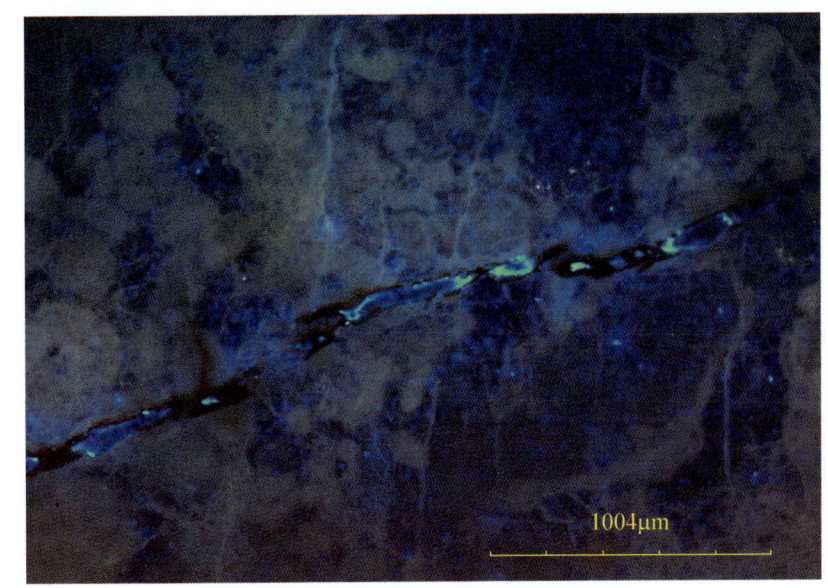

◆ 图9.16 裂缝中近岩石壁为发褐色荧光的沥青质储集层沥青，而裂缝中心为发蓝色荧光的油质储集层沥青，这是同期储集层沥青因重分子沥青亲岩性而贴着岩石分布，使轻质油集中在中心。属第Ⅲ期储集层沥青。英买202井，5867.47m，紫外荧光

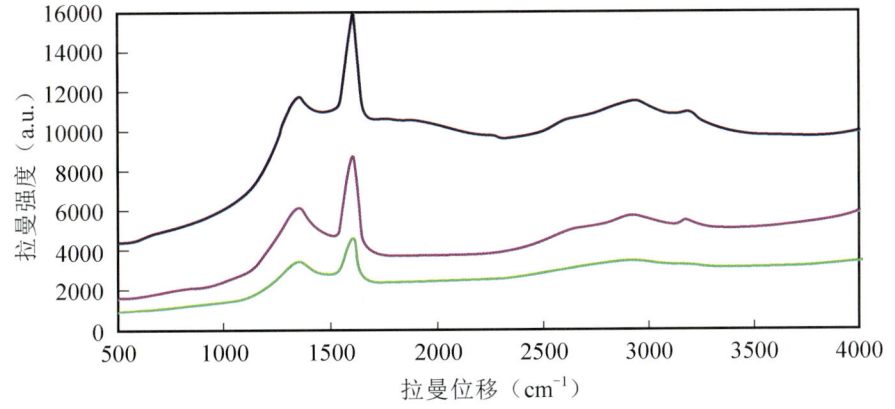

◆ 图9.17 塔北地区奥陶系储集层第Ⅰ期储集层沥青拉曼谱图

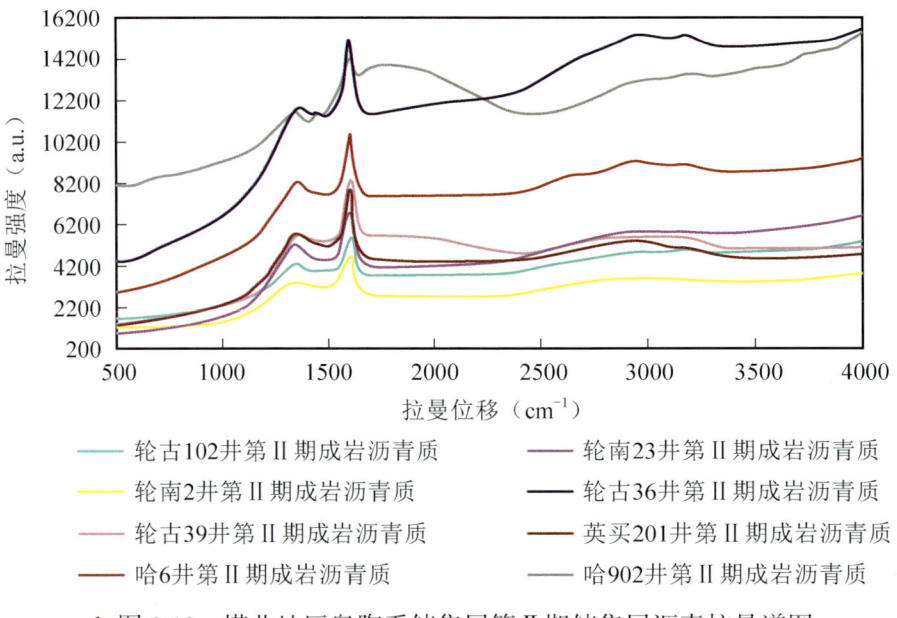

◆ 图9.18 塔北地区奥陶系储集层第Ⅱ期储集层沥青拉曼谱图

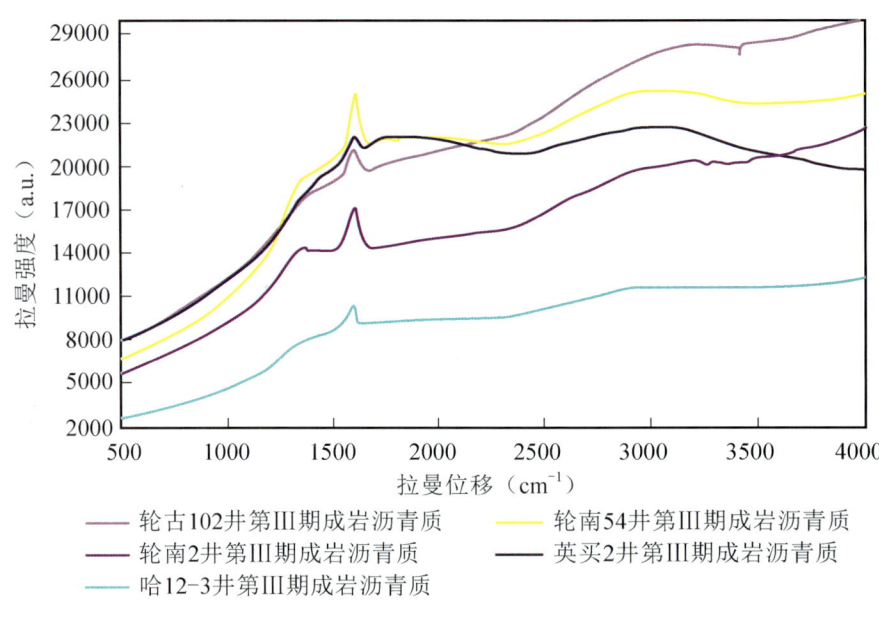

◆ 图9.19 塔北地区奥陶系储集层第Ⅲ期储集层沥青拉曼谱图

9 塔里木盆地寒武系—奥陶系碳酸盐岩储集层烃包裹体油性特征

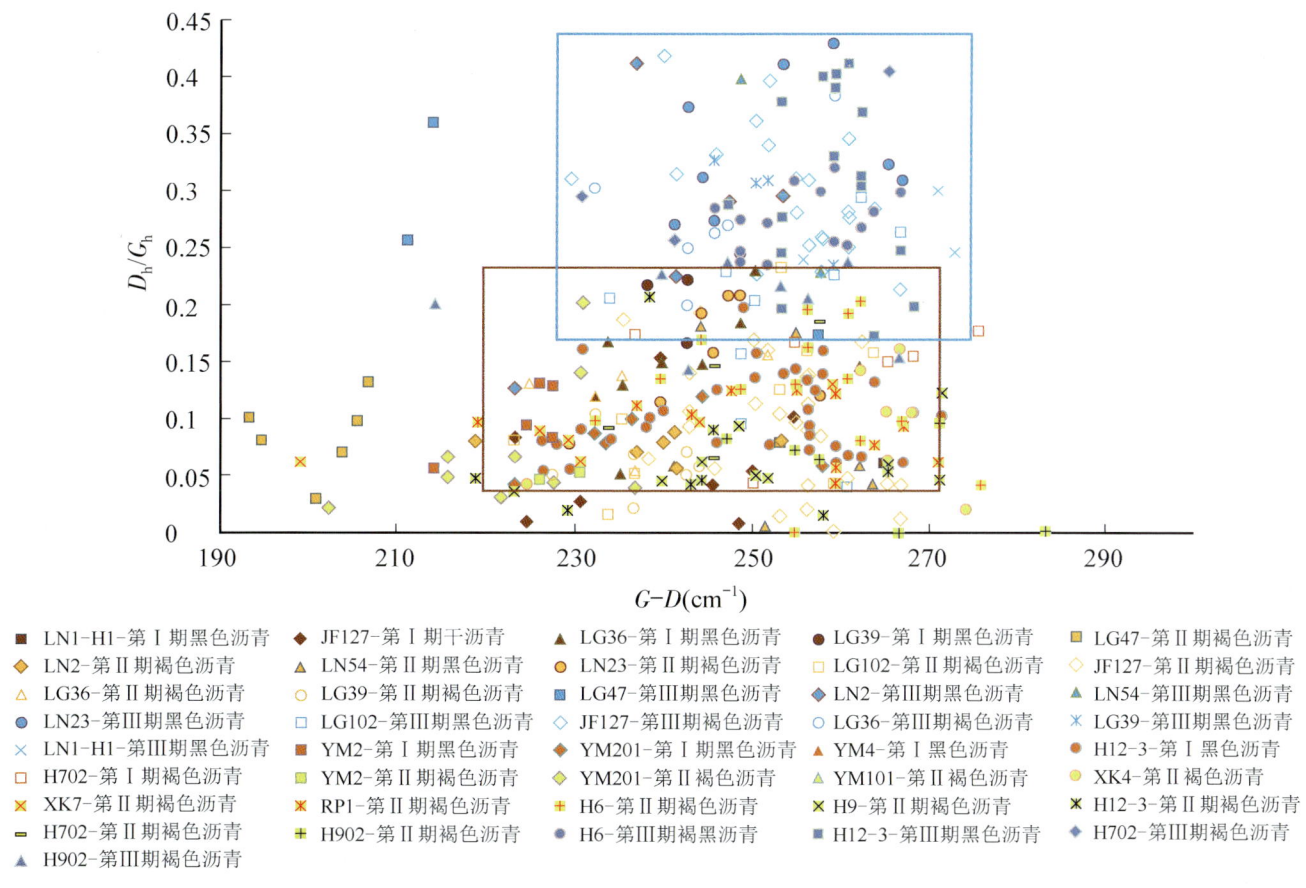

◆ 图 9.20　塔北地区奥陶系储集层沥青拉曼参数 D_h/G_h—G-D 关系图

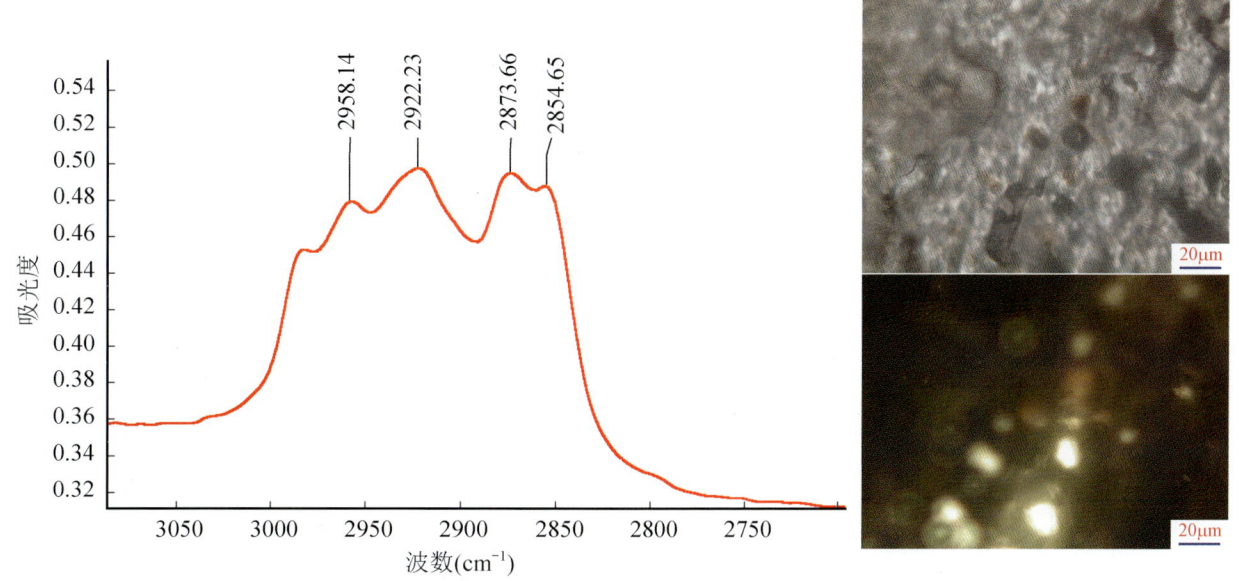

◆ 图 9.21　塔北地区第Ⅰ期发褐色荧光的烃包裹体红外光谱图（英买 201 井，6015.08m）

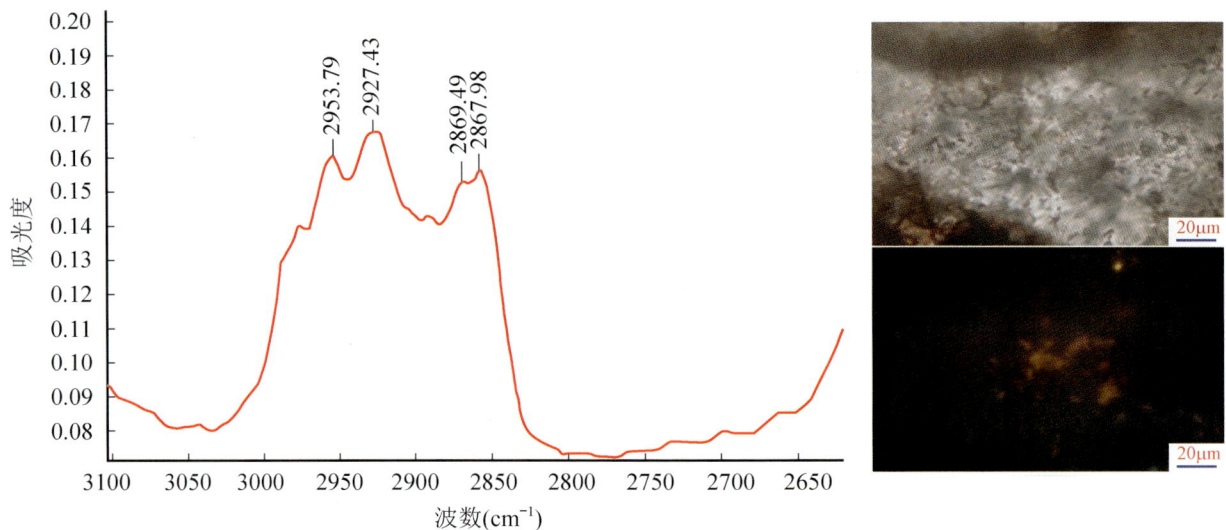

◆ 图 9.22 和田河周缘第Ⅰ期发褐色荧光的烃包裹体红外光谱图（巴东 2 井，4300.71m）

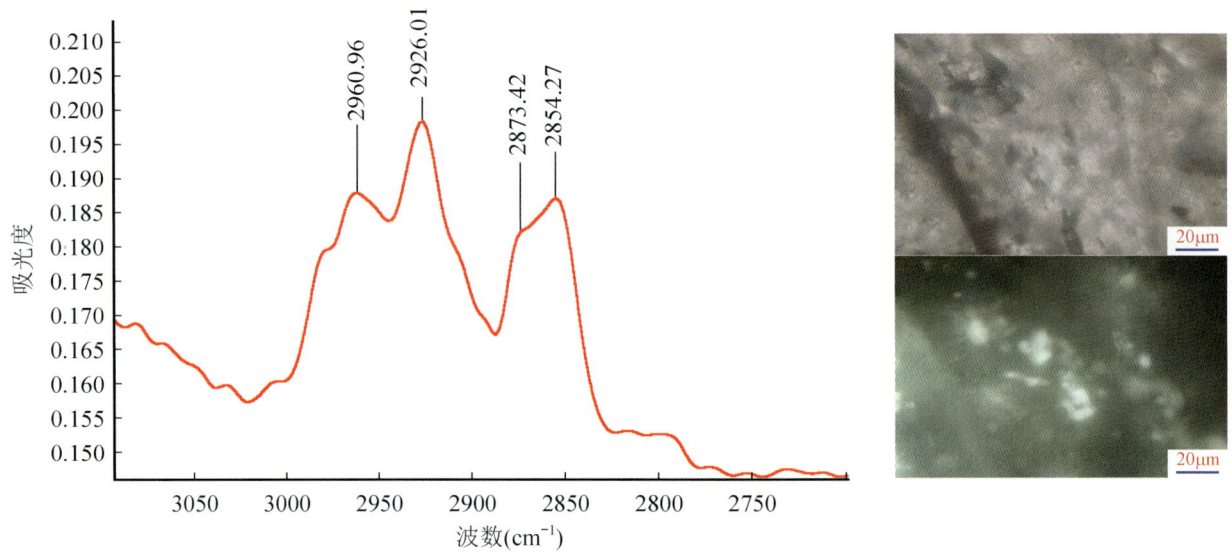

◆ 图 9.23 塔北地区第Ⅱ期发黄白色荧光的烃包裹体红外光谱图（英买 201 井，6015.08m）

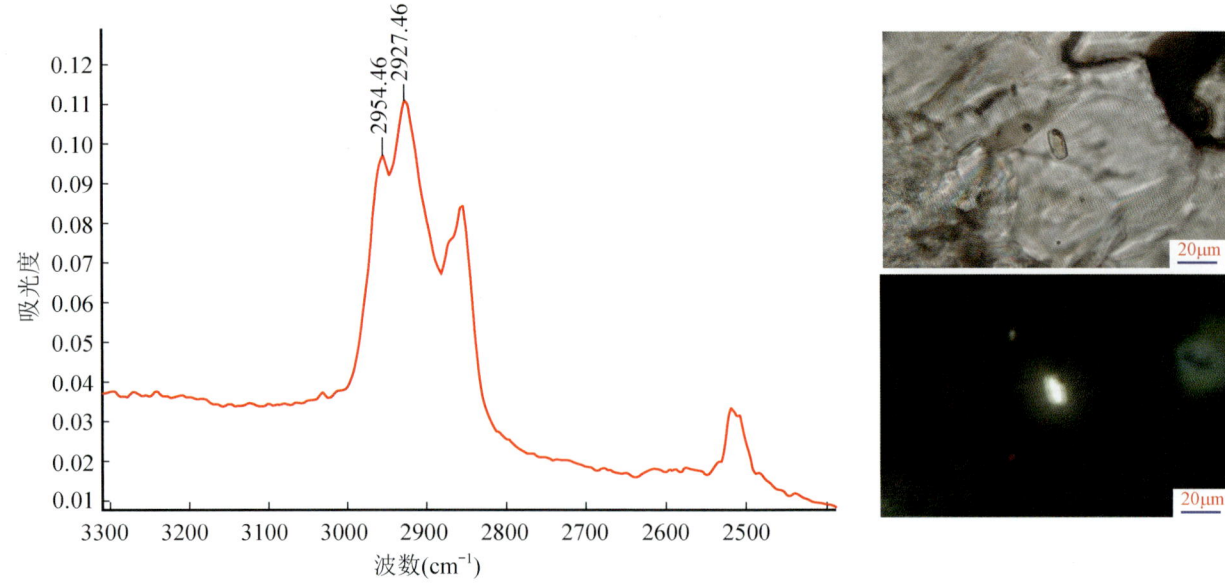

◆ 图 9.24 塔中地区第Ⅱ期发黄色荧光的烃包裹体红外光谱图（塔中 24 井，4459.8m）

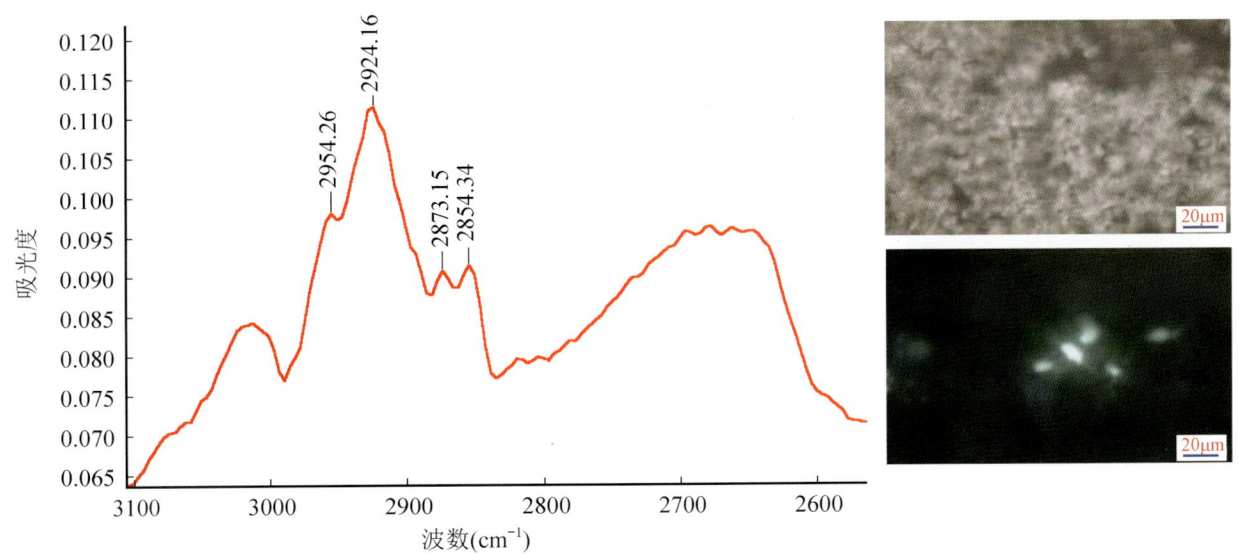

◆ 图 9.25 塔东地区第 Ⅱ 期发黄白色荧光的烃包裹体红外光谱图（罗西 1 井, 4210.73m）

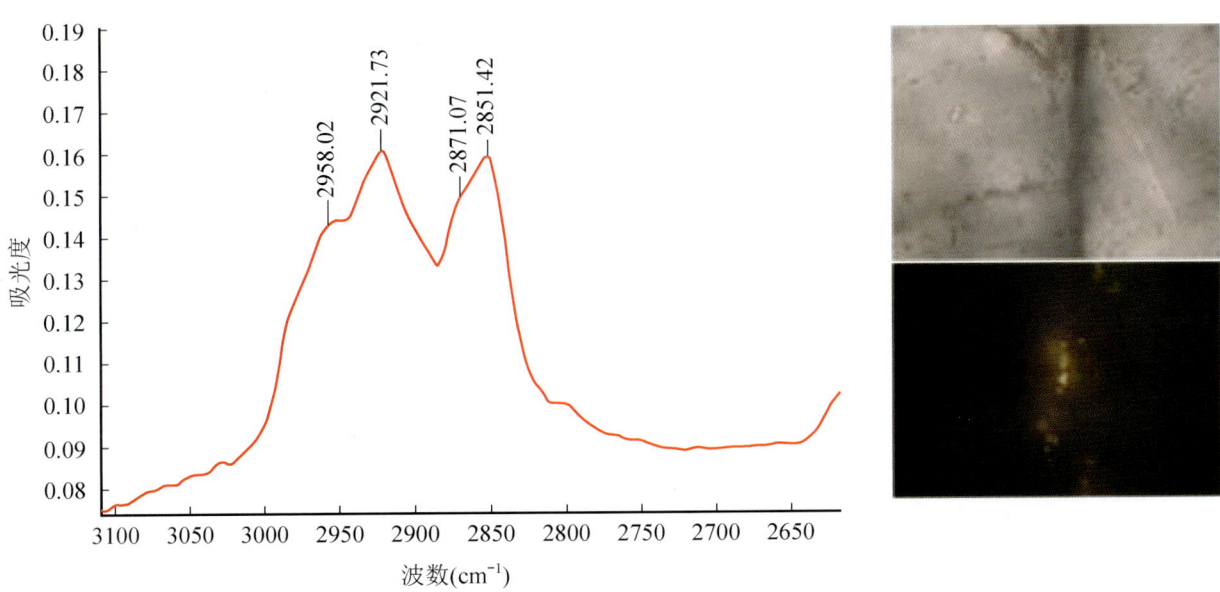

◆ 图 9.26 和田河地区第 Ⅱ 期发黄色荧光的烃包裹体红外光谱图（玛 401 井, 2364.89m）

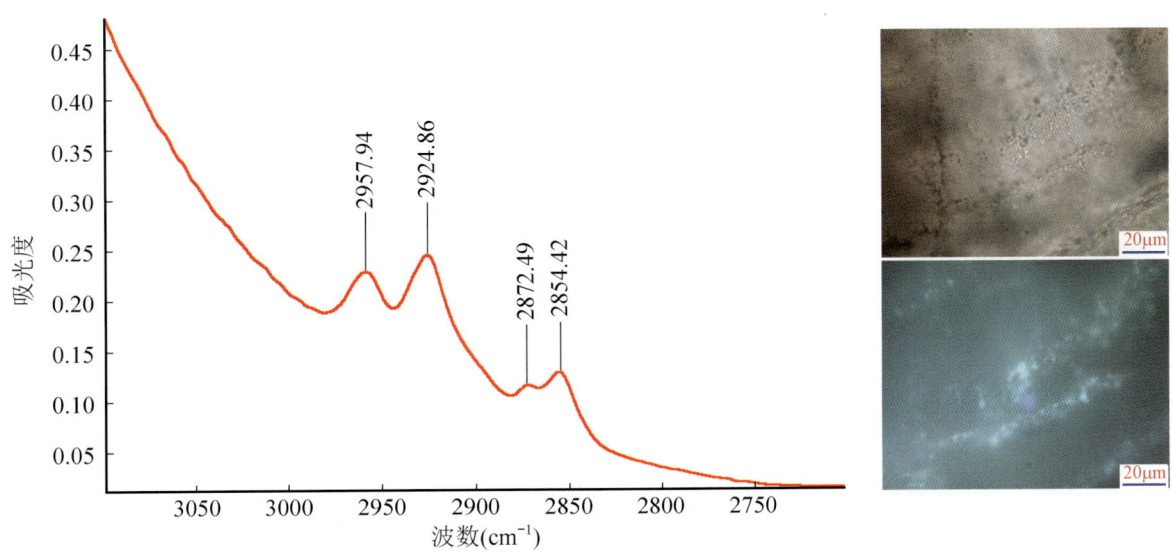

◆ 图 9.27 发蓝色荧光的烃包裹体红外光谱图（英买 201 井, 6015.08m）

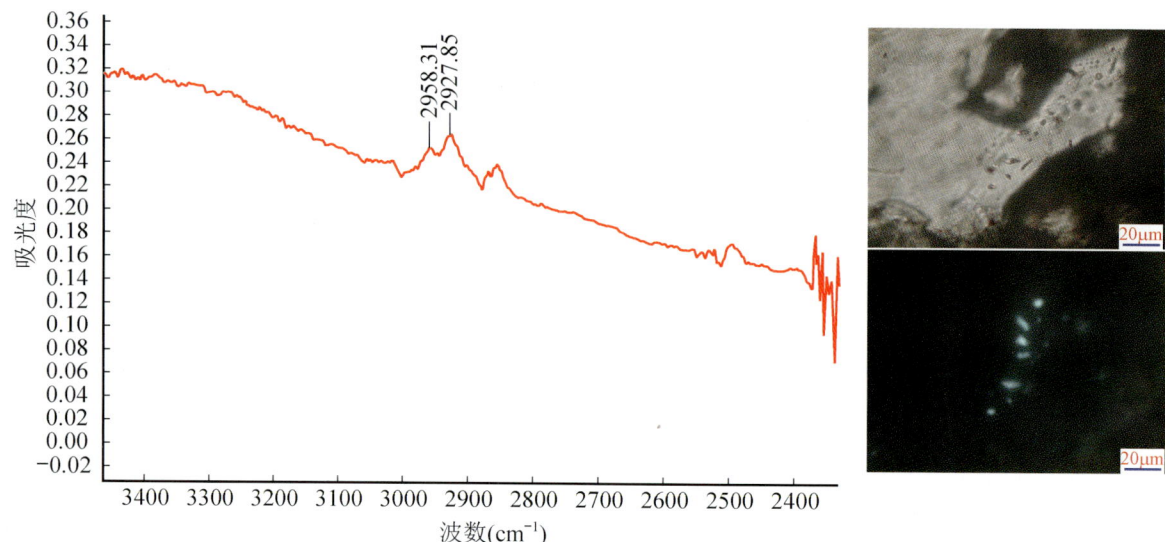

◆ 图 9.28　发蓝白色荧光的烃包裹体红外光谱图（塔中 26 井，4279.4m）

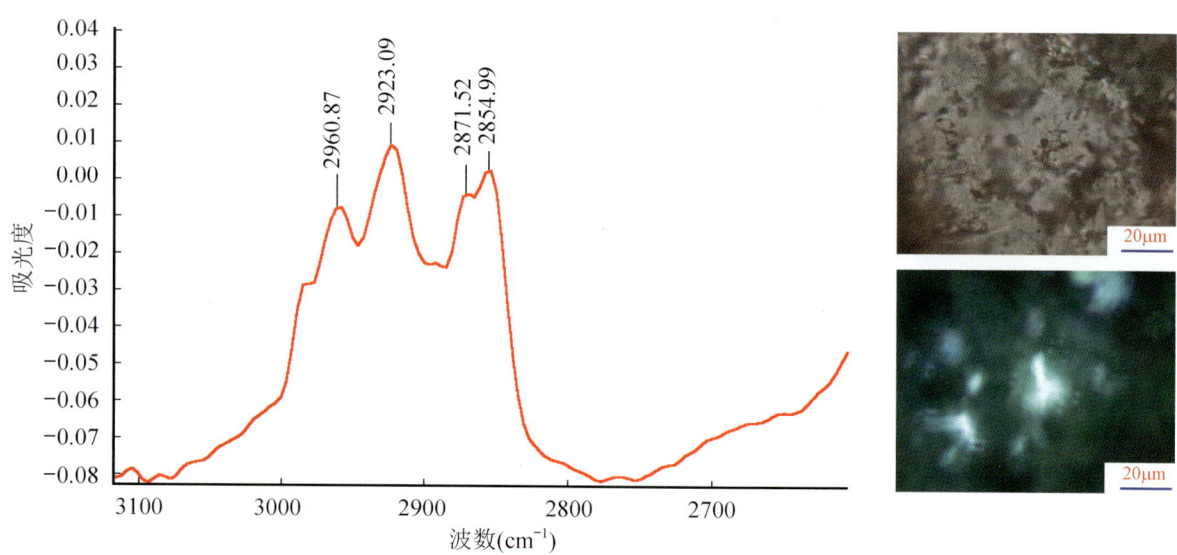

◆ 图 9.29　发蓝色荧光的烃包裹体红外光谱图（罗西 1 井，4210.73m）

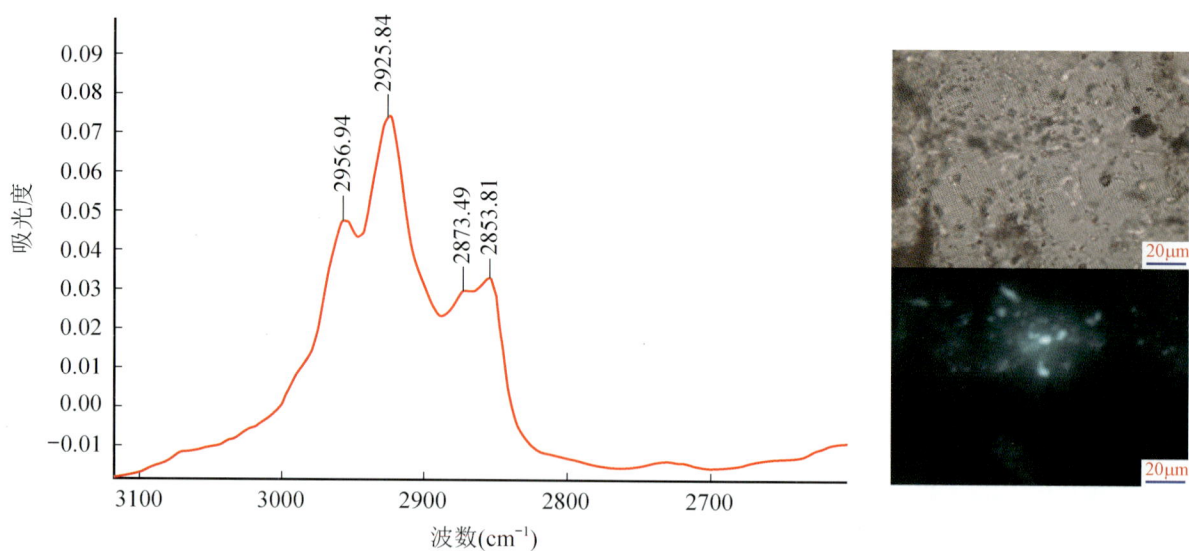

◆ 图 9.30　发蓝色荧光的烃包裹体红外光谱图（和 3 井，4035.51m）

9 塔里木盆地寒武系—奥陶系碳酸盐岩储集层烃包裹体油性特征

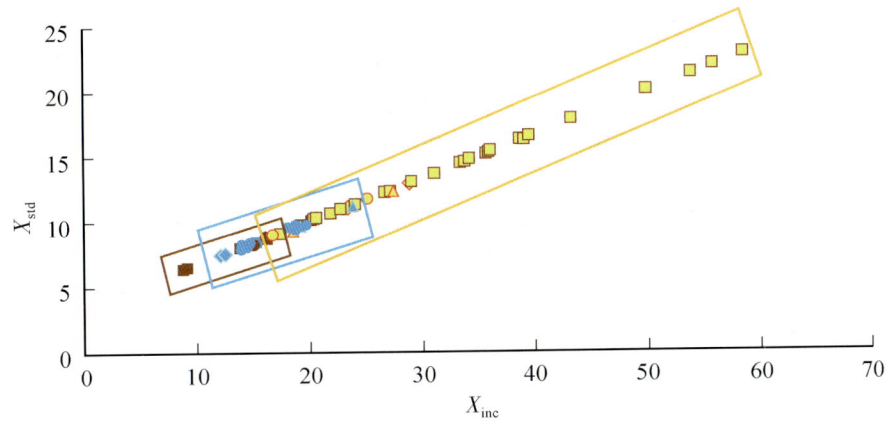

◆ 图 9.31 塔里木盆地三期包裹体红外光谱 X_{inc} 与 X_{std} 关系图

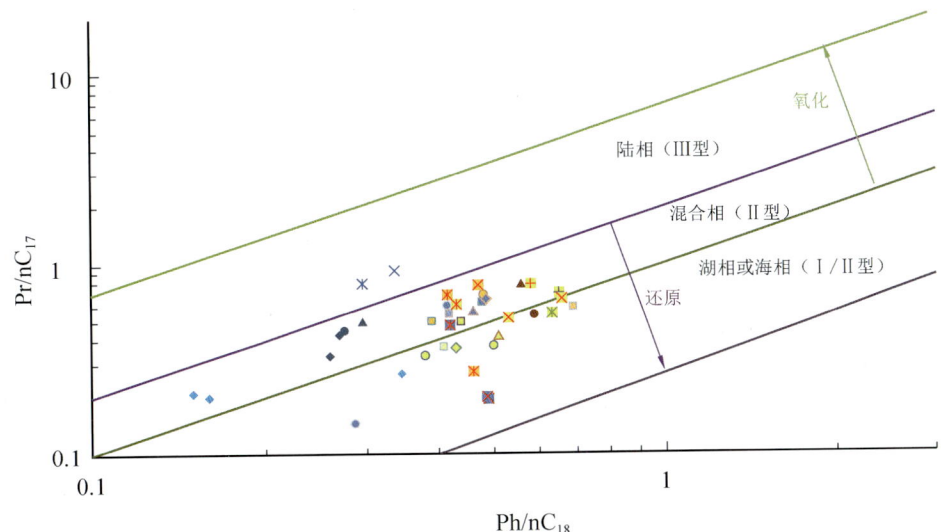

◆ 图 9.32 塔里木盆地三期烃包裹体 Pr/nC_{17} 与 Ph/nC_{18} 关系图

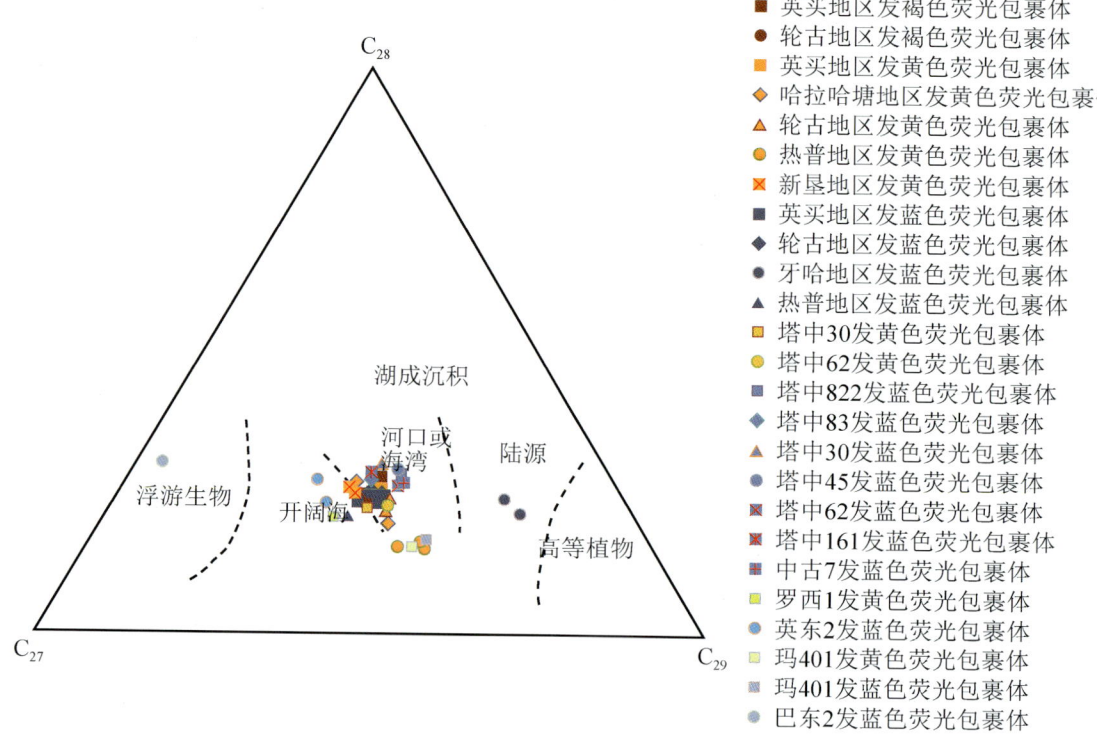

◆ 图9.33 塔里木盆地烃包裹体 C_{27}—C_{28}—C_{29} 三角图

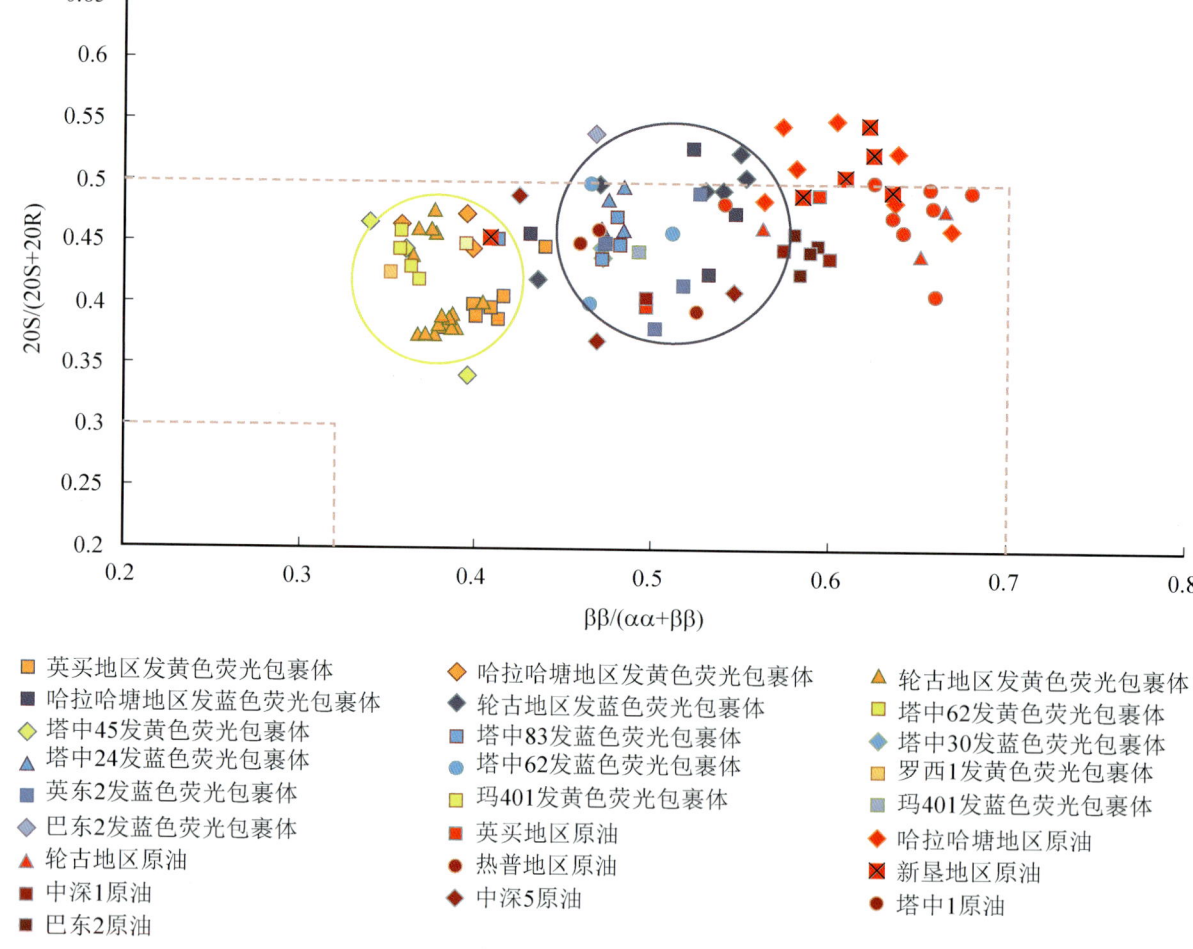

◆ 图9.34 塔里木盆地烃包裹体 $C_{29}20S/(20S+20R)$ 和 $C_{29}\beta\beta/(\alpha\alpha+\beta\beta)$ 参数相关图

9 塔里木盆地寒武系—奥陶系碳酸盐岩储集层烃包裹体油性特征

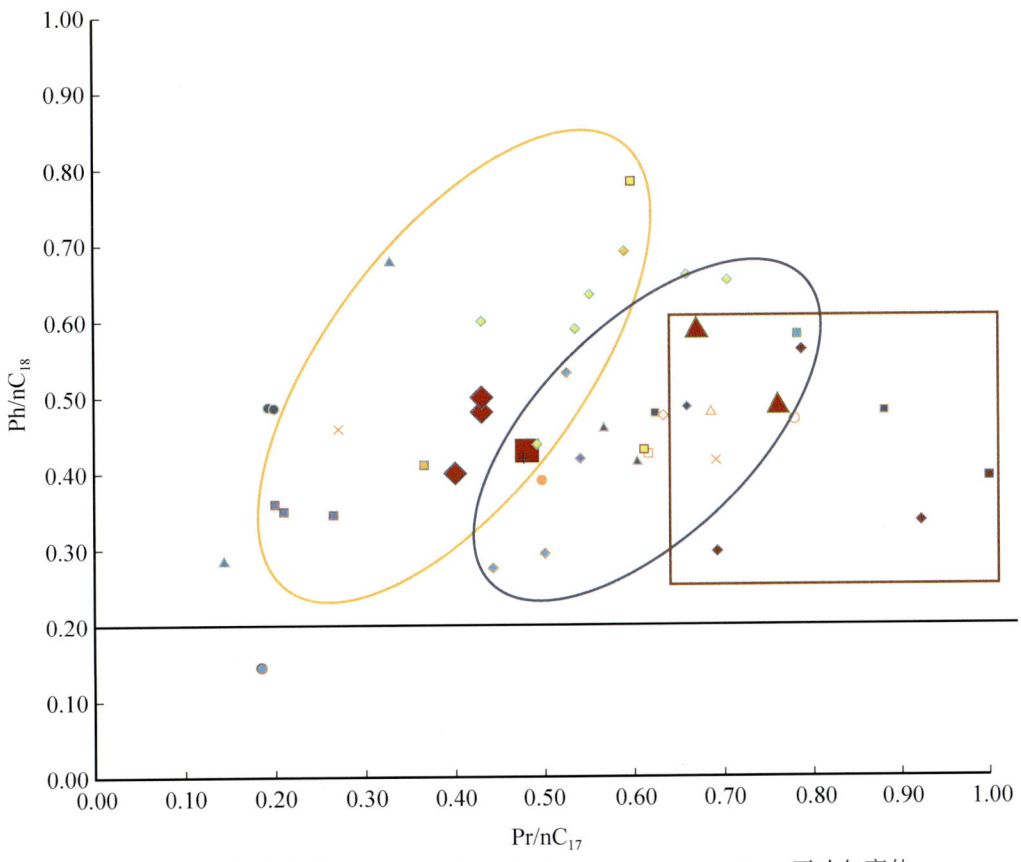

图 9.35 塔里木盆地烃包裹体 Pr/nC_{17} 与 Ph/nC_{18} 相关图

10 塔里木盆地寒武系—奥陶系碳酸盐岩储集层烃包裹体形成时期

10.1 均一温度推测烃包裹体形成时期

在油气盆地中,通过烃包裹体和伴生盐水包裹体的均一温度来推测油气运移和充注的时期是最为常用的方法。

10.1.1 根据伴生盐水包裹体温度推测烃包裹体期次

流体包裹体在形成之初内部为均匀相的流体,随着温度与压力的降低,因包裹体内流体与周围矿物的收缩系数不同,使包裹体内流体发生相的分离。相反,把包裹体片放在冷热台上加热,包裹体内部流体就会由多相向单相转变,当达到一定温度时,流体就会又转变为单一相态,此刻的温度即为流体包裹体的均一温度[1]。一般情况下,与烃包裹体相比,其伴生的盐水包裹体的均一温度具有较大的稳定性,可以近似代表包裹体被捕获时的温度[2-3],所以通常用伴生的盐水包裹体均一温度和冰点温度进行期次划分及古地温、古盐度的研究。一般同深度同期次形成的盐水包裹体均一温度相差在15℃左右,而盐度也相近,故在均一温度与盐度相关图中一口井中一期的烃包裹体伴生盐水包裹体的数据点应是较集中在一起(图10.1)。

将塔里木盆地寒武系—奥陶系碳酸盐岩储集层所测试的500余个烃包裹体伴生盐水包裹体的测温记录,根据其均一温度和冰点绘制成图,发现各期次烃包裹体形成的温度和盐度各不相同,推测各期形成时间及储集层的物理化学条件也不同(图10.1—图10.4)。在晚加里东—早海西期形成的包裹体温度、盐度各地区差别较大,从塔北地区的低温度高盐度到塔中地区低温度低盐度再到塔东地区的高温度低盐度,可见这一时期各地区地层水条件有很大差异;但晚海西期各地区烃包裹体伴生盐水包裹体相对都是中等温度中等盐度,说明各地区在这一时期地层水条件有很好的对比性;喜马拉雅期各地区也非常相似,都是高温度低盐度,各地区在这一时期地层水条件也有很好的对比性。

10.1.2 根据均一温度和埋藏史图推测烃包裹体形成时期

应用储集层流体包裹体均一温度、埋藏史和热演化史两方面的资料推测成藏时限,这是目前成藏期分析最常用的方法[4-6]。

收集目标区的古地温梯度资料,将伴生盐水流体包裹体均一温度和古地温梯度值代入公式(10.1)[7]算出伴生盐水包裹体捕获时的深度。

$$H=(T_H-T_0)/G \tag{10.1}$$

式中,H 为包裹体捕获时,即油气充注时储集层的深度,m;T_H 为盐水包裹体均一温度,℃;T_0 为盆地平均古地表温度,℃;G 为古地温梯度,℃/100m。

利用地层分层数据绘制目标区埋藏史图。根据获得的深度,结合区域埋藏史图确定该期烃包裹体的捕获时期,也就是油气运移和注入的时间。

将塔里木盆地烃包裹体的伴生盐水包裹体系统测试的均一温度,据每口井当时的地温梯度、地表温度,由公式(10.1)算出包裹体捕获时的深度,确定出了各地区各期次包裹体的形成时间(图 10.5—图 10.12)。塔北地区、塔中地区及和田河地区同期包裹体形成时期大致相同:第 Ⅰ 期烃包裹体都形成于 400—350Ma,为晚加里东—早海西期;第 Ⅱ 期烃包裹体形成于二叠纪,即晚海西期;第 Ⅲ 期烃包裹体形成始于 50Ma 左右,处于古近纪末—新近纪,即喜马拉雅期。塔东地区第 Ⅰ 期沥青包裹体形成于志留纪初期,属晚加里东—早海西期;第 Ⅱ 期烃包裹体形成于白垩纪,即燕山期;第 Ⅲ 期烃包裹体形成于喜马拉雅期。

10.2 脉体 ESR 测年推测赋存矿物形成时期

原生烃包裹体与赋存矿物是同时形成的,因此可通过检测赋存矿物的生成时间来反推其所含原生烃包裹体的形成时间,从而确定该期烃包裹体所代表的油气的运移和成藏时间。脉体 ESR(电子自旋共振)测年是通过脉体矿物年龄确定其所含原生烃包裹体的形成时期。将样品处理测试后通过公式(10.2)直接计算待测样品年龄[8-11]。

$$t_x = t_s \times (Q_s/Q_x) \times (M_s/M_x) \times (H_x/H_s) \tag{10.2}$$

式中,Q_x 为待测样品平衡铀摩尔值,Q_s 为标准样品平衡铀摩尔值,M_x 为待测样品质量,M_s 为标准样品质量,H_x 为待测样品在相同的放大倍数下测定的热活化 ESR 波谱振幅,H_s 为标准样品在相同的放大倍数下测定的热活化 ESR 波谱振幅,t_s 为标准样品年龄。

取塔里木盆地不同地区储集层中的含原生烃包裹体的萤石脉和石英脉,ESR 测年结果见表 10.1,对比前人伊利石测年数据(表 10.2,图 10.13),综合分析认为塔里木盆地寒武系—奥陶系储集层共有三大成藏期(表 10.3):

(1)在 406—376Ma,塔里木盆地寒武系—奥陶系储集层有一次油气活动,将此期油气活动称晚加里东—早海西期成藏期,该期在寒武系—奥陶系碳酸盐岩中形成了第 Ⅰ 期烃包裹体,主要以沥青包裹体为主。

(2)在 293—219Ma,塔里木盆地寒武系—奥陶系储集层有一期油气活动,称为晚海西期成藏期。在除塔东地区外的大部分地区奥陶系形成了规模油藏,形成的萤石和石英中以含有发黄色荧光的原生气液烃包裹体和液烃包裹体为主,在单偏光下呈浅褐色,应是成熟的正常油。

(3)在 73—7Ma,塔里木盆地寒武系—奥陶系储集层有一系列油气活动,称为燕山—喜马拉雅成藏期。从烃包裹体特征看,主要见两小期烃包裹体:前期是以发蓝白色荧光的无色气液烃包裹体为主,后期是以灰色、灰黑色气烃包裹体为主。含发蓝色荧光的原生烃包裹体的脉矿物测到的年龄在 32—16Ma,说明燕山—喜马拉雅成藏期早期有挥发性油或轻质油运移和充注成藏;含原生灰黑色气烃包裹体脉矿物测到的年龄在 16—8Ma,说明燕山—喜马拉雅成藏期晚期主要是天然气运移和充注成藏。

表 10.1 塔里木盆地寒武系—奥陶系碳酸盐岩储集层脉体 ESR 测年数据表

地区	原样编号	围岩层位	样品位置	测年矿物	年龄(Ma)	形成的包裹体	地质事件时间	形成时代(Ma)		研究者
西克尔剖面	X1-D-1	中奥陶统大湾沟组	不含烃包裹体的萤石	萤石	287.5	第Ⅱ期	萤石形成时间	二叠纪到三叠纪	晚海西期	张兴阳(2006)
西克尔剖面	X1-1	中奥陶统大湾沟组	不含烃包裹体的萤石	萤石	252.1					
西克尔剖面	X2-6	中奥陶统大湾沟组	不含烃包裹体的萤石	萤石	212					
三叉口	S1-9	中奥陶统大湾沟组	不含烃包裹体的萤石	萤石	286					
塔中地区	TZ45-3		含Ⅱ、Ⅲ期烃包裹体的萤石	油和萤石	33.8	第Ⅲ期开始	第Ⅲ期烃包裹体影响	$E_{1-2}km$ 末	中喜马拉雅期	张鼐(2010)
塔中地区	TZ45-8		含Ⅱ、Ⅲ期烃包裹体的萤石	油和萤石	36.4					
塔中地区	TZ45-20		含Ⅱ、Ⅲ期烃包裹体的萤石	油和萤石	32.8					
塔中地区	TZ45-6015	上奥陶统良里塔格组	含第Ⅲ期烃包裹体的石英脉	净化纯石英	22.9	第Ⅲ期	石英形成时间	$E_{2-3}s$ 末	中喜马拉雅期	
塔中地区	TZ45-6014	上奥陶统良里塔格组	含第Ⅲ期烃包裹体的石英脉	净化纯石英	22					
塔中地区	TZ45-6013	上奥陶统良里塔格组	含第Ⅲ期烃包裹体的石英脉	净化纯石英	23.9					
塔中地区	TZ45-6014		含Ⅱ、Ⅲ期烃包裹体的萤石	净化纯萤石	16.9	可能是第Ⅳ期烃包裹体形成时间	最后一次构造活动形成时间	N_1J 末	中喜马拉雅晚期	
塔北地区	YH7X-1-R20	上寒武统下丘里塔格组		石英	20	第Ⅲ期	第Ⅲ期烃包裹体形成时间	吉迪克组沉积期	中喜马拉雅期	本书
塔北地区	YH7X-1-R23	下寒武统肖尔布拉克组		石英	23.5					
塔北地区	YH7X-1-R24			石英	22.5					
塔北地区	YM201-R34	奥陶系	含Ⅲ、Ⅳ期烃包裹体的石英	石英	24	第Ⅳ期	第Ⅳ期烃包裹体形成时间	康村组沉积期	晚喜马拉雅期	
塔北地区	YH7X-1-R21	上寒武统下丘里塔格组	含Ⅱ期烃包裹体的萤石	萤石	16.3	第Ⅱ期	第Ⅱ期烃包裹体形成时间	二叠纪到三叠纪	晚海西期	
塔北地区	YH7X-1-R22	上寒武统下丘里塔格组	含Ⅱ期烃包裹体的萤石	萤石	8.5					
塔东地区	BP4-1-1	奥陶系	含Ⅲ期烃包裹体的萤石	萤石	242	第Ⅲ期	第Ⅲ期烃包裹体形成时间	古近纪末期	中喜马拉雅期	
塔东地区	BP4-2-1	奥陶系	含Ⅲ期烃包裹体的萤石	萤石	32.8	第Ⅲ期	第Ⅲ期烃包裹体形成时间	二叠纪到三叠纪	晚海西期	
塔东地区	TD2-452945	奥陶系	含第Ⅲ期烃包裹体的石英	石英	6.95	第Ⅲ期	第Ⅲ期烃包裹体形成时间	新近纪	晚喜马拉雅期	
塔东地区	TD1-466102	下寒武统	含第Ⅲ期烃包裹体的石英	石英	17.47	第Ⅲ期	第Ⅲ期烃包裹体形成时间	新近纪	中喜马拉雅期	
塔东地区	TD1-472831	震旦系	含第Ⅲ期烃包裹体的石英	石英	21.71	第Ⅲ期	第Ⅲ期烃包裹体形成时间	新近纪	中喜马拉雅期	
塔东地区	YD2-416787	中奥陶统	含第Ⅲ期烃包裹体的石英	石英	12.17	第Ⅲ期	第Ⅲ期烃包裹体形成时间	新近纪	晚喜马拉雅期	
塔东地区	YD2-416755	中奥陶统	含第Ⅲ期烃包裹体的石英	石英	13.6	第Ⅲ期	第Ⅲ期烃包裹体形成时间	新近纪	晚喜马拉雅期	
和田河以南缘	GD1-163197	下奥陶统蓬莱坝组	含第Ⅲ期烃包裹体的石英	石英	72.93	第Ⅲ$_1$期	第Ⅲ$_1$期烃包裹体形成时间	晚白垩世	燕山期	

表 10.2 塔里木盆地伊利石 K—Ar 测年汇总表

地区	井号	层位	研究对象	年龄(Ma)	形成时期	研究者
塔中地区	TZ4	C	海相油气藏	246–278	海西期	赵靖舟(2002)
	TZ47	S	沥青砂岩	383.53±7.58	海西期	张有瑜(2004)
				386.89±7.25	海西期	
	TZ23	S	沥青砂岩	293.54±4.22	海西期	王红军(2000)
	TZ30	S	沥青砂岩	296.31±4.26	海西期	王红军(2000)
	TZ32	S	沥青砂岩	235.17±3.38	印支期	王红军(2001)
	TZ47	D	含油砂岩、荧光砂岩	255.33±5.05	印支期	张有瑜(2004)
				237.47±4.74	印支期	
				263.82±5.21	海西期	
				260.01±5.45	海西期	
	LK1	S	荧光砂岩	274.54±1.99	海西期	王红军(2003)
				271.20±1.96	海西期	
				225.76±1.62	印支期	
				219.26±1.59	印支期	
	YN2	S	荧光砂岩	285.67±2.08	海西期	赵靖舟(2003)
				279.23±2.04	海西期	
	TZ67	S	沥青砂岩	290.57±2.23	海西期	张有瑜(2007)
				245.32±3.04	印支期	
				234.15±1.48	印支期	
				224.07±1.47	印支期	
塔北地区	YM2	S	沥青砂岩	255–293	海西期	张有瑜(2011)
	YM2	S	沥青砂岩	376	海西期	张有瑜(2004)
	YM35-1	S	沥青砂岩储集层	286.60±2.58	海西期	张有瑜(2011)
				287.76±2.04	海西期	
	YM35	S	沥青砂岩储集层	293.49±2.08	海西期	张有瑜(2011)
塔北地区	YM34	S	沥青砂岩储集层	255.40±2.05	海西期	张有瑜(2011)
				281.01±1.80	海西期	
	LN14	C	海相油气藏	17±3	喜马拉雅期	赵靖舟(2002)
	LN2	J	海相油气藏	14±3	喜马拉雅期	赵靖舟(2002)
				16±3	喜马拉雅期	
	LN39	D	含油砂岩	231.34±3.67	印支期	张水昌(2002)
	LN2	T	海相油气藏	15±3	喜马拉雅期	赵靖舟(2002)
				47±5	喜马拉雅期	
				49±5	喜马拉雅期	
	LN2	C	油藏	261.32	海西期	车忱(2002)
塔东地区	KQ1	S	砂岩	406.43±2.60	海西期	张有瑜(2007)

表 10.3 塔里木盆地寒武系—奥陶系碳酸盐岩储集层烃包裹体成藏期次

地区	烃包裹体种类	埋藏史构造期	ESR 石英测年（Ma）
塔北地区	褐色沥青包裹体	晚加里东—早海西期	—
	发黄色荧光的气液烃包裹体	晚海西期	242
	发蓝色荧光的液气烃包裹体	喜马拉雅期	16.3～32.8
	黑色、灰色气烃包裹体	喜马拉雅期	8.5
塔中地区	黑色、褐黑色沥青包裹体	晚加里东—早海西期	—
	发黄色荧光的气液烃包裹体	晚海西期	—
	发强棕色荧光的褐色气液、液气烃包裹体	燕山期	—
	发蓝色荧光的液气烃包裹体	喜马拉雅期	22～23.9
	气态包裹体	喜马拉雅期	16.9
塔东地区	黑色、褐黑色沥青包裹体	晚加里东—早海西期	—
	发黄色荧光的气液烃包裹体	燕山期	—
	发蓝色荧光的液气烃包裹体	喜马拉雅期	17.47～21.71
	黑色、灰色气烃包裹体	喜马拉雅期	6.95～13.6
和田河地区	褐色沥青包裹体	晚加里东—早海西期	—
	发黄色荧光的气液烃包裹体	晚海西期	—
	黑色气烃包裹体	燕山—喜马拉雅期	72.93
	发蓝色荧光的液气烃包裹体	喜马拉雅期	—
	灰色气烃包裹体	喜马拉雅期	—

参 考 文 献

[1] 卢焕章,范宏瑞,倪培,等.流体包裹体[M].北京:科学出版社,2004.

[2] Goldstein R H.Fluid inclusions in sedimentary diagenetic systems［J］.Lithos,2001,55:159-193.

[3] 年秀清,罗金海,李杰林,等.库车坳陷东部下—中侏罗统砂岩流体包裹体特征与油气成藏期次研究[J].西安石油大学学报,2011,26（4）:12-18.

[4] Burruss R C, Cerone K R, Harris P M.Fluid inclusion petrography and tectonic-burial history of the Al Ali No.2 well:evidence for the timing of diagenesis and oil migration, northern Oman Foredeep［J］.Geology,1983,11:567-570.

[5] Hazeline R S, Samson I M, Cornford C.Dating diagenesis in a petroleum basin, a new fluid inclusion method［J］.Nature,1984,307:284-287.

[6] 王飞宇,金之钧,吕修祥,等.含油气盆地成藏期分析理论和新方法[J].地球科学进展,2002,17（5）:754-762.

[7] 王锋,肖贤明,陈永红,曾庆辉.渤中坳陷埕北30潜山储集层流体包裹体特征与成藏时间研究[J].海相油气地质,2006,11（2）:47-50.

[8] Liang X Z.Study on resetting for E1′ center dating of alpha-quartz[J].Engineering Index,1993.

[9] 梁兴中,钟康惠,高钧成.断裂成矿年龄的核测年研究[A].见:四川省国土资源部地学核技术重点实验室年报[R].成都:成都科技大学出版社,1998,57-60.

[10] 梁兴中,高钧成.断裂成矿年龄的 α 石英 ESR 研究[J].矿物岩石,1999,19(2):69-71.

[11] 梁兴中.α 石英 ESR 测定年代[A].见:王维达主编.中国热释光与电子自旋共振测定年代研究[C].北京:中国计量出版社,1997:385-412.

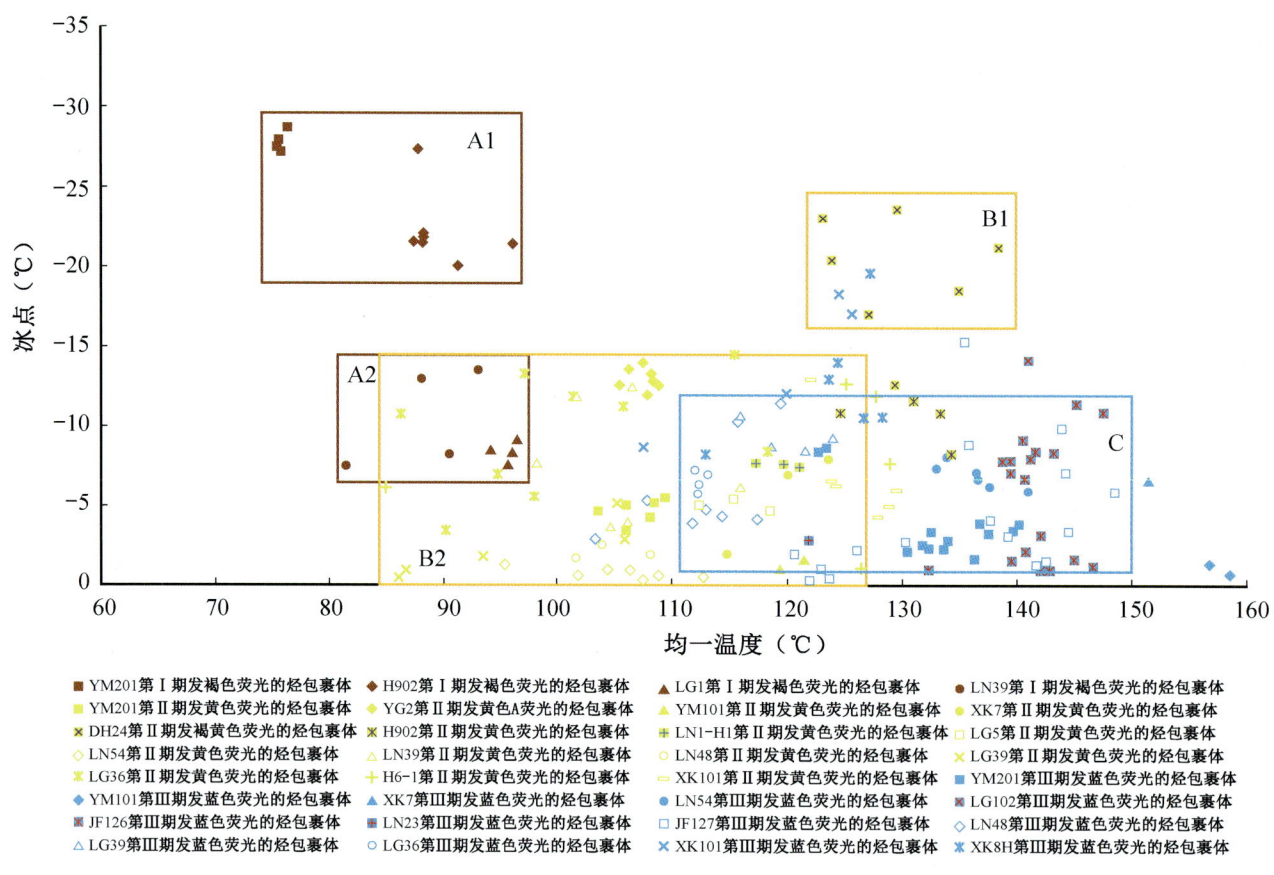

◆ 图10.1 塔北地区各期烃包裹体伴生盐水包裹体均一温度与冰点关系图

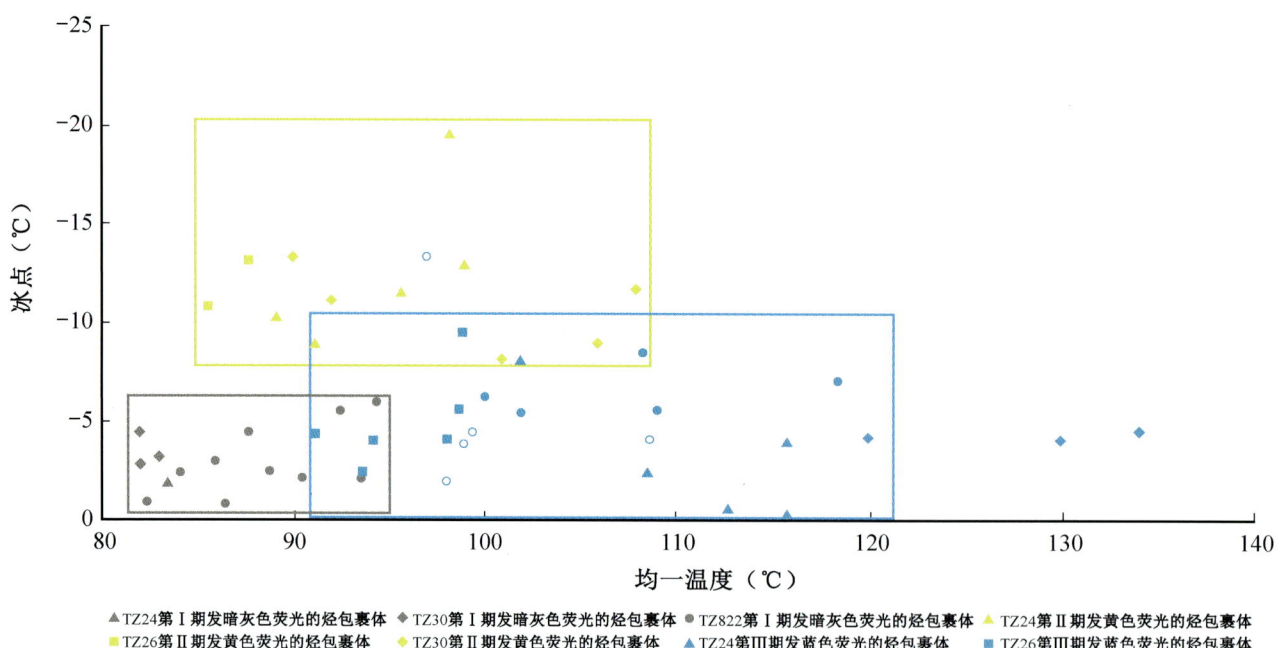

◆ 图10.2 塔中地区各期烃包裹体伴生盐水包裹体均一温度与冰点关系图

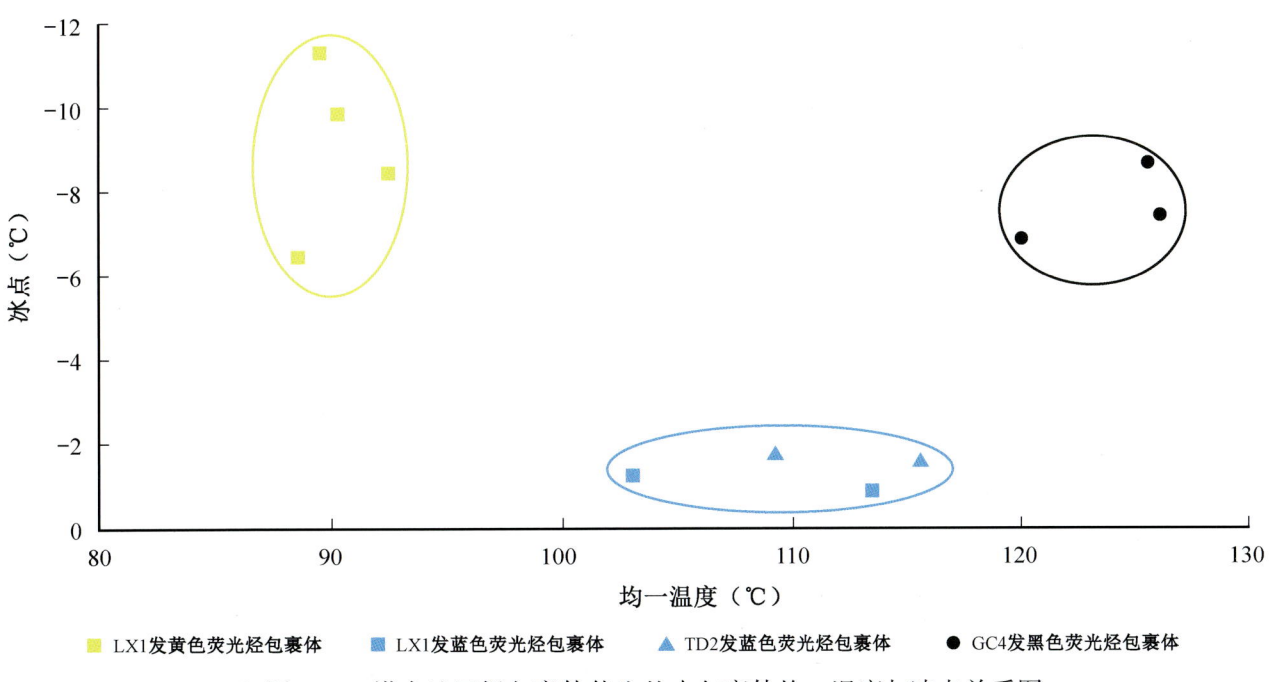

◆ 图 10.3　塔东地区烃包裹体伴生盐水包裹体均一温度与冰点关系图

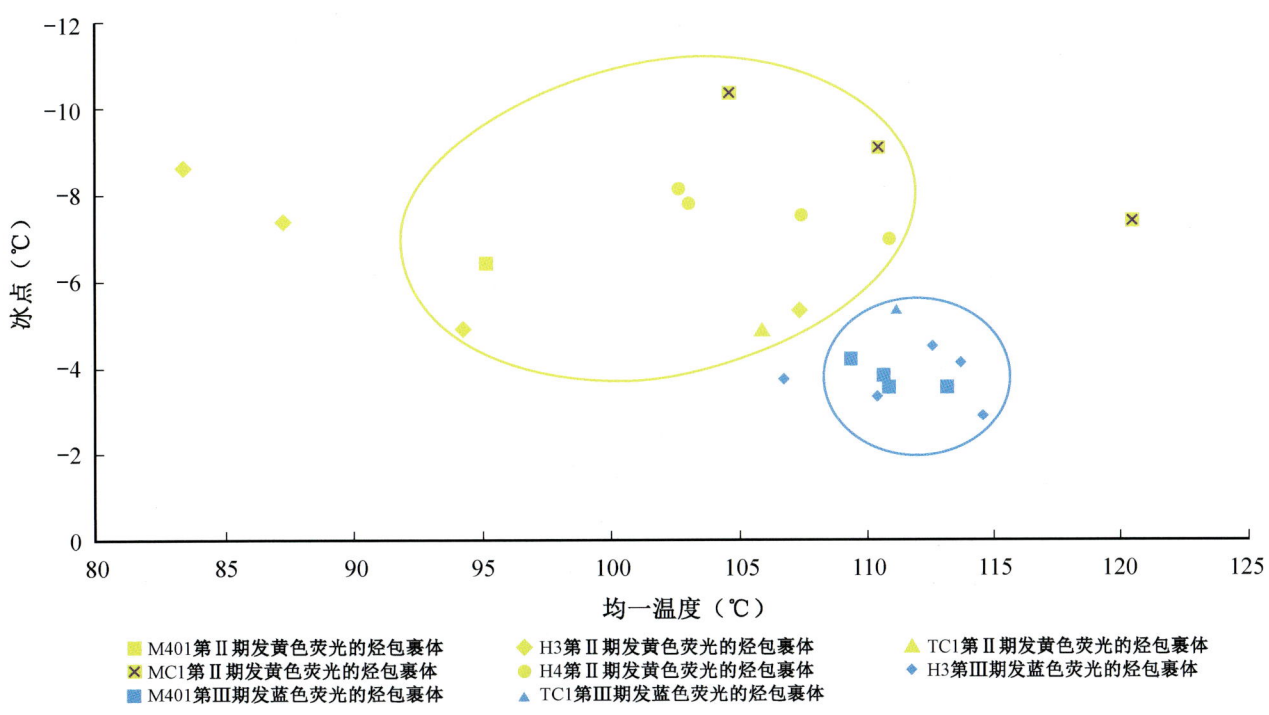

◆ 图 10.4　和田河地区各期烃包裹体伴生盐水包裹体均一温度与冰点关系图

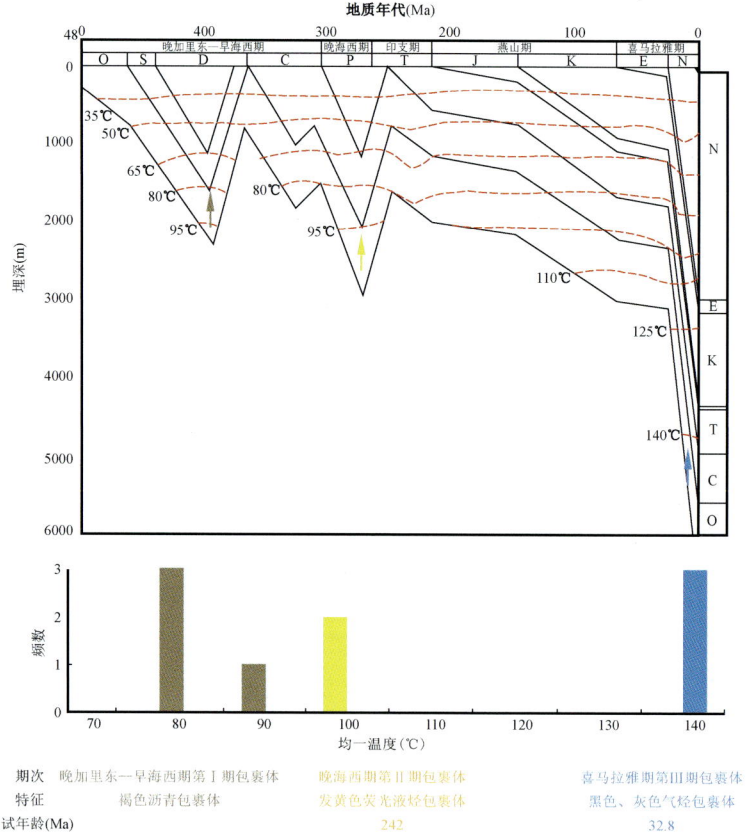

◆ 图 10.5 塔北地区轮古 39 井地热埋藏史及烃包裹体形成期

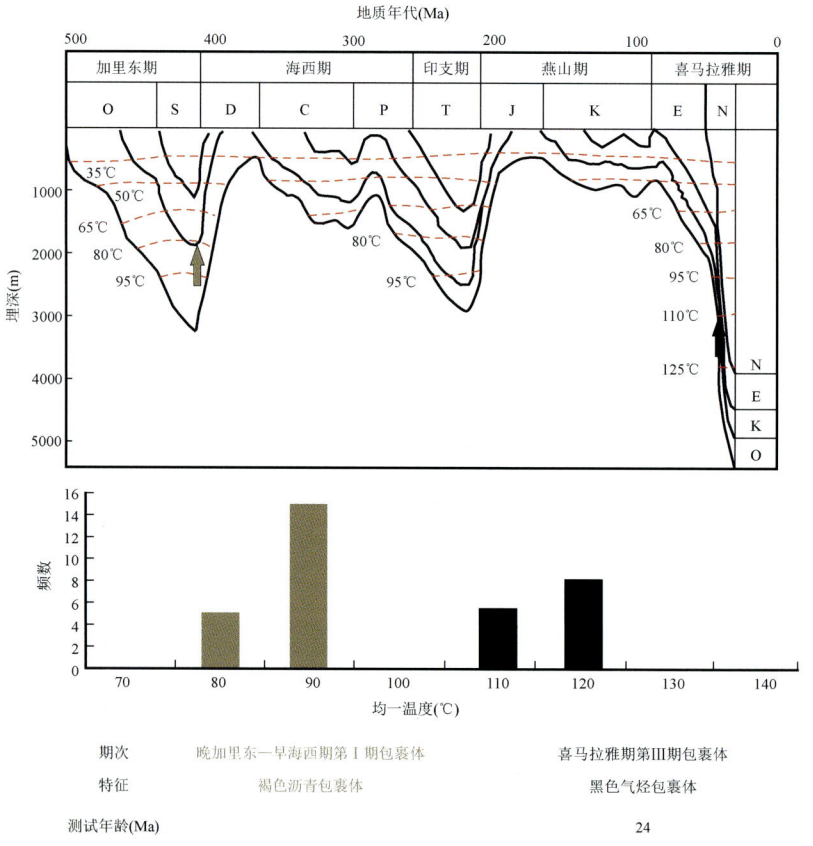

◆ 图 10.6 塔北地区英买 7 井地热埋藏史及烃包裹体形成期

10 塔里木盆地寒武系—奥陶系碳酸盐岩储集层烃包裹体形成时期

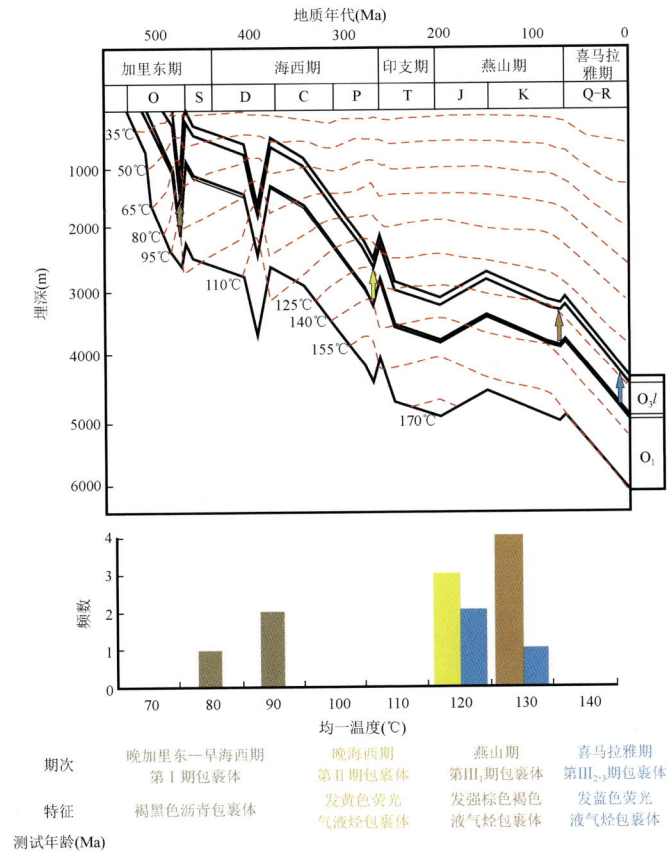

◆ 图10.7 塔中地区塔中16井地热埋藏史图及烃包裹体形成期

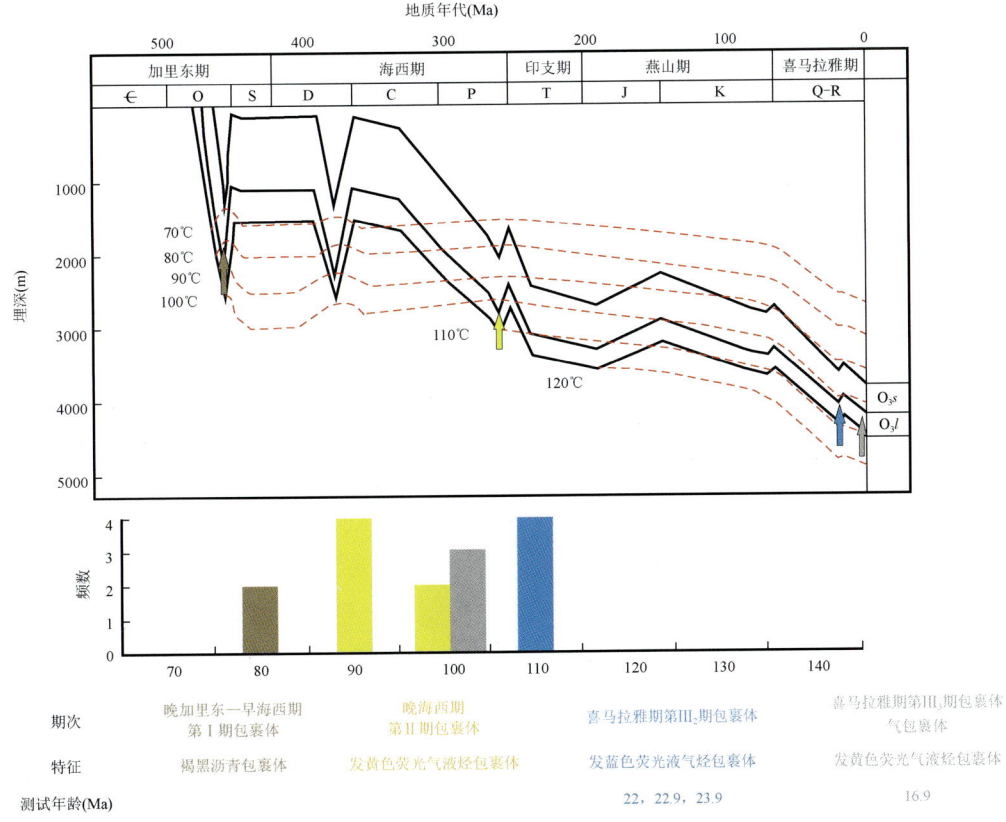

◆ 图10.8 塔中地区塔中26井地热埋藏史及烃包裹体形成期

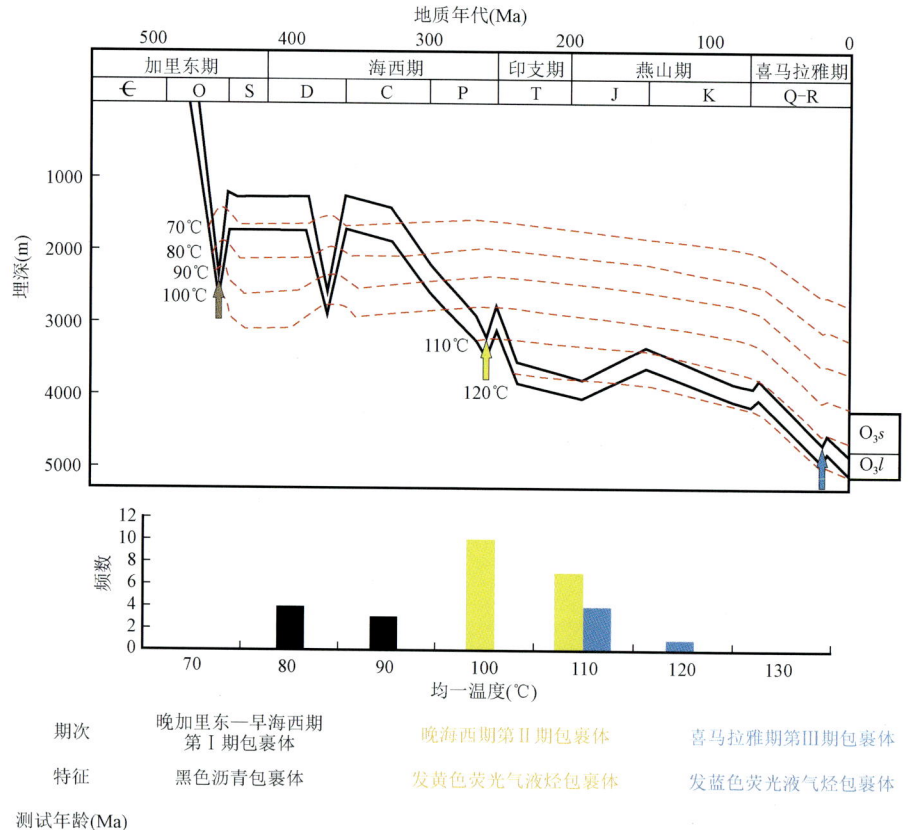

◆ 图 10.9 塔中地区塔中 30 井地热埋藏史及烃包裹体形成期

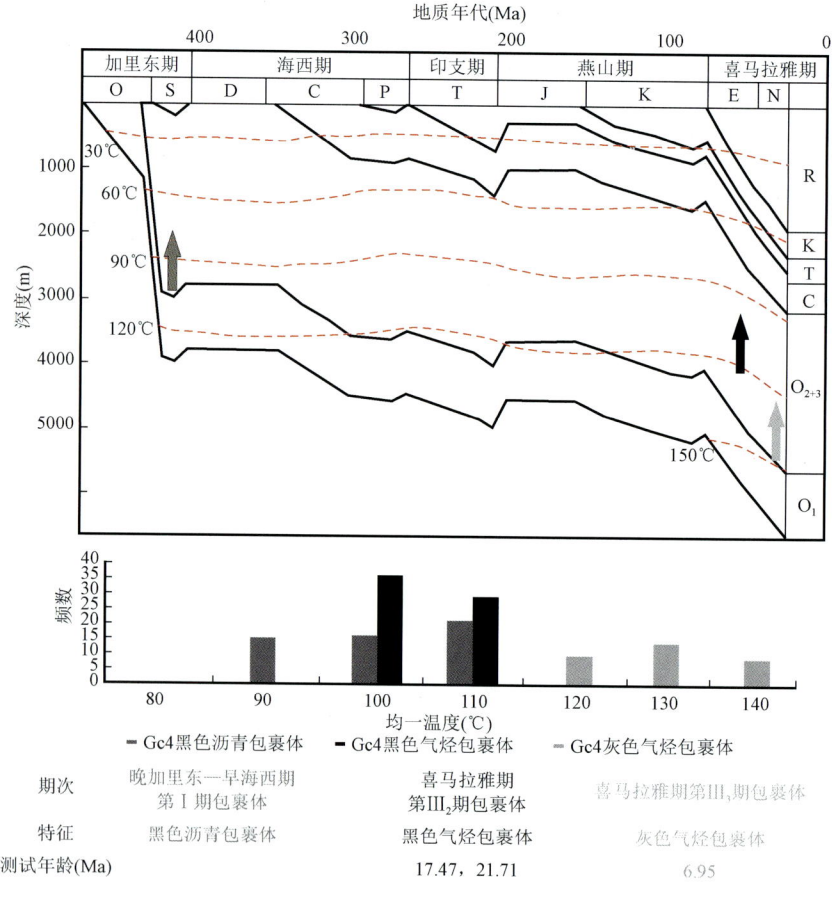

◆ 图 10.10 塔东地区古城 4 井地热埋藏史及烃包裹体形成期

10 塔里木盆地寒武系—奥陶系碳酸盐岩储集层烃包裹体形成时期

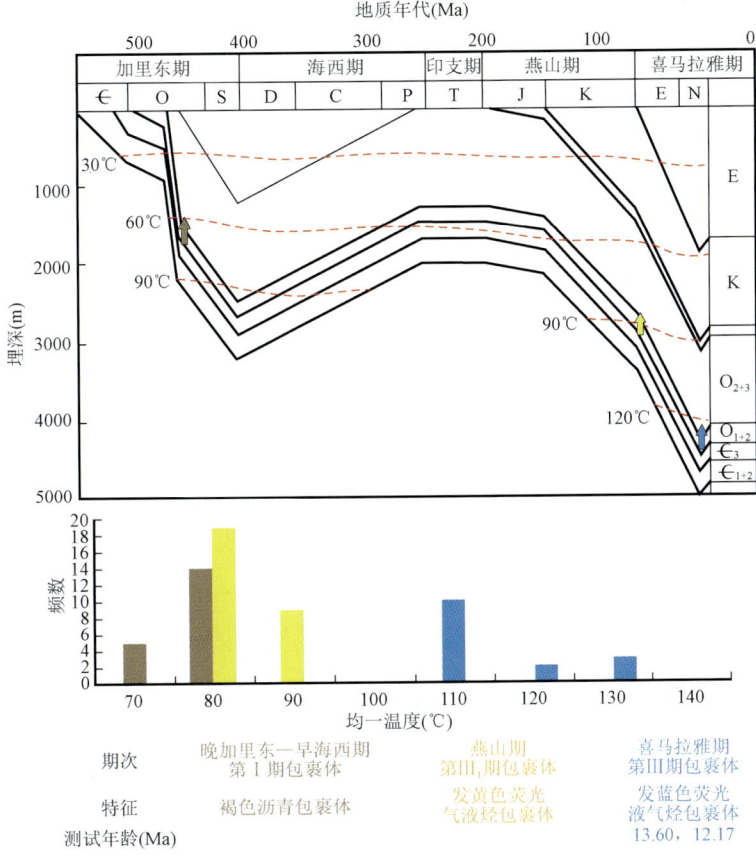

◆ 图 10.11 塔东地区罗西 1 井地热埋藏史及烃包裹体形成期

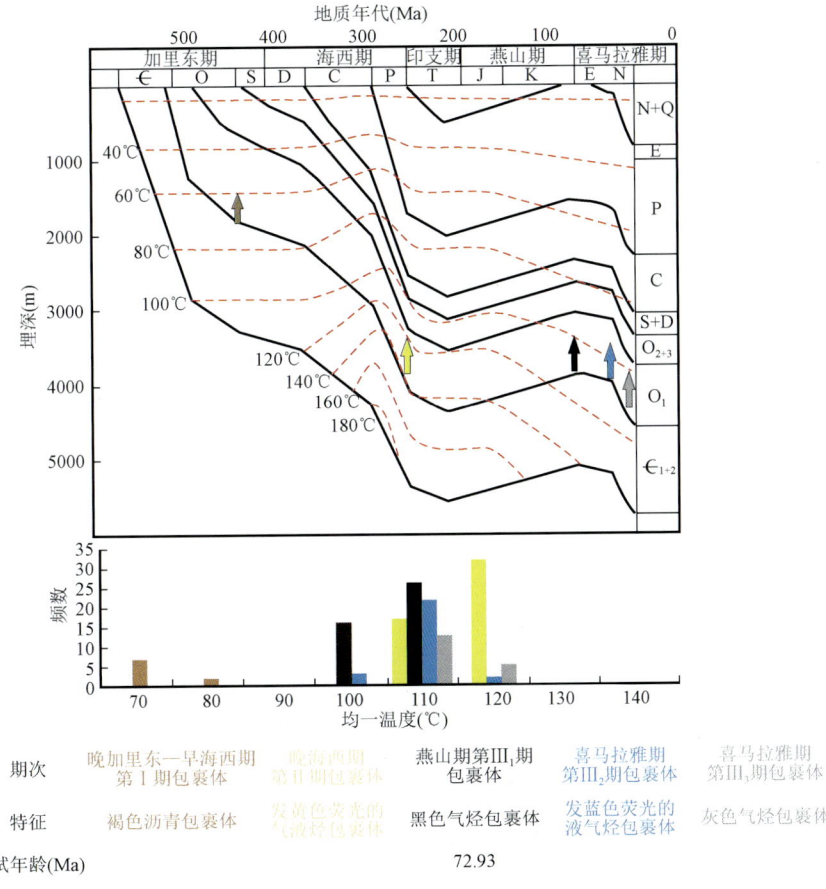

◆ 图 10.12 和田河地区玛 401 井地热埋藏史及烃包裹体形成期

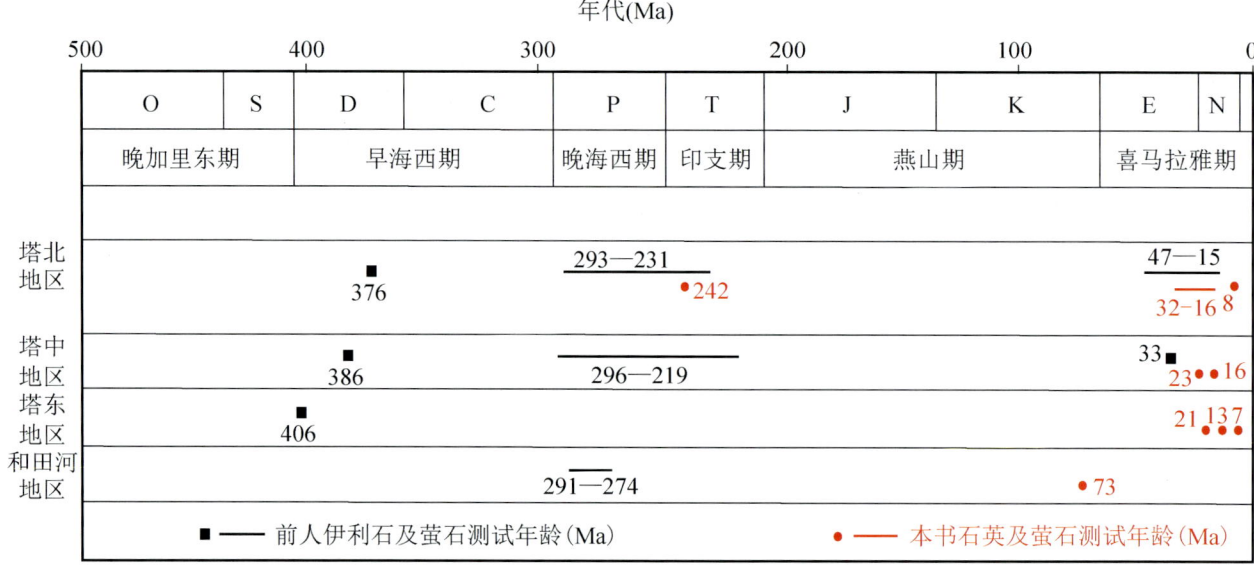

◆ 图 10.13 塔里木地区成藏时期